深入理解Linux进程与内存

修炼底层内功，掌握高性能原理

张彦飞（@开发内功修炼）　著

电子工业出版社

Publishing House of Electronics Industry

北京·BEIJING

内 容 简 介

国内大部分的开发者和公司都从事的是应用层的开发，平时大家更多关注的是应用层的开发技术。但应用层是建立在CPU和内存等硬件、操作系统内核、语言运行时的基础之上的。如果缺乏对这些底层知识的了解，驾驭技术的能力就无法精进，也很难开发出高性能、高稳定性的应用。

本书主要包括CPU和内存硬件、进程创建和调度原理、虚拟内存底层机制、Go用户态协程实现、容器cgroup资源限制，以及throttle、CPU利用率和负载等性能指标统计原理等内容，最后过渡到性能优化手段，带领大家修炼底层内功，掌握高性能原理。

图书在版编目（CIP）数据

深入理解Linux进程与内存：修炼底层内功，掌握高

性能原理 / 张彦飞著. -- 北京：电子工业出版社，

2024. 7. -- ISBN 978-7-121-48559-6

Ⅰ. TP316.85

中国国家版本馆CIP数据核字第2024C0K662号

责任编辑：张月萍　　　　文字编辑：纪　林
印　　刷：天津市银博印刷集团有限公司
装　　订：天津市银博印刷集团有限公司
出版发行：电子工业出版社
　　　　　北京市海淀区万寿路173信箱　　　　邮编：100036
开　　本：720×1000　　1/16　　印张：35.25　　字数：791千字
版　　次：2024年7月第1版
印　　次：2024年10月第3次印刷
定　　价：198.00元

凡所购买电子工业出版社图书有缺损问题，请向购买书店调换。若书店售缺，请与本社发行部联系，联系及邮购电话：(010) 88254888，88258888。

质量投诉请发邮件至zlts@phei.com.cn，盗版侵权举报请发邮件至dbqq@phei.com.cn。

本书咨询联系方式：faq@phei.com.cn。

前 言
Preface

很高兴继《深入理解Linux网络：修炼底层内功，掌握高性能原理》（以下简称《深入理解Linux网络》）后，我又有一本新书和大家见面了。

在工作的十多年里，我一直坚信扎实的计算机底层功力对大家的技术成长非常有好处。所以工作之余，我一直稳步推进对编程语言运行时、Linux操作系统内核、CPU和内存硬件原理等方面深度知识的持续探索。这些深层的知识帮助我自己在工作中取得了很多成果。

和学习应用层技术不同的是，底层技术虽然非常有用，但是其学习曲线比较陡峭。很多人也付出了很大的努力来学习底层技术，但并没有收到显著成效，之后会很容易滋生底层技术无用的想法，甚至放弃继续努力的念头。

所以我一直坚持做技术分享，希望降低大家学习底层技术的难度，帮助大家不仅做到会写代码，还能深入理解其背后的原理。迄今为止，我在CPU、内存、磁盘、网络方向都有很多的输出和积累，并持续将相关文章发表在个人微信公众号"开发内功修炼"上。

但微信公众号等互联网平台上的内容还是偏"快餐式"风格，很多重要的底层原理知识如果只是简单浏览一遍，其实是很难掌握的。一个更好的方式是通过图书的形式把这些技术思考更体系化地呈现给大家，从而帮助大家以相对较低的时间成本掌握硬件、内核等底层的工作原理，快速汲取底层的养分，迅速提升技术能力。

和写公众号文章相比，写书更加正式，对细节的要求也更高。所以，我自己虽然有很多的积累，但是在准备书稿的过程中还是会花费很长的时间周期。《深入理解Linux网络》一书从技术体系构思到图书最后出版，差不多花费了两年的时间。这本书前后也差不多花费了两年的时间。

和上一本书一样，这本书还是强调内功的修炼，只不过侧重的是CPU、内存方向的原理和性能知识，具体包括CPU和内存硬件、Linux进程管理、Linux内存管理、Linux对容器中进程的CPU内存限制、性能优化等话题。

IT技术人的挑战与机遇

在这里，我想给大家分享一个我身边发生的真实故事，以及由此引发的个人思考。

2021年，我在北京的协和医院听到了一段对话。某大牛主任医生在给一个病人问诊。主任问该病人："你的手术是谁给你做的？做得挺不错。"病人回答道："是某某医院的某医生做的。"医生之间有个小圈子，所以医生们之间也都互相比较了解。这位病人的手术大夫大概是一位42岁左右的医生，对话中的主任也是知道这一点。

协和医院的主任这时候来了一句："现在的小年轻手术做得不错呀。"他说的"小年轻"这三个字一下子就让我陷入了深深的思考。在IT技术圈里，"小年轻"这种词一般只适用于刚毕业两年以内的同学。工作五年以上，如果还自称"小年轻"，都有那么一点儿不好意思了。如果工作十年以上，达到了大约35岁，在互联网圈里会被公认为挺老的年龄，就更别提40多岁了。

那么医生和程序员这两个职业的差别究竟在哪里？一个40多岁的人在医生圈子里就是"小年轻"，而同样年龄的人在程序员圈里就是老人，为什么呢？

关于这个问题，我思考后得出的结论是，医生的研究对象几乎是不变的，人的身体结构可能在几千年里只进化那么一点点，所以一位医生的所有行医经验都是可以积累下来的。随着工作年限的增加，自己积累的经验也就越多，往往到了五六十岁才迈入自己的黄金时期。所以医生的年龄越大，他的技术往往也就磨炼得越成熟，在圈里也越有影响力。

再看IT技术人这个群体。IT技术人研究的对象变化速度太快了，基本上每隔5~10年，一项流行的技术就会变得过时，掌握的相关经验也就不再有价值了。

比如，2000年流行的Windows开发、杀毒安全现在还流行吗？再比如，2010年左右的Web时代流行得"一塌糊涂"的PHP语言，进入移动互联网时代后没几年就只有很少的公司在使用了。再比如，在前端技术圈，jQuery、React、Vue、Angular、各种小程序等技术更是层出不穷。一个前端工程师如果在2023年还只会jQuery，那基本上就会被各家公司所嫌弃。再比如，2015年前后，非常火的Android开发、iOS客户端开发，现在市场上的需求量也在逐步萎缩。

摆在IT技术人面前的似乎是一道非常难解的题，那么在这个挑战中是否有机遇存在呢？

我认为还是有的，那就是在IT技术领域成长为一名专家需要的时间更短。在医生这个圈子，没有二三十年工作经验的积累，普通医生是很难成长为一名专家的，甚至很多医生干一辈子都不敢自称专家。但是在IT技术领域，只要你足够用心，最短工作五年左右就有希望成为某一领域内有一定影响力的技术大牛。IT技术人成长为专家的用时显然比医生短，可参见表1。

表1　IT技术与医疗技术的比较

	IT技术	医疗技术
研究对象	计算机	人体结构
进化速度	每隔5~10年会有较大变化	几千年只进化一点儿
技能保质期	短	非常长
专家成长用时	5~10年	20~30年

所以既然大家选择了IT相关的技术，那么一个比较好的方式是抓紧时间，通过几年的潜心学习，成为专精某一个技术方向的专家。

我是如何提升技术能力的

我于2010年毕业于西北大学，获得计算机科学与技术专业的硕士学位。2011年，我加入了腾讯，后来因为腾讯和搜狗的战略合作加入搜狗，后我又因合并回到腾讯。2022年，我加入了字节跳动。总体上看，我的工作经历就是在大厂发展了十年之久。

我自己持续提升技术能力的方法大概分成这样3步：首先，时刻保持好奇心，发现工作中存在的问题；其次，以问题为起点对底层原理进行深入的、成体系化的修炼；最后，思考出结论后再尝试将其应用回项目中，以解决问题并提升项目效果。这3点构成了一个非常好的正循环，参见图1。

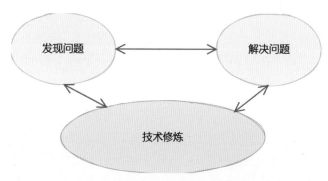

图1　持续提升技术能力的3个步骤

在日常编码之余，我会有节奏、有目的地推进自己的理论思考，这十几年来一直如此。没错，我用的字眼不是学习，而是思考。我对工作中看似司空见惯的问题发出疑问，然后自己花时间去翻阅各种资料，进行深度思考，并利用相关理论知识进行测试和验证，最后在项目中应用思考所得，提升项目实际效果。

有一次，我所在团队维护了一个线上的Redis服务（当时基础架构部门还没有Redis平台，业务部门要自己维护Redis服务）。为了优化性能，我把后端的请求由短连接改成了长连接。虽然从效果来看，性能确实是优化了，但是我的思考并没有停止，Linux最多能有多少个TCP连接呢？每条连接需要多少内存资源？连接又是否会消耗CPU呢？单机的最大连接数能撑到多少？

我回过头去翻各种资料，上网查各种文章，尤其是内核相关的文章，并进行多次实践测试，最后终于把这块儿的理论搞通了。《深入理解Linux网络》中的部分内容就是由此而来的。对TCP连接的这次深入思考与探索对我后来的工作产生了极大的帮助。

最初我和大部分同学一样，总是把CPU消耗和负载混为一谈。但是，某次我们在线上发现明明CPU利用率不高，但负载却比较高。我深入内核挖掘了源码，才明白了负载的真实含义，它是对CPU上运行队列中running和uninterruptible进程数的统计。负载变高，可能是因为CPU资源不够了，也可能是因为磁盘IO资源不够了。

公司在线上通常都会使用容器，这引发我思考一个问题，自己的业务容器的quota中所谓的6核到底是怎么回事？是真的对应宿主机中的6个核吗？进程又是如何获取CPU资源的？容器在性能上为什么还要关注throttle？基于这些疑问，我又"钻入"了cgroup的实现中，彻底搞懂了容器中进程参与调度的原理，弄明白了容器中所谓的核只是一个时间概念而已，和宿主机的核并不是一个概念，还彻底理解了throttle指标的含义。

我在字节跳动工作时，发现容器云的各个实例存在负载不均衡的问题。处理同样的流量，有些实例的CPU利用率很低，而有些实例的CPU利用率却很高。

我的第一个本能反应是，原因可能是各个实例所在的宿主机硬件之间不一致。于是，我动手测试，观察到即使是相同的硬件规格，各个实例之间的CPU利用率差异仍然很大。

接着我怀疑是哪里统计错了，于是深入内核并探索了内核是如何采样和统计CPU时间消耗数据的。后来我又仔细分析了/proc/stat、/sys/fs/cgroup中的各项内核指标，彻底搞懂了CPU利用率统计中的各种逻辑。再往后我还研究了K8s生态中内置的cAdvisor组件计算利用率的实现方式，研究了一圈后发现整个计算过程没有什么太大的问题。

后来，我又开始研究内核中完全公平调度器的源码，终于在CPU核迁移及wake_affine这些细节逻辑中找到了原因。原来"魔鬼"真的是在细节里。各个宿主机上邻居容器运行的繁忙程度不一致，会影响容器在内核中调度时的CPU迁移次数，并影响CPU硬件中缓存的可复用程度。简单来讲，就是邻居也会对容器运行产生非常大的影响。

当你开始深度思考一个具体的问题时，可能会发现对于大部分情况来说，没有任何一本现成的技术书可以提供完整的答案。你可能需要翻遍各种资料，搜遍互联网上的相关文章，有时还需要亲手实践测试，才能真正搞懂。

对理论知识进行深度思考再动手验证，得来的知识会在脑子里留下特别深刻的印象。你几乎不太可能忘了它，因为它已经彻底内化到你的知识体系里了。在互联网时代，各种各样的知识获取成本已经足够低，但只有深度思考才能让你把获取的知识有机地组织起来，并彻底融合到你的技能栈中。

在把线上的问题彻底搞明白后，你会产生很多性能优化的思路。例如，我在搞懂了处理相同流量的各个容器云实例之间CPU利用率相差如此之大的原因后，开发了一套ByteThemis系统。该系统帮助我所在的部门及公司很多其他业务团队解决了一个痛点，达成了非常好的性能成本优化效益。

深入修炼技术能力

在成长为一名技术专家的道路上，深入修炼技术能力是很重要的。只有深入地学习才能达到融会贯通的效果。

技术开发工作说简单也简单，只需按照公司的规范在项目上遵循业务逻辑一行一行地添加代码即可，编译后就可以将代码"丢"到线上去运行了。但说复杂也是非常复杂的，因为为了提升开发效率，IT技术已经被封装了太多层。业务开发代码需要依赖框架与公共库、语言运行时、容器云、Linux操作系统、硬件等各层组件才能运行。图2是现在在互联网公司做业务后端开发的人员需要依赖的技术栈。

在这些层中，每一层都有非常多的技术，开发人员需要有所了解。就拿语言运行时来说，编程语言中实现的协程封装与调度、内存分配器、内存垃圾回收、网络模型等每一个模块都包含了非常多的技术知识点。在部署上，现在很多公司都是运行在容器云上的，容器云相关的K8s容器编排调度、容器引擎Docker等也都包含了很多性能攸关的重要特性。

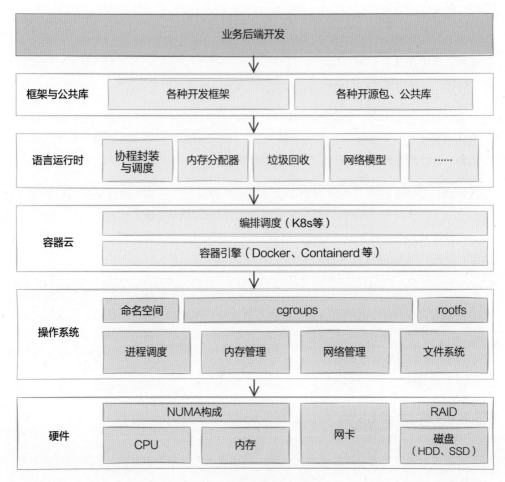

图2　后端开发技术栈

而在这些层的下面是Linux操作系统。编程语言中的协程底层还是基于操作系统的进程、线程来工作的。内存分配器也基于内核提供的mmap、brk等系统调用来申请内存，甚至各个语言的分配器的实现原理基本上也和内核自己使用的SLAB分配器的原理差不太多。容器底层也是基于Linux内核的命名空间、cgroups、rootfs等特性封装出来的产品。

最下层的是硬件。服务器中CPU的代际、主频、缓存大小，内存的数据频率、访问延时、带宽指标，以及服务器中的NUMA组成方式和配置也都对程序运行产生着重大影响。

如果想成为一名技术专家，就必须要对应用所依赖的各种底层有足够多的理解。只有这样，你才能有更多的性能优化思路，对线上问题也才会有更深刻的把握，对于未来的技术发展才能有更为准确的判断力。

本书会先从讲解硬件原理出发，对CPU、内存、NUMA架构等硬件原理进行阐述；然后会带领大家进入Linux操作系统内核，对进程调度、内核内存管理、cgroup原理等深度知识原理进行讲解。带着这些知识即可帮助大家对手头的项目进行性能优化。

不过，我要再次强调，虽然整本书都在讲技术能力提升，但是我们要避免进入一个误区，那就是唯技术论，更重要的是发现问题和解决问题。国内大部分公司使用技术的目的其实并不是研究技术，而是用技术来提升生产力。所以技术最终还是需要解决问题的。另外，如果你学到了很多技术，但不能学以致用，也会慢慢失去学习技术的乐趣。

所以，建议大家在学习的过程中，别忘了和手头工作的真实需求结合起来。看到一个技术点的时候想想你的公司是不是这么用的，有没有改进的空间；如果改进的话，会有多大效果上的提升。经常这样思考，慢慢就会把学习和提升手头工作的效果有机结合起来，进入一个良性循环。

深入学习本书的好处

深入了解和学习底层技术不会教你写最新开发语言的代码，不会教你时髦的框架，也不会带你走进火热的人工智能，但是它可能是你成为大牛的必经之路。以下列出了5点修炼内功的好处：

1）**更顺利地通过大厂的面试**。大厂的面试通常会考查比较底层的技术，网上流传的很多答案层次比较浅。拿三次握手举例，一般网上的答案都只说到初步的状态流转。然而，三次握手包含了非常多的关键技术点，比如全连接队列、半连接队列、防syn flood攻击、队列溢出丢包、超时重发等深度的知识。再拿epoll举例，如果你熟悉它的内部实现方式，理解它的红黑树和就绪队列，就会知道它高性能的根本原因是让进程大部分时间都在处理用户工作，而不是频繁地进行上下文切换。如果你的"功夫"能触达这些深层次的底层原理，相信会为你的面试加分不少。

2）**为性能优化提供充足的"弹药"**。目前，大公司对高级和高级以上工程师晋升考查的重点指标之一就是性能优化。在对内核缺乏认识的时候，大家的优化方式一般都是"盲人摸象"式的，手段非常有限，做法很片面。当你理解了网络整体收发包的过程以后，将会对网络在CPU、内存等方面的开销理解得很深刻。这会对你分析项目的性能瓶颈提供极大的帮助，为你的项目做性能优化提供充足的弹药。

3）**内功方面的技术生命周期长**。虽然我前面说了IT技术每隔5～10年会有较大变化，但其实底层的技术变化相对较慢。例如，Linux操作系统1991年就发布了，现在还是发展得如日中天。对于作者Linus，我觉得他可能也有年龄焦虑，但他焦虑的可能是找不到接班人。反观应用层的一些技术，尤其是很多框架，生命周期能超过十年就已经很出色了。如果你将精力全部押在这些生命周期很短的技术上，你说能不焦虑嘛！所以我觉得戒掉浮躁，踏踏实实练好内功是你对抗焦虑的解药之一。

4）**内功深厚有助于快速理解新技术**。不用说业界的各位"大牛"了，就拿我自己来举例。我其实没怎么翻过Kafka的源码，但是当我研究完内核是如何读取文件的、内核处理网络包的整体过程后，就"秒懂"了Kafka在网络这块为什么性能表现很突出。另一个例子是，当我理解了epoll的内部实现以后，回头再看Go语言（以下简称Go）的net包，才切切实实地看懂了地球上绝顶精妙的对网络IO的封装。所以，如果你真的弄懂了Linux内核，再看应用层的各种新技术时，就犹如戴了透视镜一般，直接看到"骨骼"。

5）**内核提供了优秀系统设计的实例**。Linux作为一个历经千锤百炼的系统，蕴含了大量的世界顶级的设计和实现方案。就好比平时我们在自己的业务开发中，也需要在编码之前进行设计。比如，我在刚工作的时候负责的一个数据采集任务调度，其中的实现就部分地参考了操作系统进程调度方案。再比如，如何在管理海量连接的情况下仍然能高效地发现某一条连接上的IO事件，"epoll内部的红黑树＋队列"的组合可以给你提供一个很好的参考。这种例子还有很多，总之如果能将Linux的某些优秀实现搬到你的系统中，你的项目实现水平会得到极大地提升。

时髦的东西终究会过时，但扎实的内功将会伴随你一生。只有具备了深厚的内功底蕴，你才能在技术成长道路上走得更稳、走得更远。

技术的深度与广度

业内有很多关于技术学习深度和广度方面的讨论。对此，我的理念是在技术的学习上应该主深度、辅广度。

如果方向反了，主要去学习广度的话，会有两点弊端。

弊端一，各大互联网公司的工作节奏都非常快，每天的工作也非常饱满，留给你学习新技术的时间很少。很少有IT公司能正点下班，相反，很多公司到晚上很晚才会下班。大家很难有集中的时间投入对各种新技术的学习。

弊端二，不同技术的学习经验无法相互复用。比如，你如果掌握了C语言、PHP的开发技巧，再学Go、Rust的时候，基本上就要重学一遍，前面耗费心血所掌握的技术能力无法平移到下一项技术的学习中。

所以，我更推荐的一种学习方式是，在工作中首先加强对深层内功技术的理解和把握，慢慢再拓展宽度。

虽然应用层的变化层出不穷，但底层原理其实变化并不大。Linux操作系统1991年就发布了，现在还是各种服务器端技术的基石。

后端方向的各种语言，如C、PHP、Java、Go、Rust，其实都是在Linux的基础之上进行封装的，方式不同而已。如果你搞懂了epoll，那么任何语言的网络编程你都能很快掌握。如果你搞懂了Linux中的进程、线程，那么即使是用户态的协程你也能很快看懂。例如，Go中的GMP模型和内核中的CPU概念、运行队列有着非常高的相似度。如果你真正理解了内核管理内存的方式，那么对各个语言的内存分配器也会理解得更彻底。

对于各种各样的容器引擎，如Docker、Containerd等，如果你把cgroup的原理搞明白了，这些容器引擎你也基本上能一网打尽。理解了CPU cgroup中的权重、period、quota，对K8s中的很多概念也就能理解得更彻底。

搞懂底层技术后，你会进入一种以不变应万变的状态，能快速搞懂一门之前你没接触过的技术。这就好比修建一栋高百米的大楼，如果你的地基打得足够扎实，那么不管什么样的花式建筑都能在坚实的地基上搭建起来。反之，如果地基没有打牢，你会发现你的楼这边修完那边倒，那边建完这边塌，永远无法坚固、稳定地屹立在风雨之中。

如何阅读内核源码

读者经常发来信息询问，Linux源码那么庞大，飞哥你是如何读的呢？由于问这个问题的读者太多，所以我在这里单独聊聊这个话题。

我先说一点，其实我本人不是做内核相关工作的。我和大多数读者朋友一样，从事的也是应用层的开发工作，负责后端模块。那我为什么要研究源码呢？因为我在多年的工作中遇到的很多问题都与底层相关。不深入底层看一看，永远都在隔靴搔痒，理解不到问题的本质（这里说的底层其实也不只包括Linux内核，还包括一些硬件的组成原理等）。

虽然这里提到的是源码，但是我并不建议你一开始就陷入源码里，因为我走过这样的弯路。在刚开始想深入挖掘网络性能的时候，我买来了《深入理解LINUX内核》《深入理解LINUX网络技术内幕》《深入Linux内核架构》等几本书。这些书介绍了内核中的各个组件，如网卡设备、邻居子系统、路由等，把相关源码都讲了一遍。

我"啃"了好长时间，但结果是，看完以后脑子里还是"一团糨糊"。尤其是在工作中遇到实际问题时，根本理解不了网络模块到底是怎么运作的。一个包到底是如何从网卡到达应用程序中的？看了这些书还不明白这个问题，更别提后续做一些网络优化的事情了。

后来，我改变了战术，才算是"柳暗花明又一村"，找到了正确、高效的方法。我找到的正确方法是，以工作中的实际问题为核心。

我们看源码的目的是什么呢，是要把Linux搞明白吗？我想不是，把Linux搞明白只是途径，而我们的真正目是提高我们手头工作的效率。所以，从手头的工作中找问题非常重要。

能结合手头工作相关的问题，才能在未来的工作中进行应用和提升。只有有用的技术，才是真正有价值的技术。至于硬件组成原理、内核源码、"极客时间"上的一些优质网课，都是解决这些问题的工具而已。

在解决问题的时候，内核源码确实很重要。有两种阅读源码的方法，在此分别用**"地毯式轰炸"**和**"精确制导"**来类比它们。

"地毯式轰炸"方法指的是，不管三七二十一，把内核所有的源码都"硬啃"一遍，进去看一看，了解各个组件。

除非你是做内核相关工作的，否则我不推荐大家去通读内核源码。这也是前面所说的我走的弯路。通读内核源码有如下的缺点。

第一，大部分读者都已工作，没有学生时代那么大把的时间去"啃"。

第二，即使"啃"完了，还是无法将它们和手头的工作联系起来。前面提到，我"啃"完了《深入理解LINUX网络技术内幕》，但连网络包是如何从网卡到达应用程序中的都没搞明白。

这就好比我们在战场上动用大量的武器弹药进行狂轰滥炸。这种方法非常浪费弹药，而且很有可能炸不到关键的碉堡。

"精确制导"是我推荐的方法。前面不是说过我们一定要先找到一个问题，那么我们阅读源码的目标就是要消灭这个问题。

进入内核源码，你会发现这里的逻辑关系错综复杂。如果你想弄明白每一个逻辑，最后可能就是累"死"在内核源码的迷宫里。

所以，在阅读源码的时候，要时刻牢记要消灭的问题是什么。如果某段逻辑和你要解决的问题无关，那就直接绕过去，不要恋战！

读完我的书和文章，你应该也能发现，我虽然会贴内核源码，但是绝大部分的源码都包含省略号。这些源码是和当前主题无关的源码，所以我都躲着它们走。

比如，在介绍创建进程时的函数dup_task_struct的时候，我是这样展示的。

```
//file:kernel/fork.c
static struct task_struct *dup_task_struct(struct task_struct *orig)
{
    //申请task_struct内核对象
    tsk= alloc_task_struct_node(node);

    //复制task_struct
    err= arch_dup_task_struct(tsk, orig);
    ......
}
```

我省略了很多源码。省略掉的逻辑和我要解决的问题关系很小，所以就绕开了。

每当你通过这种方法解决一个问题时，就会理解内核某一片的逻辑。当你解决很多问题后，点就会逐渐连成面，这时候你反而能得到更全面、更深刻的理解。

请时刻记住要消灭的问题是什么，无关的代码能绕开的就绕开。吾生有涯，而知无涯，我们只挑对我们有用的进行学习。

要注重动手实践的价值

计算机是一门理论和实践并重的学科，但是大学教育似乎更强调理论，往往对实践关注不够。

计算机科学与技术这个专业在本科阶段的培养目标，对**技术**的关注应该远远高于对**科学理论知识**的关注。对于一门技术来说，动手非常重要。然而，一些院校的教学模式过于偏重理论，所以很多人觉得网络技术这门课太抽象了。这不是学生的问题，而是教育方法的缺陷。你应该也没听说过有哪门技术是仅凭看书就能看会的。

根据美国学者艾德加·戴尔于1946年发现的金字塔学习理论（如图3所示），传统的理论性的学习，如听讲和阅读，对知识的吸收率只有10%左右，而动手实践对知识的吸收率能达到75%以上。从效率上来讲，通过实践的方式进行学习的效率是理论学习的七八倍。

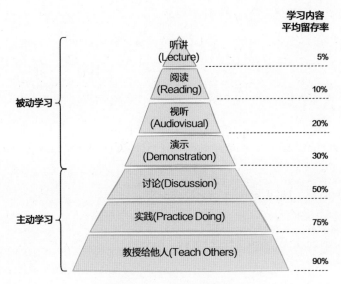

图3　金字塔学习理论

我的建议是，大家对于要学的东西，先尽可能地写一点儿简短的代码，然后再实际运行起来观察并压测一下，这对你掌握和理解技术非常有好处。

我在书中的很多章节都插入了配套的实验代码，在我的微信公众号"开发内功修炼"后台发送"配套源码2"即可获得这些实验代码。这些代码可以帮助大家更方便地开始动手实验。

时间管理

这个话题其实和书本身没什么关系，但是有好多同学问过我，所以就借着这本书和大家聊聊。

我的工作其实非常忙，在腾讯和字节跳动时，基本上晚上很晚才下班，回家就到了睡觉的点，但我还是照样能抽出很多时间来写技术分享文章。在此给大家分享一下我的时间管理心得。

第一，通勤时间要尽可能地短。我个人不太喜欢为了所谓的居住品质在路上浪费很多时间。刚毕业的前两年，我曾住在一个离公司1小时20分钟车程的地方，那时我因超长的上班距离而痛苦不堪。后来，我搬到了城里地段稍好的位置，虽然房子老一些，但是为我节约了非常多的时间。另外，只要天气好，我就尽量选择骑车，而不是开车，因为开车的时间不可控，经常会比骑车多花时间。

现在，我每天在路上通勤的时间加起来只有40分钟，这在北京算是非常短的时间了。我最近这几年陆陆续续能在公众号上写出这么多文章，对通勤时间的压榨给我带来了很大的帮助。

第二，要高度专注。这一点是非常关键的。现在的各种手机应用已经成为人们深度思考的最大障碍，各个App都希望能瓜分你的时间，让你在它们的各种碎片化、低价值的信息里逗留，攫取你的注意力。你一定要学会控制住自己刷手机的欲望。

当然，生活中要做到完全脱离手机也不可能，至少工作中还有很多事情需要你通过手机处理。如果累了，你也需要打开某个App消遣一会儿。所以我推荐的时间管理方法类似番茄工作法，即在某段时间内，比如半小时内，集中精力以高专注度地做某一件事，无论是学习还是工作。在这段时间内，统统丢开王者荣耀、抖音、微博、朋友圈等会分散你注意力的东西，甚至将整个手机扔到手摸不到的地方都可以。中间间隔为休息时间（比如5分钟），这时你可以掏出手机来刷一会儿，然后再进入下一个半小时。

第三，规律化使用碎片时间。现在大家的工作本身都比较忙，所以希望像学生时代那样抽大块的时间来学习几乎是不可能的事情，但是规律化地使用碎片时间却是完全可以的。拿我自己举例，我之前在每天早上7点30到9点这段时间里专门学习和深挖技术（在这段时间我会高度专注，几乎连手机都不碰）。至于怎么安排，你可以根据自己的生活习惯来。比如你喜欢晚睡，就安排在睡觉前学习，能早起，就安排在早上起床后、上班前学习。即使处于"996"的工作状态，每天至少抽出一小时来学习也是完全没问题的。

还有周末的大块时间。周末是一个很好的可以挤出大块时间学习的地方。有些事情是花一小时无法完成的，这些工作都可以放在周末去完成。比如，周末两天可以固定抽出4小时来学习，至于其他时间，你可以听一些音频资源。我开了几个会员，有空的时候会抽空听一会儿，找找灵感。

这些碎片时间虽然单独看起来不是很起眼，但是如果你把它们都用来做一件固定的事情，长期积累下来你会发现其威力不容小觑。我个人的技术成长几乎都是在这种时间里完成突破的，在工作中则会应用和实践这些技术。

创作思路

虽然底层的知识如此重要，但这类知识有一个共同的特点：很枯燥。那如何才能把枯燥的底层知识讲好呢？这个问题我思考过很多次。

2012年，我在腾讯工作期间，在内部K技术论坛上发表过一篇文章，叫作《Linux文件系统十问》（这篇文章现在在外网还能搜到，因为被搬运了很多次）。当时的写作背景是领导分配给我一个任务，要求把合作方提供的数据里的图片文件都下载并保存起来。我对工作中遇到的几个疑问追根溯源，找到答案以后把它们发表出来。比如，文件名到底存在什么地方？一个空文件到底占不占磁盘？Linux目录下子目录太多会有什么问题？等等。这篇文章发表出来以后，竟然在腾讯内部传播开了，反响很大，最后成为腾讯K技术论坛当年的年度热文。

我认真思考过这样一个问题——为什么我的一篇简单的关于Linux文件系统的文章能得到这么强烈的反响呢？后来我在《罗辑思维》的一期节目里找到了答案。节目中说最好的学习方式就是你自己找到一些问题，带着这些问题去知识的海洋里寻找答案。当找到答案的时候，也就是你真正掌握了这些知识的时候。经过这个过程掌握的知识是最深刻的，和你自身的融合程度也最高，完全内化到了你的能力体系中。

换到读者的角度来考虑也一样。其实读者并不是对底层知识感兴趣，而是对解决工作中的实际问题兴趣很大。其实在这篇文章中我并不是在讲文件系统，而是在讲开发人员可能遇到的问题。我只是把文件系统知识当成工具，用它们来解决这些实际问题而已。

所以，本书的创作过程也和上一本书《深入理解Linux网络》一样，一直贯穿一个思路——**以和工作相关的实际问题为核心**。

在大部分章节中，我并不会一上来就给你灌输各种枯燥无味的底层知识，而是先抛出几个和开发工作相关的实际问题，然后再围绕这几个问题展开探寻。是的，我用的词不是学习，而是探寻。和学习相比，探寻更强调对要解答的问题的好奇心，更有意思。当我们在内核的实现中找到答案后，不仅问题解决了，整个底层的工作原理也都打通了。

虽然本书涉及很多源码，但我想在这里先强调一下，我们真正的目的，是理解和解决与项目实践相关的问题，进而提高我们驾驭手头工作的能力，而源码只是我们达成目的的工具和途径而已。

技术中的"势道术"

不知道大家有没有听说过"势道术"?

* 势是未来发展的大势。

* 道是事物背后的规律。

* 术是技术层面的操作方法。

很明显,对于这三个层次,越靠前越关键。套用这个概念总结一下前面给大家分享的两个层次的内容。

在术的层面,包括如何看Linux源码,如何做时间管理。不过这不是最重要的。

在道的层面,学习技术最主要的目的是解决工作中的问题,明确要解决的问题之后,精确"制导",把所有的精力都用在解决这个问题上。至于底层的硬件组成原理也好,内核源码也罢,都不过是我解决这些问题的工具。不要本末倒置,要学以致用,学习的目的就是用。

有的读者向我反馈,很多知识自己也不是没看过,但是看过就忘。其实我觉得主要的原因可能就是没有和手头的工作结合起来,没有用起来。如果你用这些知识解决过自己工作中遇到的实际问题,甚至有过性能优化之类的经验,我想学过的东西是忘不了的。

书中涉及的计算机专业术语

本书中会提到不少专业术语。下面把一些关键术语列出来,正文中再提到的时候就不再详细介绍了。

ACPI:是固件对操作系统内核提供的接口规范,中文译作高级配置和电源接口,全称是Advanced Configuration and Power Interface。

channels:CPU中的内存通道。

CFS:在Linux中,对于普通进程采用的是Completely Fair Scheduler,即完全公平调度器,简称CFS。

cgroups:Linux内核实现的控制组功能,可实现对Linux进程或者进程组的资源限制、隔离和统计功能,全称是Control Groups,简称cgroups。

cgroup：特指cgroups下某一个具体的控制组。

CPI：平均指令周期数，即每条指令的平均时钟周期个数，全称是Cycles Per Instruction。

DIMM：双列直插式内存组件，全称是Dual In-Line Memory Module。

ECC：一种内存专用技术，可以实现错误检查和纠正技术，全称是Error Checking and Correcting。

ELF：Linux上最常见的可执行文件格式，全称是Executable and Linking Format。

glibc：GNU C库，是GNU计划所实现的C标准库，简称glibc。

IMC：CPU中集成的内存控制器，全称是Integrate Memory Controller。

IPC：每周期指令数，即每时钟周期运行多少条指令，全称是Instructions Per Cycle，简称IPC。

Jemalloc：Facebook开发的内存分配器，目前在Redis等项目中应用。

LRDIMM：低负载双列直插式内存模块，全称是Load Reduced DIMM。

MMU：CPU将虚拟地址转换为物理地址是由其中的内存管理单元完成的，即存储管理部件，全称是Memory Management Unit。

NPTL：Linux上符合Posix Thread标准的线程实现，全称是Native POSIX Thread Library。

PID：进程ID，全称是Process ID。

PMC：CPU中的一组专门用于性能监控计数的寄存器，用于监测处理器性能，全称是Performance Monitoring Counter。

PMU：CPU中的性能监测单元，用于监测处理器性能，全称是Performance Monitoring Unit，PMU包含PMC。

ptmalloc：GNU libc的内存分配器。

QPI：快速通道互联，全称是Quick Path Interconnect。

RDIMM：带寄存器双列直插式内存模块，是Registered DIMM的缩写。

RPC：远程过程调用，全称是Remote Procedure Call。

ROB：CPU核中的顺序重排缓存器，全称是Reorder Buffer。

tcmalloc：Google开发的内存分配器，全称是Thread-Caching Malloc。

SO-DIMM：小外形双列直插式内存模块，用于笔记本电脑，全称是Small Outline DIMM。

TLB：转换后援缓冲器，Translation Lookaside Buffer，用于加速虚拟地址到物理地址的翻译速度。

UDIMM：无缓冲双列直插式内存模块，全称是Unbuffered DIMM。

UPI：极速通道互联，全称是Ultra Path Interconnect。

VMA：内核中的虚拟内存管理时使用的虚拟内存地址区域，全称是Virtual Memory Area。

任务：在Linux的实现中，进程和线程都是统一用task_struct来表示的，所以有的时候为了方便起见，就统一把进程和线程称为任务。

容量单位

本书中很多地方会用到容量单位。一般来说，容量的单位是B（byte，字节），在表达较大的容量时经常会用KB、MB、GB等单位。

- KB：等于1 024B。
- MB：等于1 024KB，等于1 048 576B。
- GB：等于1 024MB，等于1 048 576KB，等于1 073 741 824B。

内核版本

在《深入理解Linux网络》中，为了和公司线上的版本保持一致，我使用的Linux源码的版本是3.10。但在对读者调研后我发现大部分读者希望使用比较新的版本，所以本书把所参考的Linux源码升级到比较新的6.1.33这个长期支持版本。

其他说明

本书是在我的公众号"开发内功修炼"的部分内容基础上，理顺了整体框架结构整理而来的。欢迎大家关注并阅读我的微信公众号上最新发表的内容。也欢迎大家添加我的个人微信zhangyanfei748528，备注"交流群"，我会拉大家进群交流技术。

如果读者需要获取本书相关源码，只要在微信公众号"开发内功修炼"的后台发送关键字"源码下载"，即可进行下载。

另外，虽然我极力降低了本书内核相关知识的学习门槛，但还是有一些读者表示学习起来有一定的难度。再者，我观察到视频讲述能帮助大家快速理解，所以针对《深入理解Linux网络》和本书内容，制作了配套的视频课程。该课程整体上计划准备约100节课，预计总时长2000多分钟。感兴趣的读者可以在微信公众号"开发内功修炼"后台发送"配套视频"来了解详细的课程列表。

由于本人精力有限，书中内容难免会有疏漏，如您发现书中有描述得不正确的地方，欢迎到我的微信公众号后台或者给我发微信指正，不胜感激！

致谢

本书得以出版要感谢许多人。

首先，要感谢的是我的爱人和儿子。我日常工作比较忙，陪伴家人的时间不多，在写书的过程中，更是连周末和节假日也都需要用来投入写作，你们的理解和支持让我能有足够的时间专心创作。我的儿子经常关注我写到第几章了，还积极帮新书取名，为本书的出版起到了推动作用。

其次，要感谢我的"开发内功修炼"公众号粉丝，以及我创建的18个微信技术交流群中的读者，你们的认可和肯定激励我写出一篇又一篇的"硬核"文章。和你们的交流让我不断对技术有了新的认识和理解，不断到达更高的高度。

还要感谢我所在的字节跳动公司，以及一起共事的同事们，公司推崇的求真务实的字节"范儿"：刨根问底、对线上问题拿一手数据、追求最本质的技术原因，让我对技术深度的理解持续加深。

最后，要感谢我的图书策划人姚新军（@长颈鹿27）老师认真地帮我打磨内容，细致到一个措辞、一个标点都细细斟酌，你严谨的态度和高标准的审核为本书注入了更多的价值。

目　录
contents

第1章

CPU硬件原理

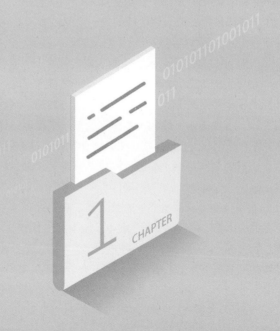

任何软件程序（包括操作系统），其实最终都是通过控制硬件来帮助我们完成工作的。从事软件开发的工程师们离硬件相对较远，可能对硬件不是非常熟悉。但在CPU硬件中，一些关键的特性对性能有着非常重要的影响。比如逻辑核的概念，CPU中的各种缓存，如L1、L2、L3，TLB，等等。如果软件工程师缺乏对这些硬件特性的了解，所开发出的软件也很难发挥出它该有的性能。所以本书以CPU硬件原理作为开始。

先来看5个与CPU性能相关问题：

1）你的CPU的工作频率是多少，是恒定不变的吗？

2）top命令中输出的核数是服务器上物理核的数量吗？

3）你知道该如何查看CPU中的L1、L2、L3等缓存的大小吗？

4）为什么内存对齐后访问性能更高？

5）TLB缓存是什么？如何提高它的命中率？

让我们带着这些疑问出发，去了解CPU、内存硬件的一些关键知识。

1.1　CPU的生产过程

CPU的生产过程大概需要经过如下三步。

第一步是晶圆的生产。具体过程是将含有大量硅的石英砂放到一个巨大的石英熔炉中进行加热，使其熔化，然后向熔炉中加入一个小的晶种以便硅晶体围着这个晶种生长，直到一个单晶硅硅锭生成。这个硅锭是一个圆柱体，直径大概是200mm或300mm。然后对硅锭进行切割，将圆柱体的硅锭切割成圆形的晶圆。

第二步是CPU硬件电路的制作。晶圆表面会被涂上一层光阻物质，这种光阻物质的特点是被紫外线照到的地方会熔化。接着，使用固定波长的紫外线通过印着CPU复杂电路结构图样的模板照射晶圆。用光来对晶圆进行蚀刻。然后再通过沉积的方式加一层硅，涂光阻物质，再次影印，蚀刻重复多遍形成一个多层结构。而且每层中间都要填充金属导体。最终在一个非常小的面积上形成一个比一座城市还要复杂的3D结构。

第三步是进行封装和测试。晶圆上的电路被封装起来，经测试合格后就会被推向市场进行销售。

在上面的制作步骤中，最重要的是第二步。这个过程追求的是不断在单位面积的芯片上布局更多的晶体管。每个晶体管的结构大致如图1.1所示。

晶体管的尺寸越小，单位面积上的电路就越丰富，生产出来的CPU的性能就越好。另外，晶体管的尺寸越小，单个晶体管的能耗也会越低，整个CPU也会越省电。

衡量晶体管尺寸大小的标准是晶体管中栅极长度（新CPU开始采用其他一些等效工艺标准）。在Intel历年生产的CPU中，2013年的Haswell采用的是22nm的工艺，2014年的Broadwell开始采用14nm工艺，2019年的Ice Lake开始引入10nm工艺，到了2022年，Raptor Lake已经开始采用7nm工艺了。一般来说，制程工艺越短，生产出来的CPU也就越先进。

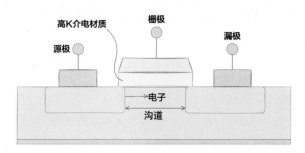

图1.1　CPU晶体管结构

以上是对CPU的通用生产过程的描述。但在实际生产中，各家公司会根据应用场景的不同，分别开发、设计和生产不同子品牌的CPU。拿Intel公司来举例，该公司面向不同的市场需求，推出了凌动、赛扬、奔腾、酷睿、至强等多个子品牌。

- 酷睿（Core）、赛扬（Celeron）、奔腾（Pentium）都是应用在个人电脑上的品牌。奔腾在1992年推出，之后在很长一段时间里都是个人电脑CPU的主流。赛扬是1998年推出的一款和AMD竞争低价市场的产品，可以理解为缩水版的奔腾。目前奔腾和赛扬这两个品牌已经退出历史舞台了。酷睿是2006年推出的，直到现在仍然是用于个人电脑的主流CPU品牌。
- 至强（Xeon）是企业级的CPU，多用于服务器和工作站。大家在工作中使用的线上服务器，很多都是这个子品牌旗下的产品。
- 凌动（Atom）主打省电和低功耗，主要用在手机、平板等设备上。是的，Intel 也是做过手机CPU的，但因为功耗问题在竞争中被ARM架构的各家处理器厂商打败，在2016年后逐渐退出市场。

1.2　个人电脑CPU硬件简介

无论是哪家CPU厂商，为了更好地管理自己生产的众多型号的产品，也为了能更好地让消费者快速地了解自己家的产品，都会定义一套产品规则。下面还以Intel CPU为例，来看看它的个人电脑CPU的命名规则，如图1.2所示。

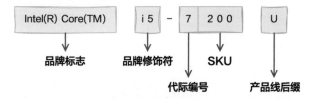

图1.2　Intel个人电脑CPU命名规则

Intel把CPU的编号分成了品牌标志、品牌修饰符、代际编号、SKU、产品线后缀5部分。接下来我们分别对这5部分来展开讲解。

第1部分是品牌标志。Intel(R) Core(TM）表示这是Intel公司生产的针对个人电脑的酷睿系列CPU。

第2部分是品牌修饰符。这部分用于区分处理器的市场定位，一般来说，在同一年代生产的CPU中，i3、i5、i7、i9的性能是依次递增的。分别代表着从低端到中端再到高端的定位。

第3部分是代际编号。这部分有可能是一位数字，也有可能是两位数字。在图1.2中列举的这个CPU上，代际编号是"7"，对应的是Intel于2016年推出的内部代号为"Kaby Lake"的CPU架构。一般来说，CPU代际编号越大，代表架构推出的时间点越新，单核的性能也会更好。关于"Kaby Lake"，接下来在后文"个人电脑CPU代际简介"中再介绍。

第4部分是SKU。**这是每家CPU厂商为了方便对所有的产品进行库存管理而制定的编号**，类似于超市里商品的条形码、图书的ISBN，方便查询和管理产品的库存量。一般来说，这个值越大性能越好，但不绝对。

第5部分是产品线后缀。在笔记本电脑中，H系列代表的是高性能、U系列代表的是较低功耗、Y系列代表的是极低的功耗。在台式机中，X代表的是最高性能、K代表的是高性能、T代表的是功耗优化。

1.2.1 个人电脑CPU代际简介

前面提到每个CPU型号中都包含了一个代际编号，比如第7代、第8代，目前已经更新到了第13代。代际代表的是CPU的生产年份不同、生产工艺不同、架构设计不同。各个代际除了这个数字的编号外，还有一个英文代号。比如第7代的英文代号（代际名称）就是Kaby Lake。Intel公司代际编号和代际名称的对应关系如表1.1所示。

表1.1　Intel公司代际编号和代际名称的对应关系

发行时间（年）	代际编号	代际名称	制程工艺	微架构
2013	4	Haswell	22nm	Haswell
2014	5	Broadwell	14nm	Haswell
2015	6	Skylake(client)	14nm	Skylake
2016	7	Kaby Lake	14nm	Skylake
2017	8	Coffee Lake	14nm	Skylake
2018	9	Coffee Lake Refresh	14nm	Skylake
2019	10	Ice Lake(client)	10nm	Sunny Cove
2020	11	Tiger Lake	10nm	Willow Cove
2021	12	Alder Lake S	7nm	大核Golden Cove，小核Gracemont
2022	13	Raptor Lake	7nm	大核Raptor Cove，小核Gracemont

从表1.1中可以看到，2013年发布的Haswell制程工艺是22nm。在接下来的发展过程中，CPU的制程工艺一直在进步，从2013年的22nm逐步发展到了2022年的7nm。制程工艺的进步带来的好处主要是能效比的提升，单位面积上晶体管的数量增加了，但是需要的能耗却降低了。

微架构指的是单个物理核内部的设计实现，不同的微架构对于物理核的实现细节是不同的，主要有Skylake、Sunny Cove、Golden Cove等不同的架构实现。关于微架构的更多内容将会在1.4节详细介绍。

除了表1.1中的不同，每代CPU的内存控制器和连接外设的PCIe也是不一样的。越新的CPU所支持的内存代际越来越新，支持的内存频率越来越高。

先看2011年第3代的Ivy Bridge，该代际下的CPU支持的还是DDR3代的内存。Celeron、Pentium等系列的CPU支持的内存频率大部分都是DDR3-1333，只有Core i3和Core i5系列的内存频率支持到了DDR3-1600。

到了2014年第5代Broadwell，Intel开始在多数Core系列上大规模地支持DDR4-2400内存。到了2015年的第6代Skylake(client)，该代际下高端的Core i9支持到了DDR4-2666。到了2016年的Kaby Lake，普通的Core i5和Core i7也都支持DDR4-2666。2019年的Ice Lake的Core系列支持了DDR4-3200。

2021年的Alder Lake S，开始支持DDR5的新内存，而且还同时支持DDR4-3200和DDR5-4800。

上面说的是台式机的内存规格。笔记本电脑来说，还有对应的低电压标准的内存条代际。低电压标准的内存相对比较省电，但性能会差10%左右。在具体的内存标准上，包括DDRxL和LPDDRx两个系列标准，前者名中的L是低电压Low Voltage的简写，后者名中的LP是Low Power的简写。

拿第4代内存来举例，DDR4的工作电压虽然从DDR3的1.5 v下降到了1.2 v，更加省电，但要用在笔记本电脑中，其功耗仍然是比较高的。而DDR4L除了兼容DDR4的1.2 v电压模式，还支持1.05 v的低电压模式。LPDDR4的工作电压是1.1 v，所以DDR4L和LPDDR4更适用于笔记本电脑等移动设备。

CPU支持的内存的指标，还有一个通道数也就是CPU上可以支持几条内存插槽。家用个人电脑一般都有2个或4个内存插槽，插槽的英文是channel。越多内存插槽的电脑支持的最大内存容量也就越大，整体带宽也就越高。

PCIe总线是一种用于连接高速组件的高速串行计算机扩展总线标准，它取代了历史上出现的AGP、PCI和PCI- X总线标准，并经历了多次调整和改进。

最早在2003年，PCIe 1.0标准首次发布。后来因为带宽需求增长越来越快，PCIe 1.0、PCIe 2.0、PCIe 3.0、PCIe 4.0和PCIe 5.0等5代标准陆续发布，PCIe 6.0也将在不久后发布，数据传输速率每过一代就会提升很多。各代PCIe相关数据如表1.2所示。

表1.2　各代PCIe相关数据

版本	发布时间（年）	单通道传输速率	16通道传输速率
PCIe 1.0	2003	2.5 GT/s (250 MB/s)	40 GT/s (4 GB/s)
PCIe 2.0	2007	5 GT/s (500 MB/s)	80 GT/s (8 GB/s)
PCIe 3.0	2010	8 GT/s (984.6 MB/s)	128 GT/s (15.75 GB/s)
PCIe 4.0	2017	16 GT/s (1968 MB/s)	256 GT/s (31.51 GB/s)
PCIe 5.0	2019	32 GT/s (3938 MB/s)	512 GT/s (63.02 GB/s)

　　在Intel CPU的发展过程中，2015年的Skylake支持了PCIe 3.0标准，2020年的Tiger Lake支持了PCIe 4.0标准，2021年的Alder Lake S中提供了16通道的PCIe 5.0，用于连接显卡，同时还支持4通道的PCIe 4.0通道，用于连接固态硬盘。

1.2.2　个人电脑CPU内部架构

　　以目前线上比较主流的Ice Lake(client)为例，来看看该代际下某个人电脑CPU内部架构图，如图1.3所示。

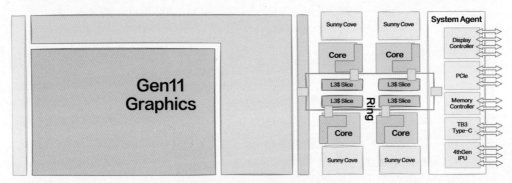

图1.3　个人电脑CPU内部架构

　　图1.3左侧的Gen11是CPU的集成显卡。是的，个人电脑CPU里是包含一块集成显卡的。

　　图1.3右侧靠中间的位置是4个物理核，这是CPU硬件中最重要的部分。4个核的中间位置还有4块L3缓存，要注意的是，虽然在硬件上是有4块L3缓存，但它们都是所有核共享的。

　　在图1.3的最右侧是System Agent模块。该模块主要包括内存控制器（Memory Controller）、外围组件快速互联（Peripheral Component Interconnect Express，简称PCIe）通道、图像处理单元（Image Processing Unit，IPU）等重要的和外部设备通信的模块。

　　其中最重要的是内存控制器，当前CPU支持什么规格的内存，以及支持多大的内存，都是由CPU中的内存控制器来决定的。PCIe通道用于和显卡、PCIe接口的固态硬盘通信，还可以通过南桥和普通硬盘、网卡等设备通信。IPU的功能是提供对视频录制成像、人脸检测识别等图像相关处理的硬件支持。

1.3　服务器CPU硬件简介

区别于个人电脑CPU，服务器CPU由于使用场景的特殊性，在很多方面都与个人电脑CPU不同。在尺寸上，服务器CPU要明显大于个人电脑CPU。服务器CPU和个人电脑CPU还有以下四点区别。

第一，核数和价格不同。个人电脑CPU的核数一般都比较少，而服务器一直在努力塞进更多的核。例如Ice Lake代际的个人电脑最高端的酷睿 Core i7 1068NG7（4 核 8 线程）的定价是426美元，而同代际的服务器最高端的铂金Xeon Platinum 8380（40核80线程）的定价达到了9359美元。

第二，CPU的内存控制器不同。服务器CPU的内存控制器需要支持RDIMM、LRDIMM等内存，这些内存一般都带ECC纠错功能，而且还带寄存器，能支持更大的单条容量（关于内存硬件的内容将会在第2章详细介绍）。这些内存一般不被个人电脑CPU的内存控制器支持。

第三，通道数，个人电脑CPU一般支持双通道或四通道。而服务器CPU支持的内存通道数达六通道甚至是八通道，可以插更多的内存条。

第四，扩展性。个人电脑CPU一般不包括UPI总线模块，而有的服务器CPU甚至包含3条UPI总线（参见1.3.4节）。有了这个UPI总线，单台服务器可以支持双物理CPU、四物理CPU，甚至八物理CPU。总之，服务器CPU和个人电脑CPU存在很大的不同。

目前服务器CPU市场上虽然还有arm和RISC-V架构入场，但占据主流的品牌仍然还是x86架构。Intel和AMD两家公司占据着x86架构市场，其中Intel针对服务器市场推出的子品牌型号是Xeon。我们以Intel的Xeon CPU来介绍服务器CPU命名规范，如图1.4所示。

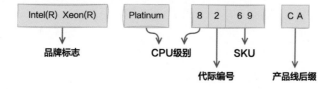

图1.4　服务器CPU命名规范

第一部分是品牌标志。Intel(R) Xeon(R)表示这是Intel的Xeon服务器CPU。

第二部分是CPU级别。Intel在2017年之前对服务器CPU使用E3、E5和E7的方式来命名。其中E3代表的是入门级别的服务器处理器、E5代表中端服务器处理器、E7代表高端服务器处理器。这种命名方式类似于个人电脑处理器中的i3、i5和i7，数字越大，档次越高。但在2017年之后，Intel开始使用Platinum（铂金）、Gold（金牌）、Silver（银牌）等来命名服务器CPU并划分级别。

代表级别的字符串（如Platinum）和后面的第一位数字是有对应关系的：

- 如果数字是8、9，都代表的是Platinum系列，定位高端服务器CPU。
- 如果数字是6、5，都代表的是Gold系列，定位中端服务器CPU。
- 如果数字是4，代表的是Silver系列，定位入门级服务器CPU。

第三部分的第一位数字代表的是CPU的代际。即2017年之后开始的可扩展处理器家族代际标识，数字越大代表CPU架构越新。

第四部分是SKU编号。**这是CPU厂商为了方便对所有产品进行库存管理而制定的编号。**

第五部分是产品线后缀。其中C代表的是单CPU插槽。Q代表的是支持液冷。N代表的是针对通信/网络/NFV网络功能虚拟化优化。T代表的是根据长寿命使用要求设计的能满足10年使用周期需求。P代表针对IaaS云环境优化。V代表针对SaaS云环境优化。

1.3.1　服务器CPU代际简介

服务器CPU的代际发展和个人电脑CPU的发展过程基本上是一致的，但在命名方式上有所不同。服务器CPU的代际从2017的Skylake开始，被命名为第1代可扩展处理器。接下来的代际命名都是在此基础之上递增、更新的。

从表1.3中可以看到：

- 第1代可扩展处理器对应代号Skylake（2017年发布）的架构设计，采用的是14nm工艺，微架构采用Skylake。
- 第2代可扩展处理器对应代号Cascade Lake（2019年发布）和Casecade Lake-R（2020年发布）的架构设计，采用14nm工艺，微架构仍然沿用Skylake。
- 第3代可扩展处理器对应代号Cooper Lake（2020年发布）和Ice Lake（2021年发布）的架构设计，升级到了10nm工艺，微架构Ice Lake (server)采用了性能更好的Sunny Cove。
- 第4代可扩展处理器对应代号Sapphire Rapids（2023年发布）的架构设计，进一步升级到了7nm工艺，微架构采用了更新的Golden Cove。

表1.3　服务器CPU代际

时间	代数	CPU代际	制程工艺	微架构
2017	第1代	Skylake (server)	14nm	Skylake
2019	第2代	Cascade Lake	14nm	Skylake
2020	第3代	Cooper Lake	14nm	Skylake
2021	第3代	Ice Lake (server)	10nm	Sunny Cove
2023	第4代	Sapphire Rapids	7nm	Golden Cove

1.3.2　服务器CPU内部架构

对于同一个代际的CPU，针对不同等级的市场，Intel又细分出了Platinum（铂金）、Gold（金牌）、Silver（银牌）、Bronze（铜牌）四个档次。我们以Cascade Lake的Platinum（铂金）系列中最高端的28物理核CPU为例，来看看服务器CPU的内部架构，如图1.5所示。

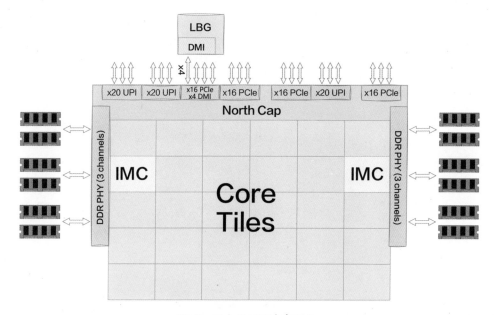

图1.5　服务器CPU内部架构

该内部架构主要分成三大部分。

第一大部分是IMC（integrated memory controller，集成内存控制器）。

从图1.5中可见，该CPU有两个IMC模块，每个内存控制器都可以支持3条内存通道，每条通道可以插2根DIMM内存条，总共支持最大插$2 \times 3 \times 2 = 12$根内存条。另外，该控制器支持的服务器内存规格是DDR4 2933 MHz。

第二大部分是各个物理核。

这个代际采用的是Mesh架构。**在Mesh架构中，所有的物理核按照行列的二维架构进行排列**，总共分成5行6列，30个位置。其中2个位置用来放置IMC，剩下的28个位置都是单个物理核。

第三大部分是North Cap。

这个部分包含PCIe总线（用来连接显卡、硬盘等）和UPI总线（用于多CPU间互联）。

1.3.3 服务器CPU片内总线

在服务器CPU架构设计中，要解决的关键问题是如何合理设计多核布局，以更低的延迟实现对内存的访问。所以，片内也需要用"总线"进行互联。

在2017年的Skylake之前，Intel采用的方式是环状互联，也叫Ring架构，如图1.6所示。在Ring架构里，所有的核都用一个环来连接。每个核需要访问内存的时候，都通过这个环进行。

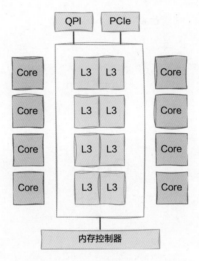

图1.6　服务器CPU之Ring架构

后来，服务器的发展都是朝着多CPU核的方向进行的。随着时间的推移，核数越来越多。在传统的Ring架构的环状结构中，核越多，环就越大，核通过环来访问内存数据时的延迟就会越多。

为了减少环上核的数量，Intel还曾为了塞进更多的核，设计了双环结构。这样，环上的核就少了，数据传输路径就短了一些。改进后的Ring架构如图1.7所示。

但即便分成了两个环，依旧会有核越多延迟越多的问题，且跨环访问会增加一个额外的CPU cycle的延迟，所以Broadwell代际即使把 Ring架构做到了极致，最多也只塞到了24个核。

所以，为了更好地控制多核处理器访问内存时的延迟，Intel于2017年推出的Skylake中采用了Mesh架构来设计多核处理器。**所谓Mesh架构，就是把所有的物理核按照行列的二维架构进行排列。**

Cascade Lake最高规格的28个物理核的芯片设计，采用了5行6列的矩阵结构。其中2个位置用于放上面提到的内存控制器，余下的每个位置都放了一个物理核。Ring架构演进到Mesh架构后，片内总线也从一维结构演变到了二维结构，如图1.8所示。

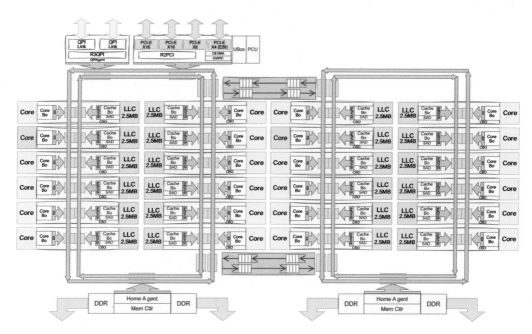

图1.7 服务器CPU之Ring架构改进

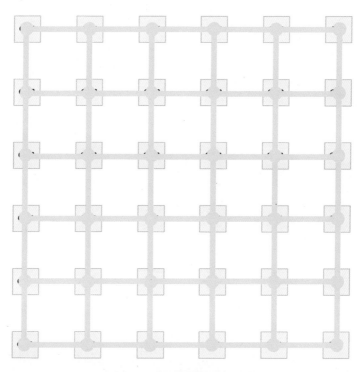

图1.8 服务器CPU之Mesh架构

这样，某个物理核在访问内存数据的时候，就可以通过这个二维结构找到一个最短通信路径。例如图1.9中Start这个位置的核想要访问内存，其访问路径是先沿着红色箭头向上，然后再沿着另一个红色箭头向右到达内存控制器来访问内存。

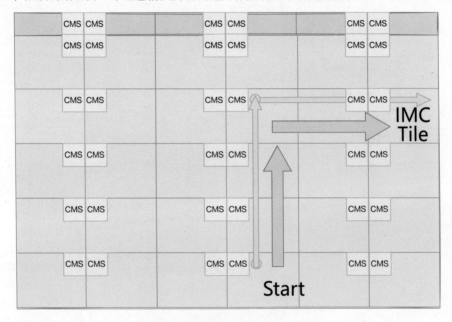

图1.9　Mesh架构CPU内存访问过程

有了这个二维结构后，访问内存的路径就会短一些，也就在低延迟的情况下设计更多的物理核提供了可能。Cascade Lake代际就设计到了28个物理核（Ring架构最多只到过24核）。后面的服务器CPU仍然延续使用Mesh架构，2021年发布的Ice Lake(server)更是设计了7行8列的矩阵结构，共放了40个物理核。

1.3.4　服务器CPU片间互联

单个CPU即使用尽全力，能设计的物理核数量仍然是有限的。另外一个扩展思路是多处理器互联，在一台服务器上安装多个物理CPU，进而达到扩展算力的目的。

从前文可知，每个CPU都可以通过内存控制器和自己的内存插槽上的内存进行通信。但现代的服务器如果安装了多个CPU，问题就来了，一个CPU如何访问另外一个CPU连接的内存里的数据。

答案就是UPI总线，它是Ultra Path Interconnect的简称。2017年前的服务器CPU采用QPI（Quick Path Interconnect）总线进行CPU之间的互联。从2017年的第1代可扩展处理器开始，Intel就采用了更为快速的UPI总线。UPI总线相对于QPI总线，传输速度更快，从9.6 GT/s提升到了10.4 GT/s，而且功耗还更低。

通过UPI，可以实现双处理器、四处理器，甚至是八处理器之间的互联。Xeon Platinum都支持3 UPI连接。针对Xeon Platinum系列，双处理器的连接方式如图1.10所示。

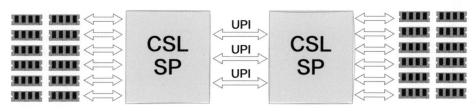

图1.10　双处理器互联

四处理器的连接方式如图1.11所示。

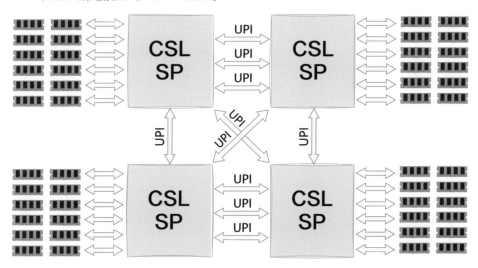

图1.11　四处理器互联

八处理器的连接方式如图1.12所示。

有了UPI总线，CPU就可以通过该总线来访问其他CPU连接的内存里的数据了。Intel通过UPI总线极大地提高了多处理器可扩展性。目前业界线上使用得最多的是双处理器的UPI互联。

值得注意的是，当多个CPU通过UPI总线互联后，会出现访问另外一个CPU上连接的内存中的数据更慢的情况。以双CPU为例，图1.10中左侧的CPU访问左边自己连接的内存的速度肯定是最快的。但如果需要访问右边的内存条，CPU就需要经过中间的UPI总线，访问速度就会慢一些。

为了适应这个特点，Linux操作系统设计了NUMA特性，原理就是把系统中所有的CPU和内存条都划分成不同的node。一个node包含一些核及和它距离非常近的内存。使用NUMA绑定可以让内存访问发生在node内部，避免跨node内存IO的产生，这种思路可以提高程序运行性能。

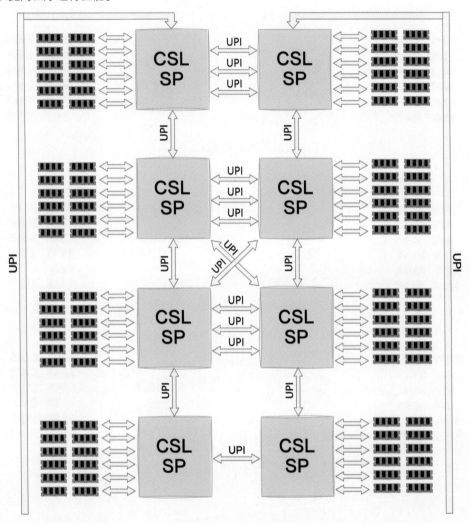

图1.12 八处理器互联

如果想了解所用服务器的NUMA划分，可以使用dmidecode和numactl命令。使用dmidecode命令可以看到当前服务器上总共有几条内存，每条容量分别是多大。

```
# dmidecode|grep -P -A5 "Memory\s+Device"|grep Size
        Size: 8192 MB
        Size: 8192 MB
        Size: No Module Installed
        Size: 8192 MB
        Size: No Module Installed
        Size: 8192 MB
```

```
Size: 8192 MB
Size: 8192 MB
Size: No Module Installed
Size: 8192 MB
Size: No Module Installed
Size: 8192 MB
```

上述dmidecode命令的输出结果显示我的这台服务器总共有8条内存，每条内存的大小是8GB。接着再使用numactl命令查看node的情况。

```
# numactl --hardware
available: 2 nodes (0-1)
node 0 cpus: 0 1 2 3 4 5 12 13 14 15 16 17
node 0 size: 32756 MB
node 0 free: 19642 MB
node 1 cpus: 6 7 8 9 10 11 18 19 20 21 22 23
node 1 size: 32768 MB
node 1 free: 18652 MB
node distances:
node   0   1
  0:  10  21
  1:  21  10
```

通过上述输出结果可以看到，每一组CPU核分配了32GB的内存。前面我们看到了每条内存的大小是8GB，所以每个node下有4条直连的内存。访问另外4条内存就要经过QPI/UPI总线。numactl命令的输出结果中的node distance是一个二维矩阵，描述node访问所有内存条的延时情况。node 0里的CPU访问node 0里的内存的相对距离是10，因为这时访问的内存都是和该CPU直连的。而node 0里的CPU如果想访问node 1下的内存，就需要走QPI/UPI总线了，这时该相对距离就变成了21。

总之，在NUMA架构下，CPU访问自己同node的内存要比访问跨node的内存要快。所以，有的公司在部署自己的线上业务时，会进行NUMA绑定，消灭跨node的内存访问，以追求最极致的运行性能。

1.4　CPU核原理

在CPU硬件中，最重要的工作单元是一个个的物理核。本节将展开对CPU核的关键技术点——如内部结构、工作频率、逻辑核、L1/L2/L3和TLB缓存等的介绍。

1.4.1　CPU核内部结构

前面在介绍个人电脑CPU和服务器CPU的时候都提到了，不同代际的CPU还有一个不同的地方，即微架构的不同。微架构指的是每个物理核设计时采用的技术方案。针对核的设计细节，不同的微架构之间存在差异，比如TLB、L1、L2等各种缓存的大小不同，再比如CPU核内部的运算单元都会有所不同。本节以服务器CPU的微架构为例，看看核的内部设计和实现。

回顾服务器CPU的代际表，可见第1代、第2代和第3代的Cooper Lake采用的微架构都是Skylake，而第3代的Ice Lake (server)开始采用Sunny Cove，2023年的第4代Sapphire Rapids又采用了Golden Cove。

Skylake中的物理核的内部物理结构如图1.13所示。

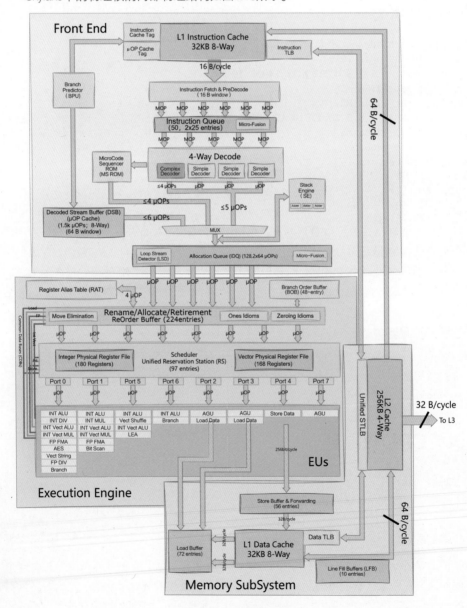

图1.13　Skylake微架构

图1.13可以分成几大块区域。

第一块区域是图1.13上面的前端，也叫Front End。

其中前端部分的作用是顺序地从内存中获取指令，然后进行预解码和解码，将指令转换成微操作。把解码后的微操作放到队列中，等待CPU后端进行处理。前端中还包含CPU的分支预测的实现模块BPU，以及解析指令时需要用到的L1指令缓存和指令TLB。从图1.13中可以看到，Skylake核中的L1指令缓存的大小是32KB。

第二块区域是图1.13中间部分的后端，又叫Back End。

后端模块的作用是从队列中获取前端解码好的指令并运行。具体包括一个224个条目的顺序重排缓存器（ROB，ReOrder Buffer），该模块负责处理数据依赖问题。还包括一个调度器（Scheduler），一旦资源准备就绪，调度器会将微操作分配到执行引擎中的某个端口进行处理。另外还包括真正运行指令的执行引擎（Execution Engine）。执行引擎包括Port0、Port1……Port7等8个端口，每个端口都支持不同的微操作（μOP）的处理。其中，Port0、Port1、Port5、Port6支持整数、浮点数的加法运算，Port2、Port3用于地址生成和加载，Port4用于存储操作。因为有8个Port，所以物理核在一个时钟周期内最多可以处理8个微操作，也称8路超标量。

第三块区域是图1.13下面部分的存储系统，又叫Memory SubSystem。

这里包括L1级的Data缓存区，图1.13中展示了它的大小是32KB，还包括L2缓存，其大小是256KB，另外还有Data TLB等缓存。这些缓存都是位于CPU核内部的。访问它们的速度比访问内存更快。

第三代服务器CPU采用了Sunny Cove微架构，如图1.14所示。

该架构下的单核性能大约比上一代Skylake提升了18%~20%。相比上一代的Skylake，Sunny Cove具体的改进有如下这些。

负责指令解析的前端部分：

- μOP Cache提升到了2.3KB（上一代是1536B）。
- 改进的分支预测。
- iTLB缓存翻倍。

负责指令执行的后端部分：

- 顺序重排缓存器（ReOrder Buffer，ROB）提升到352条目（上一代是224条目）。
- 调度器（Scheduler）提升到支持10路超标量（上一代是8路超标量），每个时钟周期最多可以支持10个微操作。

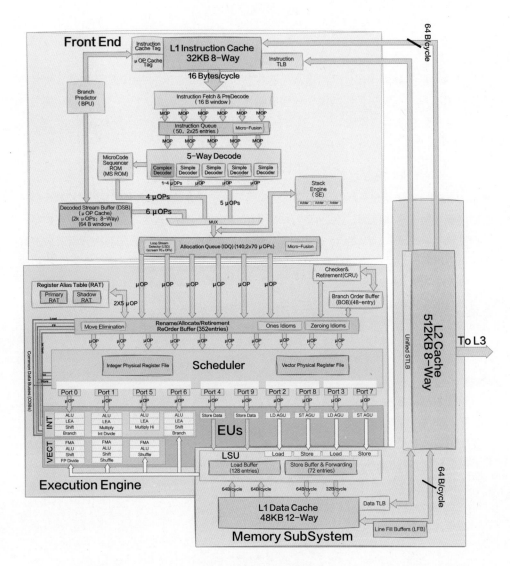

图1.14 Sunny Cove微架构

对于执行引擎：

- 存储操作端口提升到2个（上一代是1个）。
- 地址生成端口提升到2个（上一代是1个）。

对于缓存子系统：

- L1 缓存提升到48 KB（上一代是32 KB）。
- L2 缓存提升到512 KB（上一代是256 KB）。

- STLB（Shared TLB）缓存提升到2048 条目（上一代是1536 条目），DTLB也有较大改进。

另外，Sunny Cove还引入了一些新的指令，比如AVX-512向量指令。所有这些核设计细节中的提升，铸就了Sunny Cove比上一代更强的单核性能。

2023年开始采用的Golden Cove微架构，进一步将后端部分的ROB从352条目提升到512条目，将执行引擎中的端口从10个提升到12个，还有其他一些优化。其单核性能又进一步提升了19%。

1.4.2　CPU的工作频率

开发人员在评估自己的业务体量的时候喜欢用线上有几千几万核来评估，但其实不同CPU的核的性能差异还是很大的，其中一个主要的差异就是工作频率。在CPU这个数字系统中，为了确保内部所有硬件单元能够协同工作，CPU工程师设计了一套时钟信号与系统同步进行操作。CPU的时钟周期如图1.15所示。

时钟周期

图1.15　CPU时钟周期

一个时钟周期指的是两个上升沿中间的时间间隔。频率表示的是1秒之内能够重复的时钟周期的次数，它的基本计量单位是Hz。现在，CPU基本上都能达到GHz的级别，也就是一秒10亿脉冲信号。

服务器CPU的工作频率分主频和睿频。比如Intel的这个E5 2690，其官网的参数如图1.16所示。

CPU 规格	
内核数 ⑦	8
线程数 ⑦	16
最大睿频频率 ⑦	3.80 GHz
英特尔® 睿频加速技术 2.0 频率‡ ⑦	3.80 GHz
处理器基本频率 ⑦	2.90 GHz
缓存 ⑦	20 MB Intel® Smart Cache
总线速度 ⑦	8 GT/s
QPI 链接数 ⑦	2
TDP ⑦	135 W

图1.16　Intel E5 2690睿频和基本频率

它的主频（基本频率）是2.9GHz。也就是说，在1秒之内，它可以有29亿个时钟周期。每个时钟周期仅需要0.35纳秒左右。一般来说，频率越高，单位时间内CPU能执行的指令数就越多，CPU的性能也就越强劲。

除了基本频率，服务器CPU还有一个睿频，英文名称叫Turbo Frequency。**支持睿频的CPU对频率进行智能控制，在安全温度和功率限制内，将自动提高CPU运行频率，来达到提升 CPU 运行性能的效果。**上面这个CPU的睿频频率最高可达 3.8 GHz。也就是说，在最好的条件下，该CPU可以工作在3.8GHz的频率，但性能也就比只用基本频率工作要好得多。

> ★ 注意
>
> 和睿频类似的还有一个超频。早期的很多电脑玩家都会手动调整各种指标（如电压、散热、外频、电源、BIOS等）进行手动超频，但这种超频容易导致服务器的运行不稳定。而睿频技术是CPU厂商开发的，会自动进行频率调整，比超频要稳定得多。服务器一般不支持超频。

1.4.3 物理核与逻辑核

提到CPU核数，相信绝大部分的读者想到的都是top命令，直接用它到自己的服务器上看一下是多少核。比如我的服务器，用top命令展开以后，可以看到有24核。

```
#top
top - 17:04:51 up 882 days,  1:16,  1 user,  load average: 0.05, 0.05, 0.00
Tasks: 596 total,   1 running, 595 sleeping,   0 stopped,   0 zombie
Cpu0  :  0.0%us,  0.0%sy,  0.0%ni,100.0%id,  0.0%wa,  0.0%hi,  0.0%si,  0.0%st
Cpu1  :  0.0%us,  0.0%sy,  0.0%ni,100.0%id,  0.0%wa,  0.0%hi,  0.0%si,  0.0%st
Cpu2  :  0.0%us,  0.0%sy,  0.0%ni,100.0%id,  0.0%wa,  0.0%hi,  0.0%si,  0.0%st
Cpu3  :  0.0%us,  0.0%sy,  0.0%ni,100.0%id,  0.0%wa,  0.0%hi,  0.0%si,  0.0%st
Cpu4  :  0.0%us,  0.0%sy,  0.0%ni,100.0%id,  0.0%wa,  0.0%hi,  0.0%si,  0.0%st
......
Cpu23 :  0.0%us,  0.0%sy,  0.0%ni,100.0%id,  0.0%wa,  0.0%hi,  0.0%si,  0.0%st
```

那么是否就说明我的机器安装的CPU真的有24核呢？其实不是的，一般来说，通过top命令看到的CPU核是逻辑核。下面整理几个基本概念：

- 物理CPU：主板上真正安装的CPU的个数，通过physical id可以查看。
- 物理核：一个CPU会集成多个物理核，通过core id可以查看物理核的序号。
- 逻辑核：Intel运用了超线程技术，一个物理核可以被虚拟出多个逻辑核，processor是逻辑核序号。

例如图1.17中有两个CPU，每一个CPU有6个物理核。

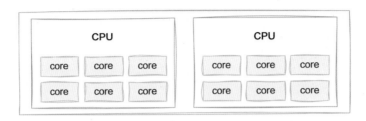

图1.17　CPU物理核

但在每个核上，为了充分利用CPU，可以通过超线程技术将一个核当两个来用，所以整体上就有2×6×2=24个逻辑核可用，如图1.18所示。

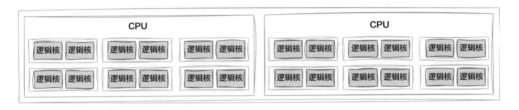

图1.18　CPU逻辑核

值得注意的是，在一个物理核上超线程出来的两个逻辑核实际上不仅仅共享同一个物理核，还共享该物理核所持有的L1和L2缓存。好了，我们已经理解了CPU的物理CPU、物理核、逻辑核的基本概念，接下来找一台机器真正看一下。

在Linux系统下，通过`cat /proc/cpuinfo`命令可以看到CPU更为详细的信息。通过在/proc/cpuinfo的输出中搜索physical id可以看到物理CPU的数量：

```
#cat /proc/cpuinfo | grep "physical id" | sort | uniq
physical id    : 0
physical id    : 1
```

上面的这个结果显示该实机有两个物理CPU，一个id是0，另一个id是1。

接着在/proc/cpuinfo的输出中搜索cpu cores，可以看到每个CPU中所拥有的物理核的数量：

```
#cat /proc/cpuinfo| grep "cpu cores"| uniq
cpu cores      : 6
```

上面输出的cpu cores表示每个CPU有6个物理核。因为有2个物理CPU，所以该机器总共只有12个物理核。

那为什么前面在top命令的结果中看到的是有24核呢？这是因为Intel通过超线程技术把一个物理核虚拟为多个，故而在操作系统层面看到的比实际的物理核要多。

在/proc/cpuinfo命令中还可以看到每个processor的id：

```
#cat /proc/cpuinfo  | grep -E "core id|process|physical id"
processor       : 0
physical id     : 0
core id         : 0
......
processor       : 12
physical id     : 0
core id         : 0
......
processor       : 23
physical id     : 1
core id         : 10
```

processor就是逻辑核的序号，可以看出该机器总共有24个逻辑核。大家注意看，processor 0和processor 12的physical id、core id都是一样的，也就说它们处在同一个物理核上。但是它们的processor编号却不一样，一个是0，一个是12。这就是说，这两个核实际上是一个核，只是通过虚拟技术虚拟出来的而已。

超线程里的2个逻辑核实际上是在一个物理核上运行的，模拟双核运作，共享该物理核的L1和L2缓存。超线程技术只有在多任务的时候才能起作用，原因在于一个任务在执行时可能会有一些等待数据、指令的空闲时间。超线程技术利用这些时间来处理其他任务，从而提高了性能和效率。

据Intel官方介绍，相比直接使用物理核，使用逻辑核平均性能只提升20%~30%。也就是说，我的机器上的24核的处理能力，整体上只比不开超线程的12核在性能上至多高30%。让我们再从单进程视角来看，由于你的进程被其他进程分享了L1和L2缓存，这就导致cache miss变多，性能会比不开超线程要差。

线上的服务器默认都是开启超线程的。如果有特殊需求，是可以将超线程关闭的。这样，一个物理核在操作系统中就可以当一个核来用了。以前我在腾讯工作的时候，有一次在项目中遇到的情况是需要采购一个第三方的软件。这个软件的计费方式很特殊，是按核数计费的。交多少钱就给跑满多少核。为了降低采购成本，我直接让运维小伙伴把跑这个软件的服务器上默认开启的超线程关了。这样，一台24核（逻辑核）的机器就变成12核（物理核）的机器了。机器还是那台机器，关闭逻辑核后整体的处理能力并没有下降太多，但是软件采购费用却直接降低了50%。

1.4.4 CPU的L1/L2/L3缓存查看

80286之前的CPU本是没有缓存的，因为当时的CPU和内存速度差异没有现在这么大，CPU直接访问内存即可。但是到了80386时代，CPU和内存的速度不匹配了，第一次出现了缓存。最早的缓存并没有被放在CPU模块里，而是被放在了主板上。再往后，CPU越来越快，现在CPU的速度比内存要快百倍以上，所以就逐步演化出了L1、L2、L3

三级缓存结构，而且都被集成到CPU芯片里，以进一步提高访问速度。

现代CPU的各级缓存是CPU非常重要的性能支撑基础，对计算机程序的运行性能影响极大。开发人员应该对自己服务器的缓存有清晰的了解。我们来看看现代Intel的CPU架构的基本结构逻辑图，如图1.19所示。

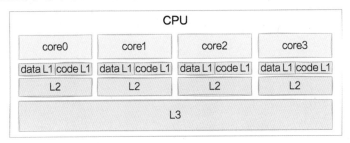

图1.19　CPU逻辑结构

在物理距离上，L1最接近CPU，速度也最快，但是容量最小。一般CPU的L1会分成两个，一个用来缓存数据（cache data），一个用来缓存代码（cache code），这是因为code和data的更新策略并不相同，而且因为CISC的变长指令，code缓存要做特殊优化。一般每个核都有自己独立的data L1和code L1。越往下，速度越慢，容量越大。L2一般也可以做到每个核拥有一个独立的。但是L3，一般就是整个CPU共享的了。

上面介绍的只是笼统的概念。但是每个CPU的缓存都是不一样的，而且"纸上得来终觉浅"，我觉得有必要进行下一步的实机勘探工作。Linux内核的开发者定义了一套框架模型来完成这一任务，它就是CPUFreq系统。CPUFreq提供的sysfs接口，可以让我们看到的CPU信息比/proc/cpuinfo命令所提供的更为详细。

```
# cd /sys/devices/system/cpu/;ll
drwxr-xr-x 7 root root     0 Apr 15 15:29 cpu0
drwxr-xr-x 7 root root     0 Apr 15 15:29 cpu1
......
```

先来查看一下L1（一级）缓存，看看它的类型及大小。

```
# cat cpu0/cache/index0/level
1
# cat cpu0/cache/index0/size
32K
# cat cpu0/cache/index0/type
Data
# cat cpu0/cache/index0/shared_cpu_list
0,12
# cat cpu0/cache/index1/level
1
# cat cpu0/cache/index1/size
32K
```

```
# cat cpu0/cache/index1/type
Instruction
# cat cpu0/cache/index1/shared_cpu_list
0,12
```

从上面的level接口可以看出index0和index1都是一级缓存，大小也均为32KB。二者的区别是，index0的类型是Data，也就是用作数据缓存，index1的类型是Instruction，用作代码缓存。

另外，shared_cpu_list输出的是该缓存被哪几个核所共享。上面提到每个核拥有独立的L1缓存，为什么shared_cpu_list显示有共享？你猜对了，我的这台机器开启了超线程，所以这里看到的cpu0并不是物理核，而是逻辑核，都是超线程技术虚拟出来的。实际上cpu0和cpu12是属于一个物理核的，所以每个Data L1和Instruction L1都是这两个逻辑核共享的。在我的这台电脑里，总共有12个Data L1,12个Instrunction L1，大小都是32KB，我就不一一列举了。

再接着来看L2（二级）缓存。

```
# cat cpu0/cache/index2/level
2
# cat cpu0/cache/index2/size
256K
# cat cpu0/cache/index2/type
Unified
# cat cpu0/cache/index2/shared_cpu_list
0,12
```

通过level的输出可以看到这是L2（二级）缓存。size的输出显示二级缓存的大小要比一级缓存大不少，有256KB。type输出是Unified，表示不区分Data和Instruction，可以混用。另外，L2和L1一样，我的这台机器上也是总共有12个，每两个逻辑核共享一个L2。

接着再来查看L3（三级）缓存。

```
# cat cpu0/cache/index3/level
3
# cat cpu0/cache/index3/size
12288K
# cat cpu0/cache/index3/type
Unified
# cat cpu0/cache/index3/shared_cpu_list
0-5,12-17
```

以上输出显示我的CPU的L3达到了12288KB，即12MB之多。但是通过shared_cpu_list的输出来看，它会被整个物理CPU上的所有逻辑核所共享。

你去买CPU的时候，在商品介绍里看到的缓存大小一般指的就是这个L3属性。这也是商家的手段，因为L3要比L2和L1看起来大得多，更能激发你购买的欲望。

但实际上每个CPU只有一个L3，不像L2和L1有很多。第0~5号，第12~17号逻辑核共享一个L3，因为它们在一个物理CPU上。第6~11号，第18~23号逻辑核共享另一个L3。

```
# cat cpu0/cache/index3/shared_cpu_list
0-5,12-17
#cat cpu6/cache/index3/shared_cpu_list
6-11,18-23
```

另外，Linux上还有一个dmidecode命令，利用它也能查看一些关于CPU缓存的信息，感兴趣的读者可以试试。

```
# dmidecode -t cache
```

除了缓存，还有一个重要的概念是Cache Line。由于内存、L2、L3等缓存访问都是有成本的，**所以本级缓存向下一级取数据时的基本单位并不是字节，而是一个比字节更大的单位——Cache Line**。通过以下命令，可以看到Cache Line的大小都是64字节。

```
# cd /sys/devices/system/cpu/;ll
# cat cpu0/cache/index0/coherency_line_size
64
# cat cpu0/cache/index1/coherency_line_size
64
# cat cpu0/cache/index2/coherency_line_size
64
# cat cpu0/cache/index3/coherency_line_size
64
```

每次CPU从内存获取数据，或者L2从L3获取数据，都是以64字节为单位来进行的。**哪怕只要取一位（bit），CPU也是取一个Cache Line，然后放到各级缓存里存起来。**

这也是我们在开发程序的时候要重视内存对齐的底层原因。**假设你有一个64字节大小的对象，如果地址对齐过，那一次内存IO就可以完成访问。但如果未曾对齐，那就要两次内存IO才行。**

1.4.5　CPU的TLB缓存查看

在介绍TLB缓存之前，我们先回顾一个操作系统里的基本概念，虚拟内存。在用户的视角里，每个进程都有自己独立的地址空间，A进程的4GB和B进程的4GB是完全独立且不相关的，它们看到的都是操作系统虚拟出来的地址空间。但是，虚拟地址最终还是要落在实际内存的物理地址上进行操作。操作系统会通过页表机制来实现进程的虚拟地址到物理地址的翻译，其中每一页的大小都是固定的。

页表管理有两个关键点，分别是页面大小和页表级数。在Linux中，通过如下命令可以查看当前操作系统的页大小：

```
# getconf PAGE_SIZE
4096
```

可以看到，当前我的Linux机器的页表是4KB的大小。

还有一个关键点就是页表级数：

- 页表级数越少，虚拟地址到物理地址的映射越快，但是需要管理的页表项也会越多，能支持的地址空间也越有限。
- 相反，页表级数越多，需要存储的页表数据就会越少，而且能支持的地址空间越大，但是虚拟地址到物理地址的映射就会越慢。

在32位操作系统时代，一般采用的是两级页表，如图1.20所示。

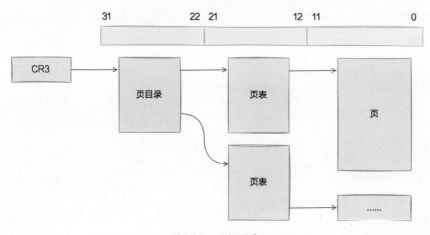

图1.20　两级页表

现在的操作系统需要支持48位地址空间（理论上可以支持64位，但其实现在只支持到48位，也足够用了），所以32位操作系统时代的两级页表也不够用了，需要进一步提高页表的级数。Linux在2.6.11版以后，最终采用的方案是4级页表（如图1.21所示），分别是：

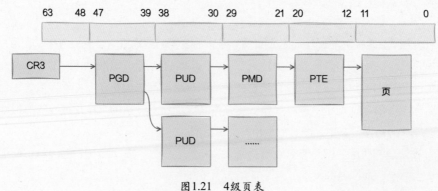

图1.21　4级页表

- PGD：Page Global Directory，页全局目录，管理地址空间的第39~47位。
- PUD：Page Upper Directory，页上级目录，管理地址空间的第30~38位。
- PMD：Page Middle Directory，页中间目录，管理地址空间的第21~29位。
- PTE：Page Table Entry，页表项，管理地址空间的第12~20位。

这样，一个64位的虚拟空间，在初始创建的时候只需要维护一个2^9大小的页全局目录，页表中数据条目需要占8字节，这个页全局目录仅需要($2^9 \times 8 =$)4KB的大小。剩下的页上级目录、页中间目录、页表项在使用的时候再分配。Linux通过这种方式支持起($2^{48} =$)256TB的进程地址空间。

Linux分页机制就简单回顾到这里，本节的重点是想表达页表机制带来的额外问题。在访问一个虚拟地址上变量的值之前，需要将虚拟地址先转换成物理地址。每一级的页表是存储在内存里的，在完成一个虚拟地址转换的过程中，需要把当前虚拟地址对应的四个页表全部找出来，才能完成从虚拟地址到物理地址的转换。**说明一次内存IO仅虚拟地址到物理地址的转换就要去内存查4次页表**。再算上真正的内存访问，在最坏情况下需要5次内存IO才能获取一个内存数据！

和CPU的L1、L2、L3缓存的思想一致，既然进行地址转换需要的内存IO次数多且耗时，那么干脆就在CPU里把页表中的数据尽可能地缓存起来。所以就有了TLB (Translation Lookaside Buffer)，这是专门用于加快虚拟地址到物理地址转换速度的缓存，访问速度非常快，和寄存器相当，比L1访问还快。

如果想查看本机的TLB缓存大小等信息，可以安装cpuid命令。该命令通过向CPU发送cpuid指令来获取CPU的硬件信息。

```
# apt-get install cpuid（或者yum install cpuid）
# cpuid
......
cache and TLB information (2):
    0x63: data TLB: 2M/4M pages, 4-way, 32 entries
          data TLB: 1G pages, 4-way, 4 entries
    0x03: data TLB: 4K pages, 4-way, 64 entries
    0x76: instruction TLB: 2M/4M pages, fully, 8 entries
    0xff: cache data is in CPUID leaf 4
    0xb5: instruction TLB: 4K, 8-way, 64 entries
    0xf0: 64 byte prefetching
    0xc3: L2 TLB: 4K/2M pages, 6-way, 1536 entries
```

这是我的一台开发机的输出情况，其结果表示了如下信息：

- 对于data TLB：在4KB页中包含64个条目，在4KB/2MB页中包含32个条目，在1GB页中包含4个条目。
- 对于instruction TLB：在4KB页中包含64个条目，在4KB/2MB页中包含8个条目。
- 对于L2 TLB：在4KB/2MB页中包含1536个条目。

有了TLB之后，CPU访问某个虚拟内存地址的过程如下：

1. CPU产生一个虚拟地址。
2. MMU从TLB获取页表，翻译成物理地址。
3. MMU把物理地址发送给L1/L2/L3/内存。
4. L1/L2/L3/内存将地址对应数据返回CPU。

由于第2步是类似于寄存器的访问速度，所以如果TLB能命中，则虚拟地址到物理地址的时间开销小到几乎可以忽略。

在Linux下，通过使用perf命令可以查看系统里的TLB缓存的命中率：

```
# perf stat -e dTLB-loads,dTLB-load-misses,iTLB-loads,iTLB-load-misses -p $PID
Performance counter stats for process id '21047':

        627,809 dTLB-loads
          8,566 dTLB-load-misses        #     1.36% of all dTLB cache hits
      2,001,294 iTLB-loads
          3,826 iTLB-load-misses        #     0.19% of all iTLB cache hits
```

TLB虽然加速了页表的访问，但是TLB的大小并没有大到能装进所有的页表项。所以如果能够减少页表项整体的大小，那么对于提高TLB缓存命中率是有好处的，进而提升程序的整体运行性能。在Linux中允许使用大内存页，可以将默认的页面大小从4KB改为2MB，甚至更大。假设一个程序需要400MB的内存，如果采用4KB的默认页面大小，则需要100 000个页面，对应管理这些页面的页表项也就会很多，需要占用不小的内存和TLB空间。而假设使用的是4MB的大页，则只需要100个页面就够了，页表项数量也会降低三个数量级。这样整体页表项就会少很多，TLB Miss也会大大降低。

增加页面大小所要承担的代价就是会造成一定程度的内存浪费。在Linux里，大内存页默认是不开启的。

1.5 本章总结

本章介绍了CPU硬件，以Intel CPU为例介绍了个人电脑CPU的各个代际及其内部架构；还介绍了服务器CPU最近几年发布的第1代、第2代、第3代及最新的第4代CPU；介绍了服务器CPU的片内互联的Mesh架构，基于UPI总线的片间互联，以及基于该硬件结构的NUMA配置方式。

接下来还分别介绍了Skylake和Sunny Cove物理核的内部结构，在一个物理核中，前端部分、后端部分及缓存系统是如何协作来完成一个指令的处理的，其中提到了核的频率、逻辑核等知识，也教大家如何查看L1、L2、L3及TLB缓存。

CPU的工作频率是CPU性能的关键影响因素。现代服务器CPU的工作频率分为主频和睿频。**主频是CPU工作的基本频率，睿频的原理是，CPU对频率进行智能控制，在安全温度和功率限制内，让CPU自动提高运行频率，来达到提升CPU运行性能的目的。**

CPU的逻辑核的原理是硬件厂商通过超线程技术，将一个物理核在逻辑上当两个核来用。在服务器上开启超线程后，top命令显示的核数将会翻倍，但整体上的处理性能却大概只会比不开超线程高20%~30%。在必要的情况下，可以通过关闭超线程来直接使用物理核。

为了加快CPU对内存的访问速度，CPU中内置了多种缓存。CPU内置的缓存访问速度比内存更快，所以可以用来加速存储访问。在Linux中使用命令可以查看L1、L2、L3的大小，以及多核的复用情况。

接下来回顾本章开头提出的问题。

1）你的CPU的工作频率是多少，是恒定不变的吗？

通过观察/proc/cpuinfo，你可以看到CPU的工作频率。但有的CPU是支持睿频的，所以其工作频率可能会随时变化。你也可以到Intel官网查看CPU的主频（基础频率）和最大睿频。

2）top命令中输出的核数是服务器上物理核的数量吗？

这不一定，如果你的服务器开启了超线程，那么top命令输出的CPU核数是逻辑核的总数量，它要比物理核的数量多一倍。一个物理核会被当作两个逻辑核来用，核上所带的L1、L2缓存也将会被这两个逻辑核所共享。

3）你知道该如何查看CPU中的L1、L2、L3等缓存的大小吗？

你可以在Linux的/sys/devices/system/cpu/目录下查看当前系统中CPU的L1、L2、L3缓存的大小，以及其在各个逻辑核上被共享的信息。

4）为什么内存对齐后访问性能更高？

本级缓存向下一级取数据时的基本单位并不是字节，而是一个比字节更大的单位Cache Line，一般它的大小是64字节。哪怕你只取一比特（bit），CPU也是给你取一个Cache Line然后放到各级缓存里存起来。

假如你有一个64字节大小的对象，如果地址对齐过，那么一次内存IO就可以完成访问。但是如果未经对齐，那就需要两次IO。所以经过内存对齐的程序在运行性能上会更好一些。

5）TLB缓存是什么？如何提高它的命中率？

TLB也是CPU里的缓存的一种，是专门用来加速内存中的页表访问的。你可以通过使用大页来降低进程中页的数量，进而减少页表项的总数量，这样TLB的命中率就能有相当幅度的提升。

第2章

—

内存硬件原理

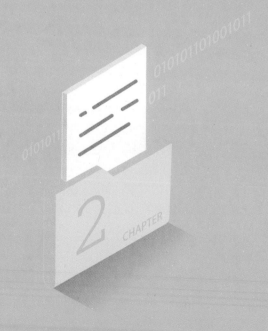

在冯·诺依曼体系结构里，内存是除CPU之外第二重要的设备。如果没有CPU和内存，服务器将完全无法运行。另外，在内存硬件中，有一些工作特性会对软件性能产生较大影响。所以继CPU硬件原理后，紧接着来展开对内存硬件原理的介绍。

本章仍然以几个相关的问题作为引入：

1）内存的内部物理结构是什么样的？

2）怎么理解内存的主频，它代表内存一秒能工作的次数吗？

3）内存的CL、tRCD、tRP这几个参数的含义是什么？

4）内存存在随机IO比顺序IO访问要慢的情况吗？

让我们带着这些疑问出发，去了解内存硬件的一些关键知识。

2.1 CPU对内存的硬件支持

第1章在讲解CPU的内部结构时，涉及一个内存控制器。本节对CPU的内存控制器模块进行展开介绍。

2.1.1 CPU的内存控制器

以Intel Skylake代际的某服务器CPU举例。图2.1是该代际的CPU的总体架构图，从架构图中可以看到它对内存的大致支持情况。

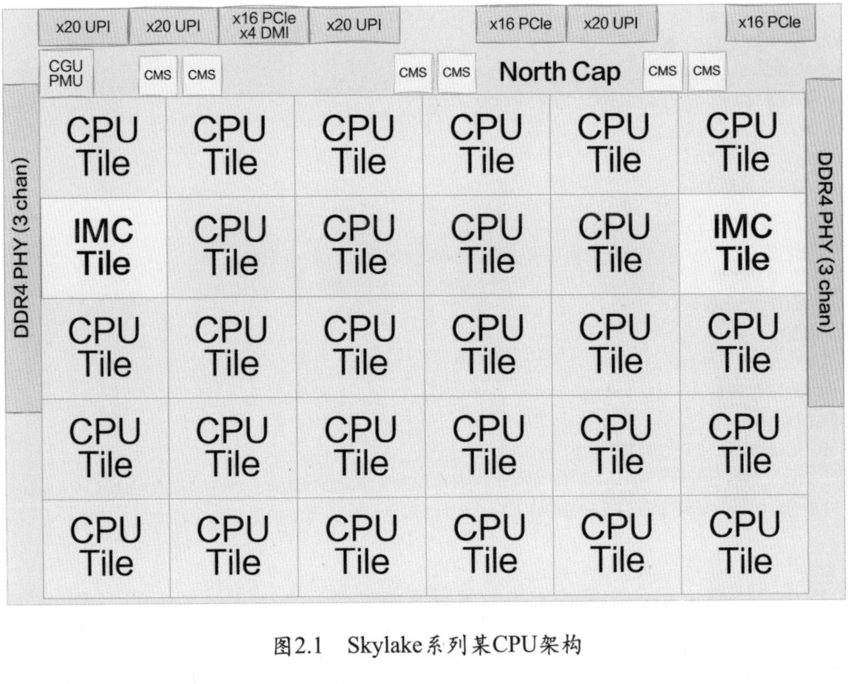

图2.1 Skylake系列某CPU架构

　　该CPU有两个内存控制器（IMC），每个内存控制器上都有一个DDR PHY。DDR PHY是连接DDR内存条和内存控制器的桥梁，负责把内存控制器发过来的数据转换成符合DDR协议的信号，并传给内存颗粒，也负责把内存返回给CPU的数据转换成内存控制器认识的信号，最终交给CPU核来处理。

　　每个DDR PHY有3个DDR4通道。每个通道有两个内存插槽，也就是说可接2条DIMM（关于DIMM，后面会介绍，这里把它理解为一根内存条就可以了），**所以该CPU总共有6个内存通道，最多可支持插入12根内存条**。

　　另外，图2.1没有展示该DDR PHY支持的是DDR4 2666规格的内存，支持的内存类型包括RDIMM和LRDIMM。关于内存的代际、RDIMM和LRDIMM等的模块规格、服务器的ECC内存，后文会展开介绍。

2.1.2　CPU支持的内存代际

　　本节将展开介绍内存的各个代际及它们的数据频率。

　　从2001年DDR内存面世到2019年，内存经历了DDR、DDR2、DDR3、DDR4、DDR5等几个大的规格时代，内存的工作频率也从DDR时代的266MHz逐步进化到DDR4的3200MHz。这个频率在操作系统里叫Speed，对应的内存术语是等效频率，或干脆直接简称为频率。这个频率越高，每秒钟内存IO的吞吐量越大。

　　在Linux下可以查看到机器上内存的Speed信息，例如以我手头的一台相对老一点儿的机器，信息如下：

```
# dmidecode | grep -P -A16 "Memory Device"
Memory Device
Array Handle: 0x0009
Error Information Handle: Not Provided
Total Width: 72 bits
Data Width: 64 bits
Size: 8192 MB
Form Factor: DIMM
Set: None
Locator: DIMM02
Bank Locator: BANK02
Type: Other
Type Detail: Unknown
Speed: 1067 MHz
Manufacturer: Micron
Serial Number: 65ED91DC
Asset Tag: Unknown
Part Number: 36KSF1G72PZ-1G4M1
......
```

　　从结果可以看出每一个插槽上内存物理设备的情况，由于结果太长，我只抽取了其中一个内存的信息并列了出来。对于开发者来说，其中有两个数据比较关键：

- Speed: 1067 MHz代表每秒能进行内存数据传输的速度。
- Data Width: 64 bits代表内存工作一次传输的数据宽度。

我把DDR历史上各代内存的Speed指标汇总在表2.1中。

表2.1 各代内存等效传输频率

规格	等效传输频率
DDR-266	266MHz
DDR-333	333MHz
DDR-400	400MHz
DDR2-533	533MHz
DDR2-667	667MHz
DDR2-800	800MHz
DDR3-1066	1066MHz
DDR3-1333	1333MHz
DDR3-1600	1600MHz
DDR4-2133	2133MHz
DDR4-2666	2666MHz
DDR4-3200	3200MHz
DDR5-4800	4800MHz
DDR5-5600	5600MHz
DDR5-6000	6000MHz

其实内存最基本的频率叫核心频率，是实际内存电路工作时的一个振荡频率。**核心频率是内存电路的振荡频率，是内存一切工作的基石**，相关数据见表2.2。

表2.2 内存的核心频率等数据

规格	核心频率	预取	多BG	IO频率	等效传输频率
SDR-133	133MHz	1bit	否	133MHz	133MHz
DDR-266	133MHz	2bit	否	133MHz	266MHz
DDR-333	166MHz	2bit	否	166MHz	333MHz
DDR-400	200MHz	2bit	否	200MHz	400MHz
DDR2-533	133MHz	4bit	否	266MHz	533MHz
DDR2-667	166MHz	4bit	否	333MHz	667MHz
DDR2-800	200MHz	4bit	否	400MHz	800MHz
DDR3-1066	133MHz	8bit	否	533MHz	1066MHz
DDR3-1333	166MHz	8bit	否	667MHz	1333MHz
DDR3-1600	200MHz	8bit	否	800MHz	1600MHz
DDR4-2133	133MHz	8bit	是	1066MHz	2133MHz
DDR4-2666	166MHz	8bit	是	1333MHz	2666MHz
DDR4-3200	200MHz	8bit	是	1600MHz	3200MHz

表2.2汇总了从SDR到DDR4的各代内存的频率对比。大家可以看到，**核心频率已经多年没有实质性进步了**，这是因为受物理材料的极限限制，内存的核心频率一直在**133MHz~200MHz之间徘徊**。操作系统中的内存Speed是在这个核心频率的基础上，通过各种技术手段放大出来的。之所以从数字上看起来内存越来越快，其实是放大技术手段

在不断进步而已。

- **SDR**：在最古老的SDR（Single Data Rate）时代，一个时钟脉冲只能在脉冲上沿传输数据，所以也叫单倍数据传输率内存。这个时期内存的提升方法就是提升内存电路的核心频率。
- **DDR**：内存制造商们发现核心频率到200MHz后再提升的难度就很大了，所以在电路时钟周期内预取2bit，输出的时候就在上下沿各传输一次数据。这样在核心频率不变的情况下，Speed（等效频率）就翻倍了。
- **DDR2**：同样是在上下沿各传一次数据，但将预取提升为4bit，每个电路周期一次读取4bit。所以DDR2的Speed（等效频率）就达到了核心频率的4倍。
- **DDR3**：同样也是上下沿各传一次数据，进一步将预取提升为8bit。所以DDR3的等效频率可以达到核心频率的8倍。
- **DDR4**：在数据预取上和DDR3一样，仍然为8bit。内存制造商们又另辟蹊径，提出了Bank Group设计。允许各个Bank Group具备独立启动操作读写等动作特性。所以等效频率可以提升到核心频率的16倍。
- **DDR5**：又把预取提了上来，每个时钟周期预取16bit的数据。这相比DDR4和DDR3采用预取为8bit翻倍了，进而让等效传输频率也再次翻倍。

当然，每代内存的进化不仅仅是频率提升这么简单，还包括工作电压、存储密度、多通道传输等方面的提升，是一项非常复杂的系统工程。

汇总一句话，内存真正的工作频率是核心频率，时钟频率和数据频率都是在核心频率的基础上，通过技术手段放大出来的。内存越新，放大的倍数越多。但其实这些放大手段都有一些局限性。比如你要读取的内存数据存储并不连续，这时候DDR2、DDR3的数据预取对你帮助并不大。再比如你的进程数据都存在一个Bank Group里，你的进程内存IO根本不会达到DDR4最理想的工作速度。

内存需要CPU内存控制器的支持。比如Skylake某CPU中的DDR PHY支持的是DDR4 2666，如果插入了DDR4 3200的内存条，则频率并不能发挥到3200，而是只有2666。对于不同代际的内存，比如DDR5，则是直接不可以插入。

2.1.3　CPU支持的内存模块规格

现代最常用的内存模块的规格是DIMM，即双列直插式内存模块。它的英文为Dual In-Line Memory Module。表示信号接触在金手指两侧，并且在DIMM条的边沿作为信号接触面。

根据它的名称可以看出历史上曾出现过SIMM（Single In-Line Memory Module）。SIMM的位宽是32位，这是32位机时代的产物。到了64位机时代，就统一都用DIMM了。Dual的意思是32位的双倍64位。这种规格一直延续至今。DIMM内存条针对不同的应用场景，又分成了多种标准。大致可以分为如下几种。

UDIMM：无缓冲双列直插式内存模块，是Unbuffered DIMM的缩写。

UDIMM指地址和控制信号不经缓冲器，无须做任何时序调整，直接到达DIMM上的各个DRAM芯片。这种内存要求CPU到每个内存颗粒之间的传输距离相等，这样并行传输才有效。而保证CPU到每个颗粒之间的传输距离相等需要较高的制造工艺，这样就对内存的容量和频率都产生了限制。这种内存由于容量小，在个人台式机上用得比较多。

图2.2是台式机的UDIMM 16GB内存。该内存正面有8个黑色的内存颗粒，背面是空的。

图2.2　UDIMM台式机内存

SO-DIMM：小外形模块，是Small Outline DIMM的缩写。

在笔记本电脑出现后，要求内存的体积和功耗都更小一些。SO-DIMM就是针对笔记本电脑定义的标准。其宽度标准是67.6mm。图2.3是一个笔记本内存的正反两面，可见体积要比台式机小不少。

图2.3　SO-DIMM笔记本电脑内存

RDIMM：带寄存器双列直插模块，是Registered DIMM的缩写。

RDIMM在内存条上加了一个寄存时钟驱动（RCD，Register Clock Driver）芯片进行传输。控制器输出的地址和控制信号经过Register芯片寄存后输出到DRAM芯片。CPU访问数据时都先经过寄存器再到内存颗粒。减少了CPU到内存颗粒的距离，使得频率可以提高。而且不再像之前那样要求每个内存颗粒传输距离相等，工艺复杂度因寄存时钟驱动芯片的引入而下降，使得容量也可以提高到32GB。RDIMM主要用在服务器上。

图2.4是一个服务器RDIMM 32GB内存。这个服务器内存其实不仅正面有很多内存颗粒，连背面也有。可见服务器内存的颗粒数比普通笔记本电脑、个人台式机的颗粒都要多很多。最关键的是，内存条正中央位置的寄存时钟驱动颗粒，表明了这是一条RDIMM内存。

图2.4　RDIMM内存

LRDIMM：低负载双列直插式内存模块，是Load Reduced DIMM的缩写。

LRDIMM相比RDIMM在引入寄存时钟驱动芯片的基础上，又进一步引入了数据缓冲器DB（Data Buffer）。引入数据缓冲器的作用是缓冲来自内存控制器或内存颗粒的数据信号。实现了对地址、控制信号、数据的全缓冲。成本更高，但可以支持更大容量，可以提到64GB甚至更高。

图2.5是一个DDR4 LRDIMM内存的外形图，可见除了正中央的寄存时钟驱动芯片还有9个数据缓存器。根据这个特点可以区分RDIMM和LRDIMM内存。

图2.5　LRDIMM内存

2.1.4　服务器CPU支持的ECC内存

在服务器CPU中有一个区别于个人电脑 CPU的地方在于，**所有的服务器CPU全部支持ECC内存**。ECC是一种内存技术，可以实现错误检查和纠正，英文全称是Error Checking and Correcting。而个人电脑CPU目前只有极少数实现了对ECC内存的支持。

电脑在运行的时候，CPU一直都需要和内存进行数据交互。但在交互的过程中，由于周围电磁场的干扰，会有概率发生比特翻转。据统计，一根8GB的内存条平均大约每小时会出现1~5个这样的错误。

我们在使用个人电脑办公的时候，由于内存主要都用来处理图片、视频等数据，即使内存出现了比特翻转，可能影响的只是一个像素值，很难感觉出来，没有太大的影响。即使比特翻转真的发生在关键的系统代码导致运行出问题，也不是什么大事，重启一次就解决了。

但在服务器应用中，一般的处理都是非常重要的计算，可能是一笔订单交易，也可能是一笔存款。另外，服务器经常要连续运行几个月甚至几年，没有办法通过重启的方式解决问题。因此服务器对比特翻转错误的容忍度很低，需要有技术方案能够一定程度解决比特翻转问题所带来的影响。

ECC对应的中文名称就叫作"错误检查和纠正"。从它的名称可以看出，ECC不但能发现内存中的错误，还可以纠正错误。没有使用ECC技术的个人电脑内存，内存颗粒全部用来存储数据。而在ECC内存中每64比特的数据都需要额外的8比特数据作为校验位，用来辅助发现或者纠正错误，如图2.6所示。

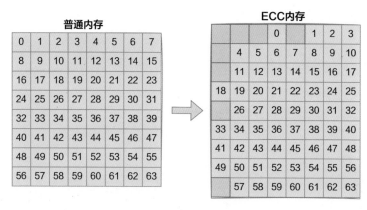

图2.6　ECC内存冗余校验位

在图2.4所示的RDIMM内存条中，除了正中央的颗粒，另外还有10个黑色的颗粒。如果只用来存储用户数据，8个颗粒就够了，多出来2个颗粒的目的就是让该内存条也可以存ECC纠错数据。支持ECC内存的CPU每个通道支持同时72比特的读写，其中64比特是数据，另外8比特用于ECC校验。由于有额外的硬件引入，所以ECC内存的价格会比普通内存贵一些，速度也稍微慢大约2%~3%。

那么为什么ECC内存有了额外的8比特的冗余校验数据就能够发现和纠正错误呢？我们先来看看最简单的奇偶校验。简单的奇偶校验可以用来发现单比特翻转。注意，重点关键字是"发现"和"单比特"。该算法只能用作发现，无法纠错。而且也只针对单比特翻转有效，无法处理两比特同时翻转的情况。

其原理是在要监测的数据前加入1比特的数据，用来保证整个二进制数组中（包括校验位）1的个数是偶数。例如图2.7是一个8比特的二进制数组。

情况1:	0	0	1	1	0	0	1	1	0

情况2:	1	0	0	1	1	0	0	1	1	0

图2.7　最简单的奇偶校验

对于情况1，假设原始数据已经有偶数个1，所以校验位设置为0就可以了，这样整体上1的个数是偶数。

对于情况2，假设原始数据中1的个数为奇数，所以校验位需要设置为1，以保证整个数组中1的个数是偶数。由于校验位并不是真正的用户数据，所以并不影响数据的正确读取。

总的来说，在加完1比特校验位的二进制数组中，正确的情况下1的个数永远是偶数。

如果有1比特发生了翻转，必然会导致二进制数组中1的个数变成了奇数。这样，我们通过观察数据中1的个数是不是偶数就可以知道有没有单比特翻转发生了。

了解完原理你也就知道前面提到的简单奇偶校验的两个局限性了：

- 一是只能发现出错了，但并不知道哪个位置出错，所以无法纠错。
- 二是只能发现单比特翻转，对于两个比特的翻转无能为力。

为了解决纠错和两个数据出错的问题，Richard Hamming于1950年在简单奇偶校验算法的基础上提出了海明校验码算法。Richard Hamming本人也因为该算法获得了1968年的图灵奖。该算法已经发布了70多年，但至今仍然广泛应用在服务器的ECC内存上。

海明码也是有局限性的：

- 如果64比特数据中发生了单比特翻转，海明码不但能够发现发生了错误，还能够找到错误的位置并纠正。
- 如果发生了两比特翻转，海明码只能发现出了错误。但无法定位到具体的位置无法纠错，只能通过重传的方式来解决。
- 如果发生了3比特或以上翻转，海明码就无能为力了。

在现实中，内存的64比特数据中三个或者更多比特翻转同时发生的概率非常非常低。另外，内存在运行上要求速度要足够快，海明码用硬件实现起来性能损耗大约只有2%~3%。所以虽然海明码不能应对3比特以上的比特翻转，但目前仍然广泛地应用在服务器端的内存的错误检查和纠正上。SSD硬盘由于应用场景不同，采用的是支持多比特翻转校验和纠错的LDPC码。

> ★ 注意　因为基于海明码的ECC内存不能处理3比特或以上的比特翻转，所以在安全对抗领域有一个专门的方向是研究如何实现在内存中人为制造3比特翻转实现攻击行为，以及如何对抗3比特翻转攻击。

海明校验码算法设计的核心思想就是多设置几个校验位，然后采用**交叉验证**的方式来实现错误比特的定位。海明码中包含64比特的用户数据和8比特的冗余校验码，所以总共有72比特的数据。这72比特的数据可以看作一个9行8列的二维矩阵。

第一层校验是矩阵左上角的比特校验位，这是用来实现整个矩阵的奇偶校验的。

第二层校验是列分组校验。对于列采用了3种方式对8列进行不同方式的二分法分组，每种分组都设计一个校验码，用来实现整个分组的奇偶校验。

第一种列分组方式是将2、4、6、8列看作一个分组，在这个分组中安排一个比特作为校验码，如图2.8所示。

第二种列分组方式是将3、4、7、8列看作一个分组，在这个分组中再安排一个比特作为校验码，如图2.9所示。

		0		1	2	3
4	5	6	7	8	9	10
11	12	13	14	15	16	17
18	19	20	21	22	23	24	25
	26	27	28	29	30	31	32
33	34	35	36	37	38	39	40
41	42	43	44	45	46	47	48
49	50	51	52	53	54	55	56
	57	58	59	60	61	62	63

图2.8　ECC第一种列分组方式

		0		1	2	3
4	5	6	7	8	9	10
11	12	13	14	15	16	17
18	19	20	21	22	23	24	25
	26	27	28	29	30	31	32
33	34	35	36	37	38	39	40
41	42	43	44	45	46	47	48
49	50	51	52	53	54	55	56
	57	58	59	60	61	62	63

图2.9　ECC第二种列分组方式

第三种列分组方式是将5、6、7、8列看作一个分组，在这个分组中再安排一个比特作为校验码，如图2.10所示。

这三种分组方式犬牙交错，互相都包含了另外一个分组的部分列，如图2.11所示。

		0		1	2	3
4	5	6	7	8	9	10
11	12	13	14	15	16	17
18	19	20	21	22	23	24	25
	26	27	28	29	30	31	32
33	34	35	36	37	38	39	40
41	42	43	44	45	46	47	48
49	50	51	52	53	54	55	56
	57	58	59	60	61	62	63

图2.10　ECC第三种列分组方式

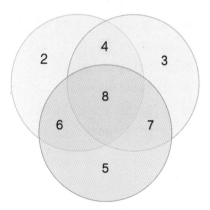

图2.11　ECC三种列分组方式的关系

第三层是行分组校验。由于行数比列数多一，所以采用了4个分组进行简单奇偶校验。

第一个行分组方式是将2、4、6、8行看作一个分组，在这个分组中安排一个比特作为校验码，如图2.12所示。

第二个行分组方式是将3、4、7、8行看作一个分组，在这个分组中再安排一个比特作为校验码，如图2.13所示。

```
            0       1   2   3
    4   5   6   7   8   9   10
   11  12  13  14  15  16  17
18 19  20  21  22  23  24  25
   26  27  28  29  30  31  32
33 34  35  36  37  38  39  40
41 42  43  44  45  46  47  48
49 50  51  52  53  54  55  56
   57  58  59  60  61  62  63
```

图2.12　ECC第一个行分组方式

```
            0       1   2   3
    4   5   6   7   8   9   10
   11  12  13  14  15  16  17
18 19  20  21  22  23  24  25
   26  27  28  29  30  31  32
33 34  35  36  37  38  39  40
41 42  43  44  45  46  47  48
49 50  51  52  53  54  55  56
   57  58  59  60  61  62  63
```

图2.13　ECC第二个行分组方式

第三个行分组方式是将5、6、7、8行看作一个分组，在这个分组中再安排一个比特作为校验码，如图2.14所示。

第四个行分组方式是把剩下的第9行单独看作一个分组，在这个分组中也安排一个比特作为校验码，如图2.15所示。

```
            0       1   2   3
    4   5   6   7   8   9   10
   11  12  13  14  15  16  17
18 19  20  21  22  23  24  25
   26  27  28  29  30  31  32
33 34  35  36  37  38  39  40
41 42  43  44  45  46  47  48
49 50  51  52  53  54  55  56
   57  58  59  60  61  62  63
```

图2.14　ECC第三个行分组方式

```
            0       1   2   3
    4   5   6   7   8   9   10
   11  12  13  14  15  16  17
18 19  20  21  22  23  24  25
   26  27  28  29  30  31  32
33 34  35  36  37  38  39  40
41 42  43  44  45  46  47  48
49 50  51  52  53  54  55  56
   57  58  59  60  61  62  63
```

图2.15　ECC第四种行分组方式

与列分组一样，不同的行分组之间也是互相包含另外一个分组的一部分。不过区别是行分组多一个分组，如图2.16所示。

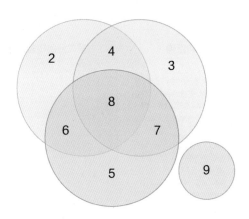

图2.16 ECC四种行分组关系

以上就是海明码算法的设计。假设在这些数据中出现了单比特翻转，再具体一点儿，比如第30号用户数据比特出错了。这时第一层的所有比特的校验能够发现有比特错误发生，但还不知道发生在哪里。

接着再采用第二层列分组校验，如图2.17所示。

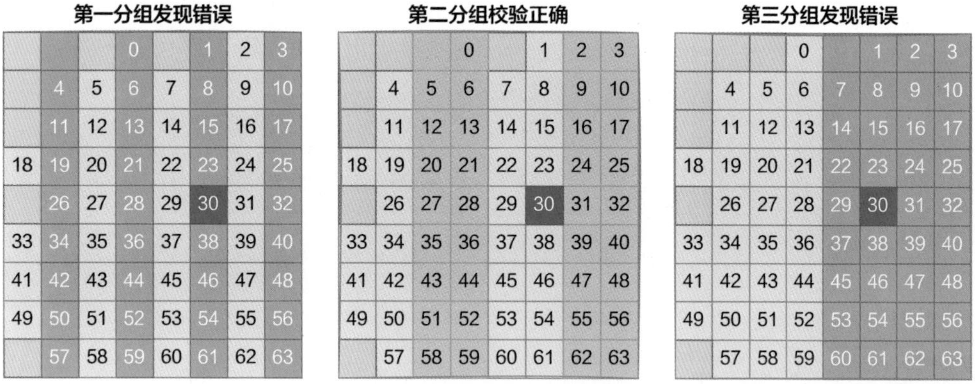

第一分组发现错误	**第二分组校验正确**	**第三分组发现错误**

图2.17 ECC列分组错误校验

根据三个列分组分别校验的时候，第一个列分组方式校验发现错误，第二个列分组方式校验通过，第三个列分组方式校验发现错误，我们来看看错误所在列的推断过程。

先看校验正确的第二分组：

- 第二分组校验正确：说明第3、4、7、8列可以排除了。
- 第一分组发现错误：说明错误在第2、6列中的某一列（第4、8列已排除）。
- 第三分组发现错误：说明错误在第5、6列中的某一列（第7、8列已经排除），结合第一分组的结论，可以定位错误发生在第6列。

根据各个分组之间的包含关系，最终推断出错误发生在第6列。

接着再进行第三层行分组校验，如图2.18所示。

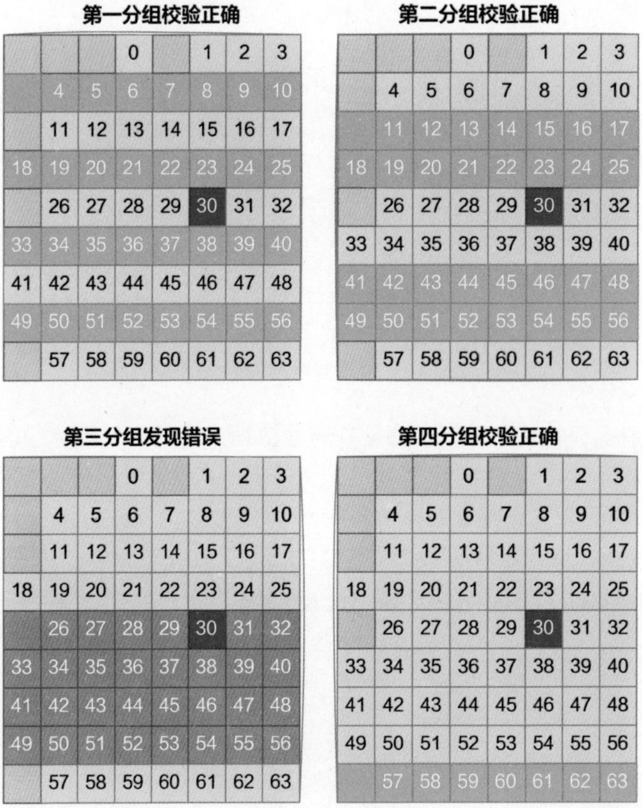

图2.18　ECC行分组错误校验

第一分组校验正确、第二分组校验正确、第三分组校验错误、第四分组校验正确。我们再来看看推算锁定错误行的过程：

- 第一分组校验正确：说明第2、4、6、8行都可以排除。
- 第二分组校验正确：说明第3、4、7、8行也可以排除。
- 第三分组发现错误：因为第6、7、8行都排除了，所以错误在第5行。

再结合上面列分组的校验结果，就能推断出是第5行第6列位置的数据出错了。由于二进制数据只有0和1两种取值，那么发现错误就可以将其纠正过来。这就是海明码对单比特错误检查和纠错的实现原理。

再来看看两比特同时出错的情况。假设用户数据的第29、第30比特发生了错误，如图2.19所示。那么由于同时发生了两个错误，那么整个矩阵的校验肯定无法发现这两个错误，校验通过。

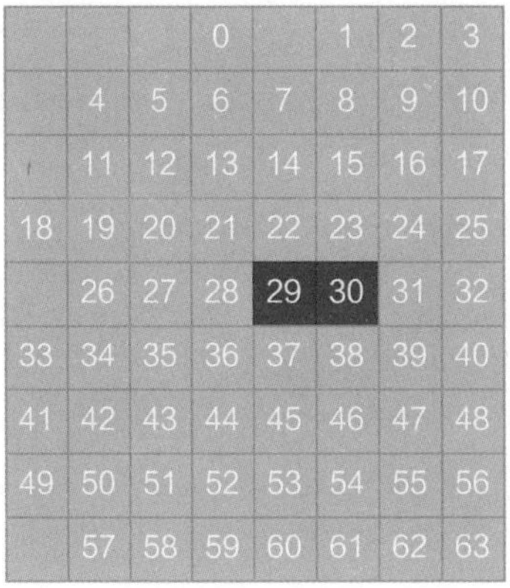

图2.19　同时有两个比特发生错误

我们再来看列校验结果，如图2.20所示。

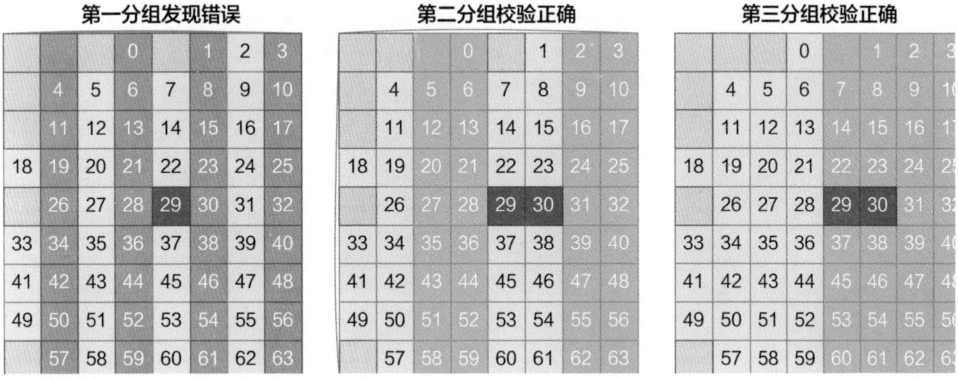

图2.20　ECC列分组校验

第一分组发现错误、第二分组校验正确、第三分组校验正确（简单奇偶校验无法发现两个比特的错误），那么列分组交叉验证得出的结论是在第2列发生错误。很明显，两个比特翻转的错误导致列分组校验结论出错了。

再来看行校验结果，如图2.21所示。

行分组的校验结论是全部正确。两个比特翻转导致行校验也失效了。

那么全矩阵校验的结论是没有错误，列分组校验的结论是第2列发生错误，行分组校验结论也是没有错误。三个校验结论不符，说明发生了不止一个错误。

海明码发现有了错误，但无法知道错误的具体位置。出现这种情况，本次内存IO返回数据作废，重新读取就好了。

需要提醒大家的是，前面说过，海明码在3比特或者更多比特出现错误的情况下，可能会误判为正确。但因为在64比特中有3比特同时出现错误的概率太低，所以海明码仍然广泛地应用在服务器的ECC内存中。以上就是ECC内存的错误检查和纠错原理。

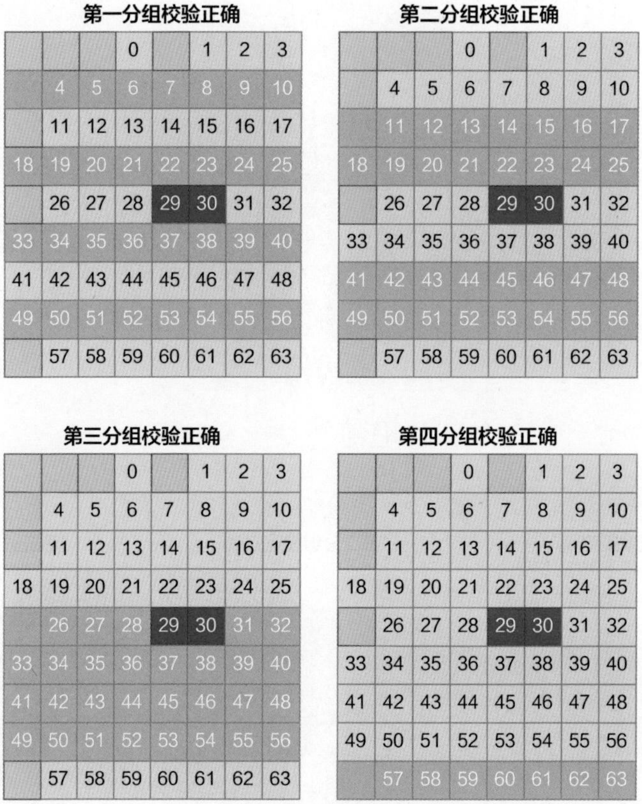

图2.21 ECC行分组校验

2.2 内存硬件内部结构

2.1节介绍了内存条的分类。从外观看，在每个内存条上有一些黑色的颗粒，另外还会印一些数字和字母表示的参数。假设某条内存，在正面有一串字符标识 **16 GB 2Rx8 PC4-3200AA-SE1-11**，那么它的含义是什么呢？

在这段标识中的16 GB很好理解，是内存的容量大小。那么后面的2Rx8是什么意思呢？实际上，内存标识第二段中的2Rx8非常重要，它直接简单清晰地把内存的物理结构给表示出来了：

- 2R：表示该内存有2个Rank。
- 8：表示每个内存颗粒的位宽是8比特。

接下来深入了解Rank、位宽与内存颗粒。

2.2.1 内存的Rank与位宽

在内存条上，每一个黑色的内存颗粒叫一个Chip。而Rank指的是属于同一组的Chip的集合。CPU的内存控制器能够对同一个Rank的所有Chip进行并行读写操作。通常一个内存通道能够同时读写64比特的数据（具有ECC功能的是72比特）。而这些Chip并行工作，每个Chip出几个比特，共同组成一个64比特的数据，提供给CPU。

内存字符串标识中的2R表示该内存有2个Rank。 2R后面的x8表示每个内存颗粒的位宽是8比特。因为CPU要同时读写64比特的数据，所以：

- 对于位宽为4比特的颗粒，需要16个Chip组成一个Rank。
- 对于位宽为8比特的颗粒，需要8个Chip组成一个Rank。
- 对于位宽为16比特的颗粒，需要4个Chip组成一个Rank。

回头看前面提到的笔记本内存条的这个参数是2Rx8，表示该内存条有2个Rank，每个Chip内存颗粒的位宽是8比特。一个Rank需要64/8=8个Chip来组成一个Rank，则两个Rank总共需要16个Chip。从内存条的实物图（图2.3）中看到，该内存条的正反面确实总共有16个Chip。

再举个例子，假如某笔记本内存条的这个参数是1Rx16，表示该内存条只有1个Rank。每个Chip内存颗粒的位宽是16比特。一个Rank需要提供64比特的数据，则需要64/16=4个Chip来组成一个Rank来同步工作。这个内存条只需4个黑色颗粒就够了。

2.2.2 内存Chip内部构成

一个内存是由若干个黑色的Chip内存颗粒构成的。在每个Chip内部，又是由一层层的Bank组成的，示意图如图2.22所示。

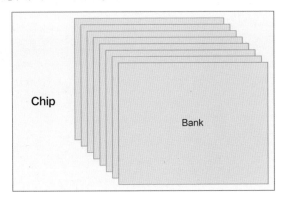

图2.22 内存Chip内部的Bank

在每个Bank内部，就是电容的二维行列矩阵结构了，示意图如图2.23所示。

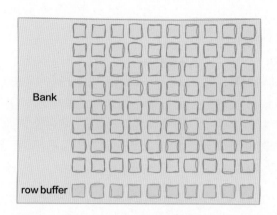

图2.23　内存Bank内部结构

　　这个矩阵由多个方块状的元素构成，这个方块元素是内存管理的最小单位，也叫内存颗粒位宽。在一个位宽中，有若干小电容：

- 对于1 R×16的内存条，一个位宽有16比特。
- 对于2 R×8的内存条，一个位宽有8比特。

　　图2.24是一个美光（Megon）内存Chip的内部结构。

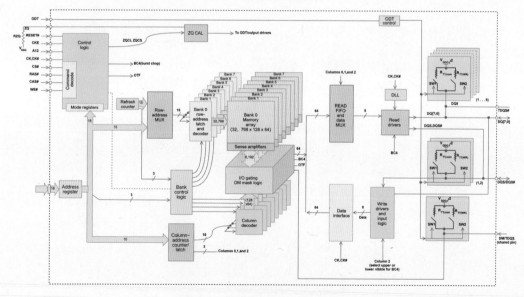

图2.24　美光内存Chip的内部结构

　　该Chip总共有8个Bank，每个Bank是一个32768行×128列的二维矩阵，每个二维矩阵单元存储的数据大小是64比特。至于为什么是64比特，而不是等于位宽中常见的4/8/16

比特，这和内存Burst IO有关。为了提高效率，内存Burst IO会一次给CPU提供多个64比特的数据。

根据图2.24中的数据可以算出每个Chip可以存储的数据大小。该Chip总共可存储的数据大小是8×32768×128×64 = 2147483648比特。换算成MB的话，2147483648 b/(1024×1024×8) = 256 MB。

2.2.3 服务器内存颗粒构成

前面介绍Rank的时候是以笔记本内存为例的，本节再来看看服务器内存。图2.25所示这条内存，正反两面都有很多黑色颗粒，其中正面的字符串标识上写着16GB 2Rx4 PC3L-10600R。

图2.25 一条三星服务器内存

在这段标识中，第一段的16GB是内存的容量大小。第二段的2Rx4中2R表示该内存有2个Rank，x4表示每个内存颗粒的位宽是4比特。按照这个位宽参数，每个Rank需要16个内存颗粒，2个Rank需要32个Chip内存颗粒就够了。而图2.25中的内存正面有19个内存颗粒，背面有18个内存颗粒。19 + 18 = 37个黑色颗粒。多出来内存颗粒是因为ECC内存和RDIMM模块。

第一个原因是前面介绍过服务器区别于普通的台式机电脑，服务器需要更高的稳定性，需要ECC纠错功能。带ECC功能的内存，需要为CPU同时提供72比特的读写，其中64比特是数据，另外8比特用于ECC校验。如果颗粒位宽是4，为了提供8比特的ECC校验数据，每个Rank需要额外2个内存颗粒来存储ECC数据。所以每个Rank总共需要16 + 2 = 18个内存颗粒。

第二个原因是服务器上一般使用的是RDIMM（带寄存器双列直插式内存模块）或者LRDIMM（低负载双列直插式内存模块）内存。这两种内存的容量都比较大，所以在服务器上用得多。无论是RDIMM还是LRDIMM，都比普通的内存要多一个寄存器模块。图2.25

中服务器内存正面正中最大的内存颗粒就是寄存器模块。有了这个模块的支持，单条内存的容量可以做到更大。

2.3　内存IO原理

内存的主要作用是为了给CPU提供计算用的数据，或者存储CPU计算的结果，工作是通过内存数据的数据输入来完成的，简称内存IO。在内存IO中，两个非常重要的性能指标是内存延迟和内存带宽，本节将展开介绍它们。

2.3.1　内存延迟

在内存IO工作的过程中，有几个比较重要的参数，那就是内存条的CL—tRCD—tRP—tRAS四个参数：

- CL（Column Address Latency）：发送一个列地址到内存与数据开始响应之间的周期数。
- tRCD（Row Address to Column Address Delay）：打开一行内存并访问其中的列所需的最小时钟周期数。
- tRP（Row Precharge Time）：发出预充电命令与打开下一行之间所需的最小时钟周期数。
- tRAS（Row Active Time）：行活动命令与发出预充电命令之间所需的最小时钟周期数，也就是对下一次预充电时间进行限制。

要注意除了CL是固定周期数，其他三个都是最小周期数。另外，上面的参数都是以时钟周期为单位的。因为现代的内存都是一个时钟周期上下沿分别各传输一次数据，所以用Speed/2就可以得出时钟周期。例如笔者的机器的Speed是1066MHz，则时钟周期为533MHz。你可以通过dmidecode命令查看自己的机器的相关信息：

```
# dmidecode | grep -P -A16 "Memory Device"
Memory Device
  ......
 Speed: 1067 MHz
  ......
```

其中最重要的是CL—tRCD—tRP这三个参数，只要你花些时间，就能在所有在售内存上找到这3个值。例如经典的DDR3-1066、DDR3-1333和DDR3-1600的延迟值分别为7-7-7、8-8-8及9-9-9。现在某条比较流行的台式机内存金士顿（Kingston）DDR4 2400 8G，其延时值是17-17-17。很多时候第四个参数会被省略，原因是这个延迟发生的概率相对要低一些。

关于CL—tRCD—tRP这三个参数的具体原理，将在下一节讲述。

2.3.2 内存IO过程

这一节将介绍一个完整的内存IO过程。假如你的进程需要读取内存地址0x0000的一个字节的数据，CPU这时候向内存控制器发出请求。需要经过如下步骤，内存才可以把数据提供给CPU读取。

第一步，内存控制器对各个Chip中指定行地址的预充电，需要等待tRP个时钟周期，如图2.26所示。

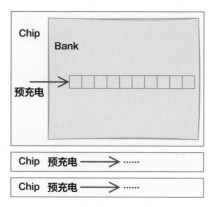

图2.26　内存行地址预充电

第二步，内存控制器再向各个Chip发出打开一行内存的命令，又需要等待tRCD个时钟周期。

在这一步中，内存硬件所进行的工作是把指定行的数据拷贝到自己的一层行缓存中，如图2.27所示。行缓存也叫row buffer。

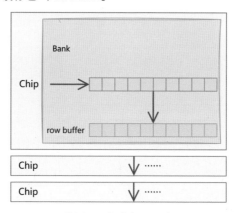

图2.27　内存打开一行

第三步，内存控制器接着发送列地址，再等待CL个周期后，各个Chip就把数据聚合好了。

前面提到每个Chip内部是由多个Bank组成的，每个Bank矩阵由多个方块状的元素构成，这个方块元素是内存管理的最小单位，也叫内存颗粒位宽。在一个位宽中有若干小电容，假如是8个，则存储8比特，也就是一个字节。内存位宽分4比特、8比特、16比特等多种规格。

现代的CPU和内存之间的接口位宽是64比特，也就是说CPU每次向内存要数据的时候，都是以64比特为单位来读取的。

为了方便描述，我们以一个1Rx8的内存为例来讲解内存的IO过程。这个内存的一个Rank中包含8个Chip，内存颗粒位宽为8比特。如果CPU想读取地址0x0000~0x0007，每个Chip工作一次，8个Chip拼起来就是CPU想要的数据，IO效率会比较高。但要存在一个Chip里，那这个Chip只能自己干活。只能进行串行读取，需要读8次，这样速度会慢很多。

在这一步，内存硬件会定位到具体的列地址。然后每个Chip中的行缓存中指定列的数据经过拼接，一个完整的64字节的数据就出炉了，如图2.28所示。

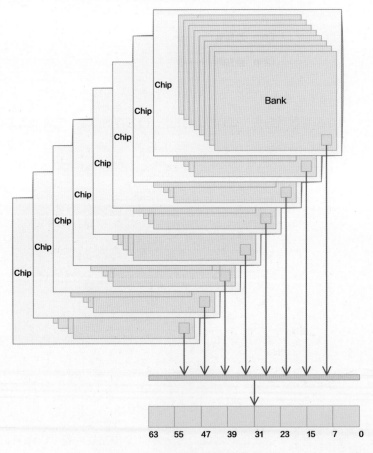

图2.28　内存中多个Chip聚合数据

最终将0x0000~0x0007的数据全部返回给CPU。CPU把这些数据放入自己的缓存里，并帮你开始对0x0000的数据进行运算。

所以一个连续64比特的数据在内存中其实是位于不同的内存黑色颗粒——Chip中的。每次CPU需要内存数据的时候，内存控制器让每个Chip都只取一部分数据。多个Chip取到的数据拼接起来以后，就是CPU所需要的数据了。

注意，上面讲述的过程是一个完整的内存IO过程。如果连续两次内存IO，行地址是同一行，那么第二次访问内存的时候，就不需要经过上面的第一步和第二步了。每个Chip的行缓存中的数据可以直接使用，接下来只需要进行第三步，经过CL个周期后，就可以读取到数据。

在内存访问中，如果行列地址都变了，我把它定义为随机IO。如果行地址没变，只有列地址变了，我把它定义为顺序IO。**在内存硬件中，是存在随机IO比顺序IO速度更慢的问题的。**

那么随机IO和顺序IO在延时上大概差多少呢？我们可以计算一下。笔者的机器上的内存参数Speed为1066MHz（通过dmidecode查得），该值除以2就是时钟周期的频率=1066/2=533MHz，其延迟周期为7-7-7-24。

- 随机IO：这种状况下需要tRP+tRCD+CL个时钟周期，7+7+7=21个周期。但是还有一个tRAS的限制，两次行地址预充电不得小于24个周期，所以要按24来计算，24×(1s/533MHz) = 45ns。
- 顺序IO：这种状况下只需CL个时钟周期7×(1s/533MHz)=13ns。

因为这个问题的存在，所以应该尽量使用顺序IO，避免随机IO。在硬件上具体的做法主要是每次内存IO都尽量多读取一些数据。虽然现在主流的CPU都是64位的，每次内存IO只可以读取64比特=8字节的数据，但实际上每次内存IO都多取一些数据出来。

2.3.3 内存Burst IO

内存无论随机IO还是顺序IO，在单次访问的时候，都需要十几纳秒，甚至是几十纳秒。那么一个优化的思路就是在一次IO的时候，让内存尽量多吐一些数据回来。这就是CPU缓存和内存Burst IO的工作原理。

CPU缓存在缓存和读取内存中的数据的时候，最小的单位是CacheLine，一般为64字节。这样，当CPU下次再访问这些数据的时候，直接从自己的缓存中读取就行了，不需要再发生内存IO了。一个CPU周期只需要不到1纳秒，内存访问动不动就延迟好几十纳秒，相比CPU来讲，这太慢了。

在CPU中，因为L1、L2、L3都在自己的硬件内部，所以访问它们比访问内存快得多。另外，L1离CPU最近，访问速度最快。L3比L1和L2要慢一些。所以在CPU访问数据的时候，是一个金字塔的结构。先从L1中看看数据是否存在，不存在的话访问L2，如果还是不存在就一直往下穿透，直到访问到内存。

　　每一级缓存体系在工作的时候，不管你要的数据是多小，每一级缓存都是把包含你要的数据的64字节的CacheLine全部读取并保存起来。假如你要访问一个4字节的int变量，那么缓存也是直接从下层读64字节回来，具体参见第16章中的图16.7。

　　如果程序下一次要访问的正好是和这次访问的int变量位于同一个CacheLine，那下次的数据访问直接在L1这一级的缓存内部就搞定了。这就是每一级缓存的意义所在。

　　内存支持Burst（突发传输）模式，在这种模式下可以只传入一次行列地址，就命令内存返回该内存开头的连续字节数据，比如64字节。在这种模式下，只有第一次的8字节需要真正的行列访问延迟，后面的7字节可以直接按内存的数据频率吐出来。

　　在内存Bank中排列二维矩阵结构组织的时候，为了更好地支持Burst IO，二维矩阵单元中存储的字节数会比位宽大。这种组织方式还有另外一个好处，就是可以节约列地址线的数量。

2.4　存储性能测试

　　前面几节介绍了CPU和内存的工作原理，接下来通过实际的代码来验证访问时的性能。通过观察本次实验相关的数据，读者将会对性能有更深入的理解和把握。

2.4.1　延时测试

　　本次实验的目的有两个，一是看各级缓存大小对性能的影响，二是看访问随机性对性能的影响。

　　测试原理就是定义一个指定大小的内存区域，这是通过定义double（8字节）数组来实现的，然后对数据进行访问，统计访问的耗时情况。完整的测试代码参见本书配套源码中的chapter-02/test-01。

　　在全局变量区域申请一块64MB的内存，并对其进行初始化。

```
// 测试用大小为64MB的内存区域
#define MAXBYTES (1 << 26)
double data[MAXELEMS];

void init_data(double *data, int n){
    int i;
    for (i = 0; i < n; i++)    {
        data[i] = i;
    }
}

int main()
{
  init_data(data, MAXELEMS);
  .......
}
```

为了验证各级缓存的性能表现，在测试的时候，数组从2KB开始，每次测试都翻倍，直到64MB。在这个过程中，刚开始的数组大小L1缓存就能装得下。但随着数组越变越大，CPU缓存逐步撑破L2、L3。

```
.....
for (size = MINBYTES; size <= MAXBYTES; size <<= 1) {
    printf("%.2f\t", get_seque_access_result(size, stride, 1));
}
```

在访问顺序上，最简单的顺序就是以步长为1对数组进行循环遍历。

```
void seque_access(int elems, int stride) {
    int i;
    double result = 0.0;
    volatile double sink;

    for (i = 0; i < elems; i += stride) {
        result+= data[i];
    }
    sink= result;
}
```

为了对数据访问局部性造成一定的破坏，把遍历步长也设置为变量，每次都翻倍，所以步长分别是1、2、4、8、16、32、64。在测试的时候，把不同的步长都测试一遍。

```
for (stride = 1; stride <= MAXSTRIDE; stride=stride*2) {
    ...
}
```

但步长无论怎么变，其实还是没有对局部性造成根本性的破坏。我们还定义了一种随机访问的方式，提前预先随机申请一些数组下标。这样数组在访问的时候，局部性就被彻底破坏了。

```
// 提前把要进行随机访问的数组下标准备好，用于随机访问测试
void create_rand_array(int max, int count, int* pArr)
{
    int i;
    for (i = 0; i < count; i ++,pArr++) {
        int rd = rand();
        int randRet = (long int)rd * max / RAND_MAX;
        *pArr = randRet;
    }
    return;
}
```

整体上，测试的主要过程如下所示。

```
void run_delay_testing(){
    ...
    // 外层循环控制步长依次从1到64，目的是了解不同的顺序步长的访问效果差异
    for (stride = 1; stride <= MAXSTRIDE; stride=stride*2) {
    // 内存循环控制数据大小依次从2KB到64MB，目的是保证数据大小依次超过L1、L2、L3
        for (size = MINBYTES; size <= MAXBYTES; size <<= 1) {
    // 顺序访问测试
        ......
        }
    }

    // 进行内存随机访问延时评估
    for (size = MINBYTES; size <= MAXBYTES; size <<= 1) {
    // 随机访问测试
    ......
    }
}
```

另外说明一下，虽然这段测试代码已经竭尽全力去排除干扰，但仍然会有一些额外的开销。

- **加法开销**：访问到数组的元素后，对数组元素做了一次加法。鉴于加法指令简单，一个CPU周期就可完成，CPU周期比内存周期要快，所以影响不太大。
- **随机下标数组**：在随机测试环节，提前通过预先生成的随机数组中的元素作为下标来模拟随机访问。但这个数组本身也会有内存IO发生，而且也会挤占CPU高速缓存中的空间。我通过减小这个数组大小来降低影响，但是没办法完全避免。
- **耗时统计**：CPU级别的访问速度太快了，这会给统计时间造成一点麻烦，想做到完全精确很难。这涉及高开销的系统调用，本实验通过跑1000次取一次耗时的方式来降低影响。

所以对于运行结果，我们要知道可以根据结果进行大致的评估，没有办法做到100%精准。而且由于机器硬件的差异，各台机器上跑出来的效果也不太一样。在我手头的一台开发机上运行后，整体的运行效果如表2.3所示。为了方便书中排版，我把实际输出结果的行和列做了个调换。

表2.3　内存延时测试结果（ns）

数组大小	s1	s2	s4	s8	s16	s32	s64	random
2KB	1.12	0.95	0.78	0.61	0.5	0.74	0.78	2.4
4KB	1.27	1.18	0.94	0.98	0.61	0.79	0.64	2.4
8KB	1.28	1.27	1.23	1.03	0.78	0.89	0.5	2.4
16KB	1.32	1.28	1.24	1.15	0.95	1.04	0.61	2.4
32KB	1.32	1.3	1.29	1.26	1.14	1.4	0.78	2.4
64KB	1.33	1.31	1.29	1.29	1.27	1.28	1.17	2.4
128KB	1.33	1.32	1.31	1.3	1.28	1.33	1.23	2.4

数组大小	s1	s2	s4	s8	s16	s32	s64	random
256KB	1.32	1.32	1.33	1.32	1.31	1.3	1.23	2.4
512KB	1.32	1.33	1.34	1.33	1.33	1.31	1.3	2.4
1024KB	1.32	1.33	1.34	1.52	1.84	1.98	1.52	2.4
2MB	1.33	1.36	1.37	2.77	3.25	3.17	3.46	4.8
4MB	1.33	1.37	1.38	2.69	3.79	3.28	3.51	7.2
8MB	1.45	1.47	1.52	2.78	3.65	3.56	3.6	12
16MB	1.6	1.85	2.63	4.04	5.77	3.89	3.74	24
32MB	1.55	1.96	3.19	5.87	9.42	9.46	5.91	28.8
64MB	1.54	1.93	3.23	6.36	9.71	11.98	9.51	31.2

通过以上的实验数据可以得出如下几个结论，和我们之前所学到的CPU硬件原理、内存的工作原理是能匹配上的。

结论一：在数组比较小的时候，访问延迟都很低。这是由于数组比较小的时候，例如2KB、4KB的时候，CPU的L1能全部装下。所以无论是通过步长遍历破坏随机性，还是彻底随机，绝大部分的请求都能被CPU的L1访问兜住，不会穿透到下方的存储。

结论二：即使是比较大的数组，如果用局部性非常好的方式来访问，性能也非常高。这是因为CPU中的各级缓存每次在向下一级的存储读取数据的时候，都是请求整整一个CacheLine 64字节的数据，然后缓存起来。步长为1的情况下遍历数组，绝大部分的缓存仍然可以被CPU的各级缓存命中，真正的内存访问很少。

结论三：当数组比较大，顺序访问步长也比较长的时候，一定程度破坏了局部性，延时会上涨。这是由于一个CacheLine才有64字节的数据。如果步长比较长，那相当于每次被提前缓存的64字节数据没有起到太大作用。会出现很多的请求缓存兜不住，穿透到内存中的情况。但这种情况下，即使CPU缓存兜不住，但透到内存中，内存中rowbuffer的数组还可能有效。内存只需要CL个周期的延迟就可以把数据返回给CPU。

结论四：内存随机访问性能很差。当局部性被彻底破坏的时候，不仅使CPU各级缓存提前缓存好的数据失去了效果，连内存中rowbuffer的数据也没用了。整个存储体系就以一种最差的状态运行，大部分的内存访问都真的会穿透到内存中进行访问。内存控制器每次都得进行tRP个时钟周期的行地址预充电，再等待tRPC个时钟周期打开一行，接着再等CL个周期的列延迟，才能够把数据读出来。

2.4.2 带宽测试

除了延迟，存储访问还有一个很重要的指标——带宽，带宽指的是单位时间内可以从存储中读取多大的数据。其计算方式如下：

```
width = size(MB)/ time(s)
```

实验读取的数据大小单位是字节，时间单位是纳秒，这些都需要进行转换。转换后带宽的计算过程如下：

```
width = size(MB)/ time(s)
      = (total_accessed_bytes / 1000000) / (used_nanoseconds / 1000000000)
      = total_accessed_bytes*1000/used_nanoseconds;
```

带宽的性能表现和延迟测试一样，也是受两个因素的影响。一个因素是内存数组的大小，另一个因素是局部性访问是否良好。所以整体测试过程和延迟测试是完全一致的，详细的测试过程就不展开了，测试结果如表2.4所示。完整的测试源码参见chapter-02/test-02。

表2.4　内存带宽测试结果（MB/S）

数组大小	s1	s2	s4	s8	s16	s32	s64	random
2KB	6432	8450	6579	13130	16155	17992	9664	6203
4KB	6546	6899	7213	10362	12230	16096	10418	6495
8KB	6133	6454	7033	8470	7851	13076	10053	6319
16KB	6044	6259	6299	6654	6286	10279	9081	6098
32KB	6058	6156	6210	6409	6887	7682	7119	6078
64KB	6040	6125	6075	6132	6460	7048	6337	6084
128KB	5989	6044	6074	6048	6178	6352	5547	6047
256KB	6012	6040	6046	6029	6094	6279	6200	6028
512KB	5939	6058	5943	6047	6037	6109	5858	5815
1024KB	6024	5944	5874	5900	5489	5838	5466	5003
2MB	5974	5961	5867	3039	2252	2485	2415	4473
4MB	5964	5955	5878	3006	2316	2339	2461	2723
8MB	5510	5591	5380	2942	2334	2389	2473	1416
16MB	5215	4517	3573	2252	1628	2190	2389	825
32MB	5233	4253	2807	1483	874	1008	1603	668
64MB	5223	4213	2563	1401	841	784	945	625

在带宽数据的表现上，和延时测试是基本一样的。在数组比较小的时候，或者即使数组比较大，但用局部性非常好的方式来访问，带宽就非常高，每秒的数据传输可高达6000MB。这是因为这时绝大部分的访问都是在CPU内部的高速缓存内完成的，并没有多少请求穿透到内存进行读取。

当数组比较大，而且局部性被破坏的时候，如循环的时候步长比较长，或者是最彻底的随机访问，更多的请求穿透到了内存进行访问，而且在随机IO的情况下，连内存中的rowbuffer起作用的可能性都大大下降，内存的工作也以最低效的方式进行。在这种情况下，内存的带宽每秒仅有区区的600多MB了。

2.5 本章总结

本章我们深入介绍了内存的硬件原理。

先从CPU的内存控制器出发，讲到了CPU支持的内存通道数，也计算出CPU最大可支持的内存条数量。另外，也针对服务器CPU介绍了ECC内存、RDIMM/LRDIMM内存模块规格。还介绍了DDR、DDR2、DDR3、DDR4、DDR5的数据频率提升的工作原理。

内存的物理结构的相关内容介绍了内存的Rank与位宽。也展示了内存颗粒Chip的内部结构。接下来讲解了内存IO时是如何工作的，各种延迟在内存IO过程中是如何体现的。此外还讲解了为了提升性能，CPU的缓存和内存Burst IO所做的工作。

关于本章开头提到的内存部分的几个问题，我们也总结一下。

1）内存的内部物理结构是什么样的？

内存内部是由多个Chip组成的，每个Chip内部又分为多个Bank。每一次的内存IO都需要多个Chip并行工作。

2）内存的主频怎么理解，是代表内存一秒能工作这么多次吗？

内存的主频是内存在极端理想的情况下工作的最大频率。但在实际工作过程中，会有CL、tRCD和tRP等各种延时的存在，几乎不太可能真的达到这么高的工作频率。

3）内存的CL、tRCD、tRP这几个参数的含义是什么？

CL是最重要的延时参数，全称是Column Address Latency，是控制器发送一个列地址到内存与数据开始响应之间的周期数。tRP（Row Precharge Time）和tRCD（Row Address to Column Address Delay）是和行地址有关的。每次行地址发送过来需要经过tRP个周期进行预充电，经过tRCD个周期打开行内存，并将其保存到每个Chip的行缓存中。

4）内存存在随机IO比顺序IO访问要慢的情况吗？

存在。内存的随机IO需要经过tRP、tRCD和CL三种延迟。而顺序IO的话，仅仅需要经过一个CL延迟就行了。

第3章

进程、线程的对比

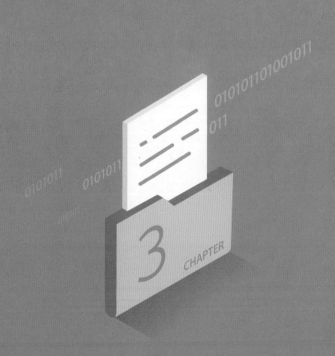

对于搞应用软件开发的读者来说，所有的开发工作其实就是在让CPU和内存以我们所预期的方式进行工作。但是直接操作CPU、内存的成本太高了，所以操作系统将CPU、内存等资源封装起来，抽象出了进程、线程让开发人员以更低的成本使用。

但是进程、线程封装得太好了，以至于绝大部分的开发人员对其内部的工作原理并不太了解。例如，我们来思考如下几个问题：

1）进程中都封装了哪些资源？

2）Linux中进程和线程的联系和区别究竟有哪些？

3）内核任务如ksoftirqd应该被称为内核进程还是内核线程？

4）内核在保存使用的pid号时是如何优化内存占用的？

对于这些问题你是否真正理解了呢？接下来深入进程、线程的定义和创建过程中来寻找以上问题的答案。

3.1 进程、线程定义

在技术圈和互联网上，对进程和线程的讨论大多聚焦在这二者有什么不同。但事实上，在Linux中进程和线程的相同点要远远大于不同点。在操作系统的理论中，进程和线程分别是用进程控制块PCB和线程控制块TCB来表示的。但其实在Linux的实现里，无论进程还是线程，都抽象成了任务，在源码里用task_struct结构来实现。task_struct结构如图3.1所示。

在本书中后面如果提到任务，表示的就是进程或者线程。

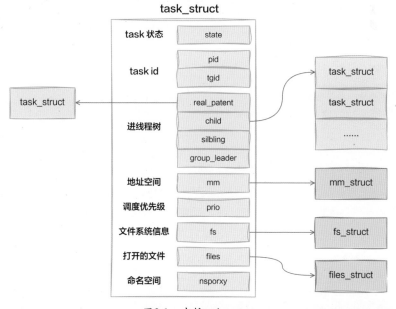

图3.1　内核task_struct

我们来看看表示进程和线程的task_struct的具体定义，它位于include/linux/sched.h文件中。

```
// file:include/linux/sched.h
struct task_struct {
    // 3.1.1  进程、线程状态
    unsigned int __state;

    // 3.1.2  进程、线程的pid
    pid_t pid;
    pid_t tgid;

    // 3.1.3  进程树关系：父进程、子进程、兄弟进程
    struct task_struct __rcu *parent;
    struct list_head children;
    struct list_head sibling;
    struct task_struct *group_leader;

    // 3.1.4  进程调度优先级
    int       prio;
    int       static_prio;
    int       normal_prio;
    unsigned int rt_priority;

    // 3.1.5  进程地址空间
    struct mm_struct    *mm;
    struct mm_struct    *active_mm;

    // 3.1.6  进程文件系统信息（当前目录等）
    struct fs_struct *fs;

    // 3.1.7  进程打开的文件信息
    struct files_struct *files;

    // 3.1.8  命名空间
    struct nsproxy *nsproxy;
    ......
}
```

在这个内核结构体中，将很多资源都封装了起来。包括进程、线程的状态，进程、线程的pid，进程调度相关的优先级信息，进程所使用的虚拟内存信息，进程所在的文件系统当前目录，进程打开的文件句柄，进程所在的各种命名空间等。

说task_struct是内核中最为核心的数据结构也不为过。它将系统中的各种资源都统一进行封装，抽象成了进程、线程来给开发者使用。接下来让我们分别看看进程、线程所拥有的这些资源或属性。理解了这些属性对下一步掌握进程、线程的创建会有很大的帮助。

3.1.1 进程、线程状态

进程、线程都是有状态的，它的状态就保存在state字段中。常见的状态中TASK_RUNNING表示进程、线程处于就绪状态或者正在执行，TASK_INTERRUPTIBLE表示进程、线程进入了阻塞状态。

一个任务（进程或线程）刚创建出来的时候是TASK_RUNNING就绪状态，等待调度器的调度。调度器执行schedule后，任务获得CPU后还是TASK_RUNNING状态，但开始运行。当需要等待某个事件的时候，例如阻塞式read（读取）某个socket上的数据，但是数据还没有到达的时候，任务进入TASK_INTERRUPTIBLE或TASK_UNINTERRUPTIBLE状态，任务被阻塞掉。

当等待的事件到达后，例如socket上的数据到达了，内核在收到数据后会查看socket上阻塞的等待任务队列，然后将其唤醒，使得任务重新进入TASK_RUNNING就绪状态。任务如此往复地在各个状态之间循环，直到退出。

一个任务的大概状态流转图如图3.2所示。

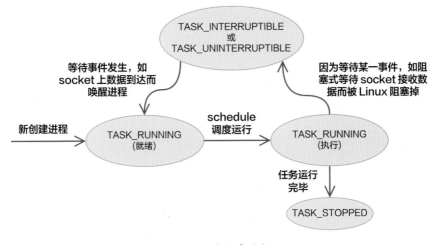

图3.2　任务状态流转

全部状态值在include/linux/sched.h文件中定义。

```
// file:include/linux/sched.h
#define TASK_RUNNING          0x00000000
#define TASK_INTERRUPTIBLE       0x00000001
#define TASK_UNINTERRUPTIBLE        0x00000002
#define __TASK_STOPPED         0x00000004
#define __TASK_TRACED          0x00000008
......
#define TASK_DEAD          0x00000080
#define TASK_WAKEKILL          0x00000100
#define TASK_WAKING        0x00000200
```

```
......
#define TASK_STATE_MAX        0x00010000
```

3.1.2 进程ID与线程ID

我们知道，每一个进程或线程都有一个ID的概念。task_struct中有两个相关的字段，分别是pid和tgid，如图3.3所示。

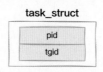

图3.3   内核task_struct的pid与tgid

```
// file:include/linux/sched.h
struct task_struct {
    ......
    pid_t pid;
    pid_t tgid;
}
```

这个pid_t类型其实就是int:

```
// file:include/linux/types.h
typedef __kernel_pid_t    pid_t;
```

```
// file:include/uapi/asm-generic/posix_types.h
typedef int    __kernel_pid_t;
```

其中pid是Linux为了标识每一个进程而分配给它的唯一号码，称作进程ID，简称PID。对于没有创建线程的进程（只包含一个主线程），这个pid就是进程的PID，tgid和pid是相同的。

Linux内核并没有对线程做特殊处理，还是由task_struct来管理。从内核的角度看，用户态的线程本质上还是一个进程。只不过和普通进程的区别是会和父进程共享虚拟地址空间等数据结构，会更轻量一些。所以在Linux下的线程也叫轻量级进程。

假如一个进程下创建了多个线程（轻量级进程），那么每个线程（轻量级进程）的pid都是不同的。这是内核唯一标识它们的地方，所以必须不一致。它们通过tgid字段来表示自己所属的进程ID，如图3.4所示。

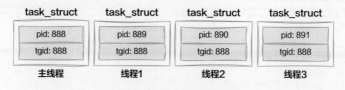

图3.4   进程、线程的pid和tgid

对于用户程序来说，调用getpid()函数其实返回的是tgid，这样无论进程还是线程获取到的进程id看起来都符合我们的预期了。

3.1.3 进程树关系

在Linux下所有的进程都是通过一棵树来管理的。在操作系统启动的时候，会创建 init 进程，接下来所有的进程都是由这个进程直接或者间接创建的。通过pstree命令可以查看当前服务器上的进程树信息：

```
init-+-atd
     |-cron
     |-db2fmcd
     |-db2syscr-+-db2fmp---4*[{db2fmp}]
     |          |-db2fmp---3*[{db2fmp}]
     |          |-db2sysc---13*[{db2sysc}]
     |          |-3*[db2syscr]
     |          |-db2vend
     |          `-{db2syscr}
     |-dbus-daemon
```

这棵进程树就是由task_struct下的parent、children、sibling等字段来表示的，如图3.5所示。这几个字段将系统中的所有task串成了一棵树。

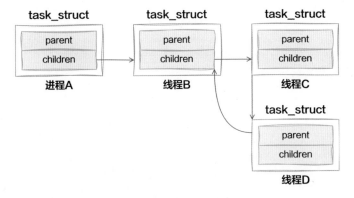

图3.5   task_struct的父子关系

3.1.4 进程调度优先级

Linux中的调度，主要分实时进程调度和普通进程调度，对于普通进程采用的调度器是CFS（Completely Fair Scheduler，完全公平调度器）。无论是哪种调度，都需要使用一些优先级，在进程调度的时候会根据这几个字段来决定优先让哪个任务（进程或线程）开始执行。

在task_struct中如下几个字段是表示进程优先级的：

- static_prio：用来保存静态优先级，可以调用nice系统命令直接修改，取值范围为100~139。
- rt_priority：用来保存实时优先级，取值范围为0~99。
- prio：用来保存动态优先级。
- normal_prio：它的值取决于静态优先级和调度策略。

3.1.5　进程地址空间

对于用户进程来讲，mm_struct（mm代表的是memory descriptor，内存描述符）是非常核心的数据结构。整个进程的虚拟地址空间部分都是由它来表示的。

进程在运行的时候，在用户态其所需要的内存数据，如代码、全局变量数据及mmap 内存映射等都是通过mm_struct进行内存查找和寻址的。这个数据结构的定义位于include/linux/mm_types.h文件中。

```
// file:include/linux/mm_types.h
struct mm_struct {
    unsigned long mmap_base;    /* base of mmap area */
    unsigned long task_size;    /* size of task vm space */

    unsigned long start_code, end_code, start_data, end_data;
    unsigned long start_brk, brk, start_stack;
    unsigned long arg_start, arg_end, env_start, env_end;
    ......
}
```

其中start_code、end_code分别指向代码段的开始与结尾，start_data和end_data 共同决定数据段的区域，start_brk和brk中间是堆内存的位置，start_stack是用户态堆栈的起始地址。整个mm_struct和地址空间、页表、物理内存的关系如图3.6所示。

mm_struct中所有的成员共同表示一个虚拟地址空间。当虚拟地址空间中的内存区域被访问的时候，会由CPU中的MMU配合TLB缓存来将虚拟地址转换成物理地址进行访问。

我们再说说线程中的一种特殊情况——内核线程。对于内核线程来说，由于它只固定工作在地址空间较高的那部分，所以并没有涉及对虚拟内存部分的使用。内核线程的mm_struct都是null。

在内核内存区域，可以通过直接计算得出物理内存地址，并不需要复杂的页表计算，如图3.7所示。而且，最重要的是所有内核进程及用户进程的内核态的内存都是共享的。

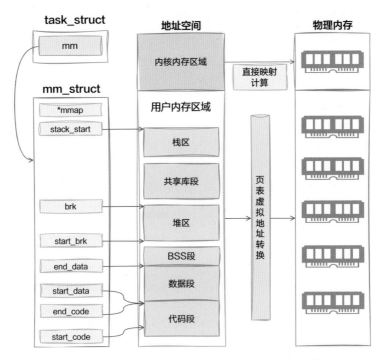

图3.6　mm_struct和地址空间、页表、物理内存的关系

图3.7　内核线程地址空间

区分一个任务该叫线程还是进程，一个主要的区分点就在于看它是否有独立的地址空间。如果有，就应该叫作进程，如果没有，就应该叫作线程。

对于内核任务来说，因为没有独立的地址空间，所以称之为线程更合适，应该叫内核线程而不是叫内核进程！

3.1.6　进程文件系统信息（当前目录等）

进程的文件位置等信息是由fs_struct来描述的，它的定义位于 include/linux/fs_struct.h 文件中。

```
// file:include/linux/fs_struct.h
struct fs_struct {
```

```
......
    struct path root, pwd;
};

// file:include/linux/path.h
struct path {
    struct vfsmount *mnt;
    struct dentry *dentry;
} __randomize_layout;
```

通过以上代码可以看出，fs_struct中包含了两个path对象，而每个path中都指向一个
struct dentry，如图3.8所示。在Linux内核中，dentry结构是对一个目录项的描述。

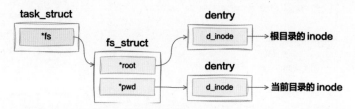

图3.8　task_struct文件系统信息

拿pwd来举例，这就是我们平时编程中所熟知的进程当前目录。该指针指向的是进
程当前目录所处的dentry目录项。假如我们在shell进程中执行pwd，或者在用户进程查找
当前目录下的某些文件，都是通过访问pwd这个对象，进而找到当前目录的dentry的。

3.1.7　进程打开的文件信息

每个进程用一个files_struct结构来记录文件描述符的使用情况，这个files_struct结构
称为用户打开文件表。它的定义位于 include/linux/fdtable.h文件中。

```
// file:include/linux/fdtable.h
struct files_struct {
    ......
    // fdtable
    struct fdtable __rcu *fdt;

    //下一个要分配的文件句柄号
    int next_fd;
    ......
}

struct fdtable {
    // 当前的文件数组
    struct file __rcu **fd;
    ......
};
```

在files_struct中，最重要的是这个fdtable中包含的file **fd数组，如图3.9所示。这个数组的下标就是文件描述符，其中0、1、2三个描述符总是默认分配给标准输入、标准输出和标准错误。这就是你在shell命令中经常看到的2>&1的由来。这几个字符的含义就是把标准错误也一并打到标准输出中来。

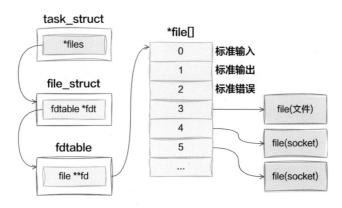

图3.9 进程打开文件信息

数组元素记录了当前进程打开的每一个文件的指针。这个文件是Linux中抽象的文件，可能是真的磁盘上的文件，也可能是一个socket。

Linux会通过fs.file-max和fs.nr_open内核参数限制进程的打开文件句柄的数量，这个数量是通过*file[]数组要分配的下标来判断的，参见《深入理解Linux网络》。

3.1.8 命名空间

在Linux中，命名空间（namespace）是用来隔离内核资源的方式。通过命名空间可以让一些进程只能看到与自己相关的一部分资源，而另外一些进程也只能看到与它们自己相关的资源，这两拨进程根本就感觉不到对方的存在。

具体的实现方式是把一个或多个进程的相关资源指定在同一个命名空间中，而进程究竟属于哪个命名空间，都是在task_struct中由*nsproxy指针表明这个归属关系的。

```
// file:include/linux/nsproxy.h
struct nsproxy {
    atomic_t count;
    struct uts_namespace *uts_ns;
    struct ipc_namespace *ipc_ns;
    struct mnt_namespace *mnt_ns;
    struct pid_namespace *pid_ns;
    struct net        *net_ns;
    ......
};
```

Linux实现了多种不同的命名空间，分别用来隔离不同的资源：

- PID命名空间：用来隔离进程的PID。
- 挂载点命名空间：用来隔离文件系统挂载点。
- 网络命名空间：用来隔离网络资源。
- UTS命名空间：用来隔离主机名和域名。
- User命名空间：用来隔离用户ID和组ID。
- IPC命名空间：用来隔离System V IPC和POSIX消息队列。

各个命名空间和进程task_struct内核对象的关系如图3.10所示。

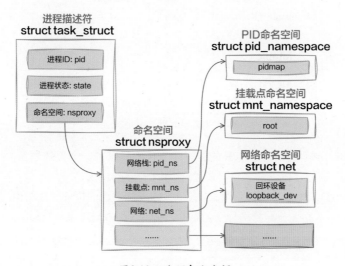

图3.10　进程命名空间

通过内核对外暴露的proc伪文件系统可以查看进程所在的命名空间。

```
ll /proc/$$/ns
total 0
... 0 Jan 27 21:57 cgroup -> 'cgroup:[4026531835]'
... 0 Jan 27 21:57 ipc -> 'ipc:[4026531839]'
... 0 Jan 27 21:57 mnt -> 'mnt:[4026531840]'
... 0 Jan 27 21:57 net -> 'net:[4026531992]'
... 0 Jan 27 21:57 pid -> 'pid:[4026531836]'
... 0 Jan 27 21:57 pid_for_children -> 'pid:[4026531836]'
... 0 Jan 27 21:57 user -> 'user:[4026531837]'
... 0 Jan 27 21:57 uts -> 'uts:[4026531838]'
```

每个命名空间都用来隔离不同类型的资源。就拿网络命名空间来举例，每个网络命名空间下都有自己专属的loopback设备、路由表、iptables规则。在系统启动时，有一个默认的网络命名空间叫init_inet。

如果创建进程时指定了CLONE_NEWNET标记，则会创建出来一个新的网络命名空间。这个命名空间内也有有自己独立的loopback设备、路由表、iptables。同时该新进程的net_ns 指向这个新的命名空间。

这样将来在该新进程及其后面可能创建的子进程里，就只能看到自己的路由表等资源，无法再查母机的资源。详情参见《深入理解Linux网络》。

3.2 进程的创建

Linux中的进程是我们日常编程中非常熟悉的，哪怕是只写过一天代码的人也都用过它。但是你确定它不是你最熟悉的"陌生人"吗？它的创建过程你是否足够了解？本节将通过深度剖析进程的创建过程，帮助你提高对进程的认知。

前面已经介绍了进程的数据结构task_struct。本节将会用Nginx创建worker进程的例子作为引入，带大家看看fork执行的内部原理。

3.2.1 Nginx使用fork创建worker

在Linux进程的创建中，最核心的就是fork系统调用。不过我们不着急介绍它，先拿多进程服务中的一个经典例子——Nginx，来看看它是如何使用fork来创建worker的。这里要注意它在调用fork时传入的参数中的flag选项。

Nginx服务是采用多进程方式来工作的，它启动的时候会创建若干个worker进程，来响应和处理用户请求。创建worker进程的源码位于Nginx源码的src/os/unix/ngx_process_cycle.c文件中。通过循环调用ngx_spawn_process来创建若干个worker进程。

```
// file:src/os/unix/ngx_process_cycle.c
static void ngx_start_worker_processes(...)
{
    ......
    for (i = 0; i < n; i++) {
        ngx_spawn_process(cycle, ngx_worker_process_cycle,
                        (void *) (intptr_t) i, "worker process", type);
        ......
    }
}
```

再来看看具体负责进程创建的ngx_spawn_process函数。

```
// file: src/os/unix/ngx_process.c
ngx_pid_t ngx_spawn_process(ngx_cycle_t *cycle, ngx_spawn_proc_pt proc,...)
{
    //调用fork来创建子进程
    pid= fork();
    switch (pid) {
```

```
        case -1: //出错了
            ......
        case 0: //子进程创建成功
            ......
            proc(cycle, data);
            break;
    }
    ......
}
```

在ngx_spawn_process中调用fork来创建进程，创建成功后worker进程就将进入自己的入口函数开始工作了。

3.2.2　fork系统调用原理

前面我们看了Nginx使用fork来创建worker进程，也了解了进程的数据结构task_struct，下面再来看看fork系统调用的内部逻辑。这个fork在内核中是以一个系统调用来实现的，它的内核入口在kernel/fork.c文件中。

Linux 5.4和6.1的版本在实现上有了比较大的改动，5.4版本是调用do_fork来实现的。

```
// file:linux-5.4.56:kernel/fork.c
SYSCALL_DEFINE0(fork)
{
    return do_fork(SIGCHLD, 0, 0, NULL, NULL);
}
```

6.1版本调用的是kernel_clone。

```
// file:kernel/fork.c
SYSCALL_DEFINE0(fork)
{
    struct kernel_clone_args args = {
        .exit_signal = SIGCHLD,
    };
    return kernel_clone(&args);
}

// file:include/linux/sched/task.h
struct kernel_clone_args {
    u64 flags;
    ......
}
```

但无论在哪个版本的实现中，都是通过参数传入了一个flag选项。这个flag可以传入的值包括CLONE_VM、CLONE_FS和CLONE_FILES等，所有的flag定义都在include/uapi/

linux/sched.h文件中。

```
// file:include/uapi/linux/sched.h
#define CLONE_VM 0x00000100 /* set if VM shared between processes */
#define CLONE_FS 0x00000200 /* set if fs info shared between processes */
#define CLONE_FILES 0x00000400 /* set if open files shared between processes */
...
#define CLONE_NEWNS 0x00020000 /* New mount namespace group */
...
#define CLONE_NEWCGROUP    0x02000000  /* New cgroup namespace */
#define CLONE_NEWUTS       0x04000000  /* New utsname namespace */
#define CLONE_NEWIPC       0x08000000  /* New ipc namespace */
#define CLONE_NEWUSER      0x10000000  /* New user namespace */
#define CLONE_NEWPID       0x20000000  /* New pid namespace */
#define CLONE_NEWNET       0x40000000  /* New network namespace */
```

简单介绍一下每种flag的含义：

- **CLONE_VM**：如果没用该标记，则新任务会创建虚拟地址空间。
- **CLONE_FS**：如果没用该标记，则新任务会创建新的文件系统信息。
- **CLONE_FILES**：如果没用该标记，则新任务会有新的打开文件列表。

还有几种flag是和命名空间、cgroup相关的：

- **CLONE_NEWNS**：如果用了该标记，则新任务会创建新的挂载点命名空间（隔离文件系统挂载点）。
- **CLONE_NEWCGROUP**：如果用了该标记，则新任务会创建新的cgroup。
- **CLONE_NEWUTS**：如果用了该标记，则新任务会创建新的UTS命名空间（隔离主机名和域名）。
- **CLONE_NEWIPC**：如果用了该标记，则新任务会创建新的IPC命名空间（隔离进程间通信IPC资源）。
- **CLONE_NEWUSER**：如果用了该标记，则新任务会创建新的User命名空间（隔离用户ID和组ID）。
- **CLONE_NEWPID**：如果用了该标记，则新任务会创建新的PID命名空间（隔离进程的PID）。
- **CLONE_NEWNET**：如果用了该标记，则新任务创建新的网络命名空间（隔离网卡设备、路由表等）。

但是这里只传了一个SIGCHLD（子进程在终止后发送 SIGCHLD信号通知父进程），并没有传CLONE_FS等其他flag。

无论是5.4版本的do_fork函数，还是6.1版本的kernel_clone函数，其核心是一个copy_process函数，它以复制父进程的方式来生成一个新的task_struct。然后调用wake_up_new_task将新进程添加到调度队列中等待调度。

```
// file:linux-5.4.56:kernel/fork.c
long do_fork(unsigned long clone_flags, ...)
{
    // 复制一个task_struct
    struct task_struct *p;
    p= copy_process(clone_flags, stack_start, stack_size,
            child_tidptr, NULL, trace);

    // 子任务加入到就绪队列中，等待调度器调度
    wake_up_new_task(p);
    ......
}
// file:kernel/fork.c
pid_t kernel_clone(struct kernel_clone_args *args)
{
    // 复制一个task_struct
    struct task_struct *p;
    p= copy_process(NULL, trace, NUMA_NO_NODE, args);

    // 子任务加入到就绪队列中，等待调度器调度
    wake_up_new_task(p);
    ......
}
```

在copy_process生成新的task_struct后，调用wake_up_new_task将新创建的任务添加到就绪队列中，等待调度器调度执行。我们先展开了解copy_process都做了什么，它的代码很长，我对其进行了一定程度的精简，参见下面的代码。

```
// file:kernel/fork.c
static struct task_struct *copy_process(...)
{
    const u64 clone_flags = args->flags;
    struct nsproxy *nsp = current->nsproxy;
    ......

    // 1 复制进程task_struct结构体
    struct task_struct *p;
    p= dup_task_struct(current, ...);
    ......

    // 2 复制files_struct
    retval= copy_files(clone_flags, p);

    // 3 复制fs_struct
    retval= copy_fs(clone_flags, p);

    // 4 复制mm_struct
    retval= copy_mm(clone_flags, p);
```

```
    // 5 复制进程的命名空间 nsproxy
    retval= copy_namespaces(clone_flags, p);
    ......

    // 6 申请pid并设置进程号
    pid= alloc_pid(p->nsproxy->pid_ns_for_children, ...);
    p->pid = pid_nr(pid);
    if (clone_flags & CLONE_THREAD){
        p->tgid = current->tgid;
    } else {
        p->tgid = p->pid;
    }
    ......
}
```

可见copy_process函数先调用dup_task_struct函数复制了一个新的task_struct内核对象，然后调用copy_xxx系列的函数对task_struct中的各种核心对象进行复制处理，还申请了pid。可见，创建进程时会对进程所管理的所有类型的资源进行处理。

接下来我们分别查看该函数的每一个细节。

3.2.2.1　复制进程task_struct结构体

注意copy_process函数调用dup_task_struct函数时传入的参数是current，它表示的是当前进程。

```
// file:kernel/fork.c
static struct task_struct *copy_process(...)
{
    // 1 复制进程task_struct结构体
    struct task_struct *p;
    p= dup_task_struct(current, ...);
    ......
```

在dup_task_struct函数里，会申请一个新的task_struct内核对象，然后将当前进程复制给它，如图3.11所示。需要注意的是，这次复制只会复制task_struct结构体本身，它内部包含的mm_struct等成员只是复制了指针，仍然指向current指针成员指向的对象。

简单看下具体的代码。

```
// file:kernel/fork.c
static struct task_struct *dup_task_struct(struct task_struct *orig, int node)
{
    // 申请task_struct内核对象
    tsk= alloc_task_struct_node(node);

    // 复制task_struct
    err= arch_dup_task_struct(tsk, orig);
    ......
}
```

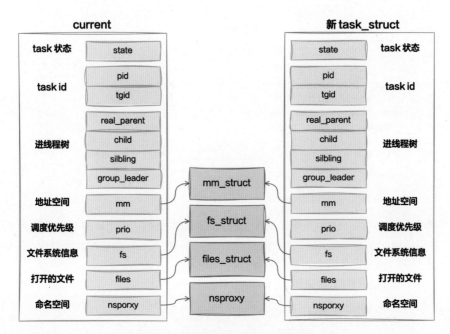

图3.11　复制进程task_struct结构体

其中alloc_task_struct_node函数用于在slab内核的内存管理区申请一块内存。关于slab机制的详细工作原理请参考《深入理解Linux网络》，这里就不过多展开了，只需要知道它申请了一块内存即可。

```c
// file:kernel/fork.c
static struct kmem_cache *task_struct_cachep;
static inline struct task_struct *alloc_task_struct_node(int node)
{
    return kmem_cache_alloc_node(task_struct_cachep, GFP_KERNEL, node);
}
```

申请完内存后，调用arch_dup_task_struct函数进行内存复制。

```c
// file:kernel/fork.c
int arch_dup_task_struct(struct task_struct *dst,
                         struct task_struct *src)
{
    *dst = *src;
    return 0;
}
```

这里只会复制task_struct结构体本身，它内部包含的mm_struct等成员只是复制了指针，仍然指向原来的对象。

3.2.2.2　复制files_struct

由于进程之间都是独立的，所以创建出来的新进程需要复制一份独立的files成员，如图3.12所示。

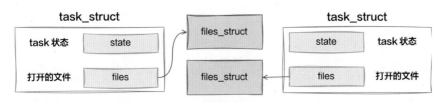

图3.12　复制files_struct

我们看 copy_files是如何申请和复制files成员的。

```
// file:kernel/fork.c
static int copy_files(unsigned long clone_flags, struct task_struct *tsk)
{
    struct files_struct *oldf, *newf;
    oldf= current->files;

    if (clone_flags & CLONE_FILES) {
        atomic_inc(&oldf->count);
        goto out;
    }
    newf= dup_fd(oldf, &error);
    tsk->files = newf;
    ......
}
```

以上代码判断了是否有CLONE_FILES 标记，如果有就不执行dup_fd函数，增加一个引用计数就返回了。前面讲了，kernel_clone被调用时并没有传递这个标记。所以还是会执行到dup_fd函数：

```
// file:fs/file.c
struct files_struct *dup_fd(struct files_struct *oldf, ...)
{
    //为新files_struct申请内存
    struct files_struct *newf;
    newf= kmem_cache_alloc(files_cachep, GFP_KERNEL);

    // 初始化和复制
    new_fdt->max_fds = NR_OPEN_DEFAULT;
    ......
}
```

这个函数就是到内核中申请一块内存，用来保存files_struct，然后对新的files_struct

进行各种初始化和复制。至此，新进程有了自己独立的files成员。

3.2.2.3　复制fs_struct

同样，新进程也需要一份独立的文件系统信息，也就是fs_struct成员，如图3.13所示。

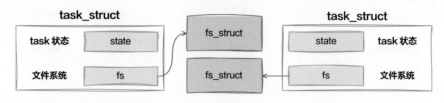

图3.13　复制fs_struct

我们来看copy_fs是如何申请和初始化fs_struct的。

```
// file:kernel/fork.c
static int copy_fs(unsigned long clone_flags, struct task_struct *tsk)
{
    struct fs_struct *fs = current->fs;
    if (clone_flags & CLONE_FS) {
        fs->users++;
        return 0;
    }
    tsk->fs = copy_fs_struct(fs);
    return 0;
}
```

在创建进程的时候，也没有传递CLONE_FS这个标志，所以会进入copy_fs_struct函数申请新的fs_struct并进行赋值。

```
// file:fs/fs_struct.c
struct fs_struct *copy_fs_struct(struct fs_struct *old)
{
    // 申请内存
    struct fs_struct *fs = kmem_cache_alloc(fs_cachep, GFP_KERNEL);

    // 赋值
    fs->users = 1;
    fs->root = old->root;
    fs->pwd = old->pwd;
    ......
    return fs;
}
```

使用当前进程的值对新进程的root、pwd等成员初始化。

3.2.2.4 复制mm_struct

对于进程来讲，地址空间是一个非常重要的数据结构。而且进程之间的地址空间也必须是要隔离的，所以还会新建一个地址空间，如图3.14所示。

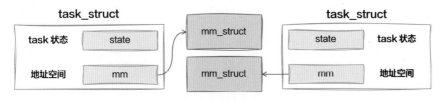

图3.14 复制mm_struct

创建地址空间的操作是在copy_mm函数中进行的。

```
// file:kernel/fork.c
static int copy_mm(unsigned long clone_flags, struct task_struct *tsk)
{
    struct mm_struct *mm, *oldmm;
    oldmm= current->mm;
    ......

    if (clone_flags & CLONE_VM) {
        mmget(oldmm);
        mm= oldmm;
    } else {
        mm= dup_mm(tsk, current->mm);
    ......
    }
    tsk->mm = mm;
    tsk->active_mm = mm;
    return 0;
}
```

fork系统调用执行时没有传递CLONE_VM，所以会调用dup_mm申请一个新的地址空间。

```
// file:kernel/fork.c
struct mm_struct *dup_mm(struct task_struct *tsk, struct mm_struct *oldmm)
{
    struct mm_struct *mm;
    mm= allocate_mm();
    memcpy(mm, oldmm, sizeof(*mm));
    dup_mmap(mm, oldmm);
    ......
}
```

在dup_mm函数中，通过allocate_mm函数申请了新的mm_struct，而且还将当前进程地址空间current->mm复制到新的mm_struct对象进行了初始化。

地址空间是进程、线程最核心的东西，每个进程都有独立的地址空间。

虽然这里申请了新的地址空间，但初始化的时候，新的地址空间和当前进程地址空间是完全一样的。所以父进程所加载的可执行程序、全局数据、堆内存、栈内存等在子进程中都是可以直接读取使用的。

3.2.2.5　复制进程的命名空间nsproxy

在创建进程或线程的时候，还可以让内核创建独立的命名空间。在fork系统调用中，创建进程没有指定命名空间相关的标记，因此也不会创建命名空间。新旧进程仍然复用同一套命名空间对象，如图3.15所示。

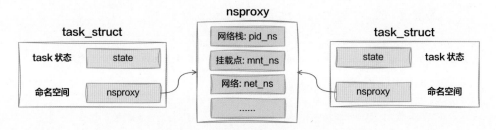

图3.15　复制进程的命名空间

3.2.2.6　申请pid并设置进程号

接下来 copy_process函数还会进入alloc_pid函数为当前任务申请pid。

```
// file:kernel/fork.c
static struct task_struct *copy_process(...)
{
    ......
    // 申请pid
    pid= alloc_pid(p->nsproxy->pid_ns_for_children, ...);

    // 赋值
    p->pid = pid_nr(pid);
    p->tgid = p->pid;
    ......
}
```

注意，在调用alloc_pid函数时，其参数传递的是新进程的pid namespace。我们来详细了解alloc_pid的执行逻辑。

```
// file:kernel/pid.c
struct pid *alloc_pid(struct pid_namespace *ns, ...)
{
    // 申请pid内核对象
```

```
    pid= kmem_cache_alloc(ns->pid_cachep, GFP_KERNEL);
    if (!pid)
        goto out;

    // 调用到idr_alloc来分配一个空闲的pid编号
    // 注意，在每一个命名空间都需要分配进程号
    tmp= ns;
    pid->level = ns->level;
    for (i = ns->level; i >= 0; i--) {
        nr= idr_alloc(&tmp->idr, NULL, tid,
                            tid+ 1, GFP_ATOMIC);
        ......

        pid->numbers[i].nr = nr;
        pid->numbers[i].ns = tmp;
        tmp= tmp->parent;
    }
    ......
    return pid
}
```

这里的pid并不是一个整数，而是一个结构体，所以先用kmem_cache_alloc把它申请出来。接下来调用idr_alloc函数到PID命名空间中申请未使用的pid号，申请完后记录到pid结构体中。

在Linux 3.10版本中，申请进程号使用的函数并不是idr_alloc，而是alloc_pidmap。这是因为当时的版本里命名空间下所有的pid分配是通过bitmap来管理的。bitmap最大的好处是非常节省内存。

在图3.16的bitmap中，第3个比特为1，就表示3这个pid号已经使用过了。通过这种方式，原本需要一个int（4字节）的整型变量，到了bitmap中只需要1比特（1字节里有8比特）就可以存储了。

0	0	1	1	1	1	1	0	0	0	0	0	0	0	0	0	0	0	0	0
0	0	0	0	0	1	0	0	0	0	0	0	0	0	0	0	0	0	0	0
0	0	0	0	0	0	0	0	0	0	0	0	0	0	0	0	0	0	0	0
0	0	0	0	0	0	0	0	0	0	0	0	0	0	0	0	0	0	0	0

图3.16 bitmap管理pid分配情况

假如内核最大要支持65 535个进程，那存储这些进程号需要65 535×4 B = 262 140 B ≈ 260 KB。如果用bitmap存储使用过的进程号，只需要65 535 / 8 = 8 KB的内存就够用了。内存节省得非常多。

在每一个PID命名空间内部，会有一个或者多个页面作为bitmap。其中每一比特（再强调下是比特，bit，不是字节）的0或者1的状态表示当前序号的pid是否被占用。

```
// file:include/linux/pid_namespace.h
```

```
#define BITS_PER_PAGE    (PAGE_SIZE * 8)
#define PIDMAP_ENTRIES    ((PID_MAX_LIMIT+BITS_PER_PAGE-1)/BITS_PER_PAGE)
struct pid_namespace {
    struct pidmap pidmap[PIDMAP_ENTRIES];
    ......
}
```

alloc_pidmap函数中就是以比特的方式来遍历整个bitmap的，找到合适的未使用的比特，将其设置为已使用，然后返回。

```
// file:kernel/pid.c
static int alloc_pidmap(struct pid_namespace *pid_ns)
{
    ......
    map= &pid_ns->pidmap[pid/BITS_PER_PAGE];
    for (i = 0; i <= max_scan; ++i) {
        for ( ; ; ) {
            if (!test_and_set_bit(offset, map->page)) {
                atomic_dec(&map->nr_free);
                set_last_pid(pid_ns, last, pid);
                return pid;
            }
            offset= find_next_offset(map, offset);
            pid= mk_pid(pid_ns, map, offset);
            ......
        }
        ......
    }
}
```

虽然pidmap在空间上非常节约，但其分配函数alloc_pidmap的计算复杂度却比较高。从以上源码可以看出，套了两层循环才完成pid的申请。而且系统中进程的数量越多，在分配新进程号时就需要循环越多次来选择进程号。

在最近几年的业界发展中，服务器的内存越来越大，服务器上几百GB的内存都很常见。另外，随着这几年轻量化容器云的发展，服务器上运行的进程数越来越多。传统的基于bitmap来管理分配pid节约内存的优势越来越显得没有价值，而它分配新pid时占用的CPU资源较高这一缺点越来越明显。所以在2017年的时候，为了降低分配pid时的计算复杂度，将底层数据结构从pidmap换成了基数树（radix tree）。

基数树是树数据结构中的一种。最明显的特点是它的每一层只管理32比特整数范围中6比特一个的分段，也称之为基数为6的基数树。所以它的分叉数基本是固定的64（2^6=64）（根节点除外），整棵树的层数也是固定的。

内核中基数树分别支持4比特和6比特两种，默认情况下使用6比特。

基数树节点的数据结构定义中有几个非常重要的字段，分别是shift、slots和tags。

```
//file:include/linux/xarray.h
struct xa_node {
    ......
    unsigned char       shift;
    void __rcu          *slots[XA_CHUNK_SIZE];
    union {
        unsigned long   tags[XA_MAX_MARKS][XA_MARK_LONGS];
        ......
    };
}
```

- shift表示当前节点的偏移位数。在Linux中默认的基数大小为6，其含义是每6比特为一个单位。这种情况下最低一层的内部节点，shift为0，倒数第二层shift为6，再上一层节点的shift为12。以此类推，shift从低往高，逐层递增6。
- slots是一个指针数组，存储的是其指向的子节点的指针。内核中默认情况下XA_CHUNK_SIZE是64，也就是一个*slots[64]。每个元素都指向下一级的树节点，没有下一级子节点的指针指向null。
- tags用来记录slog数组中每一个下标的存储状态，表示每一个slot是否已经分配出去。它是一个long类型的数组，一个long类型的变量占8字节，正好有64比特，用起来没有一点浪费。

为了更好地理解，我们再用一个简单的例子来看一下基数树在内存中的样子。内核中的基数树是用于管理32比特的整数ID的，但为了举例更简单清晰，我们用16比特的整数组成的基数树来举例。

16比特的无符号整数的表示范围是0~65 536。假设有一组已经分配出去的100、1000、10000、50000、60000的整数 ID，把这几个数组成基数树。

首先把上述各个整数的二进制形式按照6比特为一段，进行转换：

- 100：0000,000001,100100
- 1000：0000,001111,101000
- 10000：0010,011100,010000
- 50000：1100,001101,010000
- 60000：1110,101001,100000

再将上述每一个整数按照6比特为分段表示成十进制：

- 100：0,1,36
- 1000：0,15,40
- 10000：2,28,16
- 50000：12,13,16

- 60000：14,41,32

在基数树中，根节点用来存储每个数字的第一段。如果其中某一个数字已占用，那就把slot对应的下标的指针指向其子节点，否则为空。在计算机中计算的时候，将每个值右移shift位，根节点的shift为12，那就右移12位取得结果。接下来的其他段放到对应的各级子节点中。最终的基数树整体上在内存中的结构如图3.17所示。

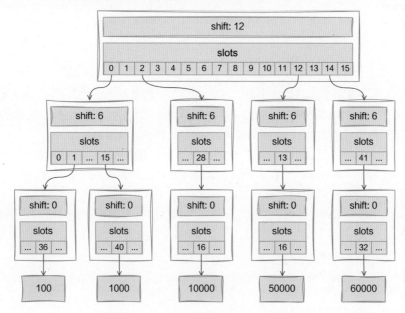

图3.17　基数树

拿整数100举例，按每6比特一段表示后为0, 1, 36。其第1段是0，那就在基数树的根节点的slots的0号下标存储其子节点指针。其第2段是1，那就在其第2层节点的slots的1号下标存储其子节点指针。在第3层节点的slots的36号下标存储最终的值100。

基数树就这样建好了。在这棵树的基础上判断一个整数值是否存在，或者从这棵树分配一个新的未使用过的整数ID的时候，只需分别对3层的树节点进行遍历，分别查看每一层中的tag状态位，看slots对应的下标是否已经占用即可。不像bitmap需要遍历整个bit数组，计算复杂度大大降低。

Linux内核和上面例子的区别是其基数树存储的是32比特的整数。树的层次也就需要6层。使用了基数树后，内核源码也发生了变化。在比较新的6.1版本的内核中，alloc_pid变成了通过调用基数树相关的idr_alloc函数来申请一个未使用的进程号。

```
// file:kernel/pid.c
struct pid *alloc_pid(struct pid_namespace *ns, ...)
{
    ......
```

```
// 进程可能归属多个命名空间，在每个命名空间都需要分配进程号
// 实际调用idr_alloc来申请整数类型的进程号
tmp= ns;
pid->level = ns->level;
for (i = ns->level; i >= 0; i--) {
    nr= idr_alloc(&tmp->idr, NULL, tid,
                        tid+ 1, GFP_ATOMIC);
    ......
    pid->numbers[i].nr = nr;
    pid->numbers[i].ns = tmp;
    tmp= tmp->parent;
}
......
}
```

其申请的核心过程是idr_get_free，主要作用是遍历这棵基数树的相关节点，并根据每个节点的tag、slot等字段找出还未被占用的整数 ID。

```
// file:lib/radix-tree.c
void __rcu **idr_get_free(struct radix_tree_root *root, ...)
{
    ......
    shift= radix_tree_load_root(root, &child, &maxindex);
    while (shift) {
        shift-= RADIX_TREE_MAP_SHIFT; //RADIX_TREE_MAP_SHIFT为6
        ......

        // 遍历tag状态bitmap，寻找下一个可用的下标
        offset= radix_tree_find_next_bit(node, IDR_FREE,
                            offset+ 1);
        start= next_index(start, node, offset);
    }
    ......
}
```

根据该patch的提交者Gargi Sharma提供的实验数据，在使用了基数树后，pid相关的ps、pstree等命令在进程数为10000的时候，性能差不多翻了一倍。

```
ps:
        With IDR API    With bitmap
real    0m1.479s        0m2.319s
user    0m0.070s        0m0.060s
sys     0m0.289s        0m0.516s
pstree:
        With IDR API    With bitmap
real    0m1.024s        0m1.794s
```

```
user    0m0.348s        0m0.612s
sys     0m0.184s        0m0.264s
```

回顾本章开篇提到的一个问题：内核在保存使用的pid号时是如何优化内存占用的？结论就是内核在之前的版本中一直是用bitmap来保存使用过的pid号的。在各种编程语言中，一般一个int是4字节，换算成比特就是32比特。而使用bitmap的思想，只需要用一比特表示一个整数，相当节省内存。所以，在很多超大规模数据处理中都会用到这种思想来优化内存占用。

这种类似的问题在互联网大厂的招聘面试中的出现频率非常高。面试题中会设计一些场景，让你以尽可能节省内存的方式存储一些数据。在很多情况下都可以用bitmap来解决。如果你在面试的时候不仅能用bitmap解决问题，还能顺带提一句内核中已经使用的pid号也是曾用bitmap来存储的，相信面试官一定会对你刮目相看。

只不过后来对内核来说，CPU的耗时更重要，多占用些内存无所谓，才于2017年用基数树替换掉了经典的bitmap。但其实即使是在基数树内部，其tag字段仍然沿用用比特表达的思想，每一比特就能表示一个状态。

3.2.2.7　进入就绪队列

当copy_process函数执行完毕，表示新进程的一个新的task_struct对象就创建出来了。接下来内核会调用wake_up_new_task函数将这个新创建出来的子进程添加到就绪队列中等待调度。

```c
// file:kernel/fork.c
pid_t kernel_clone(struct kernel_clone_args *args)
{
    // 复制一个task_struct
    struct task_struct *p;
    p= copy_process(NULL, trace, NUMA_NO_NODE, args);

    // 子任务加入到就绪队列中，等待调度器调度
    wake_up_new_task(p);
    ......
}
```

这时候进程只是进入了就绪态而已，真正的运行还要等操作系统调度选中它，子进程中的代码才可以真正开始执行。

3.2.3　本节小结

在本节中，我用Nginx创建worker进程的例子作为引入，带大家了解fork执行的过程。

在fork创建子进程的时候，地址空间mm_struct、挂载点fs_struct、打开文件列表files_struct都要是独立拥有的，所以去申请内存并初始化了它们。但父子进程是同一个命名空间，所以nsproxy仍然是共用的。

创建出来的子进程和父进程的数据结构关系如图3.18所示。

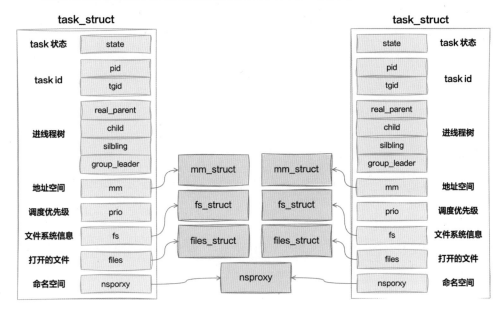

图3.18 父子进程的数据结构关系

其中mm_struct是一个核心数据结构，用户进程的虚拟地址空间就是用它来表示的。对于内核线程来讲，不需要虚拟地址空间，所以 mm成员的值为null。

另外，还学到了内核是用bitmap 来管理使用和未使用的pid号的，这样做的好处是极大地节省了内存开销。而且由于数据存储得足够紧凑，遍历起来也是非常快的。这一方面原因是数据小，加载起来快，另外一方面原因是会提高CPU缓存的命中率，访问非常快。

到这里，进程创建过程就学习完了。不过细心的读者可能发现了，这里只介绍了子进程的调用，还没有讲到Nginx主进程是如何加载起来执行的，在接下来的内容中将会展开叙述。

3.3 线程的创建

进程和线程，在Linux中是一对核心概念。但是进程和线程到底有什么联系，又有什么区别，很多人还没有搞清楚。在技术圈对进程和线程的讨论中，很多都是聚集在这二者有什么不同。但事实上在Linux中，进程和线程的相同点要远远大于不同点。在Linux中的线程甚至被称为轻量级进程。

现在就从Linux内核实现的角度，深度对比进程和线程，让你对进程、线程有深入的理解和把握。在Redis 6.0以上的版本里，也开始支持使用多线程来提供核心服务，我们就以它为例。在Redis主线程启动以后，会调用initThreadedIO来创建多个IO线程。

```c
// Redis 源码地址：https://github.com/redis/redis
// file:src/networking.c
void initThreadedIO(void) {
    // 开始IO线程的创建
    for (int i = 0; i < server.io_threads_num; i++) {
        pthread_t tid;
        pthread_create(&tid,NULL,IOThreadMain,(void*)(long)i)
        io_threads[i] = tid;
    }
}
```

可见Redis创建线程调用的是pthread_create函数，这是在glibc库中封装实现的一个函数。在glibc库中，pthread_create函数的实现调用路径是__pthread_create_2_1 -> create_thread。其中create_thread这个函数比较重要，它设置了创建线程时使用的各种flag（标记）。

```c
// file:nptl/sysdeps/pthread/createthread.c
static int create_thread (struct pthread *pd, ...)
{
    int clone_flags = (CLONE_VM | CLONE_FS | CLONE_FILES | CLONE_SIGNAL
            | CLONE_SETTLS | CLONE_PARENT_SETTID
            | CLONE_CHILD_CLEARTID | CLONE_SYSVSEM
            | 0);

    int res = do_clone (pd, attr, clone_flags, start_thread,
                STACK_VARIABLES_ARGS, 1);
    ......
}
```

在上面的代码中，传入参数中的各个flag标记是非常关键的。前面已经介绍了flag标记的含义，这里回顾其中的三个：

- CLONE_VM：如果没用该标记，则新任务会创建虚拟地址空间。
- CLONE_FS：如果没用该标记，则新任务会创建新的文件系统信息。
- CLONE_FILES：如果没用该标记，则新任务会有新的打开文件列表。

pthread_create库调用do_clone时使用了CLONE_VM、CLONE_FS、CLONE_FILES等标记。

接下来的do_clone最终会调用一段汇编程序，在汇编里进入clone系统调用，之后会进入内核中进行处理。

```asm
// file:sysdeps/unix/sysv/linux/i386/clone.S
ENTRY (BP_SYM (__clone))
    ......
```

```
movl    $SYS_ify(clone),%eax
......
```

3.3.1　线程与进程创建的异同

从前面的内容我们了解了进程的创建过程。事实上，进程、线程创建的时候，使用的函数看起来不一样，但在底层实现上，最终都是使用同一个函数来实现的，如图3.19所示。

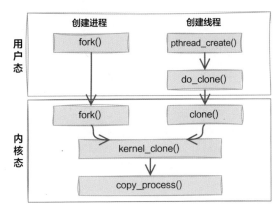

图3.19　创建进程、线程原理

无论是创建子进程时调用的fork，还是创建线程时调用的glibc实现的pthread_create，最后在内核中都是使用同一个函数kernel_clone来实现的，唯一的区别是在于传入的参数不同。

```
// file:kernel/fork.c
SYSCALL_DEFINE5(clone, ...)
{
    struct kernel_clone_args args = {
        .flags       = (lower_32_bits(clone_flags) & ~CSIGNAL),
        .pidfd       = parent_tidptr,
        .child_tid   = child_tidptr,
        .parent_tid  = parent_tidptr,
        .exit_signal = (lower_32_bits(clone_flags) & CSIGNAL),
        .stack       = newsp,
        .tls         = tls,
    };
    return kernel_clone(&args);
}
```

从fork创建子进程的时候，传入的flag只有SIGCHLD。

```
// file:kernel/fork.c
```

```
SYSCALL_DEFINE0(fork)
{
    struct kernel_clone_args args = {
        .exit_signal = SIGCHLD,
    };
    return kernel_clone(&args);
}
```

而pthread_create传入clone系统调用里面的flag却包含了CLONE_VM、CLONE_FS、CLONE_FILES等标记。

```
//file:nptl/sysdeps/pthread/createthread.c
static int create_thread (struct pthread *pd, ...)
{
    int clone_flags = (CLONE_VM | CLONE_FS | CLONE_FILES | CLONE_SIGNAL
            | CLONE_SETTLS | CLONE_PARENT_SETTID
            | CLONE_CHILD_CLEARTID | CLONE_SYSVSEM
            | 0);

    int res = do_clone (...);
    ......
}
```

理解进程和线程区别的关键也在于理解CLONE_VM、CLONE_FS、CLONE_FILES这几个flag，理解了它们也会彻底理解进程和线程的区别。接下来将会在fork创建线程的详细过程中介绍它们。

3.3.2　fork创建线程的详细过程

在Linux 6.1版本的内核中，进程和线程的创建都是调用内核中的kernel_clone函数来实现的。在kernel_clone的实现中，核心是一个copy_process函数，它以复制父进程（线程）的方式来生成一个新的task_struct。

```
// file:kernel/fork.c
pid_t kernel_clone(struct kernel_clone_args *args)
{
    ......
    // 复制一个task_struct
    struct task_struct *p;
    p= copy_process(NULL, trace, NUMA_NO_NODE, args);

    // 子任务加入就绪队列，等待调度器调度
    wake_up_new_task(p);
    ......
}
```

在创建完毕后，调用wake_up_new_task将新创建的任务添加到就绪队列，等待调度器调度执行。这个代码很长，我对其进行了一定程度的精简。

```
// file:kernel/fork.c
static struct task_struct *copy_process(...)
{
    // 1 复制进程task_struct结构体
    struct task_struct *p;
    p= dup_task_struct(current, ...);
    ......

    // 2 复制files_struct
    retval= copy_files(clone_flags, p);

    // 3 复制fs_struct
    retval= copy_fs(clone_flags, p);

    // 4 复制mm_struct
    retval= copy_mm(clone_flags, p);

    // 5 复制进程的命名空间 nsproxy
    retval= copy_namespaces(clone_flags, p);

    // 6 申请pid并设置进程号
    pid= alloc_pid(p->nsproxy->pid_ns_for_children, ...);
    p->pid = pid_nr(pid);
    if (clone_flags & CLONE_THREAD){
        p->tgid = current->tgid;
    } else {
        p->tgid = p->pid;
    }
    ......
}
```

可见，copy_process先复制了一个新的task_struct，然后调用copy_xxx 系列的函数对task_struct中的各种核心对象进行复制，还申请了pid。接下来分别查看该函数的每一个细节。

3.3.2.1 复制task_struct结构体

和创建进程一样，调用dup_task_struct函数时传入的参数是current，它表示的是当前任务。在dup_task_struct函数里，会申请一个新的task_struct内核对象，然后将当前任务复制给它，如图3.20所示。这次复制只会复制task_struct结构体本身，它内部包含的mm_struct等成员不会被复制。

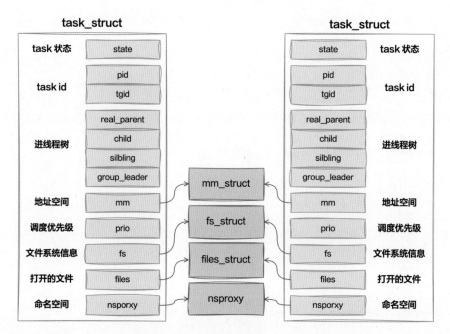

图3.20   线程创建中的task_struct复制

3.3.2.2   复制打开文件列表

我们先回忆一下，创建线程调用clone的时候，传入了一堆flag，其中有一个就是CLONE_FILES。如果传入了 CLONE_FILES 标记，就会复用当前进程的打开文件列表——files成员，如图3.21所示。

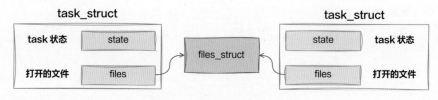

图3.21   复制打开文件列表

对于创建进程来讲，没有传入这个标志，就会新创建一个files成员。子进程会创建新的files，而线程却完全复用当前的线程。我们到copy_files源码中来看一下。

```
//file:kernel/fork.c
static int copy_files(unsigned long clone_flags, struct task_struct *tsk)
{
    struct files_struct *oldf, *newf;
    oldf= current->files;
```

```
    if (clone_flags & CLONE_FILES) {
        atomic_inc(&oldf->count);
        goto out;
    }
    newf= dup_fd(oldf, &error);
    tsk->files = newf;
    ...
}
```

从代码可以看出，如果指定了 CLONE_FILES（创建线程的时候），只是在原有的 files_struct里面 +1 就算完事了，指针不变，仍然复用创建它的进程的files_struct 对象。

这就是进程和线程的其中一个区别，对于进程来讲，每一个进程都需要独立的files_struct。但是对于线程来讲，它是和创建它的线程复用files_struct的。

3.3.2.3　复制文件目录信息

再回忆一下创建线程的时候，传入的flag里也包括 CLONE_FS。如果指定了这个标志，就会复用当前进程的文件目录——fs成员，如图3.22所示。

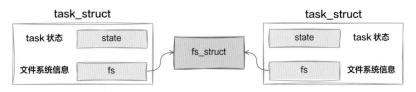

图3.22　复制文件目录信息

对于创建进程来讲，没有传入这个标志，就会新创建一个fs。子进程会创建新的fs_struct，而线程是完全复用当前线程的。好，我们再看copy_fs函数的实现。

```
//file:kernel/fork.c
static int copy_fs(unsigned long clone_flags, struct task_struct *tsk)
{
    struct fs_struct *fs = current->fs;
    if (clone_flags & CLONE_FS) {
        fs->users++;
        return 0;
    }
    tsk->fs = copy_fs_struct(fs);
    return 0;
}
```

和copy_files函数类似，在copy_fs中如果指定了 CLONE_FS（在创建线程的时候），并没有真正申请独立的fs_struct，只是对原有的fs里的users +1 就算完事。

而在创建进程的时候，由于没有传递这个标志，会进入copy_fs_struct函数申请新的fs_struct并进行复制。**每一个进程都需要独立的fs_struct，线程则是和创建它的线程复用同一套。**

3.3.2.4　复制内存地址空间

创建线程的时候带了 CLONE_VM 标志，而创建进程的时候没带。接下来会在copy_mm函数中根据是否有这个标志来决定是该和当前线程共享一份地址空间 mm_struct，还是创建一份新的。

```c
//file:kernel/fork.c
static int copy_mm(unsigned long clone_flags, struct task_struct *tsk)
{
    struct mm_struct *mm, *oldmm;
    oldmm= current->mm;

    if (clone_flags & CLONE_VM) {
        mmget(oldmm);
        mm= oldmm;
    } else {
        mm= dup_mm(tsk, current->mm);
        ......
    }
    tsk->mm = mm;
    tsk->active_mm = mm;
    return 0;
}
```

对于线程来讲，由于传入了CLONE_VM标记，所以不会申请新的mm_struct，而是共享其父进程的，如图3.23所示。

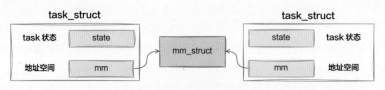

图3.23　复制内存地址空间

多线程程序中的所有线程都会共享其父进程的地址空间，如图3.24所示。

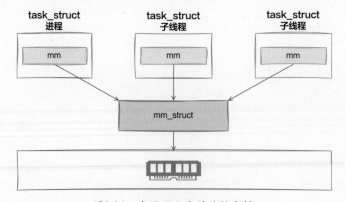

图3.24　多线程程序的地址空间

而对于多进程程序来说，每一个进程都有独立的mm_struct（地址空间），如图3.25所示。

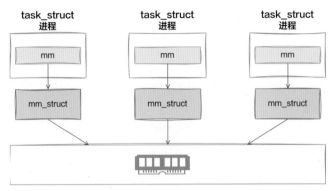

图3.25　多进程程序的地址空间

因为在内核中线程和进程都是用task_struct来表示的，只不过线程和进程的区别是会和创建它的父进程共享打开文件列表、目录信息、虚拟地址空间等数据结构，会更轻量一些，所以在Linux下的线程也叫**轻量级进程**。

在打开文件列表、目录信息、内存虚拟地址空间中，内存虚拟地址空间是最重要的。因此区分一个任务该叫线程还是进程，一般就看它是否有独立的地址空间。如果有，就叫作进程，没有，就叫作线程。

进程和线程最重要的区别是进程有独立的虚拟地址空间，而线程都是和别的某些任务复用同一套。

3.4　进程与线程的异同汇总

和创建进程时使用的fork系统调用相比，创建线程的clone系统调用几乎和fork差不多，也一样使用的是内核里的kernel_clone函数，最后走到copy_process来完成。不过创建过程的区别是二者在调用kernel_clone时传入的clone_flags里的标记不一样！！！

- **创建进程时的flag**：仅有一个SIGCHLD。
- **创建线程时的flag**：包括CLONE_VM、CLONE_FS、CLONE_FILES、CLONE_SIGNAL、CLONE_SETTLS、CLONE_PARENT_SETTID、CLONE_CHILD_CLEARTID、CLONE_SYSVSEM。

创建线程时最主要的是下面这三个flag：

- **CLONE_VM**：新task和父进程共享地址空间。
- **CLONE_FS**：新task和父进程共享文件系统信息。

- **CLONE_FILES**：新task和父进程共享文件描述符表。

对于线程来讲，因为创建时使用了这些flag，所以内核在创建线程时不再单独申请地址空间mm_struct、目录信息fs_struct、打开文件列表files_struct。新线程的这些成员都是和创建它的进程共享。

但是对于进程来讲，地址空间mm_struct、挂载点fs_struct、打开文件列表files_struct都是要独立拥有的，都需要去申请内存并初始化它们。

总之，Linux内核并没有对线程做特殊处理，还是由task_struct来管理线程。从内核的角度看，线程本质上和进程没什么太大差别。只不过和普通进程比，稍微"轻量"了那么一点儿。**总体来说，进程和线程的相同点还是大于它们的不同点的。**

3.5 本章总结

本章介绍了进程、线程在内核中的定义，它就是task_struct结构体。这个结构体封装了进程所拥有的所有资源和属性，包括PID、进程状态、父子关系、调度优先级、虚拟地址空间、文件系统信息、打开文件列表、命名空间，等等。

接着还分别介绍了进程和线程的创建过程。进程创建通过fork系统调用就可以完成，但线程的创建是glibc实现的pthread_create，再调用do_clone系统调用完成的。虽然创建入口不同，传入的flag不同，但最终都是由同一个内核函数kernel_clone来实现的。

创建进程和线程相同的地方是都申请和初始化了一个task_struct内核对象。区别是根据传入的flag会有不同的行为。在创建进程的时候，虚拟地址空间、文件系统信息、打开文件列表等资源都单独申请一份新的，而创建线程的时候这些资源都是直接复用创建它的进程的。

我们再来回顾一下本章开篇处提到的几个问题：

1）进程中都封装了哪些资源？

进程在内核中是由一个task_struct来定义的，在它的里面封装了PID、进程状态、父子关系、调度优先级、虚拟地址空间、文件系统信息、打开文件列表、命名空间等资源和属性。

2）Linux中进程和线程的联系和区别究竟有哪些？

网上对进程、线程的讨论都集中在它们有何不同上，但其实在Linux中，进程和线程都是由task_struct来表示的，区别仅仅是task_struct中的虚拟地址空间、文件系统信息、打开文件列表是独立的还是共享的。它们的相同点要远远大于不同点。

3）内核任务如ksoftirqd应该被称为内核进程还是内核线程？

应该被称为内核线程。因为区分一个任务该叫线程还是进程，一个主要的区分点就在于看它是否有独立的地址空间。如果有，就应该叫作进程，如果没有，就应该叫作线程。内核任务因为没有独立的地址空间，所以称其为内核线程更为合适。

4）内核在保存使用的pid号时是如何优化内存占用的？

内核是使用bitmap来紧凑地存储所有的pid号的，每比特为0就表示没有被占用，为1就表示已经使用了。bitmap是一种常用的紧凑存储的算法，在各大厂的面试算法题中经常出现。

第4章

进程加载启动原理

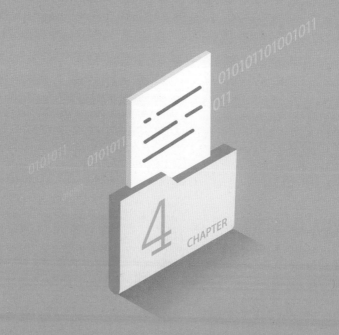

第3章介绍了使用fork来创建进程，不过这种方式创建的进程所使用的代码和数据都和创建它的进程一样，所以只适用于Nginx这种master创建worker，所有进程所使用的代码都一样的应用场景。

那对于创建的新进程如果使用的是不同的代码呢？比如下面这个最简单的Hello World程序，如何把它跑起来，显然只用前面讲过的fork是不行的。

```c
#include <stdio.h>
int main()
{
    printf("Hello, World!\n");
    return 0;
}
```

我们知道，在写完代码后，进行简单的编译，然后在shell命令行就可以把它启动。

```
# gcc main.c -o helloworld
# ./helloworld
Hello, World!
```

那我们来思考几个问题：

1）编译链接后生成的可执行程序长什么样子？

2）shell是如何将这个程序执行起来的？

3）程序的入口是我们熟知的main函数吗？

学习完本章，你将对上面几个程序加载相关的问题有深入理解。

4.1　可执行文件格式

源代码在编译后会生成一个可执行程序文件，先来了解编译后的二进制文件是什么样的。

在接下来的内容中，将会用file、readelf带大家查看一个具体的可执行文件。这个可执行文件是我写的一个简单的helloworld程序，它在书的配套源码chapter-04/test01中。简单编译一下。

```
# gcc main.c -o helloworld
```

这个代码非常简单，你也可以自己写一个，或者直接使用手头的任何可执行文件。

使用file命令查看这个可执行文件的格式。

```
# file helloworld
helloworld: ELF 64-bit LSB executable, x86-64, version 1 (SYSV), ...
```

file命令给出了这个二进制文件的概要信息，其中ELF 64-bit LSB executable表示这个文件是一个ELF格式的64位的可执行文件。ELF的全称是Executable Linkable Format，是一种二进制文件格式。Linux下的目标文件、可执行文件和CoreDump都按该格式进行存储。LSB的全称是Linux Standard Base，它是Linux标准规范。其目的是制定一系列标准来增强Linux发行版的兼容性。x86-64表示该可执行文件支持的CPU架构。

　　ELF文件由四部分组成，分别是ELF文件头（ELF Header）、Program Header Table、Section和Section Header Table，如图4.1所示。

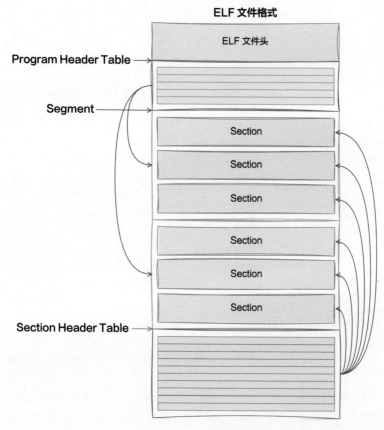

图4.1　ELF文件格式

　　接下来我们详细看每一部分。

4.1.1　ELF文件头

　　ELF文件头记录了整个文件的属性信息。原始的二进制形式非常不便于观察。不过我们有趁手的工具——readelf，这个工具可以帮我们查看ELF文件中的各种信息。

　　先来看一下编译出来的可执行文件的ELF文件头，使用 --file-header (-h) 选项即可查看。

```
# readelf --file-header helloworld
ELF Header:
  Magic:   7f 45 4c 46 02 01 01 00 00 00 00 00 00 00 00 00
  Class:                             ELF64
  Data:                              2's complement, little endian
  Version:                           1 (current)
  OS/ABI:                            UNIX - System V
  ABI Version:                       0
  Type:                              EXEC (Executable file)
  Machine:                           Advanced Micro Devices X86-64
  Version:                           0x1
  Entry point address:               0x401040
  Start of program headers:          64 (bytes into file)
  Start of section headers:          23264 (bytes into file)
  Flags:                             0x0
  Size of this header:               64 (bytes)
  Size of program headers:           56 (bytes)
  Number of program headers:         11
  Size of section headers:           64 (bytes)
  Number of section headers:         30
  Section header string table index: 29
```

ELF文件头包含了当前可执行文件的概要信息，我把其中关键的几个拿出来解释：

- Magic：一串特殊的识别码，主要用于外部程序快速地对这个文件进行识别，快速地判断文件类型是不是ELF。
- Class：表示这是ELF64文件。
- Type：为EXEC表示是可执行文件，其他文件类型还有REL（可重定位的目标文件）、DYN（动态链接库）、CORE（系统调试coredump文件）。
- Entry point address：程序入口地址，这里显示入口在0x401040位置。
- Size of this header：ELF文件头的大小，这里显示占用了64字节。

以上几个字段是ELF头中对ELF的整体描述。另外，ELF头中还有关于program headers和section headers的描述信息：

- Start of program headers：Program header的位置。
- Size of program headers：每一个Program header的大小。
- Number of program headers：总共有多少个Program header。
- Start of section headers：Section header的开始位置。
- Size of section headers：每一个Section header的大小。
- Number of section headers：总共有多少个Section header。

4.1.2   Program Header Table

在介绍Program Header Table之前我们展开介绍ELF文件中一对相近的概念——Segment和Section。

> ★ 注意
> 很多国内的文献都把它们翻译成"段"，但其实它们是完全不一样的概念。所以我们就尽量沿用Segment和Section，方便区分。

ELF文件内部最重要的组成单位是一个一个的Section。每一个Section都是由编译链接器生成的，都有不同的用途。例如编译器会将我们写的代码编译后放到.text Section中，将全局变量放到.data或者.bss Section中。

但是对于操作系统来说，它不关注具体的Section是什么，它只关注这块内容应该以何种权限加载到内存，例如读、写、执行等权限属性。因此相同权限的Section可以放在一起组成Segment，以方便操作系统更快速地加载，如图4.2所示。

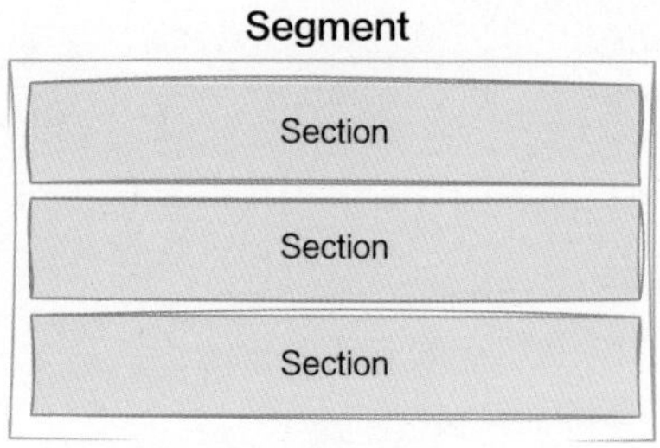

图4.2   Segment与Section

> ★ 注意
> 由于Segment和Section翻译成中文，字面意思太接近了，非常不利于理解，所以本书直接使用Segment和Section，而不是将它们翻译成段或者节，以免让人产生混淆。

Program Header Table就是所有Segment的头信息，是用来描述所有Segment的。

使用readelf工具的--program-headers（-l）选项可以解析查看这块区域存储的内容。

```
# readelf --program-headers helloworld
Elf file type is EXEC (Executable file)
Entry point 0x401040
There are 11 program headers, starting at offset 64

Program Headers:
  Type            Offset              VirtAddr              PhysAddr
```

```
                    FileSiz            MemSiz             Flags  Align
PHDR                0x0000000000000040 0x0000000000400040 0x0000000000400040
                    0x0000000000000268 0x0000000000000268 R      0x8
INTERP              0x00000000000002a8 0x00000000004002a8 0x00000000004002a8
                    0x000000000000001c 0x000000000000001c R      0x1
    [Requesting program interpreter: /lib64/ld-linux-x86-64.so.2]
LOAD                0x0000000000000000 0x0000000000400000 0x0000000000400000
                    0x0000000000000438 0x0000000000000438 R      0x1000
LOAD                0x0000000000001000 0x0000000000401000 0x0000000000401000
                    0x00000000000001c5 0x00000000000001c5 R E    0x1000
LOAD                0x0000000000002000 0x0000000000402000 0x0000000000402000
                    0x0000000000000138 0x0000000000000138 R      0x1000
LOAD                0x0000000000002e10 0x0000000000403e10 0x0000000000403e10
                    0x0000000000000220 0x0000000000000228 RW     0x1000
DYNAMIC             0x0000000000002e20 0x0000000000403e20 0x0000000000403e20
                    0x00000000000001d0 0x00000000000001d0 RW     0x8
NOTE                0x00000000000002c4 0x00000000004002c4 0x00000000004002c4
                    0x0000000000000044 0x0000000000000044 R      0x4
GNU_EH_FRAME        0x0000000000002014 0x0000000000402014 0x0000000000402014
                    0x000000000000003c 0x000000000000003c R      0x4
GNU_STACK           0x0000000000000000 0x0000000000000000 0x0000000000000000
                    0x0000000000000000 0x0000000000000000 RW     0x10
GNU_RELRO           0x0000000000002e10 0x0000000000403e10 0x0000000000403e10
                    0x00000000000001f0 0x00000000000001f0 R      0x1

Section to Segment mapping:
 Segment Sections...
  00
  01     .interp
  02     .interp .note.gnu.build-id .note.ABI-tag .gnu.hash .dynsym .dynstr
.gnu.version .gnu.version_r .rela.dyn .rela.plt
  03     .init .plt .text .fini
  04     .rodata .eh_frame_hdr .eh_frame
  05     .init_array .fini_array .dynamic .got .got.plt .data .bss
  06     .dynamic
  07     .note.gnu.build-id .note.ABI-tag
  08     .eh_frame_hdr
  09
  10     .init_array .fini_array .dynamic .got
```

上面的结果显示总共有11个Program Header。对于每一个Segment，输出了Type、Offset、VirtAddr、FileSiz、Flags等描述当前Segment的信息。其中：

- **Offset**：表示当前Segment在二进制文件中的开始位置。
- **VirtAddr**：表示加载到虚拟内存后的地址。
- **FileSiz**：表示当前Segment的大小。
- **Flag**：表示当前Segment的权限类型，R表示可读、E表示可执行、W表示可写。

在最下面，还展示了每个Segment是由哪几个Section组成的，比如03号Segment是由".init .plt .text .fini" 四个Section组成的，如图4.3所示。

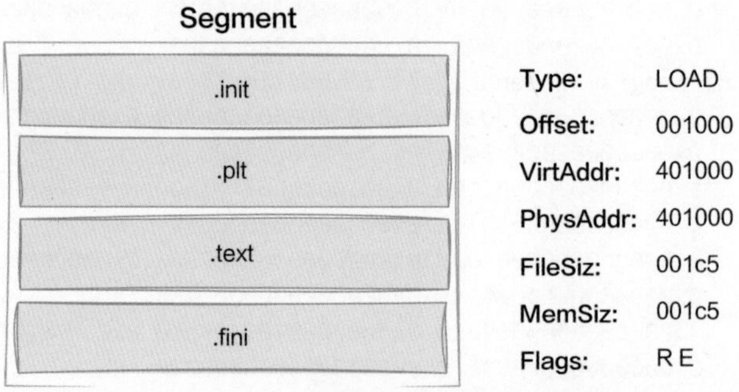

Segment

Type:	LOAD
Offset:	001000
VirtAddr:	401000
PhysAddr:	401000
FileSiz:	001c5
MemSiz:	001c5
Flags:	R E

图4.3   某个Segment中的Section

其中Segment的Type类型虽然包括PHDR、INTERP、LOAD、DYNAMIC、NOTE、GNU_EH_FRAME、GNU_STACK、GNU_RELRO等多种，但只有LOAD是需要被加载到内存中供运行时使用的。

4.1.3　Section Header Table

和Program Header Table 不一样的是，Section Header Table 直接描述每一个Section。其实这二者描述的都是各种Section，只不过目的不同，一个针对加载，一个针对链接。

使用readelf工具的--section-headers (-S)选项可以解析查看这块区域里存储的内容。

```
# readelf --section-headers helloworld
There are 30 section headers, starting at offset 0x5b10:

Section Headers:
  [Nr] Name              Type             Address           Offset
       Size              EntSize          Flags  Link  Info  Align
  ......
  [13] .text             PROGBITS         0000000000401040  00001040
       0000000000000175  0000000000000000  AX       0     0     16
  ......
  [23] .data             PROGBITS         0000000000404020  00003020
       0000000000000010  0000000000000000  WA       0     0     8
  [24] .bss              NOBITS           0000000000404030  00003030
       0000000000000008  0000000000000000  WA       0     0     1
  ......
Key to Flags:
  W (write), A (alloc), X (execute), M (merge), S (strings), I (info),
  L (link order), O (extra OS processing required), G (group), T (TLS),
  C (compressed), x (unknown), o (OS specific), E (exclude),
  l (large), p (processor specific)
```

结果显示，该文件总共有30个Section，每个Section也都有一些固定的字段用来描述当前Section的信息。在二进制文件中的位置通过Offset列表示。Section的大小通过Size列体现。

由上一节展示的helloworld程序的Section Header Table输出结果中的Type字段可见，在ELF文件中，Section有很多种类型，每种类型都有独特的作用。其中比较重要的是.text、.data和.bss。

我们编写的代码在编译成二进制指令后都会放到 .text 这个Section中。

```
// 函数代码经过编译链接后会放到.text中
void somefunc()
{
 ......
}
int main(void)
{
    ......
}
```

另外，在上一节的输出中可以看到.text Section的Address列显示的地址是0000000000401040。

```
# readelf --section-headers helloworld
There are 30 section headers, starting at offset 0x5b10:

Section Headers:
  [Nr] Name              Type             Address           Offset
       Size              EntSize          Flags  Link  Info  Align
  ......
  [13] .text             PROGBITS         0000000000401040  00001040
       0000000000000175  0000000000000000  AX     0     0     16
```

前面在ELF文件头中Entry point address 显示的入口地址为 0x401040。**这说明，程序的入口地址就是.text Section的地址。**

另外两个值得关注的Section是.data和.bss。代码中的全局变量数据在编译后将在这两个Section中占据一些位置，如以下代码所示。

```
// 未初始化的内存区域位于 .bss 段
int data1 ;

// 已经初始化的内存区域位于 .data 段
int data2 = 100 ;
```

```
int main(void)
......
```

4.1.5　入口进一步查看

接下来再查看看前面提到的程序入口0x401040，看看它到底是什么。这次再借助nm命令进一步查看可执行文件中的符号及其地址信息。-n选项的作用是显示的符号以地址排序，而不是以名称排序。

```
# nm -n helloworld
                 w __gmon_start__
                 U __libc_start_main@@GLIBC_2.2.5
                 U printf@@GLIBC_2.2.5
......
0000000000401040 T _start
......
0000000000401126 T main
```

通过以上输出可以看到，程序入口 0x401040指向_start函数的地址。这是glibc提供的函数，是在glibc的源码中实现的，是一个汇编函数。找到它的源码，发现它一开始执行了一些寄存器和栈操作，然后进入到__libc_start_main进行启动过程。

```
// file:sysdeps/x86_64/elf/start.S
    .text
    .globl _start
    .type _start,@function
_start:
    ......
  /* Extract the arguments as encoded on the stack and set up
      the arguments for __libc_start_main (int (*main) (int, char **, char **),
          int argc, char *argv,
          void (*init) (void), void (*fini) (void),
          void (*rtld_fini) (void), void *stack_end).
   The arguments are passed via registers and on the stack:
   main:        %rdi
   argc:        %rsi
   argv:        %rdx
   init:        %rcx
   fini:        %r8
   rtld_fini:   %r9
   stack_end:   stack.    */
    ......

   movq $__libc_csu_fini, %r8
    movq $__libc_csu_init, %rcx
```

```
    movq $BP_SYM(main), %rdi
  call BP_SYM (__libc_start_main)
```

　　_start函数中做了一些准备工作，将argc、argv、程序的构造函数__libc_csu_init、析构函数__libc_csu_fini和main函数都通过参数传递给了__libc_start_main。

　　是的，没错，并不只是C++才有构造、析构的概念，这在C中也是存在的，含义是一样的。在__libc_csu_init执行的时候，会调用一个_do_global_ctors_aux函数执行所有全局对象的构造，也会建立打开文件表，初始化标准输入输出流。

　　接下来就进入到__libc_start_main。

```
// file:sysdeps/powerpc/elf/libc-start.c
/* The main work is done in the generic function.  */
#define LIBC_START_MAIN generic_start_main
int BP_SYM (__libc_start_main) (...)
{
  ...
  return generic_start_main (stinfo->main, argc, ubp_av, auxvec,
          stinfo->init, stinfo->fini, rtld_fini,
          stack_on_entry);
}
```

　　在__libc_start_main的源码中有这样一行注释"The main work is done in the generic function."，也就是说主要工作都是在generic_start_main中完成的。

```
// file:sysdeps/generic/libc-start.c
STATIC int
LIBC_START_MAIN (int (*main) (int, char **, char ** MAIN_AUXVEC_DECL),
        int argc, char *__unbounded *__unbounded ubp_av,
        ElfW(auxv_t) *__unbounded auxvec,
        __typeof(main) init,
        void (*init) (void),
        void (*fini) (void),
        void (*rtld_fini) (void), void *__unbounded stack_end)
{
  // 注册退出析构函数
  if (__builtin_expect (rtld_fini != NULL, 1))
    __cxa_atexit ((void (*) (void *)) rtld_fini, NULL, NULL);
  if (fini)
    __cxa_atexit ((void (*) (void *)) fini, NULL, NULL);
  ...
  // 初始化
  if (init)
    (*init) (
#ifdef INIT_MAIN_ARGS
    argc, argv, __environ MAIN_AUXVEC_PARAM
#endif
```

```
        );
    // 真正进入main函数进行处理
    result = main (argc, argv, __environ MAIN_AUXVEC_PARAM);
    exit (result);
}
```

LIBC_START_MAIN是一个宏，实际上就是generic_start_main。这个函数的参数中接收了main函数、初始化函数 init、析构函数 fini等作为参数。对初始化函数进行调用，对退出析构函数进行了注册。最后才进入我们所熟知的main函数。另外，当exit被调用的时候，各种析构函数会被调用执行。

好了，几个关键部分我们都看完了，这个helloworld程序大致的总体结构是图4.4这个样子的。

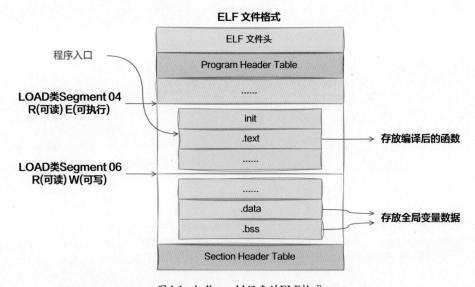

图4.4　helloworld程序的ELF格式

4.2　shell启动用户进程

从上一节内容中我们已经了解到ELF文件的格式，它是由四个部分组成的，分别是ELF文件头（ELF Header）、Program Header Table、Section和Section Header Table。每一个开发出来的程序，不管它多复杂，最后都会编译成一个ELF格式的可执行文件。

在我们编写的代码编译完生成可执行程序之后，下一步就是使用shell把它加载起来并运行。一般来说shell进程是通过fork + execve来加载并运行新进程的。一个简单的shell加载ls命令的核心逻辑如下。

```
// shell代码示例
int main(int argc, char * argv[])
{
    ......
    pid= fork();
    if (pid==0){ // 如果在子进程中
        //使用exec系列函数加载并运行可执行文件
        execve("helloworld", argv, envp);
    } else {
        ......
    }
    ......
}
```

shell进程先通过fork系统调用创建一个进程。然后在子进程中调用execve加载执行的程序文件，然后就可以跳到程序文件的运行入口处运行这个程序了。

上一节详细介绍过fork的工作过程，这里再简单过一下。这个fork系统调用在内核中的入口在kernel/fork.c文件中。

```
// file:kernel/fork.c
SYSCALL_DEFINE0(fork)
{
    struct kernel_clone_args args = {
        .exit_signal = SIGCHLD,
    };
    return kernel_clone(&args);
}
```

在kernel_clone的实现中，核心是一个copy_process函数，它以复制父进程（线程）的方式生成一个新的task_struct。

```
// file:kernel/fork.c
pid_t kernel_clone(struct kernel_clone_args *args)
{
    // 复制一个task_struct
    struct task_struct *p;
    p= copy_process(NULL, trace, NUMA_NO_NODE, args);

    // 子任务加入就绪队列，等待调度器调度
    wake_up_new_task(p);
    ......
}
```

在copy_process函数中为新进程申请task_struct，用当前进程自己的地址空间、命名空间等对新进程进行初始化，并为其申请进程PID。

```
// file:kernel/fork.c
static struct task_struct *copy_process(...)
{
    // 复制进程 task_struct 结构体
    struct task_struct *p;
    p= dup_task_struct(current);
    ......

    // 进程核心元素初始化
    retval= copy_files(clone_flags, p);
    retval= copy_fs(clone_flags, p);
    retval= copy_mm(clone_flags, p);
    retval= copy_namespaces(clone_flags, p);
    ......

    // 申请PID并设置进程号
    pid= alloc_pid(p->nsproxy->pid_ns);
    p->pid = pid_nr(pid);
    p->tgid = p->pid;
    ......
}
```

执行完后，就创建了一个新的进程。该进程内所有的资源都是从shell父进程上通过复制的方式获得的。然后这个新进程会进入wake_up_new_task等待调度器调度。

不过fork系统调用只能根据shell进程复制一个新的进程。**这个新进程里的代码、数据都还是和原来的shell进程的内容一模一样**。要想实现加载并运行另外一个程序，比如我们编译出来的helloworld程序，那**还需要用到execve系统调用**。

4.3　Linux的可执行文件加载器

其实Linux不是只能加载ELF一种可执行文件格式。它在启动的时候，会把自己支持的所有可执行文件的解析器都加载上，并使用一个formats双向链表来保存所有的解析器。其中formats双向链表在内存中的结构如图4.5所示。

Linux中支持的可执行文件格式有如下几种：

- **ELF**：Executable and Linkable Format，是Linux上最常用的可执行文件格式。
- **aout**：主要为了和以前兼容，由于不支持动态链接，所以被ELF取代。
- **EM86**：主要作用是在Alpha的主机上运行Intel的Linux二进制文件。

其中ELF是Linux上的主流可执行文件格式。下面以ELF的加载器elf_format为例，来看看这个加载器是如何注册的。在Linux中每一个加载器都用一个linux_binfmt结构来表示。其中规定了加载二进制可执行文件的load_binary函数指针，以及加载崩溃文件的core_dump函数等。其完整定义如下。

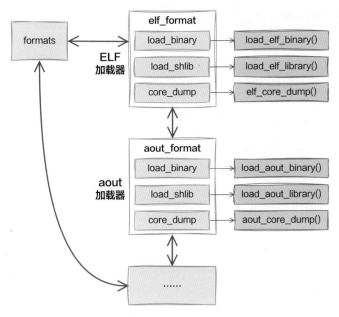

图4.5　可执行文件加载器

```
// file:include/linux/binfmts.h
struct linux_binfmt {
    ...
    int (*load_binary)(struct linux_binprm *);
    int (*load_shlib)(struct file *);
    int (*core_dump)(struct coredump_params *cprm);
};
```

其中ELF的加载器elf_format规定了具体的加载函数，例如load_binary成员指向的就是具体的load_elf_binary函数。这就是ELF加载的入口。

```
// file:fs/binfmt_elf.c
static struct linux_binfmt elf_format = {
    .module         = THIS_MODULE,
    .load_binary    = load_elf_binary,
    .load_shlib     = load_elf_library,
    .core_dump= elf_core_dump,
    .min_coredump   = ELF_EXEC_PAGESIZE,
};
```

加载器elf_format会在初始化的时候通过register_binfmt进行注册。

```
// file:fs/binfmt_elf.c
static int __init init_elf_binfmt(void)
{
```

```
    register_binfmt(&elf_format);
    return 0;
}
```

而register_binfmt就是将加载器挂到formats全局链表中。

```
// file:fs/exec.c
static LIST_HEAD(formats);

void __register_binfmt(struct linux_binfmt * fmt, int insert)
{
    ......
    insert? list_add(&fmt->lh, &formats) :
        list_add_tail(&fmt->lh, &formats);
}
```

在源码目录中搜索 register_binfmt，可以搜索到Linux操作系统支持的所有格式的加载器。

```
# grep -r "register_binfmt" *
fs/binfmt_flat.c:           register_binfmt(&flat_format);
fs/binfmt_elf_fdpic.c:      register_binfmt(&elf_fdpic_format);
fs/binfmt_elf.c:            register_binfmt(&elf_format);
fs/binfmt_em86.c:           register_binfmt(&em86_format);
```

将来在Linux加载二进制文件时会遍历formats链表，根据要加载的文件格式来查询合适的加载器。

4.4　execve加载用户程序

shell程序使用fork系统调用创建新进程后，下一步加载可执行文件的工作是由execve系统调用来完成的。该系统调用会读取用户输入的可执行文件名、参数列表及环境变量等开始加载并运行用户指定的可执行文件。该系统调用在fs/exec.c文件中。

```
// file:fs/exec.c
SYSCALL_DEFINE3(execve, const char __user *, filename, ...)
{
    return do_execve(getname(filename), argv, envp);
}

int do_execve(...)
{
    ......
    return do_execveat_common(AT_FDCWD, filename, argv, envp, 0);
}
```

以上代码中的path->name表示的是可执行文件名，argv是参数列表，envp是环境变量。execve系统调用通过do_execve进入do_execve_common函数。我们来看这个函数的实现。

```
// file:fs/exec.c
static int do_execveat_common(int fd, struct filename *filename, ...)
{
    // linux_binprm结构用于保存加载二进制文件时使用的参数
    struct linux_binprm *bprm;

    // 申请并初始化brm对象值
    bprm = alloc_bprm(fd, filename);
    bprm->argc = count(argv, MAX_ARG_STRINGS);
    bprm->envc = count(envp, MAX_ARG_STRINGS);
    ......

    // 执行加载
    bprm_execve(bprm, fd, filename, flags);
}
```

这个函数中申请并初始化brm对象的具体工作可以用图4.6来表示。

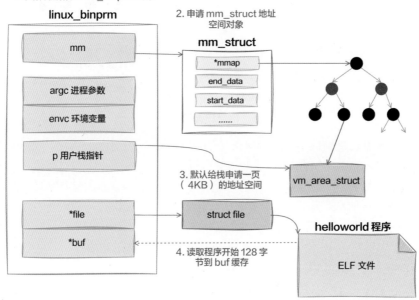

图4.6 初始化brm对象

在这个函数中，完成了两块工作。

第一，调用alloc_bprm申请内核对象linux_binprm，并初始化。

第二，调用bprm_execve读取可执行文件的头128字节，并选择加载器。

接下来我们分几小节来展开看看这两块工作。

4.4.1 alloc_bprm初始化linux_binprm对象

在alloc_bprm中会做以下几件重要的事情：

- 申请linux_binprm内核对象。
- 调用bprm_mm_init申请一个全新的地址空间mm_struct对象，准备留着给新进程使用。
- 调用__bprm_mm_init给新进程的栈申请一页的虚拟内存空间，并将栈指针记录下来。

该函数执行完后，会申请到图4.7中的各种启动新进程所需的对象。

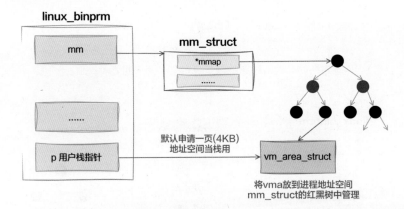

图4.7　初始化linux_binprm

接下来展开看看alloc_bprm。在alloc_bprm中会申请linux_binprm内核对象，申请过程是调用内核的kzalloc来分配内存。内核对象linux_binprm是进程加载过程中的一个结构，你可以把它理解为一个临时对象。在加载的时候，该内核对象用来保存加载二进制文件时使用的参数等信息、为新进程申请的虚拟地址空间，以及分配的栈内存也会临时在这里放一会儿。等到新进程加载完毕，这个对象就没有什么用了。

```
// file:fs/exec.c
static struct linux_binprm *alloc_bprm(int fd, struct filename *filename)
{
    struct linux_binprm *bprm = kzalloc(sizeof(*bprm), GFP_KERNEL);
    bprm->filename = ...
    bprm_mm_init(bprm);
    ...
    return bprm
}
```

申请完linux_binprm后，调用bprm_mm_init对新申请的对象进行初始化。

```
// file:fs/exec.c
static int bprm_mm_init(struct linux_binprm *bprm)
{
    // 申请一个全新的地址空间 mm_struct 对象
    bprm->mm = mm = mm_alloc();
    __bprm_mm_init(bprm);
}
```

mm_alloc函数申请了一个虚拟地址空间对象，这是为新进程准备的，但是先临时放在bprm这里保管一会儿。接下来会在虚拟地址空间中分配进程运行所必需的进程栈内存。我们来看看__bprm_mm_init是如何为新进程申请栈内存并初始化的。

```
// file:fs/exec.c
static int __bprm_mm_init(struct linux_binprm *bprm)
{
  struct mm_struct *mm = bprm->mm;
  ......

    // 申请占用一段地址范围
    bprm->vma = vma = kmem_cache_zalloc(vm_area_cachep, GFP_KERNEL);
    vma->vm_end = STACK_TOP_MAX;
    vma->vm_start = vma->vm_end - PAGE_SIZE;

    // 将这段地址范围放入虚拟地址空间对象中管理
    insert_vm_struct(mm, vma);
    ......

    bprm->p = vma->vm_end - sizeof(void *);
}
```

在虚拟地址空间中，每一段地址范围都是用一个vma对象来表示的。vma的vm_start、vm_end两个成员共同声明了当前vma所占用的地址空间的范围。

在__bprm_mm_init函数中申请了一个vma 对象（表示虚拟地址空间里的一段范围），vm_end 指向了STACK_TOP_MAX（地址空间的顶部附近的位置），vm_start和vm_end 之间留了一个Page 大小。**也就是说默认给栈申请了4KB的大小。最后把栈的指针记录到 bprm->p中。**

> ★ 注意
> 这里对于栈内存的申请仅仅是申请了一个表示虚拟地址空间中占用的范围段的对象。真正的内存还没有分配，要等到访问时触发缺页中断来实际分配这段虚拟地址范围对应的物理内存。

4.4.2 bprm_execve执行加载

接下来的工作是调用bprm_execve来完成可执行文件的文件头的读取，以用作判断要加载的可执行文件的格式。之后就是寻找合适的加载器，尝试进行加载。我们来看看具体的实现，bprm_execve的调用会进入search_binary_handler这个核心函数。

```
// file:fs/exec.c
static int search_binary_handler(struct linux_binprm *bprm)
{
    // 读取可执行文件头，判断文件格式
    prepare_binprm(bprm)

    // 尝试启动加载
    ......
}
```

在prepare_binprm这个函数中，从文件头读取了128字节。之所以这么干，是为了读取二进制文件头，方便后面判断其文件类型。

```
// file:include/uapi/linux/binfmts.h
#define BINPRM_BUF_SIZE 256

// file:fs/exec.c
int prepare_binprm(struct linux_binprm *bprm)
{
    ......
    memset(bprm->buf, 0, BINPRM_BUF_SIZE);
    return kernel_read(bprm->file, 0, bprm->buf, BINPRM_BUF_SIZE);
}
```

然后search_binary_handler会在formats中遍历系统已注册的加载器，尝试对当前可执行文件进行解析并加载，如图4.8所示。

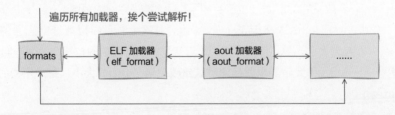

图4.8 遍历加载器

在4.3节介绍过系统所有的加载器都注册到formats全局链表里了。加载过程就是遍历这个全局链表，根据二进制文件头中携带的文件类型数据查找解析器。找到后调用解析器的函数对二进制文件进行加载。

```
// file:fs/exec.c
static int search_binary_handler(struct linux_binprm *bprm)
{
    // 读取可执行文件头，判断文件格式
    prepare_binprm(bprm)
    ......
    // 尝试启动加载
retry:
    list_for_each_entry(fmt, &formats, lh) {
        retval = fmt->load_binary(bprm);
        ......
        // 加载成功返回
        if (bprm->point_of_no_return || (retval != -ENOEXEC)) {
                return retval;
            }
        ......
        // 否则继续尝试
        goto retry;
    }
}
```

上述代码中的list_for_each_entry是在遍历formats这个全局链表，遍历时判断每一个链表元素是否有load_binary函数。有的话就调用它尝试加载。如果要加载的可执行程序是一个ELF格式的文件，那就会调用ELF加载器来进行加载。

4.5　ELF文件加载过程

回忆一下4.3节注册可执行文件加载程序，对于ELF文件加载器elf_format来说，load_binary函数指针指向的是load_elf_binary。

```
// file:fs/binfmt_elf.c
static struct linux_binfmt elf_format = {
    .module         = THIS_MODULE,
    .load_binary    = load_elf_binary,
    ......
};
```

那么就会进入load_elf_binary函数进行加载工作。这个函数很长，可以说所有的程序加载逻辑都在这个函数中体现了。这个函数的主要工作包括如下几个部分：

- ELF文件头读取。
- Program Header读取，读取所有的Segment。
- 清空父进程继承来的虚拟地址空间等资源。
- 执行Segment加载。

- 数据段内存申请，堆初始化。
- 跳转到程序入口点执行。

可见，一上来就是对ELF可执行文件的解析，这也是我为什么在本章开头先介绍ELF格式的原因。解析完ELF后，读取出所有的Segment。给新进程准备好数据段、堆等内存，然后就跳转到入口点开始执行了。

> ★注意　这里说的入口点并不是开发人员日常所见的main函数，不同语言会有不同的入口点，但这些入口点最终会执行到我们熟悉的main函数。

接下来详细介绍load_elf_binary所做的这些工作。在介绍的过程中，为了表达清晰，我会稍微调一下源码的位置，可能会和内核源码的顺序有所不同。

4.5.1　读取ELF文件头

在load_elf_binary中先读取ELF文件头，如图4.9所示。

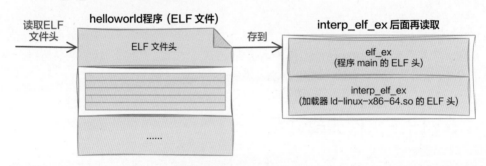

图4.9　读取ELF文件头

前面在execve函数开头调用的do_execve_common中，已经将ELF文件头读取到bprm->buf中了，所以这里直接复制这段内存就可以。

```c
// file:fs/binfmt_elf.c
static int load_elf_binary(struct linux_binprm *bprm)
{
    // 4.5.1 ELF文件头解析
    // 获取ELF文件头
    struct elfhdr *elf_ex = (struct elfhdr *)bprm->buf;
    struct elfhdr *interp_elf_ex = NULL;

    // 对头部进行一系列的合法性判断，不合法则直接退出
    if (elf_ex->e_type != ET_EXEC && elf_ex->e_type != ET_DYN)
        goto out;
    ......
```

```
// 申请interp_elf_ex对象
interp_elf_ex = kmalloc(sizeof(*interp_elf_ex), GFP_KERNEL);
    ......
}
```

先将ELF文件头复制保存起来。文件头中包含当前文件格式类型等数据，在读取完文件头后会进行一些合法性判断。如果不合法，则退出返回。

4.5.2　读取Program Header

在ELF文件头中记录着Program Header的数量，而且在ELF头之后紧接着就是Program Header Table，如图4.10所示。所以内核接下来可以将所有Program Header都读取出来。

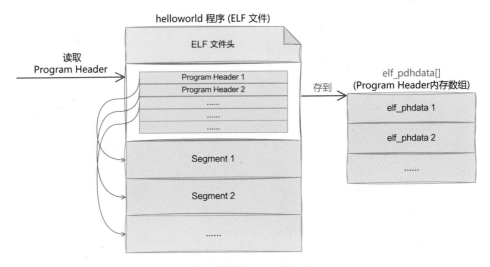

图4.10　读取Program Header

到源码中看看Program Header是如何被读取的。

```
// file:fs/binfmt_elf.c
static int load_elf_binary(struct linux_binprm *bprm)
{
    // 4.5.1 ELF文件头解析

    // 4.5.2 读取Program Header
    elf_phdata = load_elf_phdrs(elf_ex, bprm->file);
    if (!elf_phdata)
        goto out;
}
```

其中Program Header的读取是在load_elf_phdrs函数中完成的。

```
// file:fs/binfmt_elf.c
static struct elf_phdr *load_elf_phdrs(const struct elfhdr *elf_ex,
                        struct file *elf_file)
{
    // elf_ex.e_phnum中保存的是Program Header的数量
    // 再根据 Program Header的大小sizeof(struct elf_phdr)
    // 一起计算出所有的Program Header的大小
    size = sizeof(struct elf_phdr) * elf_ex->e_phnum;

    // 申请内存并读取
    elf_phdata = kmalloc(size, GFP_KERNEL);
    elf_read(elf_file, elf_phdata, size, elf_ex->e_phoff);
    ......
    return elf_phdata;
}
```

　　首先计算需要多大的内存，Program Header的数量是在ELF文件头中提供的，每个Program Header所需要的内存对象struct elf_phdr的大小也是知道的，乘一下即可。

　　接着调用kmalloc来分配好内存，然后将可执行文件在磁盘上保存的内容读取到内存中。

> ★ 注意
>
> 内核在内存的使用上和用户进程中的虚拟地址空间是不一样的，kmalloc系列的函数都是直接在伙伴系统所管理的物理内存中分配的，不需要触发缺页中断。

4.5.3　清空父进程继承来的资源

　　在fork系统调用创建的进程中，包含了不少原进程的信息，如老的地址空间、信号表等。这些在新的程序运行时并没有什么用，所以需要清空一下，如图4.11所示。

　　具体工作包括初始化新进程的信号表，应用新的虚拟地址空间对象等。

```
// file:fs/binfmt_elf.c
static int load_elf_binary(struct linux_binprm *bprm)
{
    // 4.5.1 ELF文件头解析
    // 4.5.2 读取Program Header

    // 4.5.3 清空父进程继承来的资源
    begin_new_exec(bprm);
    ......
    // 使用新栈
    setup_arg_pages(bprm, randomize_stack_top(STACK_TOP),
                executable_stack);
    ......
}
```

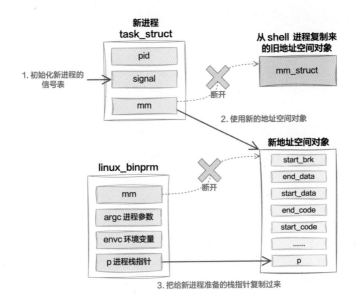

图4.11 清空父进程继承资源

在begin_new_exec中会对从父进程继承过来的地址空间、信号表等资源进行释放。最后再使用前面在linux_binprm临时变量中保存的新的地址空间。这之后，直接将前面准备的进程栈的地址空间指针设置到了mm对象上。这样将来就可以使用栈了。

```
// file:fs/exec.c
int begin_new_exec(struct linux_binprm * bprm)
{
    // 确保文件表不共享
    unshare_files();

    // 释放所有旧的mmap
    exec_mmap(bprm->mm);

    // 确保信号表不共享
    unshare_sighand(me)
    ......
}

// file:fs/exec.c
static int exec_mmap(struct mm_struct *mm)
{
    struct task_struct *tsk;
    struct mm_struct *old_mm, *active_mm;

    tsk = current;
    old_mm= current->mm;

    // 释放旧的地址空间
```

```
    exec_mm_release(tsk, old_mm);

    // 使用bprm中保存的新的地址空间
    tsk->mm = mm;
    ......
}
```

在清空父进程继承来的虚拟地址空间后，将前面在临时变量bprm中保存的新的地址空间拿过来用上。这样新进程的虚拟内存就准备好了。

接下来再调用setup_arg_pages，为新进程也设置上新的栈备用。

```
// file:fs/exec.c
int setup_arg_pages(struct linux_binprm *bprm,
            unsigned long stack_top,
            int executable_stack)
{
    ......
    current->mm->start_stack = bprm->p;
    ......
}
```

4.5.4 执行Segment加载

接下来加载器会将ELF文件中的LOAD类型的Segment都加载到内存，如图4.12所示。使用elf_map在虚拟地址空间中为其分配虚拟内存。最后恰当地设置虚拟地址空间mm_struct中的start_code、end_code、start_data、end_data等各个地址空间相关指针。

只有LOAD类型的Segment是需要被映射到内存的。

我们来看看加载Segment的具体代码。

```
// file:fs/binfmt_elf.c
static int load_elf_binary(struct linux_binprm *bprm)
{
    // 4.5.1 ELF文件头解析
    // 4.5.2 读取Program Header
    // 4.5.3 清空父进程继承来的资源

    // 4.5.4 执行Segment加载
    // 遍历可执行文件的Program Header
    for(i = 0, elf_ppnt = elf_phdata;
    i< elf_ex->e_phnum; i++, elf_ppnt++) {

        // 只加载类型为LOAD的Segment，否则跳过
        if (elf_ppnt->p_type != PT_LOAD)
            continue;
        ......

        // 为Segment建立内存mmap,将程序文件中的内容映射到虚拟内存空间
```

```
// 这样将来程序中的代码、数据就都可以被访问了
elf_map(bprm->file, load_bias + vaddr, elf_ppnt,
        elf_prot, elf_flags, total_size);

// 计算mm_struct所需的各个成员地址
start_code= ...;
start_data= ...
end_code = ...;
end_data = ...;
......
}
```

```
mm = current->mm;
    mm->end_code = end_code;
    mm->start_code = start_code;
    mm->start_data = start_data;
    mm->end_data = end_data;
    mm->start_stack = bprm->p;
    ......
}
```

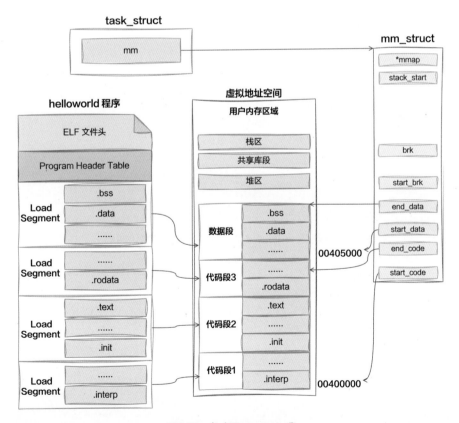

图4.12　执行Segment加载

其中load_bias是Segment要加载到内存的基地址。这个参数有这么几种可能：

- 值为0，直接按照ELF文件中的地址在内存中进行映射。
- 值为对齐到整数页的开始，物理文件中可能为了可执行文件的大小足够紧凑，而不考虑对齐的问题。但是操作系统在加载的时候为了运行效率，需要将Segment加载到整数页的开始位置。

计算好内存地址后，调用elf_map将磁盘文件中的内容和虚拟地址空间建立映射，等到访问的时候发生缺页中断加载磁盘文件中的代码或数据。最后设置虚拟地址空间中的代码段、数据段相关的指针是：start_code、end_code、start_data、end_data。

4.5.5   数据内存申请和堆初始化

现在虚拟地址空间中的代码段、数据段、栈都已就绪，还有一个堆内存需要初始化。接下来就使用set_brk系统调用专门为数据段申请虚拟内存。

```
// file:fs/binfmt_elf.c
static int load_elf_binary(struct linux_binprm *bprm)
{
    // 4.5.1 ELF文件头解析
    // 4.5.2 读取Program Header
    // 4.5.3 清空父进程继承来的资源
    // 4.5.4 执行Segment加载过程
    // 4.5.5 数据内存申请 & 堆初始化
    retval= set_brk(elf_bss, elf_brk, bss_prot);
    if (retval)
        goto out_free_dentry;
    ......
}
```

在set_brk函数中做了两件事：第一件事是为数据段申请虚拟内存，第二件事是将进程堆的开始指针和结束指针初始化，如图4.13所示。

```
// file:fs/binfmt_elf.c
static int set_brk(unsigned long start, unsigned long end)
{
    // 1.为数据段申请虚拟内存
    start= ELF_PAGEALIGN(start);
    end= ELF_PAGEALIGN(end);
    if (end > start) {
        vm_brk_flags(start, end - start,
                prot& PROT_EXEC ? VM_EXEC : 0);
    }

    // 2.初始化堆的指针
    current->mm->start_brk = current->mm->brk = end;
    return 0;
}
```

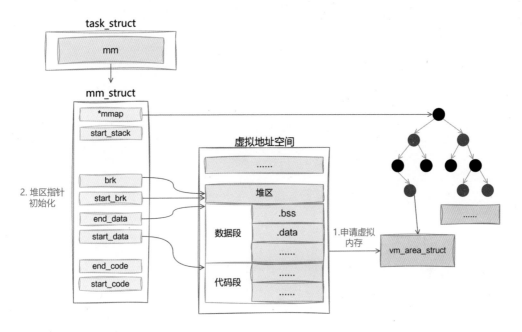

图4.13　数据段内存申请和堆的初始化

因为程序初始化的时候，堆上还是空的，所以堆指针初始化的时候，堆的开始地址start_brk和结束地址brk都设置为同一个值。代码中常用的malloc就是用来修改brk相关的指针来实现内存申请的。

4.5.6　跳转到程序入口执行

在ELF文件头中记录了程序的入口地址。如果是非动态链接加载的情况，入口地址就是这个。

但如果是动态链接加载的，也就是说存在INTERP类型的Segment，由这个动态链接器先来加载运行，然后再调回程序的代码入口地址。

```
# readelf --program-headers helloworld
......
Program Headers:
  Type           Offset             VirtAddr           PhysAddr
                 FileSiz            MemSiz              Flags  Align
  INTERP         0x00000000000002a8 0x00000000004002a8 0x00000000004002a8
                 0x000000000000001c 0x000000000000001c  R      0x1
      [Requesting program interpreter: /lib64/ld-linux-x86-64.so.2]
```

对于动态加载器类型的Segment，需要先将动态加载器（本文示例中是ld-linux-x86-64.so.2文件）加载到地址空间，如图4.14所示。

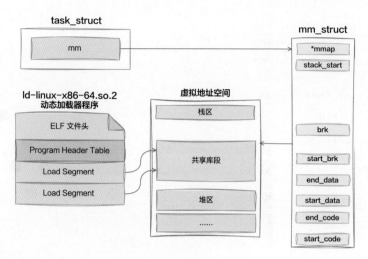

图4.14　跳转到程序入口

　　加载完成后再计算动态加载器的入口地址。以下这段代码计算了一个程序的入口地址。

```
// file:fs/binfmt_elf.c
static int load_elf_binary(struct linux_binprm *bprm)
{
    // 4.5.1 ELF文件头解析
    // 4.5.2 读取Program Header
    // 4.5.3 清空父进程继承来的资源
    // 4.5.4 执行Segment加载
    // 4.5.5 数据内存申请 & 堆初始化
    // 4.5.6 跳转到程序入口执行

    // 第一次遍历Program Header Table
    // 只针对PT_INTERP类型的segment做预处理
    // 这个segment中保存着动态加载器在文件系统中的路径信息
    for (i = 0; i < loc->elf_ex.e_phnum; i++) {
        ...
    }

    // 第二次遍历Program Header Table,做一些特殊处理
    elf_ppnt= elf_phdata;
    for (i = 0; i < loc->elf_ex.e_phnum; i++, elf_ppnt++){
        ...
    }

    // 如果程序中指定了动态链接器，就把动态链接器程序读出来
    if (elf_interpreter) {
        // 加载并返回动态链接器代码段地址
        elf_entry= load_elf_interp(&loc->interp_elf_ex,
                      interpreter,
                      &interp_map_addr,
                      load_bias);
```

```
    // 计算动态链接器入口地址
    elf_entry+= loc->interp_elf_ex.e_entry;
} else {
    elf_entry= loc->elf_ex.e_entry;
}

// 跳转到入口开始执行
START_THREAD(elf_ex, regs, elf_entry, bprm->p);
...
}
```

前面介绍过，入口函数是_start，之后经过__libc_start_main会调用到我们所熟悉的main函数。

4.6 本章总结

看起来简简单单的一行helloworld代码，要想把它的运行过程理解清楚却需要非常深厚的内功。

本章首先带领大家认识和理解了二进制可运行ELF文件格式，然后了解Linux加载程序的过程。好了，回到本章开篇的问题：

1）编译链接后生成的可执行程序长什么样子？

编译器、链接器的工作是将你的代码转变成ELF格式可执行文件的过程。ELF文件由四部分组成，分别是ELF文件头（ELF Header）、Program Header Table、Section和Section Header Table。

ELF文件头记录了整个文件的属性信息。Program Header Table和Section Header Table中是描述ELF的各种Section的方式，只不过使用目的的不同，一个针对加载，一个针对链接。

Section是ELF文件中比较基础和重要的单位。我们平时写的源代码及依赖的各种基础库都会在编译链接后放进合适的Section。其中函数会被放进.text，全局变量数据会被放进.bss和.data中。一个简单的helloworld程序的结构大概如图4.4所示。

2）shell是如何将这个程序执行起来的？

Linux在初始化的时候，会将所有支持的加载器都注册到一个全局链表中。对于ELF文件来说，它的加载器在内核中的定义为elf_format，其二进制加载入口是load_elf_binary函数。

一般来说shell进程是通过fork + execve来加载并运行新进程的。执行fork系统调用的作用是创建一个新进程。不过fork创建的新进程的代码、数据都和原来的shell进程的内容一模一样。要想实现加载并运行另外一个程序，还需要使用到execve系统调用。

在execve系统调用中，会申请一个linux_binprm对象。在初始化linux_binprm的过程中，会申请一个全新的mm_struct对象，准备留着给新进程使用，还会给新进程的栈准备一页（4KB）的虚拟内存，读取可执行文件的前128字节。

接下来就是调用ELF加载器的load_elf_binary函数进行实际的加载。大致会执行如下几个步骤：

- ELF文件头解析。
- Program Header读取。
- 清空父进程继承来的资源，使用新的mm_struct和新的栈。
- 执行Segment加载，将ELF文件中的LOAD类型的Segment都加载到虚拟内存中。
- 为数据Segment申请内存，并将堆的起始指针进行初始化。
- 最后计算并跳转到程序入口执行。

当用户进程启动后，可以通过proc伪文件来查看进程中的各个Segment。

```
# cat /proc/46276/maps
00400000-00401000 r--p 00000000 fd:01 396999    /root/work_temp/helloworld
00401000-00402000 r-xp 00001000 fd:01 396999    /root/work_temp/helloworld
00402000-00403000 r--p 00002000 fd:01 396999    /root/work_temp/helloworld
00403000-00404000 r--p 00002000 fd:01 396999    /root/work_temp/helloworld
00404000-00405000 rw-p 00003000 fd:01 396999    /root/work_temp/helloworld
01dc9000-01dea000 rw-p 00000000 00:00 0          [heap]
7f0122fbf000-7f0122fc1000 rw-p 00000000 00:00 0
7f0122fc1000-7f0122fe7000 r--p 00000000 fd:01 1182071 /usr/lib64/libc-2.32.so
7f0122fe7000-7f0123136000 r-xp 00026000 fd:01 1182071 /usr/lib64/libc-2.32.so
......
7f01231c0000-7f01231c1000 r--p 0002a000 fd:01 1182554 /usr/lib64/ld-2.32.so
7f01231c1000-7f01231c3000 rw-p 0002b000 fd:01 1182554 /usr/lib64/ld-2.32.so
7ffdf0590000-7ffdf05b1000 rw-p 00000000 00:00 0          [stack]
......
```

这是程序变成在Linux上执行的进程后在内存中大致的样子。

3）程序的入口是我们熟知的main函数吗？

各个语言都会提供自己的入口函数，这个入口函数并不是我们开发者所熟知的main函数，而是语言开发者实现的入口函数。在glibc中，这个入口函数是_start。在这个入口函数中会进行很多进入main函数之前的初始化操作，例如全局对象的构造，建立打开文件表，初始化标准输入输出流等。也会注册好程序退出时的处理逻辑，接着才会进入到我们应用开发者所熟知的main函数中来执行。

最后提一下，细心的读者可能发现了，本章的实例在加载新程序运行的过程中其实有一些浪费，fork系统调用首先将父进程的很多信息复制了一遍，而execve加载可执行程序的时候又重新赋值。所以在实际的shell程序中，一般使用的是vfork。其工作原理基本和fork一致，但区别是会少复制一些在execve系统调用中用不到的信息，进而提高加载性能。

第5章

系统物理内存初始化

服务器上一般会插很多条内存。但Linux内核在刚启动的时候是不了解这些硬件信息的。内核必须对整个系统中的内存进行初始化，以方便后面的使用。具体过程包括物理内存检测、memblock初期分配器创建、内存NUMA的节点信息获取、页管理机制初始化、向伙伴系统交接可用内存范围等。这一章中将围绕这些知识点来进行讲解。还是按照惯例，让我们带着几个问题开始本章的学习。

1）内核是通过什么手段来识别可用内存硬件范围的？

2）内核管理物理内存都使用了哪些技术手段？

3）为什么free -m命令展示的总内存比dmidecode中输出的要少，少了的这些内存跑哪里去了？

Linux内核给我们使用的内存看起来"并不足量"。拿我手头的一台虚拟机来举例（和物理机原理一样），通过dmidecode命令查看到这台服务器有一条16384 MB的内存。

```
# dmidecode
Memory Device
    Total Width: Unknown
    Data Width: Unknown
    Size: 16384 MB
    Manufacturer: QEMU
......
```

但是使用free命令查看的时候，Linux却告诉我们只有15773 MB可用。

```
# free -m
            total      used       free     shared  buff/cache   available
Mem:        15773       794      13708         54        1270       14688
Swap:           0         0          0
```

那16384和15773中间差的这 611 MB跑哪里去了？

4）内核是怎么知道某个内存地址范围属于哪个NUMA节点的呢？

学习完本章，你将会对这些物理内存管理问题有深入理解。

5.1　固件介绍

内存从硬件来讲就是连接在主板上的一根根有着金手指的硬件。内核需要识别到这些内存才可以进行后面的使用。但其实操作系统在刚启动的时候，对内存的可用地址范围、NUMA分组信息一无所知。在计算机的体系结构中，除了操作系统和硬件，中间还存在着一层固件（firmware），如图5.1所示。

固件是位于主板上的使用 SPI Nor Flash 存储着的软件。起着在硬件和操作系统中间承上启下的作用。它对外提供的接口规范是高级配置和电源接口（ACPI，Advanced

Configuration and Power Interface）。其第一个版本ACPI 1.0是在1997年由英特尔、微软和东芝公司共同推出的。截至书稿写作时最新的版本是2022年8月发布的6.5版。我们可以在UEFI论坛下载到最新的规范文档。

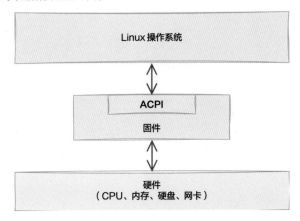

图5.1 固件

在这个规范中，定义了计算机硬件和操作系统之间的接口，包含的主要内容有计算机硬件配置描述、设备通信方式、电源功能管理等。在计算机启动的过程中，固件负责着硬件自检、初始化硬件设备、加载操作系统引导程序，将控制权转移到操作系统并提供接口供操作系统读取硬件信息。操作系统所需要的内存等硬件信息都是通过固件来获取的。

5.2 物理内存安装检测

在操作系统启动时要做的一件重要的事情就是探测可用物理内存的地址范围。在固件ACPI接口规范中定义了探测内存的物理分布规范。内核请求中断号15H，并设置操作码为E820 H。然后固件就会向内核报告可用的物理内存地址范围。因为操作码是E820，所以这个获取机制也常被称为E820。

下面是主要的内核代码。内核在启动的时候也有一个main函数。在main函数中会调用 detect_memory，物理内存安装检测就是在这个函数开始处理的。

```
// file:arch/x86/boot/main.c
void main(void)
{
    detect_memory();
    ......
}

// file:arch/x86/boot/memory.c
```

```
void detect_memory(void)
{
    detect_memory_e820();
    ......
}
```

　　真正的探测操作是在detect_memory_e820函数中完成的。detect_memory_e820函数发出0x15中断并处理所有结果，把内存地址范围保存到boot_params.e820_table对象中，相关源码如下。

```
// file:arch/x86/boot/memory.c
static void detect_memory_e820(void)
{
    struct boot_e820_entry *desc = boot_params.e820_table;

    initregs(&ireg);
    ireg.ax  = 0xe820;
    ......

    do {
        intcall(0x15, &ireg, &oreg);
        ......
        *desc++ = buf;
        count++;
    }while (ireg.ebx && count < ARRAY_SIZE(boot_params.e820_table));

    boot_params.e820_entries = count;
}
```

　　boot_params 只是一个启动的中间过程的数据。物理内存这么重要的数据还是应该单独存起来。所以，还专门有一个e820_table 全局数据结构。

```
// file:arch/x86/kernel/e820.c
static struct e820_table e820_table_init        __initdata;
struct e820_table *e820_table __refdata          = &e820_table_init;

// file:arch/x86/include/asm/e820/types.h
struct e820_table {
    __u32 nr_entries;
    struct e820_entry entries[E820_MAX_ENTRIES];
};
```

　　在内核启动的后面过程中，会把boot_params.e820_table中的数据复制到这个全局的e820_table中，并把它打印出来。具体是在e820__memory_setup函数中处理的。

```
// file:arch\x86\kernel\e820.c
void __init e820__memory_setup(void)
{
```

```
    // 将boot_params.e820_table保存到全局e820_table中
    char *who;
    who= x86_init.resources.memory_setup();
    ......

    // 打印内存检测结果
    pr_info("BIOS-provided physical RAM map:\n");
    e820__print_table(who);
}
```

关于保存过程就不细看了，重点来了解内存检测结果打印，这对我们比较有用。

```
// file:arch\x86\kernel\e820.c
void __init e820__print_table(char *who)
{
    int i;

    for (i = 0; i < e820_table->nr_entries; i++) {
        pr_info("%s: [mem %#018Lx-%#018Lx] ",
            who,
            e820_table->entries[i].addr,
            e820_table->entries[i].addr + e820_table->entries[i].size - 1);

        e820_print_type(e820_table->entries[i].type);
        pr_cont("\n");
    }
}
```

内核启动过程中输出的信息通过dmesg命令来查看。比如我手头的某台机器启动时输出的日志如下，详细地展示了BIOS对物理内存的检测结果。

```
Dec 23 04:53:10 kernel: [    0.000000] BIOS-provided physical RAM map:
Dec 23 04:53:10 kernel: [    0.000000] BIOS-e820: [mem 0x0000000000000000-
0x000000000009ffff] usable
Dec 23 04:53:10 kernel: [    0.000000] BIOS-e820: [mem 0x00000000000a0000-
0x00000000000fffff] reserved
Dec 23 04:53:10 kernel: [    0.000000] BIOS-e820: [mem 0x0000000000100000-
0x000000002fffffff] usable
Dec 23 04:53:10 kernel: [    0.000000] BIOS-e820: [mem 0x0000000030000000-
0x0000000030041fff] ACPI NVS
Dec 23 04:53:10 kernel: [    0.000000] BIOS-e820: [mem 0x0000000030042000-
0x0000000075daffff] usable
Dec 23 04:53:10 kernel: [    0.000000] BIOS-e820: [mem 0x0000000075db0000-
0x0000000075ffffff] reserved
Dec 23 04:53:10 kernel: [    0.000000] BIOS-e820: [mem 0x0000000076000000-
0x00000000a4d52fff] usable
Dec 23 04:53:10 kernel: [    0.000000] BIOS-e820: [mem 0x00000000a4d53000-
0x00000000a6bf7fff] reserved
Dec 23 04:53:10 kernel: [    0.000000] BIOS-e820: [mem 0x00000000a6bf8000-
```

```
0x00000000a6d49fff] ACPI data
Dec 23 04:53:10 kernel: [    0.000000] BIOS-e820: [mem 0x00000000a6d4a000-
0x00000000a7241fff] ACPI NVS
Dec 23 04:53:10 kernel: [    0.000000] BIOS-e820: [mem 0x00000000a7242000-
0x00000000a816cfff] reserved
Dec 23 04:53:10 kernel: [    0.000000] BIOS-e820: [mem 0x00000000a816d000-
0x00000000abffffff] usable
Dec 23 04:53:10 kernel: [    0.000000] BIOS-e820: [mem 0x00000000ac000000-
0x00000000afffffff] reserved
Dec 23 04:53:10 kernel: [    0.000000] BIOS-e820: [mem 0x00000000b4000000-
0x00000000b5ffffff] reserved
Dec 23 04:53:10 kernel: [    0.000000] BIOS-e820: [mem 0x00000000be000000-
0x00000000bfffffff] reserved
Dec 23 04:53:10 kernel: [    0.000000] BIOS-e820: [mem 0x00000000c8000000-
0x00000000c9ffffff] reserved
Dec 23 04:53:10 kernel: [    0.000000] BIOS-e820: [mem 0x00000000f4000000-
0x00000000f5ffffff] reserved
Dec 23 04:53:10 kernel: [    0.000000] BIOS-e820: [mem 0x00000000fe000000-
0x00000000ffffffff] reserved
Dec 23 04:53:10 kernel: [    0.000000] BIOS-e820: [mem 0x0000000100000000-
0x000000104fefffff] usable
Dec 23 04:53:10 kernel: [    0.000000] BIOS-e820: [mem 0x000000104ff00000-
0x000000104fffffff] reserved
Dec 23 04:53:10 kernel: [    0.000000] BIOS-e820: [mem 0x0000001050000000-
0x000000204fefffff] usable
Dec 23 04:53:10 kernel: [    0.000000] BIOS-e820: [mem 0x000000204ff00000-
0x000000204fffffff] reserved
Dec 23 04:53:10 kernel: [    0.000000] BIOS-e820: [mem 0x0000002050000000-
0x000000304fefffff] usable
Dec 23 04:53:10 kernel: [    0.000000] BIOS-e820: [mem 0x000000304ff00000-
0x000000304fffffff] reserved
Dec 23 04:53:10 kernel: [    0.000000] BIOS-e820: [mem 0x0000003050000000-
0x000000404f2fffff] usable
Dec 23 04:53:10 kernel: [    0.000000] BIOS-e820: [mem 0x000000404f300000-
0x000000404fffffff] reserved
Dec 23 04:53:10 kernel: [    0.000000] BIOS-e820: [mem 0x0000004050000000-
0x000000504fefffff] usable
Dec 23 04:53:10 kernel: [    0.000000] BIOS-e820: [mem 0x000000504ff00000-
0x000000504fffffff] reserved
Dec 23 04:53:10 kernel: [    0.000000] BIOS-e820: [mem 0x0000005050000000-
0x000000604fefffff] usable
Dec 23 04:53:10 kernel: [    0.000000] BIOS-e820: [mem 0x000000604ff00000-
0x000000604fffffff] reserved
Dec 23 04:53:10 kernel: [    0.000000] BIOS-e820: [mem 0x0000006050000000-
0x000000704fefffff] usable
Dec 23 04:53:10 kernel: [    0.000000] BIOS-e820: [mem 0x000000704ff00000-
0x000000704fffffff] reserved
Dec 23 04:53:10 kernel: [    0.000000] BIOS-e820: [mem 0x0000007050000000-
0x000000804fefffff] usable
```

Dec 23 04:53:10 kernel: [0.000000] BIOS-e820: [mem 0x000000804ff00000-
0x000000804fffffff] reserved
......

在dmesg的输出结果中，输出的最后一列为usable，是实际可用的物理内存地址范围。被标记为reserved的内存不能被分配使用，可能是内存启动时用来保存内核的一些关键数据和代码，也可能没有实际的物理内存映射到这个范围。建议大家也使用dmesg查看自己的Linux对物理内存的探测结果。

5.3 初期memblock内存分配器

内核在启动时通过E820机制获得可用的内存地址范围后，还需要将这些内存都管理起来，以应对后面系统运行时的各种功能的内存申请。内存分配器包括两种。刚启动时采用是初期分配器。这种内存分配器仅仅为了满足系统启动时对内存页的简单管理，管理粒度较粗。另外一种是在系统启动后正常运行时采用的复杂一些但能高效管理4KB粒度页面的伙伴系统，是运行时的主要物理页内存分配器。

在Linux的早期版本中初期分配器采用的是bootmem。但在2010年之后，就慢慢替换成了memblock内存分配器。本书只介绍较新的memblock内存分配器。

5.3.1 memblock内存分配器的创建

内核在通过E820机制检测到可用的内存地址范围后，调用e820__memory_setup函数把检测结果保存到e820_table全局数据结构中。紧接着下一步就是调用e820__memblock_setup函数创建memblock内存分配器。

```
// file:arch/x86/kernel/setup.c
void __init setup_arch(char **cmdline_p)
{
    ......
    // 保存物理内存检测结果
    e820__memory_setup();
    ......
    // memblock内存分配器初始化
    e820__memblock_setup();
}
```

在看创建memblock之前先看看这种内存分配器长什么样子，如图5.2所示。memblock的实现非常简单，就是按照检测到的内存地址范围是usable还是reserved分成两个对象，然后分别用memblock_region数组存起来。

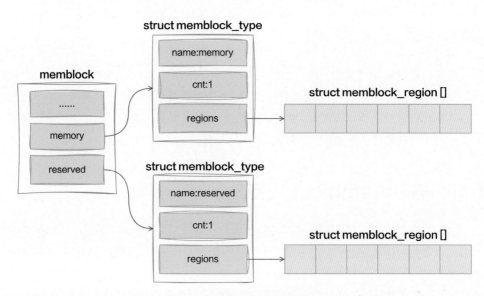

图5.2　memblock内存分配器定义

memblock内存分配器定义相关的源码位于mm/memblock.cw文件中。

```
// file:mm/memblock.c
struct memblock memblock __initdata_memblock = {
    .memory.regions        = memblock_memory_init_regions,
    .memory.cnt            = 1,
    .memory.name           = "memory",

    .reserved.regions = memblock_reserved_init_regions,
    .reserved.cnt          = 1,
    .reserved.name         = "reserved",
    .....
}

#define INIT_MEMBLOCK_REGIONS             128
#define INIT_MEMBLOCK_RESERVED_REGIONS    INIT_MEMBLOCK_REGIONS
#define INIT_MEMBLOCK_MEMORY_REGIONS      INIT_MEMBLOCK_REGIONS

static struct memblock_region memblock_memory_init_regions[INIT_MEMBLOCK_
MEMORY_REGIONS] __initdata_memblock;
static struct memblock_region memblock_reserved_init_regions[INIT_MEMBLOCK_
RESERVED_REGIONS] __initdata_memblock;
```

e820__memblock_setup会根据e820_table创建memblock内存分配器。

```
// file:arch/x86/kernel/e820.c
void __init e820__memblock_setup(void)
```

```
    {
        ......
        for (i = 0; i < e820_table->nr_entries; i++) {
            struct e820_entry *entry = &e820_table->entries[i];
            ......
            if (entry->type == E820_TYPE_SOFT_RESERVED)
                memblock_reserve(entry->addr, entry->size);

            memblock_add(entry->addr, entry->size);
        }

        // 打印memblock创建结果
        memblock_dump_all();
    }
```

创建过程是遍历e820 table中的每一段内存区域。如果是预留内存就调用memblock_reserve 添加到 reserved 成员中，也就是预留内存列表。添加过程会修改 reserved中的区域数量cnt，然后再设置regions中的一个元素。如果是可用内存就调用 memblock_add 添加到 memory 成员中，也就是可用内存列表，添加过程同上。

在memblock创建完成后，紧接着还调用 memblock_dump_all() 进行了一次打印输出。这个输出信息对于观察memblock的创建过程非常有帮助。Linux内核会把启动时的各种日志信息记录下来，后面可以使用dmsg命令来查看。不过memblock_dump_all输出的信息需要在Linux启动参数中添加memblock=debug并重启才可以。

我的修改方式是编辑/boot/grub/grub.cfg文件找到启动参数行，在最后添加"memblock=debug"（不同的发行版的修改方式可能会有一些出入）。

```
# vi /boot/grub/grub.cfg
......
linux    /boot/vmlinuz-5.4.143.bsk.8-amd64 ...... memblock=debug
```

重启后通过查看/proc/cmdline输出中是否包含"memblock=debug"，来确认开启是否生效。

```
# cat /proc/cmdline
BOOT_IMAGE=/boot/vmlinuz-5.4.143.bsk.8-amd64 ...... memblock=debug
```

然后就可以通过dmseg看到Linux启动时memblock内存分配器输出的日志信息了。

```
# dmseg
......
[    0.010238] MEMBLOCK configuration:
[    0.010239]  memory size = 0x00000003fff78c00 reserved size =
0x0000000003c6d144
[    0.010240]  memory.cnt  = 0x3
[    0.010241]  memory[0x0]   [0x0000000000001000-0x000000000009efff],
```

```
0x000000000009e000 bytes flags: 0x0
[    0.010243]  memory[0x1]  [0x0000000000100000-0x00000000bffd9fff],
0x00000000bfeda000 bytes flags: 0x0
[    0.010244]  memory[0x2]  [0x0000000100000000-0x000000043fffffff],
0x0000000340000000 bytes flags: 0x0
[    0.010245]  reserved.cnt  = 0x4
[    0.010246]  reserved[0x0] [0x0000000000000000-0x0000000000000fff],
0x0000000000001000 bytes flags: 0x0
[    0.010247]  reserved[0x1] [0x00000000000f5a40-0x00000000000f5b83],
0x0000000000000144 bytes flags: 0x0
[    0.010248]  reserved[0x2] [0x0000000001000000-0x000000000340cfff],
0x000000000240d000 bytes flags: 0x0
[    0.010249]  reserved[0x3] [0x0000000034f31000-0x000000003678ffff],
0x000000000185f000 bytes flags: 0x0
......
```

5.3.2 向memblock分配器申请内存

内核在启动时在伙伴系统创建之前，所有的内存都是通过memblock内存分配器来分配的。比较重要的两个使用的场景是crash kernel内存申请和页管理初始化。

5.3.2.1 crash kernel内存申请

内核为了在崩溃时能记录崩溃的现场，方便以后排查分析，设计实现了一套kdump机制。kdump机制在服务器上启动了两个内核，第一个是正常使用的内核，第二个是崩溃发生时的应急内核。有了kdump机制，发生系统崩溃的时候kdump使用kexec启动到第二个内核中运行。这样第一个内核中的内存就得以保留下来。然后可以把崩溃时的所有运行状态都收集到dump core中。

本书不对kdump机制过多展开，要记住的重点是这套机制需要额外的内存才能工作。通过reserve_crashkernel_low和reserve_crashkernel两个函数向memblock内存分配器申请内存。

```
// file:arch/x86/kernel/setup.c
static int __init reserve_crashkernel_low(void)
{
    ......
    // 申请内存
    low_base = memblock_phys_alloc_range(low_size, CRASH_ALIGN, 0, CRASH_
ADDR_LOW_MAX);
    pr_info("Reserving %ldMB of low memory at %ldMB for crashkernel (low RAM
limit: %ldMB)\n",
        (unsigned long)(low_size >> 20),
        (unsigned long)(low_base >> 20),
        (unsigned long)(low_mem_limit >> 20));
    ......
}
```

```
static void __init reserve_crashkernel(void)
{
    ......
    // 申请内存
    low_base= memblock_phys_alloc_range(low_size, CRASH_ALIGN, 0, CRASH_ADDR_
LOW_MAX);
    pr_info("Reserving %ldMB of memory at %ldMB for crashkernel (System RAM:
%ldMB)\n",
        (unsigned long)(crash_size >> 20),
        (unsigned long)(crash_base >> 20),
        (unsigned long)(total_mem >> 20));
}
```

这两个内存都在申请完内存后把信息通过日志的方式打印出来了，在dmesg的输出中可以看到。

```
......
[    0.010832] Reserving 128MB of low memory at 2928MB for crashkernel (System
low RAM: 3071MB)
[    0.010835] Reserving 128MB of memory at 17264MB for crashkernel (System
RAM: 16383MB)
```

在我的这台虚拟机中，总共为crash kernel预留了两个128MB，共256MB的内存。这些内存会一直被占用，我们自己的用户程序无法使用。

5.3.2.2　页管理初始化

将来Linux的伙伴系统是按页的方式来管理所有的物理内存的，页的大小是4KB。每一个页都需要使用一个struct page对象来表示。这个对象也是需要消耗内存的。在不同的版本中，struct page的大小不一样，一般是64字节。

```
//file:include/linux/mm_types.h
struct page {
    unsigned long flags;
    ......
}
```

页管理机制具体的初始化函数是paging_init，具体的执行路径是start_kernel -> setup_arch -> x86_init.paging.pagetable_init -> paging_init。在paging_init 这个函数中为所有的页面都申请了一个struct page对象。将来通过这个对象来对页面进行管理。

```
start_kernel
-> setup_arch
---> e820__memory_setup      // 内核把物理内存检测从boot_params.e820_table保存
                                到e820_table中，并打印出来
---> e820__memblock_setup     // 根据e820信息构建memblock内存分配器，开启调试和打印
```

```
---> x86_init.paging.pagetable_init（native_pagetable_init）
-----> paging_init          // 页管理机制的初始化
-> mm_init
---> mem_init
-----> memblock_free_all      // 向伙伴系统移交控制权
```

内存页管理模型也经过了几代的变化，在最早的时候，采用的是FLAT模型，中间还经历了DISCONTIG模型，现在都默认采用SPARSEMEM模型。SPARSEMEM模型在内存中就是一个二维数组。

```
// file:mm/sparse.c
#ifdef CONFIG_SPARSEMEM_EXTREME
struct mem_section **mem_section;
#else
struct mem_section mem_section[NR_SECTION_ROOTS][SECTIONS_PER_ROOT]
    ____cacheline_internodealigned_in_smp;
#endif
EXPORT_SYMBOL(mem_section);
```

在这个二维数组中，通过层层包装，最后包含的最小单元就是表示内存的struct page对象，如图5.3所示。

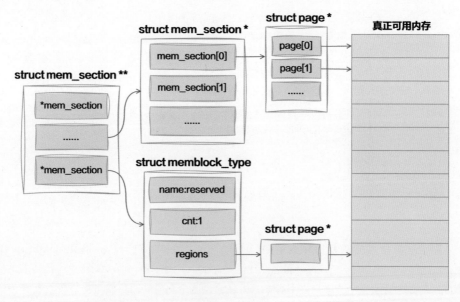

图5.3　页管理

假设struct page结构体大小是64B（字节）。那么平均每4KB就需要额外消耗64字节内存用来存储这个对象。64/4096约等于1.56%，那么管理16GB的内存大约需要(16×1024 MB)×1.56%，约256MB的内存。

相信看到这里，你就能理解为什么通过free -m命令看到的内存少了。Linux并不会把全部物理内存都给我们使用。Linux为了维护自身的运行，会需要消耗一些内存。本节介绍了kdump机制对内存的消耗，也介绍了内存的页管理机制对内存的占用。但实际上还有一些其他的消耗，例如NUMA机制中的node、zone的管理等也都需要内存。所以如果你通过free -m命令查看到的可用内存比实际的物理内存小，丝毫不用感到奇怪。

5.4　NUMA信息感知

本节我们来深入了解NUMA的原理。在硬件上为什么会存在NUMA，Linux操作系统又是如何识别NUMA信息，来将CPU和内存进行分组划分node的呢？

5.4.1　非一致性内存访问原因

NUMA的全称是Non-uniform memory access，是非一致性内存访问的意思。看过硬件结构就能更好地理解它的含义了。服务器CPU和个人电脑CPU的一个很大区别就是扩展性。在一台服务器的内部是支持插2/4/8等多CPU的。每个CPU都可以连接几条内存。两个CPU之间如果想要访问对方连接的内存条，中间就要跨过UPI总线。

图5.4是一台服务器的实际内部图片。中间两个银色长方形的东西是罩着散热片的CPU，每个CPU旁边都有一些内存插槽，支持插入多条内存。

图5.4　服务器内部的CPU与内存

CPU扩展性的设计极大地提升了服务器上的CPU核数与内存容量。但同时也带来了另外一个问题，那就是CPU物理核在访问不同的内存条的延迟是不同的。这就是非一致性内存访问的含义。

> ★注意　其实不仅仅是跨CPU访问存在延时差异，在同一个CPU的不同核上，由于Mesh架构及存在两个内存控制器的原因，物理核访问不同的内存控制器上的内存条也会有差异。只不过这个差异没有跨CPU差异大。

5.4.2　Linux获取NUMA信息

Linux操作系统需要感知到硬件的NUMA信息。这个获取过程大概分成两步，第一步是内核识别内存所属节点，第二步把NUMA信息关联到自己的memblock初期内存分配器。

5.4.2.1　内核识别内存所属节点

本章前面提到过，在计算机的体系结构中，除了操作系统和硬件，其实中间还存在着一层固件（firmware），它的接口规范是ACPI。在ACPI的6.5接口规范第17章中描述了NUMA相关的内容。在ACPI中定义了两个表，分别是：

- SRAT（System Resource Affinity Table），在这个表中表示的是CPU核和内存的关系图。包括有几个node，每个node里面有哪几个CPU逻辑核，有哪些内存。
- SLIT（System Locality Information Table），在这个表中记录的是各个节点之间的距离。

有了这个规范，CPU读取这两个表就可以获得NUMA系统的CPU和物理内存分布信息。操作系统在启动的时候会执行setup_arch函数，会在这个函数中发起NUMA信息初始化。

```
// file:arch/x86/kernel/setup.c
void __init setup_arch(char **cmdline_p)
{
    ......
    // 保存物理内存检测结果
    e820__memory_setup();

    // memblock内存分配器初始化
    e820__memblock_setup();

    //内存初始化（包括NUMA机制初始化）
    initmem_init();
}
```

在initmem_init中，依次调用了x86_numa_init、numa_init、x86_acpi_numa_init，最后执行到acpi_numa_init函数读取ACPI中的SRAT表，获取各个node中的CPU逻辑核、内存的分布信息。

```
// file:drivers/acpi/numa/srat.c
int __init acpi_numa_init(void)
{
    ......
    // 解析SRAT表中的NUMA信息
```

```
// 具体包括：CPU_AFFINITY、MEMORY_AFFINITY等
if (!acpi_table_parse(ACPI_SIG_SRAT, acpi_parse_srat)) {
    ......
}
......
}
```

在读取并解析完SRAT表后，Linux操作系统就知道内存和node的关系了。NUMA信息最后都保存在numa_meminfo这个数据结构中，这是一个全局的列表，每一项都是(起始地址, 结束地址, 节点编号)的三元组，描述了内存块与NUMA节点的关联关系。

```
// file:arch/x86/mm/numa.c
static struct numa_meminfo numa_meminfo __initdata_or_meminfo;

// file:arch/x86/mm/numa_internal.h
struct numa_meminfo {
    int                     nr_blks;
    struct numa_memblk      blk[NR_NODE_MEMBLKS];
};
```

5.4.2.2　memblock分配器关联NUMA信息

至此内核创建好了memblock内存分配器，也通过固件获得了内存块的节点信息。接着还需要把NUMA信息写到memblock分配器中。

```
// file:arch/x86/mm/numa.c
static int __init numa_init(int (*init_func)(void))
{
    ......
    // 把numa相关的信息保存在numa_meminfo中
    init_func();
    // memblock添加NUMA信息，并为每个node申请对象
    numa_register_memblks(&numa_meminfo);
    ......

    // 用于将各个CPU核与NUMA节点关联
    numa_init_array();
    return 0;
}
```

主要看其中的numa_register_memblks函数执行这一步，在这个函数中共完成了三件事：

- 将每一个memblock region与NUMA节点号关联。
- 为每一个node申请一个表示它的内核对象（pglist_data）。
- 再次打印memblock信息。

下面是这个函数的源码。

```
// file:arch/x86/mm/numa.c
static int __init numa_register_memblks(struct numa_meminfo *mi)
{
    ......
    // 1.将每一个memblock region与NUMA节点号关联
    for (i = 0; i < mi->nr_blks; i++) {
        struct numa_memblk *mb = &mi->blk[i];
        memblock_set_node(mb->start, mb->end - mb->start,
                    &memblock.memory, mb->nid);
    }
    ......
    // 2.为所有可能存在的node申请pglist_data结构体空间
    for_each_node_mask(nid, node_possible_map) {
        ......
        //为nid申请一个pglist_data结构体
        alloc_node_data(nid);
    }

    // 3.打印memblock内存分配器的详细调试信息
    memblock_dump_all();
}
```

这个函数的详细逻辑不过度展开，我们直接来看memblock_dump_all。如果你开启了memblock=debug启动参数，在它执行完后，memblock内存分配器的信息再次被打印出来。

```
# dmsg
......
[    0.010796] MEMBLOCK configuration:
[    0.010797]  memory size = 0x00000003fff78c00 reserved size =
0x0000000003d7bd7e
[    0.010797]  memory.cnt   = 0x4
[    0.010799]  memory[0x0]   [0x0000000000001000-0x000000000009efff],
0x000000000009e000 bytes on node 0 flags: 0x0
[    0.010800]  memory[0x1]   [0x0000000000100000-0x00000000bffd9fff],
0x00000000bfeda000 bytes on node 0 flags: 0x0
[    0.010801]  memory[0x2]   [0x0000000100000000-0x000000023fffffff],
0x0000000140000000 bytes on node 0 flags: 0x0
[    0.010802]  memory[0x3]   [0x0000000240000000-0x000000043fffffff],
0x0000000200000000 bytes on node 1 flags: 0x0
[    0.010803]  reserved.cnt  = 0x7
[    0.010804]  reserved[0x0] [0x0000000000000000-0x00000000000fffff],
0x0000000000100000 bytes on node 0 flags: 0x0
[    0.010806]  reserved[0x1] [0x0000000001000000-0x000000000340cfff],
0x000000000240d000 bytes on node 0 flags: 0x0
[    0.010807]  reserved[0x2] [0x0000000034f31000-0x000000003678ffff],
0x000000000185f000 bytes on node 0 flags: 0x0
```

```
[    0.010808]   reserved[0x3] [0x00000000bffe0000-0x00000000bffe3d7d],
0x0000000000003d7e bytes on node 0 flags: 0x0
[    0.010809]   reserved[0x4] [0x000000023fffb000-0x000000023fffffff],
0x0000000000005000 bytes flags: 0x0
[    0.010810]   reserved[0x5] [0x000000043fff9000-0x000000043fffdfff],
0x0000000000005000 bytes flags: 0x0
[    0.010811]   reserved[0x6] [0x000000043fffe000-0x000000043fffffff],
0x0000000000002000 bytes on node 1 flags: 0x0
```

不过这次不同的是，每一段内存地址范围后面都跟上了node的信息，例如on node 0、on node 1等。

5.5 物理页管理之伙伴系统

前面讲到Linux内核在启动的时候创建了memblock内存分配器。但它只是Linux启动时运行的一个临时的内存分配器，管理内存的颗粒度太大，并不适用于内核运行时小块内存的分配。操作系统在运行时经常需要管理更小颗粒度如4KB的内存，这就需要使用另外一套更复杂但更高效的物理页管理算法——伙伴系统。

5.5.1 伙伴系统相关数据结构

在NUMA初始化的时候，Linux内核会从固件ACPI中读取NUMA信息，其中包括当前系统node的划分。你可以在你的机器上使用numactl命令看到每个node的情况。

```
# numactl --hardware
available: 2 nodes (0-1)
node 0 cpus: 0 1 2 3 4 5 6 7 16 17 18 19 20 21 22 23
node 0 size: 65419 MB
node 1 cpus: 8 9 10 11 12 13 14 15 24 25 26 27 28 29 30 31
node 1 size: 65536 MB
```

内核会为每个node申请一个管理对象。之后会在每个node下创建各个zone，如图5.5所示。

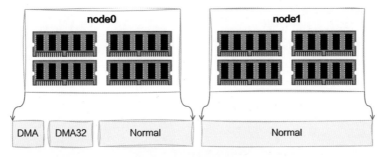

图5.5　内存管理的zone

zone表示内存中的一块范围，有不同的类型：

- **ZONE_DMA**：地址段最低的一块内存区域，支持ISA（Industry Standard Architecture）设备DMA访问。
- **ZONE_DMA32**：该Zone用于支持32位地址总线的DMA设备，只在64位系统里才有效。
- **ZONE_NORMAL**：在X86-64架构下，DMA和DMA32之外的内存全部在NORMAL的Zone里管理。

在32位机时代还有一个ZONE_HIGHMEM，不过到了64位机后，由于寻址空间大幅增加，这个zone就被淘汰了。在每个zone下，都包含了许许多多个Page（页面），在Linux下一个Page的大小一般是4 KB，如图5.6所示。

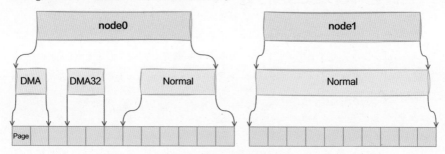

图5.6　内存管理的Page

你可以在你的机器上使用zoneinfo命令查看zone的划分，也可以看到每个zone所管理的页面有多少个。

```
# cat /proc/zoneinfo
Node 0, zone       DMA
    pages free     3973
        managed  3973
Node 0, zone       DMA32
    pages free     390390
        managed  427659
Node 0, zone    Normal
    pages free     15021616
        managed  15990165
Node 1, zone    Normal
    pages free     16012823
        managed  16514393
```

理解了node、zone和页面的关系后，我们再来看它们在内核中定义的数据结构。在Linux操作系统中，所有的node信息是保存在node_data全局数组中的。

```
// file:arch/x86/mm/numa.c
```

```
struct pglist_data *node_data[MAX_NUMNODES]
```

node在内核中的结构体名字叫pglist_data。

```
//file:include/linux/mmzone.h
typedef struct pglist_data {
    struct zone node_zones[MAX_NR_ZONES];

    int node_id;
    ......
}
```

每一个node下会有多个zone，所以在pglist_data结构体内部包含了一个struct zone类型的数组。数组大小是__MAX_NR_ZONES，是zone枚举定义中的最大值。

```
// file:include/linux/mmzone.h
enum zone_type {
    ZONE_DMA,
    ZONE_DMA32,
    ZONE_NORMAL,
    ZONE_HIGHMEM,
    ZONE_MOVABLE,
    __MAX_NR_ZONES
};
```

在每个zone下面的一个数组free_area管理了绝大部分可用的空闲页面。这个数组就是伙伴系统实现的重要数据结构。

```
// file:include/linux/mmzone.h
struct zone {
    ......
    // zone的名称
    const char         *name;

    // 管理zone下面所有页面的伙伴系统
    struct free_area   free_area[MAX_ORDER];
    ......
}
```

在这里可以看到，在内核中其实不是只有一个伙伴系统，而是在每个zone下都会有一个struct free_area定义的伙伴系统。

5.5.2　伙伴系统管理空闲页面

通过cat /proc/zoneinfo可以看到每个zone下面都有如此之多的页面，Linux使用伙伴系统对这些页面进行高效的管理。伙伴系统中的free_area是一个包含11个元素的数组，每一个数组分别代表的是空闲可分配连续 4KB、8KB、16KB……4MB内存链表，如图5.7所示。

```
// file: include/linux/mmzone.h
#define MAX_ORDER 11
struct zone {
    free_area    free_area[MAX_ORDER];
    ......
}
```

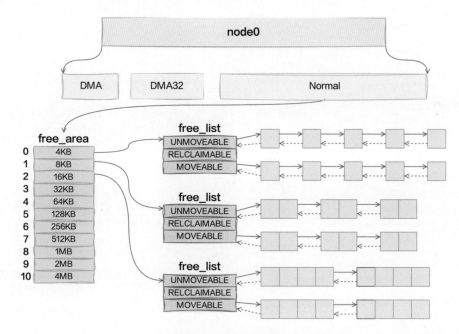

图5.7　空闲页面管理

通过cat /proc/pagetypeinfo可以看到当前系统里伙伴系统各个尺寸的可用连续内存块数量，如图5.8所示。

Free pages count per migrate type at order				0	1	2	3	4	5	6	7	8	9	10
Node	0, zone	DMA, type	Unmovable	1	0	1	0	2	1	1	0	1	0	0
Node	0, zone	DMA, type	Reclaimable	0	0	0	0	0	0	0	0	0	0	0
Node	0, zone	DMA, type	Movable	0	0	0	0	0	0	0	0	0	0	3
Node	0, zone	DMA, type	Reserve	0	0	0	0	0	0	0	0	0	1	0
Node	0, zone	DMA, type	CMA	0	0	0	0	0	0	0	0	0	0	0
Node	0, zone	DMA, type	Isolate	0	0	0	0	0	0	0	0	0	0	0
Node	0, zone	DMA32, type	Unmovable	153	126	44	11	15	18	15	18	13	10	64
Node	0, zone	DMA32, type	Reclaimable	1	0	48	61	67	43	30	10	8	4	1
Node	0, zone	DMA32, type	Movable	250	1478	617	174	100	48	14	3	1	1	280
Node	0, zone	DMA32, type	Reserve	0	0	0	0	0	0	0	0	0	0	1
Node	0, zone	DMA32, type	CMA	0	0	0	0	0	0	0	0	0	0	0
Node	0, zone	DMA32, type	Isolate	0	0	0	0	0	0	0	0	0	0	0
Node	0, zone	Normal, type	Unmovable	688	193	563	772	673	549	474	434	377	305	1459
Node	0, zone	Normal, type	Reclaimable	592	869	1499	926	981	674	455	281	165	80	20
Node	0, zone	Normal, type	Movable	0	24481	12880	3555	1378	950	385	131	76	51	12352
Node	0, zone	Normal, type	Reserve	0	0	0	0	0	0	0	0	0	0	1
Node	0, zone	Normal, type	CMA	0	0	0	0	0	0	0	0	0	0	0
Node	0, zone	Normal, type	Isolate	0	0	0	0	0	0	0	0	0	0	0

图5.8　Linux输出的pagetypeinfo

内核提供分配器函数**alloc_pages**到上面的多个链表中寻找可用连续页面。

struct page * alloc_pages(gfp_t gfp_mask, **unsigned int** order)

当内核或者用户进程需要物理页的时候，就可以调用alloc_pages申请真正的物理内存。alloc_pages从zone的free_area空闲页面链表中寻找合适的内存块返回，如图5.9所示。

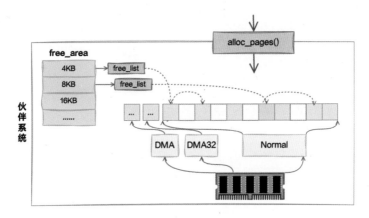

图5.9　alloc_pages实现

举个关于alloc_pages的工作过程的小例子来帮助大家理解，如图5.10所示。假如要申请8KB——连续两个页框的内存。为了描述方便，我们先暂时忽略UNMOVEABLE、RELCLAIMABLE等不同类型。

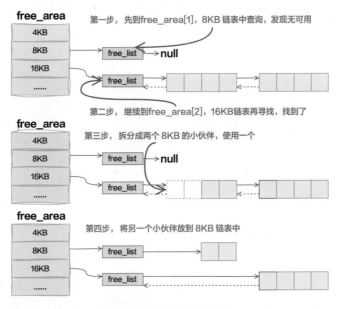

图5.10　伙伴系统工作过程

　　第一步，先到free_area[1]中申请，因为这个链表正好管理的就是8KB的连续内存块。但不巧的是这个链表中是空的，表示无内存可用。那接着就会到更大的空闲内存链表free_area[2]中去查找。这时候发现终于有内存了。就会从链表中拿一个16KB的空闲内存块下来。由于要申请的只是8KB的内存，把这个16KB内存块全部返回太浪费了，所以这里会涉及一次切割，把16KB切成两个8KB的内存块。其中一个返回给用户，另外一个放到专门管理8KB空闲页的free_area[1]中管理起来。

　　所以在基于伙伴系统的内存分配中，有可能需要将大块内存拆分成两个小伙伴。在内存释放中，也可能会将两个小伙伴合并再次组成更大块的连续内存。通过这种方式灵活地应对各种不同大小内存块的申请。就这样，内核通过伙伴系统将物理页高效地管理起来，并通过alloc_page函数对内核其他模块提供物理页分配功能。

5.5.3　memblock向伙伴系统交接物理内存

　　内核在启动时经过内存检测、memblock内存分配器构建、页管理机制初始化等步骤后，创建了伙伴系统所需要使用的pglist_data、zone等对象。之后再在mm_init -> mem_init -> memblock_free_all中，memblock开启了它给伙伴系统交接内存的交接仪式。

```
start_kernel
-> setup_arch
---> e820__memory_setup    // 内核把物理内存检测保存从boot_params.e820_table转移
                           // 到e820_table中，并打印出来
---> e820__memblock_setup  // 根据e820信息构建memblock内存分配器，开启调试并能打印
---> x86_init.paging.pagetable_init（native_pagetable_init）
-----> paging_init         // 页管理机制的初始化
- >mm_init
---> mem_init
-----> memblock_free_all   // 向伙伴系统移交控制权
```

　　我们来看下内存的交接过程。

```
// file:mm/memblock.c
void __init memblock_free_all(void)
{
    unsigned long pages;
    ......
    pages= free_low_memory_core_early();
    totalram_pages_add(pages);
}
```

　　具体的释放是在free_low_memory_core_early中进行的。值得注意的是，memblock是把reserved和可用内存分开交接的。这样保证reserved内存即使交接给了伙伴系统，伙伴系统也不会把它分配出去给用户程序使用。

```
// file:mm/memblock.c
```

```
static unsigned long __init free_low_memory_core_early(void)
{
    // reserve内存交接
    memmap_init_reserved_pages();

    // 可用内存交接
    for_each_free_mem_range(i, NUMA_NO_NODE, MEMBLOCK_NONE, &start, &end,
            NULL)
        count+= __free_memory_core(start, end);
    ...
}
```

其中可用内存部分通过for_each_free_mem_range来遍历，然后调用__free_memory_core进行释放。接着依次调用__free_pages_memory、memblock_free_pages、__free_pages_core、__free_pages_ok、__free_one_page后将页面放到zone的free_area数组中对应的位置上。

5.6　本章总结

在本章中，我们介绍了内核是如何获得可用内存地址范围、内核初期memblock内存分配器的创建、内存NUMA信息的读取及物理页管理之伙伴系统。本章相关的核心函数如下。

```
start_kernel
-> setup_arch
---> e820__memory_setup      // 内核把物理内存检测保存从boot_params.e820_table转移
                             // 到e820_table中，并打印出来
---> e820__memblock_setup   // 根据e820信息构建memblock内存分配器，开启调试并能打印
---> x86_init.paging.pagetable_init（native_pagetable_init）
----->  paging_init          // 页管理机制的初始化
-> mm_init
---> mem_init
-----> memblock_free_all    // 向伙伴系统移交控制权
```

在Linux操作系统刚启动的时候，操作系统通过e820读取到内存的布局，并将它打印到日志中。

```
[    0.000000] BIOS-provided physical RAM map:
[    0.000000] BIOS-e820: [mem 0x0000000000000000-0x000000000009fbff] usable
[    0.000000] BIOS-e820: [mem 0x000000000009fc00-0x000000000009ffff] reserved
[    0.000000] BIOS-e820: [mem 0x00000000000f0000-0x00000000000fffff] reserved
[    0.000000] BIOS-e820: [mem 0x0000000000100000-0x00000000bffd9fff] usable
[    0.000000] BIOS-e820: [mem 0x00000000bffda000-0x00000000bfffffff] reserved
[    0.000000] BIOS-e820: [mem 0x00000000feff4000-0x00000000feffffff] reserved
[    0.000000] BIOS-e820: [mem 0x00000000fffc0000-0x00000000ffffffff] reserved
```

```
[    0.000000] BIOS-e820: [mem 0x0000000100000000-0x000000043fffffff] usable
```

接着内核创建了memblock内存分配器进行系统启动时的内存管理。如果开启了memblock=debug启动参数，同样能把它打印出来。

```
[    0.010238] MEMBLOCK configuration:
[    0.010239]  memory size = 0x00000003fff78c00 reserved size =
0x0000000003c6d144
[    0.010240]  memory.cnt  = 0x3
[    0.010241]  memory[0x0] [0x0000000000001000-0x000000000009efff],
0x000000000009e000 bytes flags: 0x0
[    0.010243]  memory[0x1] [0x0000000000100000-0x00000000bffd9fff],
0x00000000bfeda000 bytes flags: 0x0
[    0.010244]  memory[0x2] [0x0000000100000000-0x000000043fffffff],
0x0000000340000000 bytes flags: 0x0
[    0.010245]  reserved.cnt = 0x4
[    0.010246]  reserved[0x0] [0x0000000000000000-0x0000000000000fff],
0x0000000000001000 bytes flags: 0x0
[    0.010247]  reserved[0x1] [0x00000000000f5a40-0x00000000000f5b83],
0x0000000000000144 bytes flags: 0x0
[    0.010248]  reserved[0x2] [0x0000000001000000-0x000000000340cfff],
0x000000000240d000 bytes flags: 0x0
[    0.010249]  reserved[0x3] [0x0000000034f31000-0x000000003678ffff],
0x000000000185f000 bytes flags: 0x0
```

不过到这里，Linux操作系统还不知道内存的NUMA信息。它接着通过ACPI接口读取固件中的SRAT表，将NUMA信息保存到numa_meminfo数组。从此，Linux就知道了硬件上的NUMA信息，并对memblock内存分配器也设置了node信息。并再次将其打印出来。这次memblock的每一个region中就都携带了node信息。

```
[    0.010796] MEMBLOCK configuration:
[    0.010797]  memory size = 0x00000003fff78c00 reserved size =
0x0000000003d7bd7e
[    0.010797]  memory.cnt  = 0x4
[    0.010799]  memory[0x0] [0x0000000000001000-0x000000000009efff],
0x000000000009e000 bytes on node 0 flags: 0x0
[    0.010800]  memory[0x1] [0x0000000000100000-0x00000000bffd9fff],
0x00000000bfeda000 bytes on node 0 flags: 0x0
[    0.010801]  memory[0x2] [0x0000000100000000-0x000000023fffffff],
0x0000000140000000 bytes on node 0 flags: 0x0
[    0.010802]  memory[0x3] [0x0000000240000000-0x000000043fffffff],
0x0000000200000000 bytes on node 1 flags: 0x0
[    0.010803]  reserved.cnt  = 0x7
[    0.010804]  reserved[0x0] [0x0000000000000000-0x00000000000fffff],
0x0000000000100000 bytes on node 0 flags: 0x0
[    0.010806]  reserved[0x1] [0x0000000001000000-0x000000000340cfff],
0x000000000240d000 bytes on node 0 flags: 0x0
```

```
[    0.010807]  reserved[0x2] [0x0000000034f31000-0x000000003678ffff],
0x000000000185f000 bytes on node 0 flags: 0x0
[    0.010808]  reserved[0x3] [0x00000000bffe0000-0x00000000bffe3d7d],
0x0000000000003d7e bytes on node 0 flags: 0x0
[    0.010809]  reserved[0x4] [0x000000023fffb000-0x000000023fffffff],
0x0000000000005000 bytes flags: 0x0
[    0.010810]  reserved[0x5] [0x000000043fff9000-0x000000043fffdfff],
0x0000000000005000 bytes flags: 0x0
[    0.010811]  reserved[0x6] [0x000000043fffe000-0x000000043fffffff],
0x0000000000002000 bytes on node 1 flags: 0x0
```

接着内核会根据NUMA信息创建node、zone等相关的对象。在每一个zone中都使用一个伙伴系统来管理所有的空闲物理页。之后再在mm_init -> mem_init -> memblock_free_all中，memblock开启了它给伙伴系统交接内存的交接仪式。

我们再回头来看本章开篇提到的几个问题。

1）内核是通过什么手段来识别可用内存硬件范围的？

在计算机的体系结构中，除了操作系统和硬件外，中间还存在着一层固件（firmware）。起着在硬件和操作系统中间承上启下的作用。它对外提供的接口规范是高级配置和电源接口（ACPI，Advanced Configuration and Power Interface）。在ACPI规范中定义了探测可用内存范围的E820机制。操作系统在刚开始的时候，对内存的可用地址范围、NUMA分组信息都一无所知，会在启动时的detect_memory_e820函数中调用ACPI规范中定义的接口，以获取到可用的物理内存地址范围。这个探测结果可以使用dmsg命令输出的日志来查看。

2）内核管理物理内存都使用了哪些技术手段？

物理内存管理是内核非常重要的核心模块，主要包括memblock初期分配器、伙伴系统和SLAB分配器等三种技术手段。

在Linux内核启动初期使用memblock初期内存分配器对探测到的可用内存地址范围进行管理。这种内存分配器仅仅为了满足系统启动期间对内存页的简单管理，管理粒度较粗。

在系统启动后正常运行时采用的复杂一些但能高效管理4KB粒度页面的伙伴系统，是运行时的主要物理页内存分配器，对外通过alloc_pages作为申请内存的接口。伙伴系统实现了11个空闲内存块链表，分别是4KB、8KB……4MB。当内核需要申请内存的时候，伙伴系统会在自己数据结构中合适的空闲链表里快速找到可用的内存。

但即使伙伴系统管理粒度比memblock内存分配器高很多，但最小粒度4KB对于可能频繁使用各种几十字节小对象的内核程序来说还是太大了。为了更高效地管理各种不同尺寸的内核对象的内存分配和释放，内核还在伙伴系统的基础上建了一个SLAB内存分配器。该分配器只用于内存，不对用户程序开放。

3）为什么free -m命令展示的总内存比dmidecode中输出的要少，少了的这些内存跑哪里去了？

Linux并不会把全部的物理内存都提供给我们使用。Linux为了维护自身的运行，会需要消耗一些内存。本章介绍了kdump机制对内存的消耗，也介绍了内存的页管理机制对内存的占用。但实际上还有一些其他消耗，例如NUMA机制中的node、zone的管理等也都需要内存。

另外，在本章中也给大家介绍了memblock内存分配器。内核在启动检测到内存的地址布局后，会用这个布局来初始化memblock内存分配器。后面内核的kdump机制、页管理机制、NUMA初始化等在需要使用内存的时候，都是向memblock分配器来申请内存的。其中kdump机制大约需要几百MB，页管理机制中struct page的开销大约也需要总内存的大约1.5%左右。

如果你通过free -m命令查看到的可用内存比实际的物理内存小，丝毫不用感到奇怪。

4）内核是怎么知道某个内存地址范围属于哪个NUMA节点的呢？

同样还是需要依赖高级配置和电源接口这个ACPI规范。在这个接口规范中的第17章描述了NUMA相关的内容。在ACPI中定义了两个表，分别是：

- SRAT（System Resource Affinity Table），在这个表中表示的是CPU核和内存的关系图。包括有几个node，每个node里面有哪几个CPU逻辑核，有哪些内存。
- SLIT（System Locality Information Table），在这个表中记录的是各个节点之间的距离。

有了这个规范，CPU读取这两个表就可以获得NUMA系统的CPU及物理内存分布信息。

最后再扩展一点，NUMA特性对性能的影响是比较大的。在不少公司中，对运行的服务进行了NUMA绑定。但也有不同的声音，认为NUMA可能在全局内存并未用尽的情况下会出现内存分配错误，导致系统抖动。

第6章

进程如何使用内存

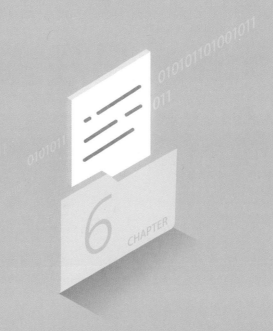

在进程的运行过程中离不开对内存的分配和使用。进程在启动过程中对代码段、数据段的加载、栈的初始化都涉及对内存的申请和使用。另外，程序运行过程中在堆中申请的各种变量也都依赖内存的分配。所以内存是进程的核心资源。

正因为内存如此重要，所以本章将深入讲解进程所使用的内存的底层工作原理。同样，开篇我们还是以几个问题引入：

　　1）申请内存得到的真的是物理内存吗？

　　2）对虚拟内存的申请如何转化为对物理内存的访问？

　　3）top命令输出进程的内存指标中VIRT和RES分别是什么含义？

　　4）栈的大小限制是多少？这个限制可以调整吗？

　　5）当栈发生溢出后应用程序会发生什么？

　　6）进程栈和线程栈是相同的东西吗？

　　7）你知道malloc大致是如何工作的吗？

在学习完本章内容后，相信你会对以上问题有更深入的理解。好了，让我们开始吧！

6.1　虚拟内存和物理页

在内存的使用中，一个非常重要的概念就是虚拟内存和物理内存的关系，理解清楚这二者的联系与区别非常重要。因此我把它作为本章的第一节。首先介绍虚拟内存的管理，再介绍它是如何和物理内存联系起来的。

6.1.1　虚拟地址空间

虚拟内存的管理是以进程为单位的，每个进程都有一个虚拟地址空间。在实现上，每个进程的task_struct都有一个核心对象——mm_struct类型的mm。它代表的就是进程的虚拟地址空间。

```
// file:include/linux/sched.h
struct task_struct {
  ......
  struct mm_struct              *mm;
}
```

在这个虚拟地址空间中，每一段已经分配出去的地址范围都是用一个个虚拟内存区域VMA（Virtual Memory Area）来表示的，在内核中对应的结构体是vm_area_struct。

```
// file:include/linux/mm_types.h
struct vm_area_struct {
    unsigned long vm_start;
    unsigned long vm_end;
```

```
      ......
}
```

vm_start和vm_end表示启用的虚拟地址范围的开始和结束，如图6.1所示。

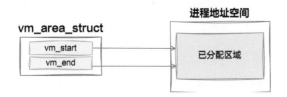

图6.1　内核vm_area_struct的定义

当进程运行一段时间后，可能会分配出去许多段地址范围。那就会存在许多vm_area_struct对象，如图6.2所示。

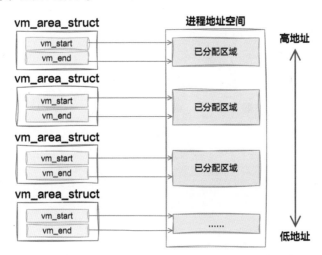

图6.2　进程运行一段时间后的vm_area_struct分配

许多个vm_area_struct对象各自所指明的已分配出去的地址范围，加起来就是对整个虚拟地址空间的占用情况。当然，内核会保证各个vm_area_struct对象之间的地址范围不存在交叉的情况。

进程运行过程中不断地分配和释放vm_area_struct，运行一段时间后就会有很多的vm_area_struct对象。而且在内存访问的过程中，也需要经常查找虚拟地址和某个vm_area_struct的对应关系。所以所有的vm_area_struct对象都需要使用合适的数据结构高效管理起来，这样才能做到高性能地遍历或查询。

在Linux 6.1版本之前，一直使用的是红黑树数据结构管理vm_area_struct对象，以便支持高效的查询。虽然使用红黑树查询、插入、删除可能做到$O(\log(n))$的复杂度，效率比较高，但是遍历性能却能比较低。所以除了红黑树，还额外使用了双向链表，专门用来加速遍历过程。

```
// file:linux-5.4.56:include/linux/mm_types.h
struct mm_struct {
  ......
  // 双向链表
  struct vm_area_struct *mmap;
  // 红黑树
  struct rb_root mm_rb;
  // 锁
  struct rw_semaphore mmap_sem;
}
```

　　平时我们思考某种应用场景，往往想的是采用哪一种数据结构更合适，在一种数据结构的死胡同里钻来钻去。确实，如果任何一种数据结构都不能满足所有需求，同时采用两种数据结构来管理也是一个很好的选择。

　　其中列表和红黑树中的元素都指向的是vm_area_struct对象。所有的vm_area_struct通过红黑树有序地组织了起来，如图6.3所示。

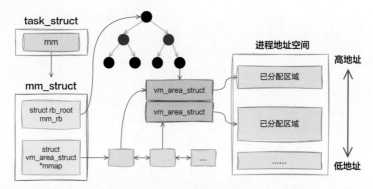

图6.3　红黑树管理vm_area_struct

　　这种红黑树+双向链表的搭配提供了不错的性能，一直沿用了非常长的时间。但它仍然存在缺陷。最明显的缺陷是随着近些年服务器上的核数越来越多，应用程序的线程也越来越多，多线程情况下锁争抢的问题开始浮现出来。2019年的LFSMM（Linux Storage, Filesystem, and Memory-Management Summit）峰会上多次讨论了这个问题。需要加锁的原因是，红黑树由于需要平衡操作，可能会影响多个红黑树的节点。还有就是修改需要同步到双向链表。因为这两个原因，基于红黑树+双向链表的数据结构就必须加锁。前面在mm_struct的源码下的mmap_sem就是锁定义。

　　所以在Linux 6.1版本里，对VMA的管理被替换成了mapple tree。这种数据结构一开始就是按照无锁的方式来设计的，使用Linux中的线程安全——read-copy-update（RCU）无锁编程方式实现。这样做降低了锁的开销。

```
// file:include/linux/mm_types.h
struct mm_struct {
  struct {
      struct maple_tree mm_mt;
        ......
  }
}
// file:include/linux/maple_tree.h
struct maple_tree {
  ......
  void __rcu        *ma_root;
    unsigned int     ma_flags;
}
```

6.1.2 缺页中断

当在用户进程中申请内存的时候，其实申请到的只是一个vm_area_struct，仅仅是一段地址范围。并不会立即分配物理内存，具体的分配要等到实际访问的时候。当进程在运行的过程中在栈上开始分配和访问变量的时候，如果物理页还没有分配，会触发缺页中断。在缺页中断中来真正地分配物理内存。

为了避免篇幅过长，触发缺页中断的过程就先不展开了。我们直接看一下用户态内存缺页中断的核心处理入口do_user_addr_fault，它位于arch/x86/mm/fault.c文件中。

```
// file:arch/x86/mm/fault.c
static inline void do_user_addr_fault(..., unsigned long address)
{
    ......
    // 根据新的address查找对应的vma
    vma= find_vma(mm, address);
  ......
good_area:
    // 调用handle_mm_fault来完成真正的内存申请
    fault= handle_mm_fault(mm, vma, address, flags);
}
```

凡是用户地址空间的地址，都调用do_user_addr_fault进行缺页中断的处理。在这个函数中调用find_vma根据变量地址address，通过遍历管理所有vm_area_struct的双向链表，找到其所在的vma对象，如图6.4所示。

在Linux 6.1以前的版本中，find_vma是通过遍历VMA双向链表来实现的。

```
// file:linux-5.4.56:mm/nommu.c
struct vm_area_struct *find_vma(struct mm_struct *mm, unsigned long addr)
{
  // 缓存查找逻辑
  ......
```

```
// 没有缓存就遍历双向链表
for (vma = mm->mmap; vma; vma = vma->vm_next) {
    if (vma->vm_start > addr)
        return NULL;
    if (vma->vm_end > addr) {
        vmacache_update(addr, vma);
        return vma;
    }
}
return NULL;
}
```

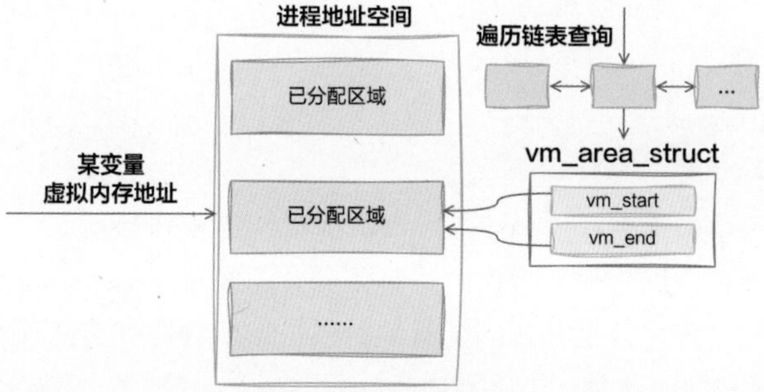

图6.4　vma对象查找

在Linux 6.1版本中，因为管理VMA的数据结构由红黑树＋双向链表替换成了maple tree，所以find_vma也就在maple tree的查找函数mas_walk中查询了。

```
// file:mm/nommu.c
struct vm_area_struct *find_vma(struct mm_struct *mm, unsigned long addr)
{
  MA_STATE(mas, &mm->mm_mt, addr, addr);
    return mas_walk(&mas);
}
```

其中MA_STATE宏的作用是构造一个查找用的参数对象，把要用的maple tree的地址，还有要查找的地址都放到一个变量里，然后把构造出来的参数对象传递到mas_walk函数中进行真正的查询。

```
// file:include/linux/maple_tree.h
#define MA_STATE(name, mt, first, end)                    \
    struct ma_state name = {                              \
        .tree = mt,                                       \
        .index = first,                                   \
        .last = end,                                      \
        .node = MAS_START,                                \
        .min = 0,                                         \
        .max = ULONG_MAX,                                 \
        .alloc = NULL,                                    \
```

```
    }
```

```
// file:lib/maple_tree.c
void *mas_walk(struct ma_state *mas)
{
retry:
    entry= mas_state_walk(mas);
  ......
  return entry;
}
```

　　找到正确的vma（要访问的变量地址address处于其vm_start和vm_end之间）后，缺页中断函数do_user_addr_fault会依次调用handle_mm_fault -> __handle_mm_fault来**完成真正的物理内存申请**。

```
// file:include/linux/mm.h
struct vm_fault {
  const struct {
      struct vm_area_struct *vma;   // 缺页VMA
      unsigned long address;              // 缺页地址
    ......
    };
  pud_t *pud; // 二级页表项
  pmd_t *pmd; // 三级页表项
  pte_t *pte; // 四级页表项
  ......
}
// file:mm/memory.c
static vm_fault_t __handle_mm_fault(struct vm_area_struct *vma,
      unsigned long address, unsigned int flags)
{
  struct vm_fault vmf = {
      .vma = vma,
      .address = address & PAGE_MASK,
      .real_address = address,
    ......
    };
    ......

    // 依次查看或申请每一级页表项
    pgd= pgd_offset(mm, address);
    p4d= p4d_alloc(mm, pgd, address);
  vmf.pud = pud_alloc(mm, p4d, address);
  ......
  vmf.pmd = pmd_alloc(mm, vmf.pud, address);
  ......

    return handle_pte_fault(&vmf);
}
```

在__handle_mm_fault函数中，又将各种参数都统一整合到了一个参数对象vm_fault中，包括发生缺页的内存地址address，也包括中间的各级页表项。

> ★ 注意
>
> 随着Linux源码越来越复杂，新版本函数中需要的参数也越来越多。但是函数的参数列表过长非常影响源码的可理解性，是一种代码的"坏味道"。这在《重构：改善既有代码的设计》一书中有介绍。所以在Linux 6.1版本中，很多函数都把比较长的参数列表以一个参数对象的形式整合起来，这样代码看起来更清晰、容易理解。

Linux是用四级页表来管理虚拟地址空间到物理内存之间的映射的，所以在实际申请物理页面之前，需要先检查一遍需要的各级页表是否存在，不存在的话需要申请。

为了便于区分，Linux给每一级页表都起了一个名字：

- **一级页表**：Page Global Dir，简称PGD。
- **二级页表**：Page Upper Dir，简称PUD。
- **三级页表**：Page Mid Dir，简称PMD。
- **四级页表**：Page Table Entry，简称PTE。

看一下图6.5就比较好理解了。

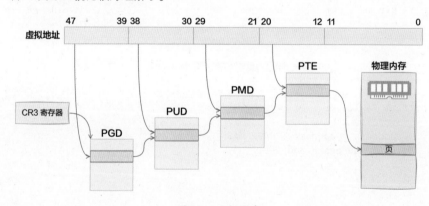

图6.5　四级页表

在检查或申请好所需要的各级页表项后，进入do_anonymous_page函数进行处理。

```c
// file:mm/memory.c
static vm_fault_t handle_pte_fault(struct vm_fault *vmf)
{
    vmf->pte = pte_offset_map(vmf->pmd, vmf->address);
    ......

    // 匿名映射页处理
```

```
    return do_anonymous_page(vmf);
  // 其他处理
  ......
}
```

在handle_pte_fault函数中会进行很多种内存缺页处理，比如文件映射缺页处理、swap缺页处理、写时复制缺页处理、匿名映射页处理等。开发者申请的变量内存对应的是匿名映射页处理，会进入do_anonymous_page 函数。

```
// file:mm/memory.c
static vm_fault_t do_anonymous_page(struct vm_fault *vmf)
{
  ......
    // 分配可移动的匿名页面，底层通过alloc_page支持
    page= alloc_zeroed_user_highpage_movable(vma, vmf->address);
    ......
}
```

在do_anonymous_page函数中调用alloc_zeroed_user_highpage_movable分配一个可移动的匿名物理页。在底层会调用伙伴系统的alloc_pages 进行实际物理页面的分配。

内核是用伙伴系统来管理所有的物理内存页的。其他模块需要物理页的时候都会调用伙伴系统对外提供的函数来申请物理内存，如图6.6所示。

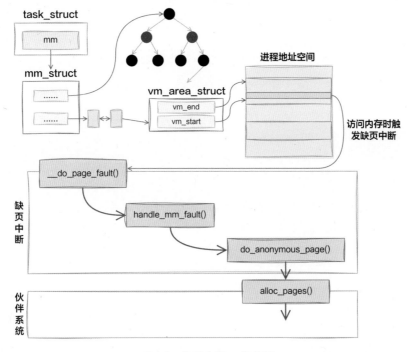

图6.6　缺页中断工作过程

到了这里，"栈的物理内存是什么时候分配的？"这个问题其实就有答案了。进程在加载的时候只会给新进程的栈内存分配一段地址空间范围。而真正的物理内存是等到访问的时候触发缺页中断，再调用alloc_pages从伙伴系统申请的。关于伙伴系统管理内存的原理参见第5章。

6.2   虚拟内存使用方式

整个进程的运行过程几乎都是围绕着对虚拟内存的分配和使用而进行的。具体的使用方式大概可以概括成这样几类。一类是操作系统加载程序时在加载逻辑里对新进程的虚拟内存进行设置和使用，具体包括：

- 程序启动时，加载程序会将程序代码段、数据段通过mmap映射到虚拟地址空间。
- 对新进程初始化栈区和堆区。

另外就是程序运行期间动态地对所存储的各种数据进行申请和释放。这涉及的一类是栈。进程、线程运行时函数调用，存储局部变量都使用的是栈。

另一类是堆，各种开发语言的运行时通过new、malloc等函数从堆中分配内存。这类内存的申请和释放需要依赖操作系统提供的虚拟地址空间相关的mmap、brk等系统调用来实现。接下来先从总体上看看进程的虚拟内存，然后再了解mmap和brk等系统调用。

6.2.1   进程启动时对虚拟内存的使用

在进程加载过程中，解析完ELF文件信息后将：

- 为进程创建新的地址空间，同时给其准备一个默认大小为4KB的栈。
- 将可执行文件及其所依赖的各种so动态链接库通过elf_map函数映射到虚拟地址空间中。
- 还会对进程的堆区进行初始化。

在程序加载启动成功以后，在进程的地址空间中的代码段、数据段就都设置完毕了，栈、堆也都初始化好了，如图6.7所示。

在底层实现上，无论是代码段、数据段，还是栈内存、堆内存，都对应着一个个的vm_area_struct对象。每一个vm_area_struct对象都表示这段虚拟内存地址空间已经分配和使用了，如图6.8所示。

具体到每一种内存使用方式，在底层都是申请vm_area_struct来实现的。对于栈，是在execve中依次调用do_execve_common、bprm_mm_init，最后在__bprm_mm_init中申请vm_area_struct对象。

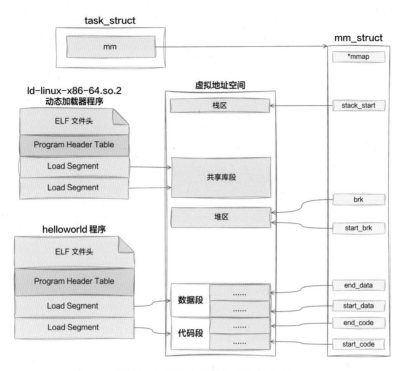

图6.7 初始化完毕的进程地址空间

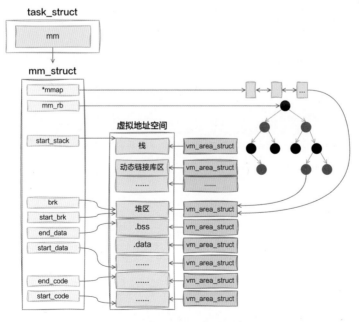

图6.8 地址空间中的vm_area_struct对象

```
// file:fs/exec.c
static int __bprm_mm_init(struct linux_binprm *bprm)
{
    struct mm_struct *mm = bprm->mm;

    // 申请占用一段地址范围
    bprm->vma = vma = vm_area_alloc(mm);
      vma->vm_end = STACK_TOP_MAX;
      vma->vm_start = vma->vm_end - PAGE_SIZE;
    ......
}
```

对于可执行文件及进程所依赖的各种so动态链接库，是execve依次调用do_execve_common、search_binary_handler、load_elf_binary、elf_map，然后调用mmap_region申请vm_area_struct对象，最终将可执行文件中的代码段、数据段等映射到内存中的。

```
// file:mm/mmap.c
unsigned long mmap_region(struct file *file, unsigned long addr,
        unsigned long len, vm_flags_t vm_flags, unsigned long pgoff,
        struct list_head *uf)
{
    ......
    vma= vm_area_alloc(mm);
    vma->vm_start = addr;
    vma->vm_end = addr + len;
    ......
    return addr;
}
```

对于堆内存，是在load_elf_binary的最后set_brk初始化堆时，依次调用vm_brk_flags、do_brk_flags，最后申请vm_area_struct对象的。

```
// file:mm/mmap.c
static int do_brk_flags(struct ma_state *mas, struct vm_area_struct *vma,
        unsigned long addr, unsigned long len, unsigned long flags)
{
    ......
    // 申请虚拟地址空间范围对象
    vma = vm_area_alloc(mm);
    // 对其进行初始化
    vma_set_anonymous(vma);
      vma->vm_start = addr;
      vma->vm_end = addr + len;
      vma->vm_pgoff = pgoff;
      vma->vm_flags = flags;
    ......
}
```

可见，操作系统除了在加载程序的时候给进程初始化好了内存地址空间，还设置了各个使用的VMA的区间范围。在本书的配套源码中，打开chapter-06/test-02的源码，编译运行一下。

```
# gcc main.c -o main
# ./main
```

请另起一个命令行查看虚拟地址空间状态，命令是cat /proc/2299718/maps
然后按任意键退出程序。

根据命令提示再打开一个控制台输入cat /proc/2299718/maps，可以查看进程的虚拟地址空间内容概要。要注意的是，2299718是进程PID，在你的机器上肯定会不一样，注意替换。

```
55e7bd72d000-55e7bd72e000 r--p 00000000 08:10 26220233    /.../work_my/tests/
test005/main
55e7bd72e000-55e7bd72f000 r-xp 00001000 08:10 26220233    /.../work_my/tests/
test005/main
55e7bd72f000-55e7bd730000 r--p 00002000 08:10 26220233    /.../work_my/tests/
test005/main
55e7bd730000-55e7bd731000 r--p 00002000 08:10 26220233    /.../work_my/tests/
test005/main
55e7bd731000-55e7bd732000 rw-p 00003000 08:10 26220233    /.../work_my/tests/
test005/main
55e7beed3000-55e7beef4000 rw-p 00000000 00:00 0           [heap]
7f8dbb03f000-7f8dbb061000 r--p 00000000 08:01 17553       /usr/lib/x86_64-
linux-gnu/libc-2.28.so
7f8dbb061000-7f8dbb1a8000 r-xp 00022000 08:01 17553       /usr/lib/x86_64-
linux-gnu/libc-2.28.so
7f8dbb1a8000-7f8dbb1f4000 r--p 00169000 08:01 17553       /usr/lib/x86_64-
linux-gnu/libc-2.28.so
7f8dbb1f4000-7f8dbb1f5000 ---p 001b5000 08:01 17553       /usr/lib/x86_64-
linux-gnu/libc-2.28.so
7f8dbb1f5000-7f8dbb1f9000 r--p 001b5000 08:01 17553       /usr/lib/x86_64-
linux-gnu/libc-2.28.so
7f8dbb1f9000-7f8dbb1fb000 rw-p 001b9000 08:01 17553       /usr/lib/x86_64-
linux-gnu/libc-2.28.so
7f8dbb1fb000-7f8dbb201000 rw-p 00000000 00:00 0
7f8dbb20b000-7f8dbb20c000 r--p 00000000 08:01 17548       /usr/lib/x86_64-
linux-gnu/ld-2.28.so
7f8dbb20c000-7f8dbb22a000 r-xp 00001000 08:01 17548       /usr/lib/x86_64-
linux-gnu/ld-2.28.so
7f8dbb22a000-7f8dbb232000 r--p 0001f000 08:01 17548       /usr/lib/x86_64-
linux-gnu/ld-2.28.so
7f8dbb232000-7f8dbb233000 r--p 00026000 08:01 17548       /usr/lib/x86_64-
linux-gnu/ld-2.28.so
7f8dbb233000-7f8dbb234000 rw-p 00027000 08:01 17548       /usr/lib/x86_64-
linux-gnu/ld-2.28.so
```

```
7f8dbb234000-7f8dbb235000 rw-p 00000000 00:00 0
7ffde1847000-7ffde1868000 rw-p 00000000 00:00 0                    [stack]
7ffde1906000-7ffde1909000 r--p 00000000 00:00 0                    [vvar]
7ffde1909000-7ffde190a000 r-xp 00000000 00:00 0                    [vdso]
```

从实验结果可以看到，可执行程序、依赖的动态链接库都被加载到进程的地址空间中了。还有就是进程的[heap]、[stack]也都初始化好了。

另外，内核还提供了各种系统调用，让用户进程有机会额外申请地址空间来使用。相关的系统调用包括mmap、sbrk/brk等。在接下来的内容中将分别展开讨论它们。

6.2.2　mmap

在与虚拟内存管理相关的系统调用中，最接近底层实现而且也最常用的，算是mmap了。在各种运行时库（比如glibc、Go运行时）中，经常能看到对它的使用。这个系统调用可以用于文件映射和匿名映射。我们在此处忽略文件映射，只看匿名映射。

> 匿名映射这个名字起得有点绕，其本意是文件映射有对应的物理文件，而匿名映射没有对应的物理文件。但我觉得直接叫普通内存地址空间更容易理解。

匿名映射过程其实就是在向内核申请一段可用的内存地址范围，非常简单。当mmap被调用后，内核就会多申请一个vm_area_struct，表明这段内存可用，然后返回给用户。

说句题外话，我以前在不了解内核实现的时候，学习mmap死活都理解不了它是干什么的。在理解了底层实现中的vm_area_struct等概念后，一下就把mmap理解透了。这就是理解底层实现原理的重要好处。

mmap系统调用的入口位于arch/x86/kernel/sys_x86_64.c。

```
// file:arch/x86/kernel/sys_x86_64.c
SYSCALL_DEFINE6(mmap, unsigned long, addr, unsigned long, len,
        unsigned long, prot, unsigned long, flags,
        unsigned long, fd, unsigned long, off)
{
    ......
    return ksys_mmap_pgoff(addr, len, prot, flags, fd, off >> PAGE_SHIFT);
}
```

接下来的实现调用逻辑比较深，ksys_mmap_pgoff => vm_mmap_pgoff => do_mmap_pgoff => do_mmap => mmap_region。具体调用过程不过多展开，直接看mmap_region。

```
// file:mm/mmap.c
unsigned long mmap_region(struct file *file, unsigned long addr,
```

```
            unsigned long len, vm_flags_t vm_flags, unsigned long pgoff,
            struct list_head *uf)
{
    ......
    // 申请新vm_area_struct
    vma= vm_area_alloc(mm);
    // 对其进行初始化
    vma->vm_start = addr;
    vma->vm_end = addr + len;
    ......
    return addr;
}
```

在mmap_region中调用vm_area_alloc申请了一个新的vm_area_struct对象，对其进行初始化。这样用户申请的虚拟内存就分配好了。函数返回后用户就可以使用了。

为了帮助大家理解使用mmap后地址空间长什么样子，我写了一个测试代码放在本书配套源码的chapter-06/test-03中，简单编译执行即可。

```
# gcc main.c -o main
# ./main
这是一个mmap匿名映射的例子！
请另起一个命令行查看虚拟地址空间状态，命令是cat /proc/2288406/maps
然后按任意键继续......

mmap私有映射成功，再次查看虚拟地址空间状态，观察有什么变化
然后按任意键继续......

解除mmap私有映射成功，再次查看虚拟地址空间状态，观察有什么变化
然后按任意键退出程序......
```

这是测试代码的全部输出，按照代码提示另起一个控制台，使用cat /proc/{$pid}/maps 可以看到在mmap调用后，进程的地址空间中多了一段地址范围，如图6.9所示。

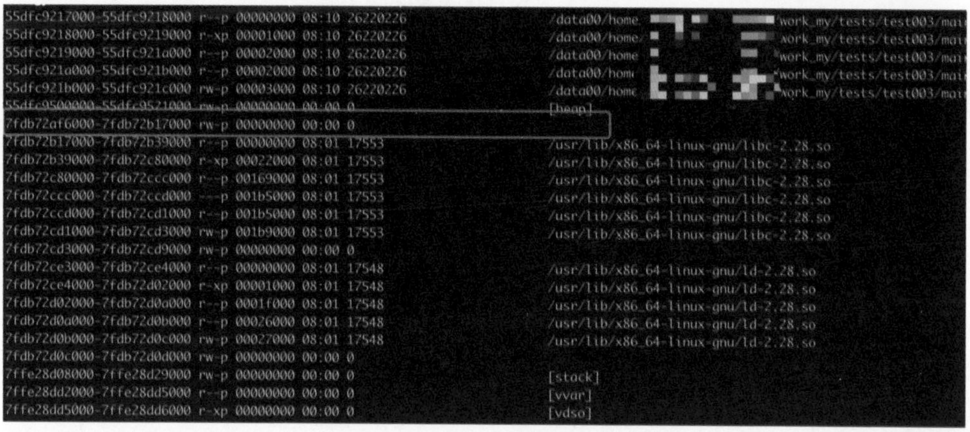

图6.9　mmap调用后的地址空间

6.2.3　sbrk和brk

在进程启动后，exec系统调用会给进程初始化好当前虚拟地址空间中的堆区，也设置好start_brk和brk等指针，如图6.10所示。

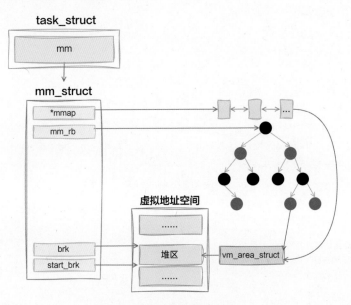

图6.10　进程地址空间中的堆

接下来的sbrk和brk系统调用就是在上面的start_brk和brk指针基础上进行工作的。这二者的工作也非常简单。sbrk系统调用就是返回mm_struct->brk指针的值。brk系统调用就是尝试着修改mm_struct->brk，往大了改就是要扩大堆区，往小了改就是要缩小堆区，如图6.11所示。

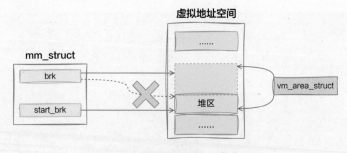

图6.11　brk增加堆区工作原理

相关源码位于mm/mmap.c文件中，操作的具体函数是do_brk_flags，工作原理如图6.12所示。

```c
// file:mm/mmap.c
static int do_brk_flags(struct ma_state *mas, struct vm_area_struct *vma,
        unsigned long addr, unsigned long len, unsigned long flags)
{
    struct mm_struct * mm = current->mm;
    ......
    // 尝试在现有的vma上进行扩展，扩展成功则退出
    if (vma && vma->vm_end == addr && !vma_policy(vma) &&
    can_vma_merge_after(vma, ...)){
    mas_set_range(mas, vma->vm_start, addr + len - 1);
    vma->vm_end = addr + len;
        vma->vm_flags |= VM_SOFTDIRTY;
    goto out;
    }

    // 否则申请新的VMA
    vma = vm_area_alloc(mm);
    vma->vm_start = addr;
        vma->vm_end = addr + len;
    ......
out:
    ......
}
```

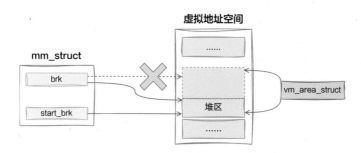

图6.12　brk缩小堆区工作原理

同样我准备了能让大家实际动手实验的例子，测试代码在本书配套代码的
chapter-06/test-04中。

```
# gcc main.c -o main
# ./main
这是一个使用sbrk/brk的例子！
当前Program Break位置是:0x55f4bae48000
也可以另起一个命令行看查虚拟地址空间中heap的状态，命令是cat /proc/2295984/maps
然后按任意键继续......

brk增加4096字节后，当前Program Break位置变成了:0x55f4bae49000
然后按任意键继续......
```

brk缩小4096字节后，当前Program Break位置回到了:0x55f4bae48000
然后按任意键退出程序......

　　另起一个控制台，执行程序输出中提示的命令，也可以在brk调用执行后查看到变化。

```
# cat /proc/2295984/maps
55f4bae27000-55f4bae48000 rw-p 00000000 00:00 0          [heap]
......
# cat /proc/2295984/maps
55f4bae27000-55f4bae49000 rw-p 00000000 00:00 0          [heap]
......
# cat /proc/2295984/maps
55f4bae27000-55f4bae48000 rw-p 00000000 00:00 0          [heap]
......
```

　　C语言中的malloc就是依赖操作系统提供的mmap和brk等系统调用来管理内存的。

6.3 进程栈内存的使用

　　栈是编程中使用内存最简单的方式。例如，下面的简单代码中的局部变量n就是在栈中分配内存的。

```
#include <stdio.h>
void main()
{
    int n = 0;
    printf("0x%x\n",&v);
}
```

　　在这一节将深入探讨栈。阅读之后，将会对开篇中提到的两个问题有更加深刻的理解：

- 栈的大小限制是多少？这个限制可以调整吗？
- 当栈发生溢出后应用程序会发生什么？

6.3.1 进程栈的初始化

　　第5章介绍了进程的启动过程。第4章介绍了启动后调用exec加载可执行文件的时候，会给进程栈申请一个4KB的初始内存。我们再专门看下这段逻辑。

　　加载系统调用execve来依次调用do_execve、do_execve_common完成实际的可执行程序加载。在do_execve_common中调用bprm_mm_init申请一个全新的地址空间mm_struct对象，准备留着给新进程使用。

```
// file:fs/exec.c
static int bprm_mm_init(struct linux_binprm *bprm)
{
    // 申请一个全新的地址空间mm_struct对象
    bprm->mm = mm = mm_alloc();
    __bprm_mm_init(bprm);
    ......
}
```

申请完地址空间后，就给新进程的栈申请一页大小的虚拟内存空间，作为给新进程准备的栈内存。申请完后把栈的指针保存到bprm->p中记录起来。

```
// file:fs/exec.c
static int __bprm_mm_init(struct linux_binprm *bprm)
{
    bprm->vma = vma = vm_area_alloc(mm);
    vma->vm_end = STACK_TOP_MAX;
    vma->vm_start = vma->vm_end - PAGE_SIZE;
    ......

    bprm->p = vma->vm_end - sizeof(void *);
}
```

前文讲过，我们平时所说的进程虚拟地址空间在Linux中是通过一个个vm_area_struct对象来表示的。所以这里看到栈内存的申请其实**只是申请一个表示一段地址范围的vma对象，并没有真正申请物理内存。**

在上面的__bprm_mm_init函数中通过vm_area_alloc申请了一个vma内核对象作为栈使用。vm_end指向了STACK_TOP_MAX（地址空间的顶部附近的位置），vm_start和vm_end之间留了一个Page大小，如图6.13所示。**也就是说，默认给栈准备了4KB的大小。**最后把栈的指针记录到bprm->p中。

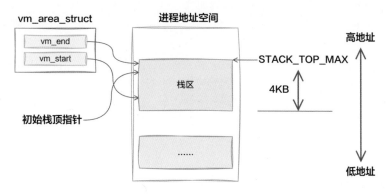

图6.13　初始化栈指针

接下来的进程加载过程会使用load_elf_binary真正加载可执行二进制程序。在加载时，会把前面准备的进程栈的地址空间指针设置到新进程mm对象上，如图6.14所示。

```c
// file:fs/binfmt_elf.c
static int load_elf_binary(struct linux_binprm *bprm)
{
  // ELF文件头解析
    // 读取Program Header
    // 清空从父进程继承来的资源
    ......

    current->mm->start_stack = bprm->p;
}
```

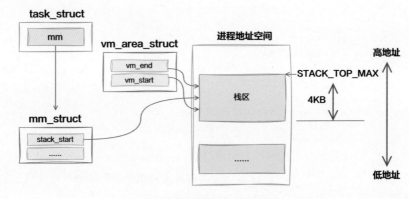

图6.14　进程栈空间初始化

这样新进程将来就可以使用栈进行函数调用和局部变量的申请了。

6.3.2　栈的自动增长

从前面介绍过的内容可知，进程在被加载、启动的时候，栈内存默认只分配了4KB的空间。那么随着程序的运行，当栈中保存的调用链、局部变量越来越多的时候，必然会超过4KB。

再看看缺页处理函数__do_page_fault。如果栈内存vma的开始地址比要访问的address大，则需要调用expand_stack对栈的虚拟地址空间进行扩充，如图6.15所示。

我们详细看看源码，在__do_page_fault 源码中，扩充栈空间是由expand_stack函数来完成的。

```c
// file:arch/x86/mm/fault.c
static inline
void do_user_addr_fault(..., unsigned long address)
{
    ......
```

```
    if (likely(vma->vm_start <= address))
        goto good_area;

    // 如果vma的开始地址比address大，则判断VM_GROWSDOWN是否可以动态扩充
  if (unlikely(!(vma->vm_flags & VM_GROWSDOWN))) {
        bad_area(regs, hw_error_code, address);
        return;
    }
  //对vma进行扩充
    if (unlikely(expand_stack(vma, address))) {
        bad_area(regs, error_code, address);
        return;
    }
good_area:
  handle_mm_fault(vma, address, flags, regs);
    ......
}
```

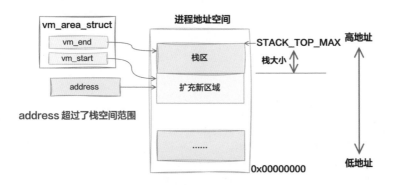

图6.15　栈的自动增长

在do_user_addr_fault函数中，先判断要访问的变量地址address是否落在vma内部，如果落在内部就调用handle_mm_fault进行实际物理页的分配。在这里我们介绍另外一段逻辑，就是如果address超过vma的范围（栈一般是向下增加的，如果vma->vm_start大于address则表示栈不够用了）就调用expand_stack进行扩充。

> ★ 注意　其实在Linux中栈地址空间增长是分两种方向的，一种是从高地址向低地址增长，一种是反过来的。大部分情况都是由高往低增长的。本书只以向下增长为例。

我们来看看expand_stack函数内部的细节。

```
// file:mm/mmap.c
int expand_stack(struct vm_area_struct *vma, unsigned long address)
{
```

```
    ......
    return expand_downwards(vma, address);
}

int expand_downwards(struct vm_area_struct *vma, unsigned long address)
{
    ......
    // 计算栈扩大后的最后大小
    size= vma->vm_end - address;

    // 计算需要扩充几个页面
    grow= (vma->vm_start - address) >> PAGE_SHIFT;

    // 判断是否允许扩充
    acct_stack_growth(vma, size, grow);

    // 如果允许则开始扩充
    vma->vm_start = address;

    return ...
}
```

在expand_downwards中先进行几个计算：

- 计算新的栈大小。计算公式是size = vma->vm_end - address;
- 计算需要增长的页数。计算公式是grow = (vma->vm_start - address) >> PAGE_SHIFT;

然后判断此次栈空间是否被允许扩充，判断是在acct_stack_growth中完成的。如果允许扩充，则简单修改一下vma->vm_start就可以了！**扩充的具体操作就是这么简单，简单修改vma->vm_start**，如图6.16所示。

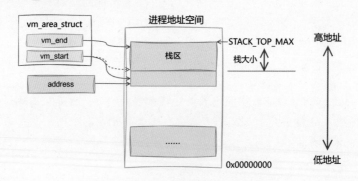

图6.16　栈扩充的vm_area_struct操作

我们再来看 acct_stack_growth函数都进行了哪些限制判断。

```
// file:mm/mmap.c
static int acct_stack_growth(struct vm_area_struct *vma,
                unsigned long size, unsigned long grow)
{
    ......
    // 检查地址空间是否超出限制
    if (!may_expand_vm(mm, grow))
        return -ENOMEM;

    // 检查是否超出栈的大小限制
    if (size > rlimit(RLIMIT_STACK))
        return -ENOMEM;
    ......
    return 0;
}
```

在acct_stack_growth函数中只是进行一系列的判断。may_expand_vm判断的是增长完这几页后是否超出整体虚拟地址空间大小的限制。rlim[RLIMIT_STACK].rlim_cur中记录的是栈空间大小的限制。这些限制都可以通过ulimit命令查看。

```
# ulimit -a
......
max memory size         (kbytes, -m) unlimited
stack size              (kbytes, -s) 8192
virtual memory          (kbytes, -v) unlimited
```

上面的这个输出表示虚拟地址空间大小没有限制，栈空间的限制是8MB。如果进程栈大小超过这个限制，会返回 -ENOMEM。如果觉得系统默认的大小不合适，可以通过ulimit命令修改。

```
# ulimit -s 10240
# ulimit -a
stack size              (kbytes, -s) 10240
```

回顾开篇中的一个问题，栈的大小限制是多少？

进程栈大小的限制在每台机器上都是不一样的，可以通过ulimit命令来查看。如需修改，临时修改可以使用ulimit -s 命令，长期修改建议采用修改/etc/security/limits.conf文件的方式。

```
# vi /etc/security/limits.conf
......
* soft stack 102400
```

对于开篇中的另外一个问题，当栈发生溢出后应用程序会发生什么？写个简单的无限递归调用就知道了。如果不想写，可以把本书配套源码中的chapter-06/test01编译运行。这个错误估计你也遇到过，报错结果就是：

```
Segmentation fault (core dumped)
```

6.3.3 进程栈总结

本节讨论了进程栈内存的工作原理。

第一，进程在加载的时候给进程栈申请了一块虚拟地址空间vma内核对象。vm_start和vm_end之间留了一个Page，也就是说默认给栈准备了4KB的空间。

第二，当进程运行的过程中在栈上开始分配和访问变量的时候，如果物理页还没有分配，会触发缺页中断。在缺页中断中调用内核的伙伴系统真正地分配物理内存。

第三，当栈中的存储超过4KB时栈会自动进行扩大。不过大小要受到限制，其大小限制可以通过ulimit -s命令查看和设置。

注意，目前讨论的都是进程栈。线程栈和进程栈有些不一样，下面再来看线程栈。

6.4 线程栈是如何使用内存的

为什么要单独把线程栈拿出来说呢？这是因为线程栈和进程栈在实现上区别还是挺大的。回顾Linux的进程栈，它是用地址空间中专门的一块栈区域来表示的。进程在加载的时候就会将这块区域创建出来。通过 cat /proc/{pid}/maps命令可以查看这块特殊的虚拟地址空间，如图6.17所示。

```
00400000-00401000 r--p 00000000 fd:01 396999                     /root/work_temp/main
00401000-00402000 r-xp 00001000 fd:01 396999                     /root/work_temp/main
00402000-00403000 r--p 00002000 fd:01 396999                     /root/work_temp/main
00403000-00404000 r--p 00002000 fd:01 396999                     /root/work_temp/main
00404000-00405000 rw-p 00003000 fd:01 396999                     /root/work_temp/main
00ad3000-00af4000 rw-p 00000000 00:00 0                          [heap]
7faddeb09000-7faddeb0b000 rw-p 00000000 00:00 0
7faddeb0b000-7faddeb31000 r--p 00000000 fd:01 1182071            /usr/lib64/libc-2.32.so
7faddeb31000-7faddec80000 r-xp 00026000 fd:01 1182071            /usr/lib64/libc-2.32.so
7faddec80000-7faddeccc000 r--p 00175000 fd:01 1182071            /usr/lib64/libc-2.32.so
7faddeccc000-7faddeccd000 ---p 001c1000 fd:01 1182071            /usr/lib64/libc-2.32.so
7faddeccd000-7faddecd0000 r--p 001c1000 fd:01 1182071            /usr/lib64/libc-2.32.so
7faddecd0000-7faddecd3000 rw-p 001c4000 fd:01 1182071            /usr/lib64/libc-2.32.so
7faddecd3000-7faddecd9000 rw-p 00000000 00:00 0
7faddecd9000-7faddecda000 r--p 00000000 fd:01 1182554            /usr/lib64/ld-2.32.so
7faddecda000-7faddecfb000 r-xp 00001000 fd:01 1182554            /usr/lib64/ld-2.32.so
7faddecfb000-7fadded04000 r--p 00022000 fd:01 1182554            /usr/lib64/ld-2.32.so
7fadded04000-7fadded05000 r--p 0002a000 fd:01 1182554            /usr/lib64/ld-2.32.so
7fadded05000-7fadded07000 rw-p 0002b000 fd:01 1182554            /usr/lib64/ld-2.32.so
7fffefc24000-7fffefc45000 rw-p 00000000 00:00 0                  [stack]
7fffefc59000-7fffefc5d000 r--p 00000000 00:00 0                  [vvar]
7fffefc5d000-7fffefc5f000 r-xp 00000000 00:00 0                  [vdso]
ffffffffff600000-ffffffffff601000 r-xp 00000000 00:00 0          [vsyscall]
```

图6.17 进程栈对应的虚拟地址空间

第3章介绍了线程的创建过程。线程和创建它的进程是复用同一个地址空间的，也就是说同一个进程下的所有线程使用的都是同一块内存。

对于多线程程序而言，代码段、数据段、堆内存等资源共享没问题，但是各个线程栈区必须独立。每个线程在并行调用的时候会在栈上独立地执行进栈和出栈，如果都使用进程地址空间中默认的stack区域，多线程跑起来就乱套了。所以，线程栈必须有自己独特的实现方法。

在Linux内核中，其实并没有线程的概念。内核原生的clone系统调用仅支持生成一个和父进程共享地址空间等资源的轻量级进程而已。

多线程在Linux中最早是由LinuxThreads这个项目引入的。LinuxThreads项目希望在用户空间模拟对线程的支持。但不幸的是，这种方法有许多缺点，特别是在信号处理、调度和进程间同步原语等方面。另外，这种线程模型也不符合POSIX标准。

为了改进LinuxThreads，需要做两方面的工作：一方面是在内核上提供支持，另一方面是重写线程库。后来有两个改进Linux线程的项目被发起，一是IBM的NGPT——Next-Generation POSIX Threads，另一个是Red Hat的NPTL——Native POSIX Thread Library。

IBM在2003年放弃了NGPT，于是在改进LinuxThreads的路上就只剩下NPTL了。现在我们在Linux中使用pthread_create来创建线程，其实就是使用的NPTL。所以，在后面给大家展示的线程源码中，有很多源文件所在的目录都是NPTL。

要想彻底理解Linux线程（NPTL线程），首先要明确的是Linux中的线程包含了两部分的实现：

- 第一部分是用户态的glibc库。我们创建线程调用的pthread_create就是在glibc库中实现的。**注意，glibc库完全是在用户态运行的，并非内核源码。**
- 第二部分是内核态的clone系统调用。内核通过clone系统调用可以创建和父进程共享内存地址空间的轻量级用户进程。

本节讨论的线程栈，其实是在第一部分——用户态的glibc库中执行的。打开glibc库中创建线程的pthread_create函数的源码（注意是glibc源码，不是Linux内核），从源码中把线程栈内存原理展示给大家。

pthread_create函数会调用__pthread_create_2_1。

```
// file:nptl/pthread_create.c
int __pthread_create_2_1 (...)
{
    ......
    // 6.4.1 glibc线程对象
    struct pthread *pd;

    // 6.4.2 确定栈空间大小
    // 6.4.3 申请用户栈
    err= ALLOCATE_STACK (iattr, &pd);
    ......
```

```
// 6.4.4 创建线程
err= create_thread (pd, iattr, STACK_VARIABLES_ARGS);
}
```

这个函数中的工作包括如下几个部分：

- 定义一个线程对象指针。
- 确定栈空间大小。
- 调用ALLOCATE_STACK为用户申请用户栈内存。
- 通过create_thread函数调用内核clone系统调用来创建线程。

没错，是先申请内存，然后才调用系统调用创建的线程。也就是说，Linux内核并没有处理线程栈内存，而是由glibc库在用户态申请后传给clone系统调用的。

接下来分别看看上面的每一步工作。

6.4.1　glibc线程对象

前面讲过线程资源分为两部分，一部分是内核资源，例如代表轻量级进程的内核对象task_struct，另一部分是用户态内存资源，包含线程栈。用户资源这一部分的核心数据结构是struct pthread，它存储了线程的相关信息，包括线程栈。每个pthread对象都唯一对应一个线程。

```
// file:nptl/descr.h
struct pthread
{
    pid_t tid;
    ......

    // 线程栈内存
    void *stackblock;
    size_t stackblock_size;
}
```

在pthread结构体的tid对象中存储了线程的ID值。在stackblock中指向了线程栈内存，stackblock_size表明栈内存区域的大小。

6.4.2　确定栈空间大小

了解glibc中的线程对象pthread后，接着调用ALLOCATE_STACK。ALLOCATE_STACK是一个宏，最终会调用allocate_stack函数。

```
// file:nptl/allocatestack.c
```

```
static int
allocate_stack (const struct pthread_attr *attr, struct pthread **pdp,
        ALLOCATE_STACK_PARMS)
{
    // 确定栈空间大小
    size= attr->stacksize ?: __default_stacksize;

    // 申请栈内存
    ......
}
```

这个函数的功能包括两块：一是确定栈空间大小，二是申请栈内存。

其中attr->stacksize是创建线程时传入的参数。也就是说，如果用户指定了栈的大小，则使用用户指定的值。如果用户没有指定，就使用默认的大小__default_stacksize。在init.c文件中，我搜到了__default_stacksize设置值的过程。

```
// file:nptl/init.c
void __pthread_initialize_minimal_internal (void){
    // 确定默认栈内存空间大小
    if (getrlimit (RLIMIT_STACK, &limit) != 0
            || limit.rlim_cur == RLIM_INFINITY){
        __default_stacksize= ARCH_STACK_DEFAULT_SIZE;
    } else if (limit.rlim_cur < PTHREAD_STACK_MIN){
        __default_stacksize= PTHREAD_STACK_MIN;
    } else {
        __default_stacksize= (limit.rlim_cur + pagesz - 1) & -pagesz;
    }
}
```

和进程栈空间大小一样，getrlimit读取的栈大小系统配置可以使用ulimit命令来查看。

```
# ulimit -a
......
max memory size         (kbytes, -m) unlimited
stack size              (kbytes, -s) 8192
virtual memory          (kbytes, -v) unlimited
```

在读取到当前系统的配置后，开始真正决定栈的实际大小。先处理的是ulimit没有配置或者配置不合理的情况：

- 如果ulimit没有配置或者配置的是无限大，那么配置的大小是ARCH_STACK_DEFAULT_SIZE（32MB）。
- 如果配置得太小，可能会导致程序无法正常运行，所以glibc库最小也会给PTHREAD_STACK_MIN大小（16384B）。

在ulimit配置合理的情况下，将取到的配置值对齐就可以直接用了。

上述代码中涉及的这两个宏的定义如下，一个是16KB，一个是32MB。

```
// file:/usr/include/limits.h
#define PTHREAD_STACK_MIN          16384

// file:nptl/sysdeps/ia64/pthreaddef.h
#define ARCH_STACK_DEFAULT_SIZE    (32 * 1024 * 1024)
```

无论你给栈设置得多大，NPTL都会强行把你的线程栈大小限制到32MB以内。

6.4.3 申请用户栈

在确定了栈空间大小后，就可以开始申请内存了。

```
// file:nptl/allocatestack.c
static int
allocate_stack (const struct pthread_attr *attr, struct pthread **pdp,
        ALLOCATE_STACK_PARMS)
{
    size= attr->stacksize ?: __default_stacksize;
    ......

    struct pthread *pd;
    pd= get_cached_stack (&size, &mem);
    if (pd == NULL){
        mem= mmap (NULL, size, prot,
        MAP_PRIVATE| MAP_ANONYMOUS | ARCH_MAP_FLAGS, -1, 0);

        pd= (struct pthread *) ((((uintptr_t) mem + size - coloring
                    - __static_tls_size)
                   & ~__static_tls_align_m1)
                   - TLS_PRE_TCB_SIZE);
        pd->stackblock = mem;
        pd->stackblock_size = size;
        ......
    }

    // 添加到全局在用栈的链表中
    list_add(&pd->list, &stack_used);
    ......
}
```

在这个函数中做了这样几件事情，都是和线程栈相关的：

- 尝试通过get_cached_stack获取一块缓存直接用，以避免频繁地对内存申请和释放。
- 假设没有取到缓存，就使用mmap系统调用直接申请一块匿名页内存空间。
- 将pthread对象先放到栈上。
- 将栈添加到链表中管理起来。

可见，进程栈和线程栈的区别还是挺大的。我们总结一下进程栈和线程栈的区别。

第一个区别：进程栈是在内核创建进程时申请的，但线程栈内核根本不管，而是由glibc申请出来的。

第二个区别：进程栈创建初始化的时候只有4KB，而线程栈一次性申请一块指定大小的空间，没有伸缩功能。

第三个区别：进程栈随着使用可以自动伸缩，线程栈是提前申请出来的，不可以伸缩。

进程栈和线程栈也有相同点，它们的最大限制都是ulimit中stack size指定的大小。

> **★ 注意**
>
> 事实上线程栈也不是完全不可以自动伸缩。Go运行时就实现了栈的伸缩功能。具体的做法是先分配一块小一点的内存，然后随着程序运行发现栈内存不够用的时候，再用mmap申请一块大的。把原来的小栈复制过去再释放掉。运行时把"脏活"都干了。

有些读者看到线程栈一次性把栈都申请了可能会有疑惑，不用的话那不是浪费了吗？大家也不用担心，这里申请到的还只是一段地址范围，真正用到的时候才会分配物理内存。

当mmap系统调用被执行后，内核会再生成一个vm_area_struct，通过它来表示这一段地址范围被分配出去了，如图6.18所示。

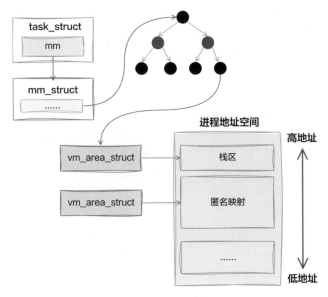

图6.18 mmap原理

现在线程栈的内存申请好了。在申请到内存后，mem指针指向的是新内存的低地址。通过mem和size算出高地址后，经过复杂的地址预留策略，例如对齐等，先把struct pthread放进去，如图6.19所示。

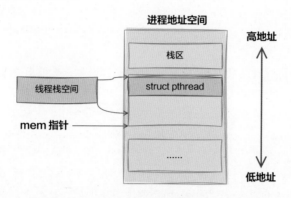

图6.19　线程栈空间

所以线程栈内存是有两个用途的，一个是存储线程栈对象struct pthread，另一个是真正当作线程栈内存来用。

6.4.4　创建线程

栈申请好后，在create_thread中调用do_clone系统调用开始创建线程。这个过程在第3章已经详细介绍过，这里就不赘述了。

```
// file:nptl/sysdeps/pthread/createthread.c
static int
create_thread (struct pthread *pd, const struct pthread_attr *attr,
    STACK_VARIABLES_PARMS)
{
  ......
  int clone_flags = (CLONE_VM | CLONE_FS | CLONE_FILES | CLONE_SIGNAL
            | CLONE_SETTLS | CLONE_PARENT_SETTID
            | CLONE_CHILD_CLEARTID | CLONE_SYSVSEM
        | 0);
  do_clone (pd, attr, clone_flags, start_thread,
          STACK_VARIABLES_ARGS, 1);
  ......
}
```

再提一点，创建出来的进程和线程，在内核中都生成了一个task_struct对象，而且内核的创建过程是调用同一套函数完成的。只不过区别在于，对于线程来讲，因为创建时使用了一些特殊flag，所以内核在创建task_struct时不再申请地址空间mm_struct、目录信息 fs_struct、打开文件列表files_struct。新线程的这些成员都和创建它的任务共享。

所以，如果从内核的视角看，是没有进程和线程的区分的，都是一个task_struct而已。

6.4.5　线程栈小结

每个线程都要有独立的栈，保证并发调度时不冲突。然而进程地址空间的默认栈由于是多个task_struct所共享的，所以线程必须通过mmap来独立管理自己的栈。

在Linux中glibc的线程库其实是NPTL线程，它包含了两部分资源。第一部分是在用户态管理用户态的线程对象struct pthread及独立的线程栈。第二部分就是内核中的task_struct、地址空间等内核对象。进程栈和线程栈的关系如图6.20所示。

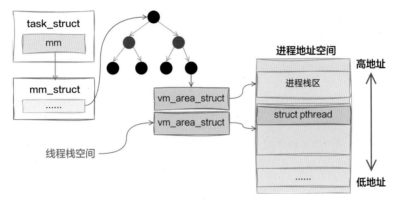

图6.20　进程栈和线程栈的关系

当然，本章介绍的线程栈空间，仍然是围绕进程地址空间来介绍的，并没有涉及物理内存的申请和访问。真正的物理内存仍然是在真正访问的时候触发缺页中断，缺页的时候通过伙伴系统来申请的。

最后还有一点，glibc中的每个线程在结束阶段都会做一个公共的操作，即释放那些已结束线程的栈内存。将这些栈内存从stack_used移除，放入stack_cache链表中。目的是把这块内存缓存起来，以便下次再创建新线程时使用，这也就可以避免频繁申请内存了。

6.5　进程堆内存管理

相比栈内存，其实我们应用开发者平时用得更多的是从堆中申请内存。程序运行过程中会涉及大量数据对象的申请和释放，而且对象的大小也是类型各异的。所以内核提供的mmap、brk显然是没有办法直接使用的。如果每次分配内容都调用mmap或brk，会导致大量的系统调用，碎片率也无法得到有效控制。

所以，在应用开发者和内核之间还需要一个内存分配器，允许我们应用开发者随时随意申请和释放各种大小的内存。比如，很多人用过的malloc就是GNU Libc的内存分配器提供的接口。在各种语言的运行时中，内存分配器都是一个核心组件。

业界目前有很多种优秀的内存分配器。比如，GNU C库glibc中的ptmalloc，Google开发的tcmalloc（目前Go运行时采用的就是它），还有Facebook开发的jemalloc，等等。这些内存分配器的共同点是自己使用mmap或brk等系统调用，采用较大的单位、批量地向内核申请当前进程虚拟地址空间，然后高效地管理起来。当应用程序有不管任何大小的内存分配需求的时候，内存分配器都能以较低的碎片率高效地进行分配。

我们来看下glibc中内置的ptmalloc内存分配器的大致工作原理，来看看它是如何做到随时分配、释放各种大小的内存块，还能保持极低的碎片率的。本书使用的glibc源码版本是2.12.1。

6.5.1　ptmalloc内存分配器定义

在glibc中，是通过分配区、空闲链表和内存块等几个数据结构来管理内存以及支持内存的分配过程的。先来看看这些数据结构是如何定义的。

6.5.1.1　分配区

在ptmalloc中，使用分配区管理从操作系统中批量申请来的内存。之所以要有多个分配区，原因是多线程在操作一个分配区的时候需要加锁。在线程比较多的时候，在锁上浪费的开销会比较多。为了降低锁开销，ptmalloc支持多个分配区。这样在单个分配区上锁的竞争开销就会小很多。

在ptmalloc中存在一个全局的主分配区，是用静态变量的方式定义的。

```
//file:malloc/malloc.c
static struct malloc_state main_arena;
```

分配区的数据类型是struct malloc_state，其定义如下：

```
//file:malloc/malloc.c
struct malloc_state {
    // 锁，用来解决在多线程分配时的竞争问题
    mutex_t mutex;

    // 分配区下管理内存的各种数据结构
    ......

    /* Linked list */
    struct malloc_state *next;
}
```

在分配区中，先要有一个锁。这是因为多个分配区只能降低锁竞争的发生，并不能完全杜绝，所以还需要一个锁来应对多线程申请内存时的竞争问题，接下来就是分配区中内存管理的各种数据结构。

再看看next指针。通过这个指针，ptmalloc把所有的分配区都以一个链表组织起来，方便后面的遍历，如图6.21所示。

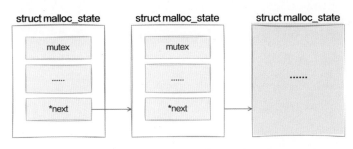

图6.21 ptmalloc把所有的分配区都以一个链表组织起来

6.5.1.2 内存块

在每个arena中，最基本的内存分配的单位是malloc_chunk，简称chunk。它包含header和body两部分。以下是chunk在glibc中的定义。

```
// file:malloc/malloc.c
struct malloc_chunk {
    INTERNAL_SIZE_T        prev_size;
    INTERNAL_SIZE_T        size;

    struct malloc_chunk* fd;
    struct malloc_chunk* bk;

    struct malloc_chunk* fd_nextsize;
    struct malloc_chunk* bk_nextsize;
};
```

在开发中每次调用malloc申请内存的时候，分配器都会分配一个大小合适的chunk，把body部分的user data的地址返回，如图6.22所示。这样就可以向该地址写入和读取数据了。

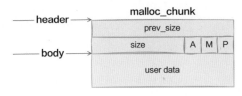

图6.22 内存块chunk

如果在开发中调用free释放内存，其对应的chunk对象其实并不会归还给内核，而是又由glibc组织管理起来。其body部分的fd、bk字段分别指向上一个和下一个空闲的chunk（chunk在使用的时候是没有这两个字段的，这块内存在不同场景下的用途不同），用来当双向链表指针使用，如图6.23所示。

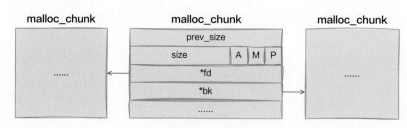

图6.23　chunk链表

6.5.1.3　空闲内存块链表

glibc会将相似大小的空闲内存块chunk都串起来，这样等下次用户再来分配的时候，先找到链表，然后就可以从链表中取下一个元素快速分配。这样的一个链表被称为一个bin。ptmalloc中根据管理的内存块的大小，总共有fastbins、smallbins、largebins和unsortedbins四类。

这四类bins分别被定义在struct malloc_state的不同成员里。

```
//file:malloc/malloc.c
struct malloc_state {

    mfastbinptr        fastbins[NFASTBINS];

    mchunkptr          top;

    mchunkptr          last_remainder;

    mchunkptr          bins[NBINS * 2];

    unsigned int       binmap[BINMAPSIZE];
}
```

fastbins是用来管理尺寸最小空闲内存块的链表。其管理的内存块的最大大小是MAX_FAST_SIZE。

```
#define MAX_FAST_SIZE     (80 * SIZE_SZ / 4)
```

SIZE_SZ这个宏指的是指针的大小，在32位系统下，SIZE_SZ等于4，在64位系统下，它等于8。因为现在都是64位系统，所以本书后面的例子都是以SIZE_SZ 为8来举例的。在64位系统下，MAX_FAST_SIZE = 80×8 / 4 = 160字节。

bins是用来管理空闲内存块的主要链表数组。其链表总数为2 * NBINS个，NBINS的大小是128，所以这里总共有256个空闲链表。

```
//file:malloc/malloc.c
#define NBINS                    128
```

smallbins、largebins和unsortedbins都使用的是这个数组。

另外，top成员是用来保存特殊的top chunk的。当从所有空闲链表中都申请不到合适的大小的时候，会来这里申请。

1）fastbins

其中fastbins成员定义的是尺寸最小的元素的链表。它存在的原因是，用户的应用程序中绝大多数的内存分配是小内存，这组bin是用于提高小内存的分配效率的。

fastbins中有多个链表，每个bin链表管理的都是固定大小的chunk内存块，如图6.24所示。在64位系统下，每个链表管理的chunk元素大小分别是32字节、48字节……128字节等不同的大小。

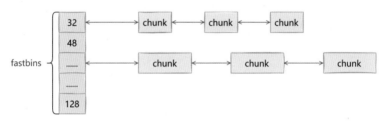

图6.24 fastbins

glibc中提供了fastbin_index函数可以快速地根据要申请的内存大小找到fastbins中对应的数组下标。

```
//file:malloc/malloc.c
#define fastbin_index(sz) \
  ((((unsigned int)(sz)) >> (SIZE_SZ == 8 ? 4 : 3)) - 2)
```

例如要申请的内存块大小是32字节，fastbin_index(32)计算后可知应该到下标为0的空闲内存链表里去找。再比如要申请的内存块大小是64字节，fastbin_index(64)计算后可知数组下标为 2。

2）smallbins

smallbins是在malloc_state下的bins成员中管理的，如图6.25所示。

smallbins数组总共有64个链表指针，是由NSMALLBINS来定义的。

```
//file:malloc/malloc.c
#define NSMALLBINS              64
```

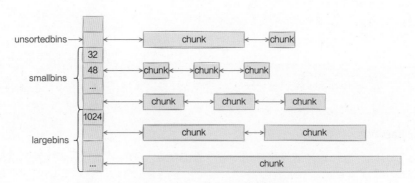

图6.25　ptmalloc中的主空闲链表

和fastbin一样，同一个smallbin中的chunk 具有相同的大小。smallbin在64位系统上，两个相邻的smallbin中的chunk大小相差16字节（MALLOC_ALIGNMENT是2个SIZE_SZ，1个SIZE_SZ的大小是8）。

```
//file:malloc/malloc.c
#define MALLOC_ALIGNMENT        (2 * SIZE_SZ)
#define SMALLBIN_WIDTH      MALLOC_ALIGNMENT
```

管理的chunk大小范围的定义在in_smallbin_range中能看到。只要小于MIN_LARGE_SIZE的都属于smallbin的管理范围。

```
#define MIN_LARGE_SIZE    (NSMALLBINS * SMALLBIN_WIDTH)
#define in_smallbin_range(sz)  \
  ((unsigned long)(sz) < (unsigned long)MIN_LARGE_SIZE)
```

通过上面的源码可以看出，MIN_LARGE_SIZE的大小等于 64×16 = 1024。所以smallbin管理的内存块大小是32字节、48字节……1008字节。（在glibc 64位系统中没有管理16字节的空闲内存，是从32字节起的。）

另外，glibc也提供了根据申请的字节大小快速算出其在smallbin中的下标的函数smallbin_index。

```
//file:malloc/malloc.c
#define smallbin_index(sz)  \
  (SMALLBIN_WIDTH == 16 ? (((unsigned)(sz)) >> 4) : (((unsigned)(sz)) >> 3))
```

例如要申请的内存块大小是32 smallbin_index(32)，计算后可知应该到下标为2的空闲内存链表里去找。再比如要申请的内存块大小是64，smallbin_index(64)计算后得知数组下标为3。

3）largebins

largebins和smallbins的区别是它管理的内存块比较大。其管理的内存是1024字节起的。而且每两个相邻的largebin之间管理的内存块大小不再是固定的等差数列，这样可以减少largebins中的链表数。

　　largebin_index_64函数用来根据要申请的内存大小计算出其在largebins中的下标。

```
//file:malloc/malloc.c
#define largebin_index_64(sz)                                               \
(((((unsigned long)(sz)) >>  6) <= 48)?  48 + (((unsigned long)(sz)) >>  6): \
 ((((unsigned long)(sz)) >>  9) <= 20)?  91 + (((unsigned long)(sz)) >>  9): \
 ((((unsigned long)(sz)) >> 12) <= 10)? 110 + (((unsigned long)(sz)) >> 12): \
 ((((unsigned long)(sz)) >> 15) <=  4)? 119 + (((unsigned long)(sz)) >> 15): \
 ((((unsigned long)(sz)) >> 18) <=  2)? 124 + (((unsigned long)(sz)) >> 18): \
                    126)
```

4）unsortedbins

　　unsortedbins比较特殊，它管理的内存块不再像smallbins或largebins中那样是相同或者相近大小的，而是不固定的，被当作缓存区来用。

　　当用户释放一个堆块之后，会先进入unsortedbin。再次分配堆块时，ptmalloc会优先检查这个链表中是否存在合适的堆块，如果找到了，就直接返回给用户（这个过程可能会对unsortedbin中的堆块进行切割）。若没有找到合适的，系统也会顺带清空这个链表中的元素，把它放到合适的smallbin或者largebin中。

5）top chunk

　　另外还有一个独立于fastbins、smallbins、largebins和unsortedbins的特殊chunk，叫top chunk，如图6.26所示。

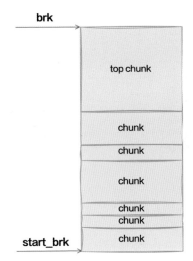

图6.26　top chunk

　　如果没有空闲的chunk可用，或者需要分配的chunk大到各种bins都不满足需求，会尝试从top chunk中分配。

6.5.2　malloc内存分配过程

由前面的内容可知，glibc在分配区arena中分别用fastbins、bins（保存着smallbins、largebins和unsortedbins）及top chunk管理当前已经申请到的所有空闲内存块。

有了这些组织手段后，当用户要申请内存的时候，malloc函数就可以根据其大小，从合适的bins中查找合适的chunk。

- 假如用户要申请30字节的内存，那就找到32字节这个bin链表，从链表头部摘下来一个chunk直接用。
- 假如用户要申请500字节的内存，那就找到512字节的bin链表，摘下来一个chunk使用。

　　……

当用户用完内存需要释放的时候，glibc再根据其内存块大小，放到合适的bin下管理起来。给用户下次申请时备用。

另外，ptmalloc管理的chunk可能会发生拆分或者合并。当需要申请小内存块，但是没有大小合适的时候，会将大的chunk拆成多个小chunk。如果申请大内存块的时候，系统中又存在大量的小chunk，又会发生合并，以降低碎片率。

这样不管如何申请和释放，都不会导致严重的碎片问题发生。这就是glibc内存分配器的主要原理。了解了主要原理后，我们再来看看malloc函数的实现中具体是怎样来处理内存分配的。

malloc在glibc中的实现函数名是public_mALLOc。

```
//file:malloc/malloc.c
Void_t*
public_mALLOc(size_t bytes)
{
    // 选一个分配区arena出来，并为其加锁
    arena_lookup(ar_ptr);
    arena_lock(ar_ptr, bytes);

    // 从分配区申请内存
    victim= _int_malloc(ar_ptr, bytes);

    // 如果选中的分配区没有申请成功，则换一个分配区申请
    ......

    // 释放锁并返回
    mutex_unlock(&ar_ptr->mutex);
    return victim;
}
```

在public_mALLOc函数中主要的逻辑就是选择分配区和锁操作，这是为了避免多线程

冲突。真正的内存申请核心逻辑都在_int_malloc函数中。这个函数非常长，为了清晰易理解，下面把它的骨干逻辑列出来。

```
//file:malloc/malloc.c
static Void_t*
_int_malloc(mstate av, size_t bytes)
{
    //对用户请求的字节数进行规范化
    INTERNAL_SIZE_T nb; /* normalized request size */
    checked_request2size(bytes, nb);

    // 1.从fastbins中申请内存
    if ((unsigned long)(nb) <= (unsigned long)(get_max_fast ())) {
        ......
    }

    // 2.从smallbins中申请内存
    if (in_smallbin_range(nb)) {
        ......
    }

    for(;;) {
        // 3.遍历搜索unsortedbins
        while ( (victim = unsorted_chunks(av)->bk) != unsorted_chunks(av)) {
            // 判断是否对chunk进行切割
            ......

            // 判断是否精准匹配，若匹配可以直接返回
            ......

            // 若不精准匹配，则将chunk放到对应的bins中
            // 如果属于smallbins，则插入smallbins
            // 如果属于largebins，则插入largebins
            ......

            // 避免遍历unsortedbins占用过多时间
            if (++iters >= MAX_ITERS)
                break;
        }

        // 4.如果属于large范围或者之前的fastbins/smallbins/unsortedbins请求都失败
        // 则从largebins中寻找chunk，可能会涉及切割
        ......


        // 5.尝试从top chunk中申请
        //    可能会涉及对fastbins中chunk的合并
use_top:
        victim= av->top;
```

```
    size= chunksize(victim);
    ......

    // 如果分配区中没申请到，则向操作系统申请
    void *p = sYSMALLOc(nb, av);
    }
}
```

在一进入函数的时候，首先调用checked_request2size对用户请求的字节数进行规范化。因为分配区中管理的都是32、64等对齐的字节数的内存，如果用户请求30字节，那么ptmalloc会对齐一下，按32字节为其申请。

接着是从分配区的各种bins中尝试为用户分配内存。总共包括以下几次尝试：

- 如果申请字节数小于fastbins管理的内存块最大字节数，则尝试从fastbins申请内存，申请成功就返回。
- 如果申请字节数小于smallbins管理的内存，则尝试从smallbins申请内存，申请成功就返回。
- 尝试从unsortedbins中申请内存，申请成功就返回。
- 尝试从largebins中申请内存，申请成功就返回。
- 如果前面的申请都没成功，尝试从top chunk中申请内存并返回。
- 从操作系统中使用mmap等系统调用申请内存。

在这些分配尝试中，一旦某一步申请成功了，就会返回。后面的步骤就不需要进行了。

最后在top chunk中也没有足够的内存的时候，就会调用sYSMALLOc向操作系统发起内存申请。在sYSMALLOc中，是通过mmap等系统调用来申请内存的。

```
//file:malloc/malloc.c
static Void_t* sYSMALLOc(INTERNAL_SIZE_T nb, mstate av)
{
    ......
    mm= (char*)(MMAP(0, size, PROT_READ|PROT_WRITE, MAP_PRIVATE));
    ......
}
```

另外，穿插在这些尝试中，可能会涉及chunk的切分，将大块的chunk切分成较小的返回给用户。也可能涉及多个小chunk的合并，用来降低内存碎片率。以上就是glibc中ptmalloc管理堆内存的基本原理。

6.6　本章总结

本章6.1节先介绍了虚拟内存和物理内存的概念。进程中的虚拟内存只是内核中的几个对象而已，使用一个个vm_area_struct来声明一段段地址范围，表示这段范围已申请。

真正的物理内存是由内核的伙伴系统管理的。当虚拟内存中的虚拟页被访问的时候，如果对应的物理页还没有加载到内存中，就会触发缺页中断，通过调用伙伴系统的alloc_pages来分配物理内存。

在6.2节中，介绍了进程使用内存的几种方式。这几种方式都是从内核的视角出发的。首先就是内核启动进程时会将可执行文件的代码段、数据段及其关联的动态链接库都加载映射到虚拟地址空间。再就是提供了mmap、brk等系统调用，允许进程在运行的过程中动态地向虚拟地址空间申请内存。无论是mmap还是brk，其实工作原理都非常简单，就是申请或者修改一个vm_area_struct对象。真正的物理内存还是依赖缺页中断和伙伴系统来分配的。

在6.3节中，深入分析了进程栈的初始化过程及动态增长原理。进程栈在初始化的时候，只有4KB的大小。随着程序的运行发现栈空间不够的时候，内核会自动对栈空间进行增加。当然，这个增加是有上限的，这个上限可以通过ulimit中的stack size来查看和修改。

在6.4节中，深入分析了线程栈。在这里我们发现，虽然进程栈和线程栈都叫栈，但其实在实现原理上完全不同。内核根本不管线程栈，是glibc提前调用mmap申请好，给新线程传递进来的。而且线程栈不可以自动扩展，所以申请的时候就是申请的栈的上限。

在6.5节中，介绍了malloc的工作原理。还是那句话，内核只提供mmap、brk这种基础的内存分配方式。但开发者可能需要频繁地申请各种尺寸的小对象。如果直接使用mmap、brk，会导致严重的碎片问题，频繁的系统调用也会拉低进程运行性能。glibc中的内存分配器通过链表的方式管理各种大小的chunk，每一个链表中都是相同大小的chunk。当进程需要对象时，分配器根据其大小找到链表，从链表头摘一个直接用。当释放的时候，还会放到相应大小的chunk中，等下次再分配，并不会立即还给内核。

我们再来回顾一下开篇提到的问题。

1）申请内存得到的真的是物理内存吗？

应用层开发平时接触到的内存，不管是栈也好，堆也罢，甚至是直接用mmap，其实都是虚拟内存。只是代表进程地址空间里的一段地址范围的vm_area_struct而已。

2）对虚拟内存的申请如何转化为对物理内存的访问？

真正的物理内存是在访问时如果发现虚拟内存页对应的物理页还没有申请，触发缺页中断，在缺页中断中调用伙伴系统的alloc_pages来申请的。这是以页为单位的！

3）top命令输出进程的内存指标中VIRT和RES分别是什么含义？

在使用top命令查看内存指标的时候，往往会看到两个内存相关的指标，分别是VIRT和RES，如图6.27所示。

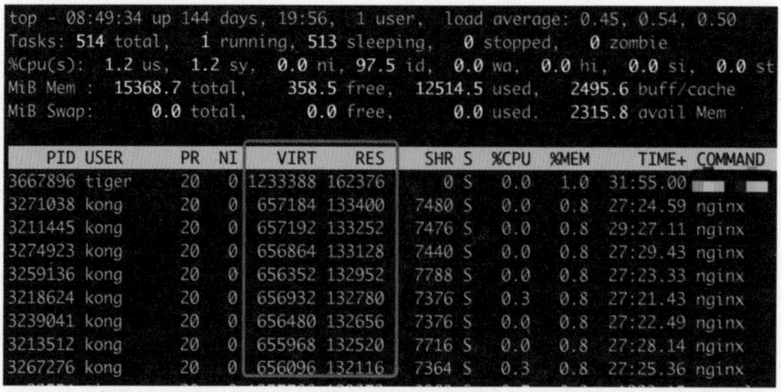

```
top - 08:49:34 up 144 days, 19:56,  1 user,  load average: 0.45, 0.54, 0.50
Tasks: 514 total,   1 running, 513 sleeping,   0 stopped,   0 zombie
%Cpu(s):  1.2 us,  1.2 sy,  0.0 ni, 97.5 id,  0.0 wa,  0.0 hi,  0.0 si,  0.0 st
MiB Mem :  15368.7 total,    358.5 free,  12514.5 used,   2495.6 buff/cache
MiB Swap:      0.0 total,      0.0 free,      0.0 used.   2315.8 avail Mem

    PID USER      PR  NI    VIRT    RES    SHR S  %CPU  %MEM     TIME+ COMMAND
3667896 tiger     20   0 1233388 162376      0 S   0.0   1.0  31:55.00 ████  ██
3271038 kong      20   0  657184 133400   7480 S   0.0   0.8  27:24.59 nginx
3211445 kong      20   0  657192 133252   7476 S   0.0   0.8  29:27.11 nginx
3274923 kong      20   0  656864 133128   7440 S   0.0   0.8  27:29.43 nginx
3259136 kong      20   0  656352 132952   7788 S   0.0   0.8  27:23.33 nginx
3218624 kong      20   0  656932 132780   7376 S   0.3   0.8  27:21.43 nginx
3239041 kong      20   0  656480 132656   7376 S   0.0   0.8  27:22.97 nginx
3213512 kong      20   0  655968 132520   7716 S   0.0   0.8  27:28.14 nginx
3267276 kong      20   0  656096 132116   7364 S   0.3   0.8  27:25.36 nginx
```

图6.27　输出的内存指标

这里的VIRT其实指的是进程的代码段、数据段、动态链接库、栈、堆等所有加起来，总共对虚拟地址空间申请了多大。而另外一列RES，指的是实际占用的物理页有多大。

除了top命令，还有其他命令在查看内存的时候也会输出两个指标，比如ps命令输出的时候，会包含VSZ和RSS两列。

```
# ps -aux
USER        PID %CPU %MEM    VSZ    RSS TTY      STAT START   TIME COMMAND
root     859793  0.0  0.0  13740   1296 ?        Ss    2022   0:00 nginx:
master process ...
root    2131602  0.0  0.2 438796  43524 ?        Ss    2022   0:00 nginx:
master process ...
nobody   859794  0.0  0.0  14152   2972 ?        S     2022   0:00 nginx:
worker process
kong    3211445  0.0  0.8 657192 133252 ?        S     Jan11 29:27 nginx:
worker process
```

其中的VSZ和top命令输出的VIRT是一个含义，也指的是虚拟地址空间占用。RSS和top中的RES一样，是实际物理内存页的消耗。

4）栈的大小限制是多大？

为了避免无限递归之类的问题对系统造成的冲击，栈都是有大小限制的。进程栈大小的限制在每台机器上都是不一样的，栈的大小可以通过ulimit命令查看和修改。一般是8MB左右。

5）当栈发生溢出后应用程序会发生什么？

报错结果一般是Segmentation fault (core dumped)。

6）进程栈和线程栈是相同的东西吗？

虽然进程栈和线程栈都叫栈，但其实在实现原理上完全不同。进程栈是Linux内核实现的，线程栈是glibc在用户态申请的。进程和线程的区别与联系如表6.1所示。

表6.1 进程和线程的区别与联系

	创建时机	初始大小	是否可增长	最大限制
进程栈	内核创建进程时	4KB	可以	ulimit中的stack size
线程栈	在内核创建前，由glibc使用mmap申请	ulimit中的stack size	不可以	ulimit中的stack size

7）你知道malloc大致是如何工作的吗?

内存分配是一件挺复杂的工作。不过好在各种语言的内存分配器都替我们解决好了。我们常用的malloc是在glibc内置的PTMalloc分配器中实现的。glibc维护了各种大小的空闲链表，每个链表中的元素都是一个chunk。每次调用malloc申请内存的时候，都是先找到合适大小的空闲链表，然后从上面摘一个chunk就行了。chunk有一点控制header，其中的body部分就是返回给我们使用的内存地址。

第7章

进程调度器

在服务器中CPU是最核心的资源。操作系统中进程的出现，可以更加充分有效地提高CPU的利用率，但是也带来了实现上的复杂度，毕竟CPU资源是有限的，而进程数量在大部分情况下都要大于CPU数量，这是一个需要解决的问题。本章从2.4版本的调度器开始讲起，逐步介绍到现在在用的完全公平调度。

在前面的章节中曾提到过，进程和线程在创建出来后会加入运行队列等待被调度。但之前提得比较笼统，本章将会详细介绍进程调度相关的底层实现原理。本章将从以下几个方面展开对调度器的介绍：

1）调度器的发展简史。

2）调度器是如何定义的，运行队列到底长什么样子？

3）新进程和老进程是如何确定自己该加入哪个运行队列的？

4）调度器是何时触发选择下一个待运行进程的？

在对调度器有了基本了解后，你也会对以下几个实践中息息相关的问题有更加深入的理解：

1）进程不主动释放CPU的话，每次调度最少能运行多久？

2）现在的进程调度还是按时间片来执行的吗？

3）进程的nice值的含义是什么？

4）在用户进程中，高优先级是否能抢占低优先级的CPU？

5）业界流行的在离线混部有没有副作用？

6）为什么进程会在CPU各个核之间飘来飘去？

7）taskset命令是如何让一个进程钉在某个核上的？

7.1 Linux进程调度发展简史

进程调度是一步步地发展起来的。在操作系统相关的教科书中，常会介绍一些经典的进程调度算法。比如先来先服务、短作业优先、时间片轮转调度、优先级调度，等等。不管是什么调度算法，其实都是在围绕调度中的两个核心问题做文章：

- 第一个核心问题：CPU如何选择下面让哪一个任务运行？
- 第二个核心问题：允许选中的进程运行多长的时间？

接下来要讨论的Linux各个版本的调度算法的迭代，也都是在围绕这两个问题不断地演进。

7.1.1 $O(n)$调度发展过程

在进程调度史上，2.4版本是一个比较经典的版本。我们来看下Linux是如何演进到这个实现的。

先来先服务是最简单的进程调度算法。这种算法的思想就是搞一个就绪进程的队列。每当有新任务到达的时候，就添加到任务队列的尾部。当CPU处理完手头的任务选择下一个的时候，就直接从队列头取一个出来，如图7.1所示。这其实就是我们日常生活中随处可见的排队的思路。比如你到银行、车管所、派出所等地方办事，都是去了先让你领号排队。当窗口可以处理下一位的时候，就直接喊下一个号。

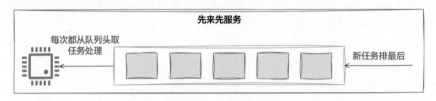

图7.1　先来先服务

这种算法的优点是实现起来非常简单，但是缺点也非常多。假如排在第一位的任务处理起来非常耗时，要花1分钟，这时队尾来的新任务可能只需要1秒就能处理完。显然让这个新任务为了获得1秒的CPU而等1分钟以上是非常不合适的，如图7.2所示。系统整体的响应能力会非常差。

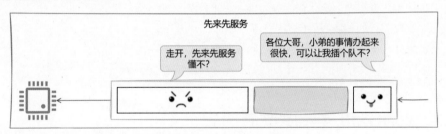

图7.2　先来先服务的弊端

短作业优先的思路是对上一个算法的改进。假如在某种场景下可以提前估算处理所需的耗时，比如车管所业务中包含新车上牌和处理交通违章两种业务，显然交通违章处理起来要比新车上牌快得多。在这种情况下最短作业优先的思路就是让处理快的业务先处理。这样从整体上来看，大家在排队这件事情上所花的时间要少一些。因为短的业务很快就会被处理完，只剩下大业务慢慢处理就好了，如图7.3所示。

图7.3　短作业优先

短作业虽然整体上排队时间短了，但是对于长作业来说却不公平。如果一直都有短作业到达，长作业将一直得不到CPU处理，一直排队，如图7.4所示。

图7.4　短作业优先有失公允

时间片轮转调度算法开始考虑公平性。它在调度的时候，会为一个进程分配一个时间片，这是本次调度分配给该进程的最长时间。如果时间片用尽后进程还没运行完，将被剥夺CPU并分配给下一个进程执行。当前进程重新进入运行队列排队，等待下一轮的调度，如图7.5所示。

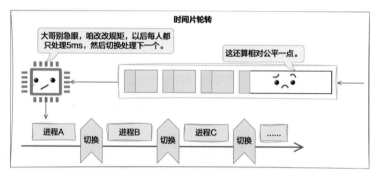

图7.5　时间片轮转

时间片轮转是一个比较简单的公平算法。它保证所有进程都能得到一些处理时间，保证没有进程被饿死。然而系统中并不是所有的进程的诉求都是一样的。有的进程可能需要的CPU时间并不多，但对及时性更迫切。这类任务应该更优先一点处理，而不是和所有进程一样慢慢分时间片排队，如图7.6所示。

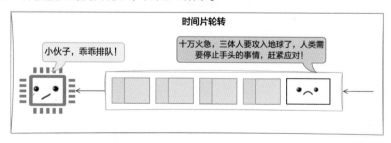

图7.6　时间片轮转的弊端

简单的时间片轮转没有考虑到优先级。系统中有些任务是需要被尽快处理的。另外，系统中的进程并没有优先级的概念，所有的进程一视同仁，一个时间片一个时间片地调度。等调度到紧急任务的时候，可能很长时间都过去了。所以还必须把优先级考虑进来，高优先级的任务应该位于队列的头部。这样调度的时候可以优先处理，如图7.7所示。

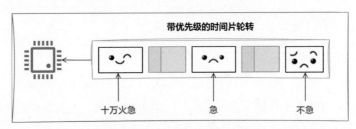

图7.7　带优先级的时间片轮转

但是，一旦把优先级考虑进来，很有可能会对低优先级的进程不友好。假如高优先级的任务足够多，低优先级的任务处理延时大大增加，甚至可能无法获取CPU，如图7.8所示。

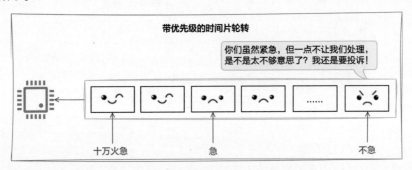

图7.8　带优先级的时间片轮转的弊端

动态优先级方案做了一些改进。它对调度时使用的优先级考虑两方面的影响。一方面是和上面一样的静态优先级，另一方面是根据是否获得了时间片来给其一个优先级调整。静态优先级只是一个基础优先级，真正调度的时候根据动态优先级来执行调度。

如果一个进程用光了它的时间片，那么它计算后的最终动态优先级就会低一些。如果没有获得过时间片，或者时间片没用光，相应的计算后的动态优先级就会高一些，如图7.9所示。

当然，动态优先级的计算还是在静态优先级的基础上进行的。静态优先级高的进程仍然有较大的概率获得CPU。静态优先级低的优先权会随着等待而逐步上升，也有机会获得CPU。不会造成CPU被高静态优先级进程独霸的情况。

图7.9　动态优先级的时间片轮转

以上就是Linux进程调度器发展到2.4时版本的演进过程。最终在2.4版本的实现上，整个系统中有一个调度队列，当有新任务到达的时候，先设置一个静态优先级。调度器选择进程执行的时候，选择的办法是遍历整个任务队列，从中挑选优先级最高的。但是优先级是在静态优先级的基础上动态变化的，如果获得了CPU，那动态优先级就会变低。如果一直未获得CPU，动态优先级就会变高。这样既照顾了对实时性要求高的高优先级进程，也避免了把低优先级的进程饿死。

7.1.2　Linux 2.5 $O(1)$调度器

Linux 2.4版本是在2001年发布的，在当时的那个年代运行得还算不错。但后面CPU硬件在单核主频上受到物理极限的限制，开始朝着多核的方向发展了。随着系统中核数的变多，单任务队列的矛盾就暴露出来了。所有的CPU都需要访问同一个任务队列，锁竞争的开销越来越高。随着服务器上跑的进程越来越多，$O(n)$遍历方式也显得有那么一点低效了，如图7.10所示。所以接下来调度器发展中要考虑的重点就是如何在多核状态下尽可能提高调度器的运转性能。

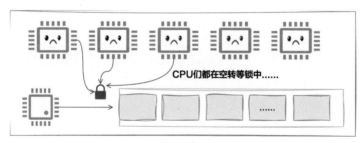

图7.10　$O(n)$调度器

在Linux 2.5中，调度器进行了脱胎换骨的改造，完美解决了前面提到的多核锁竞争和$O(n)$遍历问题。针对锁竞争问题，采取的手段是为每个CPU逻辑核都准备一个独立的runqueue，这就大大减少了锁的开销。针对$O(n)$低性能遍历问题，采取的解决方法是采用多优先级任务队列。每一个优先级都有一个链表。在查找的时候，引入bitmap辅助数据结构实现$O(1)$查找。该版本的调度器的实现逻辑图大致如图7.11所示。

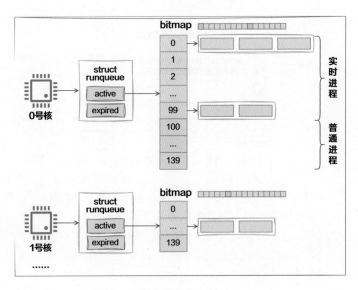

图7.11　每个核有独立的runqueue

每个核上都有一个runqueue数据结构。这样每当需要调度执行新进程的时候，再也不需要到公共队列中访问了。在runqueue中有active、expired两个任务队列。其中active是当前周期要调度的进程列表。当一个进程在当前周期的时间片用完后，就会被转到expired队列，而且会重新计算它的优先级，如图7.12所示。

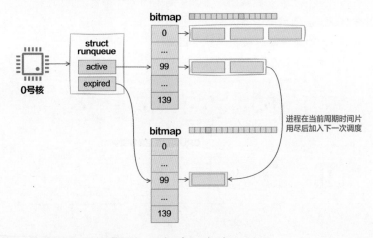

图7.12　active与expired runqueue

当active中的任务全部执行完毕，active和expired交换一下，开始下一个周期的调度，如此循环运行，如图7.13所示。

另外，为了进一步提高调度效率，引入了多优先级任务队列。每一个优先级都拥有一个独立的链表。全局优先级的范围为0~139，数值越低，优先级越高。借助了一个

bitmap辅助数据结构来加速查询，通过每一个比特来表示相对应的优先级上是否有任务存在。

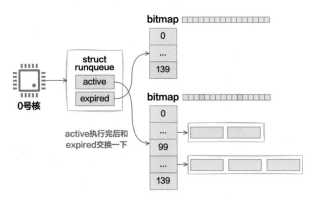

图7.13　active和expired交换

在查找待调度进程的时候，直接根据bitmap上的比特就可以快速定位到指定优先级上对应的任务链表。然后再从链表上找到进程调度即可。例如图7.14中第0和第3比特不为0，表示第0号和第3号优先级上的任务链表不为空。

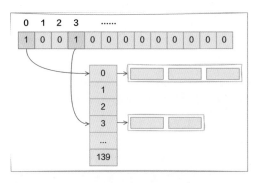

图7.14　借助bitmap加速

在Linux 2.4时代，每次调度都需要遍历任务链表，所以算法复杂度是$O(n)$。而到了2.5时代，通过bitmap＋多优先级任务队列的方式达到了$O(1)$的算法复杂度，所以2.5时代的调度器又被称为$O(1)$调度器。

在优先级方面，定义了140个优先级。这些优先级被分成两部分。第0~99号的100个优先级是作为实时进程优先级来使用的。剩下的第100~139号40个优先级是给普通进程准备的，如图7.15所示。我们开发的绝大部分应用程序都是普通进程，也就是说使用的是第100~139号优先级。

在调度优先级上，对于实时进程和普通进程的是完全不一样的。在实时进程调度中，优先级是一个静态优先级。优先级高的进程具有绝对的优先权，肯定会被优先调度，而且还支持抢占低优先级进程的CPU时间。对于同优先级的实时进程采用先入先出或者时间片轮转算法来分配CPU。

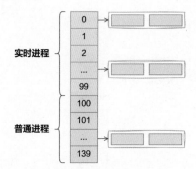

图7.15 实时进程和普通进程的优先级

但在普通进程中使用的是前面介绍的动态优先级方法。静态优先级不发生变化，而动态优先级会随着是否使用过CPU时间片、使用过多少来动态地计算。保证每个进程都能够被调度到，不至于被饿死。

说完了如何选择进程运行，再说说选择一个进程后该允许其运行多长时间。在O(1)调度器中，时间片和优先级绑定。通过task_timeslice函数来计算指定优先级的进程可以分配多长的时间片。我在Linux-2.5.68的源码中找到了它的定义。

```c
// file:kernel/sched.c
#define MIN_TIMESLICE        ( 10 * HZ / 1000)
#define MAX_TIMESLICE        (200 * HZ / 1000)
static inline unsigned int task_timeslice(task_t *p)
{
    return BASE_TIMESLICE(p);
}
#define BASE_TIMESLICE(p) (MIN_TIMESLICE + \
    ((MAX_TIMESLICE - MIN_TIMESLICE) * (MAX_PRIO-1-(p)->static_prio)/(MAX_
USER_PRIO - 1)))
```

系统规定了最小时间片是10 * HZ / 1000，最大时间片是200 * HZ / 1000。其中HZ代表的是时钟中断的次数，还不是实际的时间单位。要想转化为具体的时间单位，是通过内核中jiffies_to_time开头的几个函数来完成的。例如jiffies_to_timeval函数把时钟中断次数转换为秒和微秒两部分具体的时间长度。

```c
//file:include/linux/time.h
static __inline__ void
jiffies_to_timeval(unsigned long jiffies, struct timeval *value)
{
    value->tv_usec = (jiffies % HZ) * (1000000L / HZ);
    value->tv_sec = jiffies / HZ;
}
```

最小时间片长度MIN_TIMESLICE (10HZ / 1000)在经过该函数处理后，结果是10 000μs（微秒），等于10 ms。最大时间片长度MAX_TIMESLICE (200HZ / 1000) 经过处理后结果是200 000μs（微秒），为200ms。也就是说在2.5版本中，一个进程的运行时间片长度是10~200ms之间。优先级越高的进程获得的时间片就越多。

7.1.3 完全公平调度器诞生

Linux 2.5的调度器已经进化得非常不错了，但还是存在一点瑕疵，那就是优先级和时间片挂钩。优先级高的进程被分配了比较多的时间片，优先级低的进程被分配的时间片较少，通过这种方式来提供公平性。这会存在什么问题呢？

最大的问题就是调度延迟不可控。传统的$O(1)$调度器在服务器负载高的时候，调度延迟会出现非常大的劣化。$O(1)$调度器中当前周期内的每个进程的时间片是根据优先级计算出来的。那么一个调度周期就是当前周期内需要执行的所有任务的时间片之和。新来一个任务或者本轮时间片用完的话，在下一个周期才能调度得到。

举个实际的例子，假如某台服务器的每个核上都有10个进程在等待运行，它们的时间片都是100ms。那么当再有优先级较低的新进程加入的时候，需要等待10×100ms，整整1秒后才能够被执行。秒级别在计算中是一个非常夸张的延迟了。

在实际应用中，有一些交互性的进程对延迟非常敏感，例如带UI界面的程序，用户对延迟会非常敏感。不仅是UI界面程序，即使是运算类的后台程序，延迟不可控也是非常严重的问题。如果这种算法用在今天的互联网后端服务器上，用户们估计早就拔腿闪人了。

Linux内核在2.6.23版中对$O(1)$调度器中普通进程（优先级为100~139之间的进程）的调度方式进行了改造，引入了完全公平调度器（Completely Fair Scheduler，CFS）以取代$O(1)$调度器中原来的普通进程调度。

CFS重新对公平性进行了思考，其思想的精髓是"**对于N个进程的系统，在时间周期T内，每一个进程运行T/N的时间！**"。

CFS摒弃了固定时间片的思路。根据当前系统的情况动态计算调度周期。CFS中的时间片从固定分配转化为按比例分配。在一个调度周期的时间内，将时间公平地分配给就绪任务。但绝对公平也是不现实的，有的进程可能确实需要更多的CPU，所以实际上分配是按比例来的。这个比例是按优先级来的。该算法既保证了公平性，也兼顾了整体的调度延迟可控。接下来的一节将深入地讲解CFS的内部实现。

7.2 Linux调度器定义

上一节介绍了调度器的发展历程。本节回到本书使用的内核版本5.4上，来看看在今天的Linux上，调度器是如何实现的。

在Linux的调度器的实现上，对于实时进程和普通用户进程是分开考虑的。

- 对于实时进程采用多优先级任务队列。优先级高的进程有绝对的优先执行权。在同优先级内部可以采用先来先服务或者时间片轮转来分配CPU。在内核中定义的调度策略是SCHED_RR和SCHED_FIFO。
- 对于普通用户进程采用改进的时间片轮转——完全公平调度器。在内核中对应的调度策略是SCHED_OTHER。在这个策略中，优先级的作用并不是绝对保证高优先级的服务优先调度，而影响的是当进程被调度后，该使用多长的CPU时间。

系统的整体优先级策略是，如果系统中存在需要执行的实时进程，则优先执行实时进程。直到实时进程退出或者主动让出CPU，才会调度执行普通进程。这几种调度策略的定义位于如下位置。

```
// file:include/uapi/linux/sched.h
#define SCHED_NORMAL        0
#define SCHED_FIFO          1
#define SCHED_RR            2
......
```

在调度器中，运行队列是一个很重要的数据结构，它最重要的作用是管理那些处于可运行状态的进程，进程创建完后需要被添加到运行队列中。在讲运行队列之前，先来回忆一下CPU的物理结构。在第1章曾提到过，现代主流的服务器都是多CPU架构的，每个CPU会包含多个物理核，每个物理核又可以超线程出多个逻辑核来供操作系统管理和使用。

拿我的某台线上32核服务器来举例，该服务器实际上有2个CPU，每个CPU包含8个物理核。这样总共包含16个物理核。因为该服务器每个物理核又可以当成两个超线程来用，所以通过top命令可以看到有32核（逻辑核），这里看到的核其实是逻辑核，如图7.16所示。

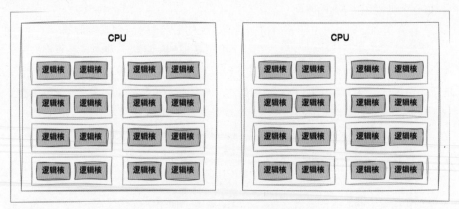

图7.16　32核CPU的服务器

为了让每个CPU核（逻辑核）都能更好地参与进程任务处理，不需要考虑和其他处理器竞争的问题，也能充分利用本地硬件Cache来对访问加速，新版的Linux内核会为每个CPU核都分配一个运行队列，也就是struct rq内核对象。我们来看看这个运行队列究竟是什么样的。

内核是通过DEFINE_PER_CPU来定义Per CPU变量的。其中运行队列使用的是DEFINE_PER_CPU_SHARED_ALIGNED宏。

```
// file:kernel/sched/core.c
DEFINE_PER_CPU_SHARED_ALIGNED(struct rq, runqueues);
```

DEFINE_PER_CPU_SHARED_ALIGNED宏接收两个参数，第一参数可以理解为数组类型，第二个参数可以理解为数组名。

```
// file:include/linux/percpu-defs.h
#define DEFINE_PER_CPU_SHARED_ALIGNED(type, name)                    \
    DEFINE_PER_CPU_SECTION(type, name, PER_CPU_SHARED_ALIGNED_SECTION) \
    ____cacheline_aligned_in_smp
```

这个宏执行后的效果是初始化出来一个runqueues数组，在该数组中为每一个CPU核都配置了一个运行队列（struct rq）对象，如图7.17所示。

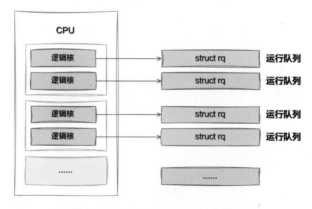

图7.17 每个逻辑核都有一个运行队列

Linux操作系统进程调度有多种多样的需求。例如有的需要按优先级来实时调度，只要高优先级的进程一就绪，就需要立即抢占CPU资源。有的不需要抢占这么频繁，对实时性要求没那么高，只要被公平地分配CPU资源就可以了。

为了满足各种复杂的调度策略，内核在struct rq中实现了不同的调度类（Scheduling Class）。不同调度需求的进程放在不同的调度类中。

```
// file:kernel/sched/sched.h
struct rq {
```

```
    // 实时任务调度器
    struct rt_rq rt;
    // CFS完全公平调度器
    struct cfs_rq cfs;
  struct dl_rq          dl;
    ......
}
```

在优先级上，5.4版还沿用的是O(1)时代的140个优先级。还是第0~99号给实时进程使用，第100~139号给普通进程使用。另外，在普通进程的优先级上，又额外引入了一个nice值。这个值和原来的优先级还是一一对应的，对应关系如图7.18所示。

图7.18　nice值与优先级的关系

接下来详细看看实时调度器和完全公平调度器是如何实现的。

7.2.1　实时调度器

在实时类调度需求中，内核线程如migration一般对实时性的要求比较高，这类任务需要尽可能实时地调度分配CPU。

在这种调度算法中，优先级是最主要考虑的因素。优先级高的可以抢占优先级低的CPU资源。同一个优先级先到先服务（SCHED_FIFO）或者按照时间片轮转（SCHED_RR）服务。

这种调度方式实现起来比较简单，只需要定义一些优先级，并为每个优先级各分配一个链表当队列即可，也叫多优先级队列，如图7.19所示。

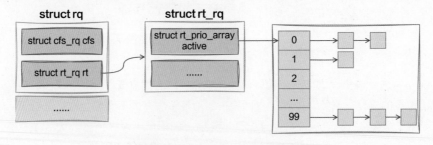

图7.19　实时调度器相关对象

具体的代码实现如下。

```
// file:kernel/sched/sched.h
```

```
struct rt_rq {
    struct rt_prio_array active;
    unsigned int rt_nr_running;
    ......
}
```

其中rt_prio_array就是多优先级队列的实现，我们来看下它的定义。

```
// file:kernel/sched/sched.h
struct rt_prio_array {
    ......
    struct list_head queue[MAX_RT_PRIO];
};
```

其中MAX_RT_PRIO定义在include/linux/sched/prio.h文件中，它的值为100。也就是说有100个对应不同优先级的队列。

```
// file: include/linux/sched/prio.h
#define MAX_RT_PRIO         100
......
```

7.2.2　完全公平调度器

Linux主要用来运行用户进程。对于绝大多数的用户进程来说，对实时性的要求没那么高。如果因为优先级的问题频繁地发生抢占，进而导致过多的进程上下文切换的开销，对系统整体的性能是有不利的影响的。所以用户进程采用的是不同的调度算法。

Linux 2.6.23之后采用了完全公平调度器（Completely Fair Scheduler，CFS）作为用户进程的调度算法。**完全公平调度器的核心思想是强调让每个进程尽量公平地分配到CPU时间。**

完全公平调度器在公平性的实现上，通过引入一个虚拟运行时间vruntime（virtual runtime）的概念来极大地维护了调度算法的简洁性。调度器只需保证所有进程的vruntime是基本平衡的就可以。

CFS在选择下一个进程的时候，以任务队列的vruntime大小来决定下一次调度该调度谁。vruntime是根据静态优先级和物理时间片来综合计算得出的。一旦进程运行，虚拟运行时间就会增加。尽量让虚拟运行时间最小的进程运行，谁小了就要多运行，谁大了就要少获得CPU。最后尽量保证所有进程的虚拟运行时间相等。

但是在数据结构的组织上，有一个小小的难点要解决。那就是当所有程序运行起来后，每一个进程的虚拟运行时间是在不断变化的。如何动态管理这些虚拟运行时间，在不断变化的进程，快速把虚拟运行时间最少的进程找出来呢？CFS调度器最终采用的解决办法是使用红黑树来管理任务。在红黑树中把进程按虚拟运行时间key，从小到大排序。越靠树的左侧，进程的虚拟运行时间越小，越靠树的右侧，进程的虚拟运行时间就越大。这样每当CFS要挑选可运行进程时，直接从树的最左侧选择节点就可以了，计算速度非常快。

以下是完全公平调度器cfs_rq内核对象的定义。

```
// file:kernel/sched/sched.h
struct cfs_rq {
  ......
  // 当前队列中所有进程vruntime中的最小值
  u64 min_vruntime;
  // 保存就绪任务的红黑树
  struct rb_root_cached    tasks_timeline;
  ......
}
```

在该对象中，核心是这个rb_root_cached类型的对象，这就是按照vruntime大小来管理所有就绪任务的红黑树，如图7.20所示。

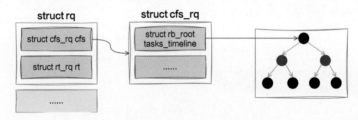

图7.20　完全公平调度器相关对象

在红黑树的节点中，放的是一个调度实体sched_entity对象。该对象有可能是一个真正的进程，也有可能是一个进程组。关于进程组将在第11章介绍。在本章中，大家把sched_entity对象和进程一一对应起来就行。在这个sched_entity对象中，为每一个进程都保存了vruntime信息，如图7.21所示。

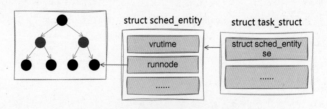

图7.21　调度实体sched_entity

来简单看下代表进程、线程的结构体task_struct。

```
// file:include/linux/sched.h
struct task_struct {
  ......
  // 调度策略
```

```
const struct sched_class        *sched_class;
// 调度亲和性相关
const cpumask_t                 *cpus_ptr;
cpumask_t                       cpus_mask;
int                             nr_cpus_allowed;
// 调度实体
  struct sched_entity           se;
......
}
```

在task_struct中定义了当前任务所使用的调度策略，也指明了调度亲和性，还带了一个调度实体。在这个调度实体中会存储完全公平调度器所需要的一些信息，以下是相关定义。

```
// file:include/linux/sched.h
struct sched_entity {
    // 当前进程的权重信息
    struct load_weight              load;
    // 指向自己在红黑树上的节点位置
    struct rb_node                  run_node;
    // 进程开始执行的时间，将来用来计算运行时长
    u64                             exec_start;
    // 记录总的运行时间
    u64                             sum_exec_runtime;
    // 进程的虚拟运行时间，也是红黑树中的key
    u64                             vruntime;
    ......
}
```

该结构体中的这些字段都是完全公平调度器所必须使用的信息。CFS调度器一旦选择了一个进程进入执行状态，会立刻开启对其虚拟运行时间的跟踪过程，并且会动态更新进程的vruntime。有了这个信息，调度器就可以不断检查目前系统的公平性。失去CPU执行权的那个任务会被重新插入红黑树，其在红黑树中的位置是由它接下来的vruntime值决定的。通过这样动态地运转，进而保证所有任务的vruntime是公平的。

还要强调的是，vruntime只是一个虚拟运行时间。它是经过真实运行时间换算出来的结果，其中调度实体sched_entity中的struct load_weight load就是这个换算的依据，会按照这个权重进行换算。

7.3　进程的任务队列选择

在这一节中，我们来看下进程是如何选择并加入到一个任务队列中的。有几种时机需要将进程加入到运行队列：新进程创建出来的时候，老进程唤醒的时候。

7.3.1　新进程创建时加入

从上一节内容可知，进程的task_struct中包含了实现完全公平调度器的一些成员。进程在创建的时候就需要对这些成员进行必要的初始化。我们来看下这个初始化过程。

在第3章中讲过，fork创建时主要调用了copy_process对新进程的task_struct进行各种初始化。在初始化的过程中，也涉及几个进程调度相关的变量的初始化。

```
// file:kernel/fork.c
static struct task_struct *copy_process(...)
{
    ......
    retval= sched_fork(clone_flags, p);
    ......
}
```

在创建进程copy_process时会调用sched_fork来完成调度相关的初始化。

```
// file:kernel/sched/core.c
int sched_fork(unsigned long clone_flags, struct task_struct *p)
{
    __sched_fork(clone_flags, p);
    p->__state = TASK_NEW;

  if (rt_prio(p->prio))
       p->sched_class = &rt_sched_class;
    else
       p->sched_class = &fair_sched_class;
    ......
}
```

对于大部分应用程序来说，都会走到上面代码中最重要的一行p->sched_class = &fair_sched_class;。这一行**表示这个进程将会被完全公平调取策略调度**。其中，fair_sched_class是一个全局对象，代表完全公平调度器。它实现了调度器类中要求的添加任务队列、删除任务队列、从队列中选择进程等方法。fair_sched_class是在kernel/sched/fair.c文件中定义的。

```
// file:kernel/sched/fair.c
DEFINE_SCHED_CLASS(fair) = {
    .enqueue_task           = enqueue_task_fair,
    .dequeue_task           = dequeue_task_fair,
  ......
}
```

其中DEFINE_SCHED_CLASS是一个宏，定义了一个调度器类struct sched_class的具体对象。

```
// file:kernel/sched/sched.h
#define DEFINE_SCHED_CLASS(name) \
const struct sched_class name##_sched_class \
    __aligned(__alignof__(struct sched_class)) \
    __section("__" #name "_sched_class")
```

另外，把进程的虚拟运行时间初始化为0，迁移次数初始化为0。

```
// file:kernel/sched/core.c
static void __sched_fork(struct task_struct *p)
{
    p->on_rq                  = 0;
    ......
    p->se.nr_migrations       = 0;
    p->se.vruntime            = 0;
    ......
}
```

前面介绍过，完全公平调度队列里的进程是按照vruntime来调度的，谁的最小就优先调度谁。新进程的p->se.vruntime被初始化为0，比其他老进程的值要小很多。那么在相当长的时间里它都将占据调度优势。这显然是不太公平的。为了解决这个问题，完全公平调度器会在每个cfs_rq中维护一个min_vruntime值，存储当前队列中所有进程的最小min_vruntime。在新进程真正加入运行队列时，会将其值设置为min_vruntime。通过这种方式来保证新老进程的公平性。

进程在copy_process创建完毕后，通过调用wake_up_new_task将新进程加入就绪队列中，等待调度器调度。

```
// file:kernel/fork.c
pid_t kernel_clone(struct kernel_clone_args *args)
{
    // 复制一个task_struct
    struct task_struct *p;
    p= copy_process(NULL, trace, NUMA_NO_NODE, args);

    // 子任务加入就绪队列，等待调度器调度
    wake_up_new_task(p);
    ......
}
```

下面我们来展开看看wake_up_new_task执行时具体发生了什么，新进程是如何加入CPU运行队列（struct rq）的。

```
// file:kernel/sched/core.c
void wake_up_new_task(struct task_struct *p)
{
```

```
    // 1 为进程选择一个合适的CPU
    // 2 为进程指定运行队列
    __set_task_cpu(p, select_task_rq(p, task_cpu(p), WF_FORK));

    // 3 将进程添加到运行队列红黑树
    rq= __task_rq_lock(p);
    activate_task(rq, p, 0);
    ......
}
```

wake_up_new_task主要选择一个合适的CPU，然后将进程添加到所选的CPU的任务队列中。

7.3.1.1 选择合适的CPU运行队列

前面讲到，每个CPU核都有一个对应的运行队列 runqueue (struct rq)，所以新进程在加入调度前的第一件事就是选择一个合适的运行队列。

要稍加注意的是，在__set_task_cpu(p, select_task_rq(p, task_cpu(p), WF_FORK)) 这一行代码中包含对两个函数的调用：

- select_task_rq函数选择一个合适的CPU（运行队列）。
- __set_task_cpu函数使用选择好的CPU。

在讲选择运行队列之前，先看看CPU里的缓存，如图7.22所示。

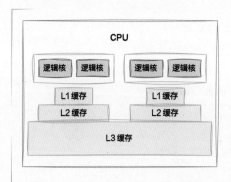 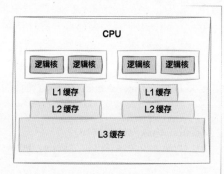

图7.22 CPU中的缓存

CPU同一个物理核上的两个逻辑核是共享一组L1和L2缓存（Cache）的。整个物理CPU上所有的核共享同一组L3。每一级缓存的访问耗时都差别非常大，L1缓存是1 ns多一些，L2缓存是2 ns多一些，L3缓存大约是4~8 ns。而内存耗时在最坏的随机IO情况下可以达到30 ns以上。

了解CPU的物理结构及各级缓存的性能差异，你就大概能弄明白选择CPU核的目的了。**CPU调度是在缓存性能和空闲核两个点之间做权衡**。同等条件下会尽量优先考虑缓存命中率，选择同L1/L2的核，其次会选择同一个物理CPU上的（共享 L3），最坏情况下去选择另外一个物理CPU上的核。

选择运行队列select_task_rq这个函数有点复杂。但是理解了上面这个逻辑后，相信你理解起来就会容易很多。

```c
//file:kernel/sched/core.c
static inline
int select_task_rq(struct task_struct *p, int sd_flags, int wake_flags)
{
    int cpu = p->sched_class->select_task_rq(p, sd_flags, wake_flags);
    ......
    return cpu;
}
```

在本章前面提到了执行fork系统调用后产生的新进程的sched_class 使用的是公平调度器fair_sched_class，再翻开这个结构体的定义，可以找到其定义的select_task_rq函数的具体实现为select_task_rq_fair。

```c
// file:kernel/sched/fair.c
DEFINE_SCHED_CLASS(fair) = {
    ......
    .select_task_rq         = select_task_rq_fair,
    ......
}
```

所以前面的p->sched_class->select_task_rq这一句实际是进入fair_sched_class的select_task_rq_fair方法里，通过公平调度器实现的函数来选择CPU核的。

```c
//file:kernel/sched/fair.c
static int
select_task_rq_fair(struct task_struct *p, int prev_cpu, int wake_flags)
{
    struct sched_domain *tmp, *sd = NULL;
    ......

    // wake_affine机制
    for_each_domain(cpu, tmp) {
        ......
        if (want_affine && (tmp->flags & SD_WAKE_AFFINE) &&
            cpumask_test_cpu(prev_cpu, sched_domain_span(tmp))) {
            if (cpu != prev_cpu)
                new_cpu = wake_affine(tmp, p, cpu, prev_cpu, sync);

            sd = NULL;
            break;
        }
    }
```

```
    ......
    if (unlikely(sd)) {
        // 慢速路径
        new_cpu = find_idlest_cpu(sd, p, cpu, prev_cpu, sd_flag);
    } else if (sd_flag & SD_BALANCE_WAKE) { /* XXX always ? */
        // 快速路径
        new_cpu = select_idle_sibling(p, prev_cpu, new_cpu);
    }
    return new_cpu;
}
```

　　为了方便理解，我把 select_task_rq_fair源码精简处理后，只保留了关键逻辑。本书使用的源码版本是6.1，这个版本在选择核的时候，第一个策略是wake_affine机制。这个wake_affine机制简单来讲，就是尽量优先选择要唤醒的进程上一次使用的CPU逻辑核，或者要唤醒它的进程所在的核（当前逻辑核）。因为这两个核上的缓存大概率还是"热的"，进程调度上会运行得比较快。

　　在快速路径选择中，主要的策略就是考虑共享缓存且idle的CPU。优先选择任务上一次运行使用的CPU，其次是唤醒任务的CPU。如果快速路径没选到，那就进入慢速路径。首先选出负载最小的组（find_idlest_group），然后再从该组中选出最空闲的CPU(find_idlest_cpu)。当进入慢速路径后，会导致进程下一次执行的时候跑在别的核，甚至是别的物理CPU上，这样以前跑热的L1、L2、L3就都失效了。用户进程过多地发生这种漂移会对性能造成影响，当然，内核在极力避免这些。如果你想强行干掉漂移，可以试试taskset命令。

　　讲到这里，我要说一下现在国内互联网公司都流行的在离线混部。业界的公司为了更充分地将CPU利用率拉起来，会在在线业务的机器上部署离线计算任务，目的是更充分地压榨CPU资源。但是这里有一个细节需要注意，那就是在离线混部会破坏掉内核的wake_affine机制。

　　wake_affine机制生效的前提是pre_cpu或当前cpu变量对应的CPU核有空闲。假如这台机器上进行了在离线混部，宿主机整体的CPU利用率被打到很高的水平，比如说70%，那么wake_affine机制能起作用的概率就会低很多。进程在不同的核上运行的概率增加，缓存中的数据都是"凉的"，穿透到内存的访问次数增加，进程的运行性能就会下降很多。

　　换到CPU利用率上来看，假如在线任务能将一台机器消耗掉30%的CPU资源，另外一个离线任务单独在这台服务器上跑也消耗30%的资源，那么把它们同时混部到一起的时候，因为对wake_affine的破坏，程序的整体运行都会变慢，所以CPU利用率很有可能不只30%+30%=60%，有可能会达到70%+。在离线混部虽然好，但是使用起来也要注意。

7.3.1.2　为进程指定运行队列

　　在选择完CPU后，接下来的set_task_cpu函数为进程指定运行队列。

```
//file:kernel/sched/core.c
void set_task_cpu(struct task_struct *p, unsigned int new_cpu)
{
    ......
    if (task_cpu(p) != new_cpu) {
        if (p->sched_class->migrate_task_rq)
            p->sched_class->migrate_task_rq(p, new_cpu);
        p->se.nr_migrations++;
    ......
    }
    __set_task_cpu(p, new_cpu);
}
```

该函数一上来先判断是否是迁移，是的话调用调度器实现的migrate_task_rq，并将调度实体se中的nr_migrations加1。然后依次调用__set_task_cpu、set_task_rq，最终为新进程的调度实体se设置好正确的运行队列。

```
//file:kernel/sched/sched.h
static inline void set_task_rq(struct task_struct *p, unsigned int cpu)
{
    struct task_group *tg = task_group(p);
    set_task_rq_fair(&p->se, p->se.cfs_rq, tg->cfs_rq[cpu]);
    p->se.cfs_rq = tg->cfs_rq[cpu];
    p->se.parent = tg->se[cpu];
}
```

7.3.1.3　将进程添加到运行队列红黑树

接下来就是将新创建的进程添加到该CPU对应的运行队列（struct rq）中。

```
// file:kernel/sched/core.c
void wake_up_new_task(struct task_struct *p)
{
    // 1 为进程选择一个合适的CPU
    // 2 为进程指定运行队列
    __set_task_cpu(p, select_task_rq(p, task_cpu(p), WF_FORK));
    // 3 将进程添加到运行队列红黑树中
    rq= __task_rq_lock(p);
    activate_task(rq, p, 0);
    ......
}
```

经过set_task_cpu设置后，新进程taskstruct指针p上已经记录了自己所在的任务队列。调用__task_rq_lock函数的作用就是将新进程p要使用的CPU的运行队列struct rq加上锁防止冲突。

接着调用activate_task将新进程添加到该CPU运行队列，如图7.23所示。

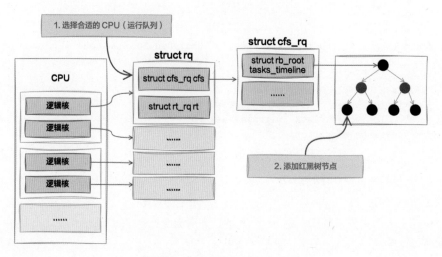

图7.23　将进程添加到运行队列

下面来查看其源码。

```c
// file: kernel/sched/core.c
void activate_task(struct rq *rq, struct task_struct *p, int flags)
{
    ......
    enqueue_task(rq, p, flags);
}

static inline void enqueue_task(struct rq *rq, struct task_struct *p, int flags)
{
    ......
    p->sched_class->enqueue_task(rq, p, flags);
}
```

再次翻开完全公平调度器fair_sched_class对象的定义。

```c
// file:kernel/sched/fair.c
DEFINE_SCHED_CLASS(fair) = {
    .enqueue_task            = enqueue_task_fair,
    ......
}
```

可见 p->sched_class->enqueue_task实际调用的是enqueue_task_fair。经过 enqueue_task_fair => enqueue_entity ==> __enqueue_entity，最终插入到红黑树中等待调度。

不过在进入任务队列之前，需要对进程的vruntime进行适当的调整，否则新进程的vruntime是0，对于老的进程不公平。调整的方式就是给新进程加上当前运行队列的min_vruntime。

```
// file:kernel/sched/fair.c
static void
enqueue_entity(struct cfs_rq *cfs_rq, struct sched_entity *se, int flags)
{
    ......
    se->vruntime += cfs_rq->min_vruntime;
    __enqueue_entity(cfs_rq, se);
    se->on_rq = 1;
}
```

这样新进程的vruntime虽然也是最低的，但不会长时间占据调度优势。最后插入红黑树的真正函数是__enqueue_entity。se->on_rq标记当前任务已经进入就绪队列等待了。

```
// file:kernel/sched/fair.c
static void __enqueue_entity(struct cfs_rq *cfs_rq, struct sched_entity *se)
{
    rb_add_cached(&se->run_node, &cfs_rq->tasks_timeline, __entity_less);
}
```

```
// file:include/linux/rbtree.h
static __always_inline struct rb_node *
rb_add_cached(struct rb_node *node, struct rb_root_cached *tree, ...)
{
    struct rb_node **link = &tree->rb_root.rb_node;
    struct rb_node *parent = NULL;
    ......
    // 根据进程的vruntime值在红黑树中寻找位置
    while (*link) {
        ......
        if (entity_before(se, entry)) {
                link= &parent->rb_left;
            } else {
                link= &parent->rb_right;
            }
    }

    // 插入到红黑树中
    rb_link_node(node, parent, link);
    rb_insert_color_cached(node, tree, leftmost);
}
```

在__enqueue_entity中，先根据进程的vruntime寻找合适的位置。调用entity_before的作用是在判断两个节点谁的vruntime更小。

```
// file:kernel/sched/fair.c
static inline bool entity_before(struct sched_entity *a,
                struct sched_entity *b)
{
```

```
    return (s64)(a->vruntime - b->vruntime) < 0;
}
```

当找到位置后，调用rb_insert_xxx将节点插入到红黑树中。这样下一步就有机会被调度到，真正开始运行了。

7.3.2　老进程唤醒时加入

进程阻塞后当等待的事件就绪，比如有等待的socket上的网络请求到达后，内核会依次调用default_wake_function、try_to_wake_up来将进程唤醒。

```
// file:kernel/sched/core.c
static int
try_to_wake_up(struct task_struct *p, unsigned int state, int wake_flags)
{
    ......
  cpu = select_task_rq(p, p->wake_cpu, wake_flags | WF_TTWU);
    if (task_cpu(p) != cpu) {
        wake_flags|= WF_MIGRATED;
        psi_ttwu_dequeue(p);
        set_task_cpu(p, cpu);
    }
  ttwu_queue(p, cpu, wake_flags);
}
```

这里调用到两个函数：

- select_task_rq函数选择一个合适的CPU。
- set_task_cpu函数为进程指定运行队列。

在select_task_rq函数中会优先尝试使用wake_affine机制调度到自己睡眠之前的CPU核或当前CPU核上。但这并不总能成功，很有可能被调度到别的核上进行下一次的运行。

接下来调用的ttwu_queue函数也还是会调用到activate_task。

```
ttwu_queue
 ->ttwu_do_activate
  ->activate_task
```

activate_task函数的作用是将进程添加到自己所属的运行队列的红黑树中。

这里有个小知识点，如果进程睡眠了很久，进程的vruntime由于很久没有动过，醒来后可能比其他进程低很多。这样它运行起来就会太占便宜。所以完全公平调度器在enqueue_entity函数中，会对睡眠醒来后的vruntime做一些调整，以继续保持整体的公平性。

```
// file:kernel/sched/fair.c
static void
enqueue_entity(struct cfs_rq *cfs_rq, struct sched_entity *se, int flags)
{
    ......
    // 更新负载平均值
    update_load_avg(cfs_rq, se, UPDATE_TG | DO_ATTACH);

    // 对睡眠后醒来的进程的vruntime做调整
    if (flags & ENQUEUE_WAKEUP)
        place_entity(cfs_rq, se, 0);
    ......
}

static void
place_entity(struct cfs_rq *cfs_rq, struct sched_entity *se, int initial)
{
    u64 vruntime = cfs_rq->min_vruntime;
    ......
    // 调整醒来后进程的vruntime
    if (entity_is_long_sleeper(se))
        se->vruntime = vruntime;
      else
        se->vruntime = max_vruntime(se->vruntime, vruntime);
}
```

7.4　调度时机

　　本章前面讲述了进程是如何加入任务队列的，此时新进程还没有真正被调度。触发调度器开始真正调度、选择进程并上CPU开始运行的时机，包括定时调度节拍和其他进程阻塞时主动让出两种。

7.4.1　调度节拍

　　在Linux中有一套时钟节拍机制。计算机系统随着时钟节拍需要周期性地做很多事情，例如刷新屏幕、数据落盘、进程调度等。Linux每隔固定周期会发出timer interrupt（IRQ 0），HZ用来定义每一秒有多少次timer interrupt。

> ★ 注意　通过查看Linux下的/boot/config-xx文件可以找到当前系统的HZ。具体命令如下：
> ```
> # cat /boot/config`-uname -r` | grep 'CONFIG_HZ='
> CONFIG_HZ=1000
> ```
> 如上输出表示当前系统的时钟节拍是每秒1000次，也就是每隔1 ms执行一次。

对于任务调度器来说，定时器驱动的调度节拍是一个很重要的调度时机。时钟节拍最终会调用调度类的task_tick方法完成调度相关的工作，会在这里判断是否需要调度下一个任务来抢占当前CPU核。也会触发多核之间任务队列的负载均衡。保证不让忙的核忙死，闲的核闲死。调度节拍的核心入口是scheduler_tick。

```c
// file: kernel/sched/core.c
void scheduler_tick(void) {
    nt cpu = smp_processor_id();
    struct rq *rq = cpu_rq(cpu);
    struct task_struct *curr = rq->curr;

    // 1.将每个进程执行过的时间累计起来
    // 2.判断是否需要调度下一个任务
    curr->sched_class->task_tick(rq, curr, 0);

    // 3.触发负载均衡
    rq->idle_balance = idle_cpu(cpu);
    trigger_load_balance(rq);
}
```

在scheduler_tick函数中执行的curr->sched_class->task_tick，在完全公平调度器中的具体实现是kernel/sched/fair.c下的task_tick_fair。这个函数主要调用entity_tick来完成工作。

```c
// file:kernel/sched/fair.c
static void
entity_tick(struct cfs_rq *cfs_rq, struct sched_entity *curr, int queued)
{
    // 更新当前任务的各种时间信息
    update_curr(cfs_rq);
    ......
    if (cfs_rq->nr_running > 1)
        // 检查是否需要抢占当前任务
        check_preempt_tick(cfs_rq, curr);
}
```

在调度节拍中会定时将每个进程所执行过的时间都换算成vruntime，并累计起来，也会定时判断当前进程是否已经执行了足够长的时间，如果是的话，需要再选择另一个vruntime较小的任务来运行。接下来我们分别来看看这两个逻辑。

7.4.1.1　vruntime计算

完全公平调度器的运转是基于vruntime来维持公平的。如果所有进程真的完全公平就好办了，vruntime可以直接用在CPU上运行的真实时间。但是在实践中可能确实有些进程需要多分配一些运行时间。Linux采用的做法是根据优先级按不同比例进行CPU的分配。

  具体的做法就是将100~139之间的优先级先转变为nice值，也就是从top命令的执行结果中看到的ni列。nice的取值范围为-20（最高权重）~19（最低权重）。每个nice值都有不同的分配比例。在时间片的分配上，按照nice值进行分配。nice值越低，所分配到的时间片就越多。nice值越高，能分配到的时间片就会越少。每一种优先级通过sched_prio_to_weight数组定义了一个分配比例。

```
// file:kernel/sched/core.c
const int sched_prio_to_weight[40] = {
 /* -20 */      88761,     71755,     56483,     46273,     36291,
 /* -15 */      29154,     23254,     18705,     14949,     11916,
 /* -10 */       9548,      7620,      6100,      4904,      3906,
 /*  -5 */       3121,      2501,      1991,      1586,      1277,
 /*   0 */       1024,       820,       655,       526,       423,
 /*   5 */        335,       272,       215,       172,       137,
 /*  10 */        110,        87,        70,        56,        45,
 /*  15 */         36,        29,        23,        18,        15,
};
```

  比如对于nice为0的任务来说，它的权重是1024。对于nice为-5的任务，它的权重是3121。是的，nice值越低，任务运行CPU所占的权重就越高。值得注意的是，**这个权重仅仅是一个分配比例，而不再是具体的时间**。假如有三个就绪进程A、B、C。其权重分别是a、b、c，那么A进程获得的实际时间占比是a/(a+b+c)。

  现在有很多人把nice值理解成了优先级，这是不恰当的。优先级强调的是抢占，高优先级比低优先级有优先获得CPU的权利。而用户进程中的nice值强调的是获得CPU运行时间的比例。在完全公平调度器中，将nice值理解成权重比理解成优先级更合适。

  我们来看看vruntime的具体计算过程。前面在调度节拍中调用了update_curr，这个函数会将进程的一些运行的信息汇总收集起来，其中就包括vruntime。

```
// file:kernel/sched/fair.c
static void update_curr(struct cfs_rq *cfs_rq)
{
  delta_exec = now - curr->exec_start;
    curr->vruntime += calc_delta_fair(delta_exec, curr);
  ......
}
```

  当前进程的exec_start存储的是它开始执行时的时间，用当前时间now减去这个值得到的就是当前进程现在运行了多长时间，其计算结果为delta_exec。通过calc_delta_fair将实际运行时间转化为vruntime。

```
// file:kernel/sched/fair.c
static inline u64 calc_delta_fair(u64 delta, struct sched_entity *se)
{
    if (unlikely(se->load.weight != NICE_0_LOAD))
```

```
    delta= __calc_delta(delta, NICE_0_LOAD, &se->load);

  return delta;
}
```

在calc_delta_fair函数中先判断当前进程的权重是不是nice为0的进程所对应的权重。在sched_prio_to_weight中定义了每个nice值对应的weight，其中nice 0对应的是1024。这里的NICE_0_LOAD就是1024，之所以单独定义一个宏是为了加速计算。

如果当前进程的se->load.weight和NICE_0_LOAD相等，就可以直接返回实际运行时间了。也就是说，如果进程使用的是默认的nice值0，那么vruntime就是等于实际的运行时间；如果nice值不为0，就调用__calc_delta将实际的运行时间进行缩放。

> ★ 注意　使用nice命令可以修改进程调度实体中的load.weight。

__calc_delta函数是下面这个数学公式的实现，会根据进程的weight对实际运行时间进行缩放。其缩放所用到的算法如下：

```
vruntime = (实际运行时间 * ((NICE_0_LOAD * 2^32) / weight)) >> 32
```

如果nice值比较低，算出来的vruntime就会偏小，这样当前进程就会在调度中获得更多的CPU。如果nice值比较高，算出来的vruntime就会偏大。这样当前进程在调度的过程中获得的CPU会变少。它就会在调度的过程中让其他进程先运行。__calc_delta函数为了追求极致的性能，实现上比较复杂一些，源码就不给大家展示了。

7.4.1.2　判断是否需要抢占调度

调度节拍也会调用check_preempt_tick函数判断是否有其他进程需要抢占当前任务。在这个函数中分两种情况：

- 情况一：当前进程实际运行的时间比根据调度周期算出的预期的运行时间长了，需要让出CPU。
- 情况二：当前进程的vruntime已经比红黑树中最左侧（vruntime最小）的任务的vruntime大不少了。

遇到这两种情况，当前进程都需要让出CPU，让下一个进程运行。我们来看源码。

```
// file:kernel/sched/fair.c
static void
check_preempt_tick(struct cfs_rq *cfs_rq, struct sched_entity *curr)
{
    // 情况一：当前进程实际运行的时间比预期长了
```

```
    ideal_runtime = sched_slice(cfs_rq, curr);
    delta_exec = curr->sum_exec_runtime - curr->prev_sum_exec_runtime;
    if (delta_exec > ideal_runtime) {
        resched_curr(rq_of(cfs_rq));
......
        return;
    }

    // 避免当前进程运行得太短
    if (delta_exec < sysctl_sched_min_granularity)
        return;

    // 情况二：当前进程的vruntime已经比其他进程大不少了
    se= __pick_first_entity(cfs_rq);
    delta= curr->vruntime - se->vruntime;

    if (delta > ideal_runtime)
        resched_curr(rq_of(cfs_rq));
}
```

情况二比较好理解，当前进程的vruntime比其他等待运行的所有进程的vruntime都大过一定幅度就该让出CPU。情况一稍微有点复杂。这是专门为解决O(1)调度器时代调度延迟不可控的问题的。

CFS摒弃了按优先级固定计算时间片的思路。根据当前系统的情况动态地计算调度周期。在一个调度周期这么长的时间内，就绪的任务都会被执行一次。具体思想就是先根据当前系统的负载情况计算出一个调度周期。完全公平调度器并不会真正按这个周期来调度。它的作用是用来计算每个在CPU上的任务应该运行的时间。避免当前任务运行过长而导致后面排队的任务延迟过高。

```
// file:kernel/sched/fair.c
static u64 sched_slice(struct cfs_rq *cfs_rq, struct sched_entity *se)
{
    // 先计算一个调度周期
    u64 slice= __sched_period(cfs_rq->nr_running + !se->on_rq);

    // 暂时不考虑组调度，此处的循环只会执行一次
    for_each_sched_entity(se) {
        // 获取整个运行队列cfs_rq的总权重
        cfs_rq= cfs_rq_of(se);
        load= &cfs_rq->load;
......
        // 调用函数获得se在整个队列中的权重比例
        slice= __calc_delta(slice, se->load.weight, load);
    }
    return slice;
}
```

　　函数__sched_period的作用就是在计算这个调度周期。如果当前核的运行队列上进程数不多，那就使用一个固定的调度周期。该周期是由sysctl_sched_latency内核参数来决定的。假如等待运行的进程数量过多，那就给每个进程保证一个最小运行时间片，这个最小时间片由sched_min_granularity_ns参数来决定。有N个进程等待，那就N*sysctl_sched_min_granularity为一个调度周期。保证所有的进程都能快速得到一小段处理时间。调度周期计算源码如下。

```
// file:kernel/sched/fair.c
static u64 __sched_period(unsigned long nr_running)
{
    if (unlikely(nr_running > sched_nr_latency))
        return nr_running * sysctl_sched_min_granularity;
    else
        return sysctl_sched_latency;
}
```

　　在我手头的服务器上，sysctl_sched_latency的值是24ms，意味着在绝大多数情况下，每隔24ms就开启新一轮的调度。也就是说进程的调度延迟不会超过24ms。如果就绪任务太多，就给每个进程一段长为sched_min_granularity的时间。在我手头的一台机器上设置的值是3ms。目的是保证一个进程被执行的时候，最少可以运行这么久。

```
# sysctl -a | grep sched_
kernel.sched_latency_ns = 24000000
kernel.sched_min_granularity_ns = 3000000
```

　　因为调度周期是计算出来的，所以相比Linux 2.5时代的O(1)调度器更可控，周期可控，那么进程的调度延迟也就最大不会超过一个调度周期。

　　如果需要重新调度的话，就调用resched_curr来触发重新调度。

```
// file:kernel/sched/core.c
void resched_curr(struct rq *rq)
{
    struct task_struct *curr = rq->curr;
      int cpu;
    cpu = cpu_of(rq);
    ......
    set_tsk_need_resched(curr);
    ......
}
```

　　这里所谓的触发仅仅是给当前运行的任务设置了一个TIF_NEED_RESCHED标记而已，是通过set_tsk_need_resched来完成的。真正的调度过程在后面讲述。

```
//file:include/linux/sched.h
static inline void set_tsk_need_resched(struct task_struct *tsk)
```

```
{
    set_tsk_thread_flag(tsk,TIF_NEED_RESCHED);
}
```

7.4.1.3　负载均衡

前面都是基于一个CPU核上的任务队列来讨论完全公平调度器的调度的。现代的服务器通常都有几十个核，上百个核也很常见。每个核上都会存在一个任务队列。那会不会存在一种情况，有的核上的就绪任务已经堆到处理不过来了，而有的核却很闲？如图7.24所示。

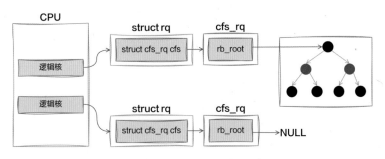

图7.24　不均衡的运行队列

这种情况是完全有可能出现的，所有负载均衡模块存在的目的就是为了解决这种问题。在讨论负载均衡之前，需要先讨论Linux中调度域的概念。在图7.22的例子中，这个服务器是由两个CPU组成的，每个CPU上各有两个物理核，而且也开启了超线程，将一个物理核当成两个逻辑核来用。现实中的服务器CPU架构核数比这个要多得多，这张图只是通过简化来方便说明问题。在这个服务器的所有物理核之间进行任务迁移的话，由于共享缓存和访问内存的情况的不同，迁移带来的缓存性能损失是不太一样的，如图7.25所示，分成以下三种情况。

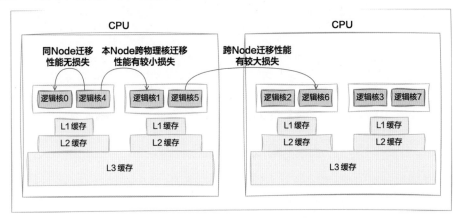

图7.25　任务迁移的不同情形

- 逻辑核0和逻辑核4是同属一个物理核的，所有的缓存都是复用的。所以它们之间如果进行任务迁移，几乎没有太大的缓存损伤。
- 逻辑核0和逻辑核1的L1/L2虽然不同，但仍然共享同一个L3，虽然缓存有损伤，但是损伤还不算太大。
- 逻辑核0和逻辑核2之间所有的CPU缓存都无法复用，而且由于跨Node访问内存的情况存在，性能的损伤最大。

为了表示服务器上的这种CPU的逻辑结构，内核定义了调度域sched_domain内核对象。系统在启动的时候会根据CPU的物理结构来创建调度域。调度域是分级的，越是下层的调度域中的核，共享缓存的特性越好。越是上层的调度域，包含的核越多，但它们之间缓存共享的特性就差一些。

```
// file:include/linux/sched/topology.h
struct sched_domain {
    struct sched_domain __rcu *parent;
    struct sched_domain __rcu *child;
  struct sched_group *groups;
}
struct sched_group {
    ......
    unsigned long        cpumask[0];
};
```

一个初始化后的调度域的树分成了三个级别调度域，如图7.26所示。

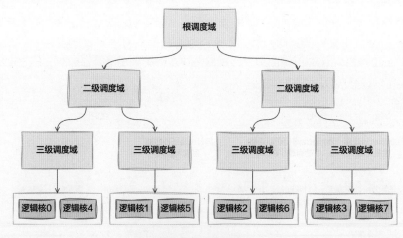

图7.26　三级调度域

其中最底层的三级调度域表达的是共享所有CPU高速缓存的核的情况。负载均衡就是尽量在下层的调度域中进行调度，实在没有办法再往上层调度，最坏的情况就是到根调度域跨物理CPU进行任务的迁移，这样的代价也最大。负载均衡也是在调度节拍中定时发起的，在scheduler_tick函数中调用trigger_load_balance来触发。在trigger_load_balance中通过触发一个软中断来让ksoftirqd线程处理真正的负载均衡过程的。

```
// file:kernel/sched/fair.c
void trigger_load_balance(struct rq *rq)
{
    if (time_after_eq(jiffies, rq->next_balance))
        raise_softirq(SCHED_SOFTIRQ);
    nohz_balancer_kick(rq);
}
```

完全公平调度器在系统初始化的时候就为SCHED_SOFTIRQ这种类型的软中断设置处理函数为run_rebalance_domains。

```
// file:kernel/sched/fair.c
__init void init_sched_fair_class(void)
{
    ......
    open_softirq(SCHED_SOFTIRQ, run_rebalance_domains);
}
```

ksoftirqd在收到软中断后，调用run_rebalance_domains函数开始执行，后面会调用到rebalance_domains函数。

```
// file:kernel/sched/fair.c
static void rebalance_domains(struct rq *rq, enum cpu_idle_type idle)
{
    ......
    for_each_domain(cpu, sd) {
        ......
        // 计算当前调度域负载均衡的时间间隔，这里会考虑CPU是否繁忙及调度域的时间间
隔区间
        interval= get_sd_balance_interval(sd, idle != CPU_IDLE);
        // 如果当前时间已经超过负载均衡的时间间隔，则触发负载均衡操作
        if (time_after_eq(jiffies, sd->last_balance + interval)) {
            if (load_balance(cpu, rq, sd, idle, &continue_balancing)) {
                ......
            }
        }
    }
}
```

rebalance_domains函数的核心是一个循环。这个循环是从最底层开始遍历每一层调度域。优先尝试在最底层调度域实现负载均衡，然后依次再往二级调度域、根调度域上开始迁移尝试，如图7.27所示。

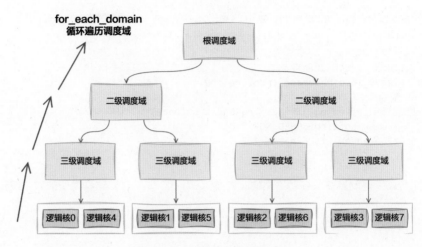

图7.27　任务在调度域之间迁移

在每一级调度域中，都会尝试迁移。

```
// file:kernel/sched/fair.c
static int load_balance(int this_cpu, struct rq *this_rq,
            struct sched_domain *sd, enum cpu_idle_type idle,
            int *continue_balancing)
{
    ......
    // 判断当前CPU是否可以从其他CPU拉点任务过来
    if (!should_we_balance(&env)) {
        *continue_balancing = 0;
        goto out_balanced;
    }
    // 通过对比各个调度组的负载、利用率来确定哪个调度组最忙
    group= find_busiest_group(&env);
    // 在最忙的调度组中找出最忙的运行队列
    busiest= find_busiest_queue(&env, group);
    // 迁移
    if (busiest->nr_running > 1) {
        // 从源队列拉取任务
        cur_ld_moved= detach_tasks(&env);
        // 加入到目标CPU的任务队列
        attach_tasks(&env);
    ......
    }
}
```

至于具体的load_balance过程就比较简单了。先判断当前CPU是否有余力多处理一些任务。如果有就根据当前调度域中的调度组（CPU核列表）来计算哪个调度组最忙，接着看哪个运行队列最忙。找到后，从源队列中拉取任务放到自己的任务队列上就可以

了，如图7.28所示。

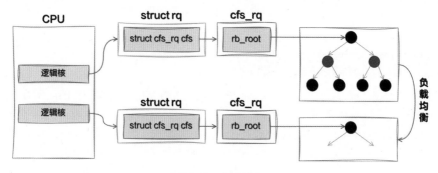

图7.28　负载均衡

其中从源队列拉取任务是调用detach_tasks函数实现的。这里要注意的是，并不是说源队列中任务比较多就可以随便拉出来，有一些情况是不可以拉出的。比如通过使用taskset命令，或者在程序中调用sched_setaffinity为进程设置了调度亲和性，那很有可能这个进程是无法被拉出的。

```c
// file:kernel/sched/fair.c
static int detach_tasks(struct lb_env *env)
{
    struct task_struct *p;
    while (!list_empty(tasks)) {
        // 获取队列中的一个任务
        p= list_last_entry(tasks, struct task_struct, se.group_node);
        // 判断当前任务是否能迁移到当前CPU上
        if (!can_migrate_task(p, env))
            goto next;

        ......
        detach_task(p, env);
    }
}
```

在detach_tasks函数中调用can_migrate_task函数判断所遍历的任务是否能够被拉出到当前的CPU上。判断是在can_migrate_task函数中处理的。

```c
// file:kernel/sched/fair.c
int can_migrate_task(struct task_struct *p, struct lb_env *env)
{
    ......
    if (!cpumask_test_cpu(env->dst_cpu, p->cpus_ptr)) {
        ......
    }
}
```

在can_migrate_task函数中的一个判断就是进程的CPU亲和性。这个亲和性是存在task_struct下的cpus_ptr、cpus_mask中的。在后面的小节中再看taskset命令如何为进程设置亲和性。

7.4.2　真正的调度

前面讲到在调度节拍中只是根据判断来决定是否需要抢占当前任务的。而真正开始选择并运行任务队列中的下一个进程的核心入口是schedule函数。在内核中除了调度节拍外，其他进程如果主动放弃CPU也会触发schedule调度。

在《深入理解Linux网络》一书中介绍过，在同步阻塞网络编程模型下，如果 socket上没有收到数据，或者收到的不够多，则调用sk_wait_data把当前进程阻塞掉，让出CPU并调度运行队列中的其他进程。如果某一个进程发生了这样的阻塞，sk_wait_data会依次调用sk_wait_event、schedule_timeout，然后到达调度的核心函数schedule。

我们来看看schedule函数的核心实现__schedule。

```
// file: kernel/sched/core.c
static void __sched notrace __schedule(unsigned int sched_mode)
{
    ......
    // 取出当前CPU及其任务队列
    cpu= smp_processor_id();
    rq= cpu_rq(cpu);

    // 1 获取下一个待执行任务
    next= pick_next_task(rq);

    // 2 执行上下文切换并把新进程切换到运行状态
    context_switch(rq, prev, next);
    ......
}
```

在这个函数中把当前CPU的任务队列取了出来，接着获取下一个待运行的任务，再执行上下文切换并把新进程切换到运行状态。

7.4.2.1　获取下一个待执行任务

如何获取下一个待执行任务呢？我们来看看pick_next_task函数的实现。

```
//file: kernel/sched/core.c
static inline struct task_struct *
pick_next_task(struct rq *rq)
{
  if(......){
    p = pick_next_task_fair(rq, prev, rf);
    ......
  }
```

```
    ......
}
```

因为大部分都是普通进程，所以大概率会执行到pick_next_task_fair函数中。该函数其实就是从当前任务队列的红黑树节点将虚拟运行时间最小的节点（最左侧的节点）选出来而已，如图7.29所示。

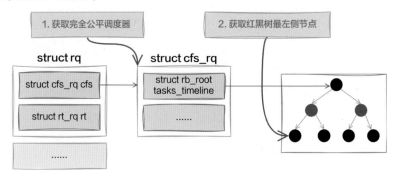

图7.29　获取红黑树最左侧节点

```
// file: kernel/sched/fair.c
static struct task_struct *pick_next_task_fair(struct rq *rq)
{
    // 获取完全公平调度器
    struct cfs_rq *cfs_rq = &rq->cfs;

    // 从完全公平调度器红黑树中选择一个调度实体
    se= pick_next_entity(cfs_rq);
    ......
}
```

在调用pick_next_entity后，下一个待运行的调度实体进程就被选出来了。这里的调度实体有可能是实际的进程，也有可能是和CPU cgroup相关的调度组，第11章讲到容器中进程的调度过程时会再次讲到这些。

7.4.2.2　执行上下文切换并把新进程切换到运行状态

假设已经选出待运行的新进程，接着就需要执行进程上下文切换，保存老进程上下文并把新进程切换到运行状态。

```
// file:kernel/sched/core.c
static inline void
context_switch(struct rq *rq, struct task_struct *prev,
            struct task_struct *next)
{
  prepare_task_switch(rq, prev, next);
    ......
```

```
    // 执行地址空间切换
    switch_mm_irqs_off(prev->active_mm, next->mm, next);

    // 执行栈和寄存器切换
    switch_to(prev, next, prev);
    ......
}
```

当前进程上下文切换完成的时候，CPU已经加载了新进程的地址空间、栈、寄存器等，新进程终于可以得以运行了！

7.5 任务切换开销实测

进程是操作系统的伟大发明，对应用程序屏蔽了CPU调度、内存管理等硬件细节，抽象出一个进程的概念，让应用程序专注于实现自己的业务逻辑。但是进程为用户带来方便的同时，也引入了一些额外的开销。如图7.30所示，在进程运行之间的时间里，虽然CPU也在忙于干活，但是却没有完成任何的用户工作，这就是进程机制带来的额外开销。

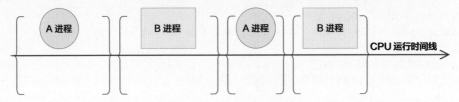

图7.30　进程切换开销

在7.4节介绍进程调度的时候，讲到了选出来待运行的新进程后，接着就需要执行进程上下文切换，把新进程的运行状态切换上来。这个上下文切换的主要函数是context_switch。我们通过它可以看到进程上下文切换都干了什么。

```
// file:kernel/sched/core.c
static inline void
context_switch(struct rq *rq, struct task_struct *prev,
            struct task_struct *next)
{
  prepare_task_switch(rq, prev, next);
  ......

    // 执行地址空间切换
    switch_mm_irqs_off(prev->active_mm, next->mm, next);

    // 执行栈和寄存器切换
    switch_to(prev, next, prev);
    ......
}
```

可见在切换过程中，首先要执行的是调用switch_mm完成新旧两个进程的地址空间切换，然后再调用switch_to完成新旧两个进程的栈和寄存器的切换。

地址空间、栈、寄存器等都被称为进程的上下文。context_switch需要保存旧进程的上下文，以便等它下一次重新获得CPU的时候知道自己上一次执行到哪里了，下一跳指令是什么。context_switch还需要加载新进程的上下文，将寄存器、栈、地址空间都切换上来，然后开始运行新进程，如图7.31所示。这个过程被称为进程上下文切换。

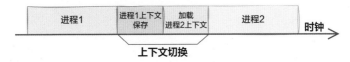

图7.31　进行上下文切换

进程上下文切换开销在进程不多、切换不频繁的应用场景下问题不大。但是现在Linux操作系统被用到了高并发的网络程序后端服务器，在单机支持成千上万个用户请求的时候，这个开销如果控制得不好，就可能出现CPU一直忙于切换，而没多少时间真正处理用户需求，导致服务器性能低下。

发生进程上下文切换的机会其实挺多的，比如时间片到，或者以同步阻塞的方式等待网络或磁盘IO的时候都会导致进程失去CPU运行权，从而发生切换，如图7.32所示。例如用户进程在请求Redis、MySQL数据等网络IO阻塞的时候，就会发生切换。

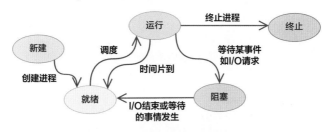

图7.32　任务状态切换

那么上下文切换的时候，CPU的开销具体有哪些呢？开销分成两种，一种是直接开销、一种是间接开销。直接开销就是在切换时，CPU必须做的事情，包括地址空间切换，栈、寄存器的切换。间接开销主要指的是虽然切换到一个新进程，由于各种缓存并不热，所以速度运行会慢一些。如果进程始终都在一个CPU上调度还好一些，如果跨CPU运行，之前热起来的TLB、L1、L2、L3因为运行的进程已经变了，所以根据局部性原理，缓存起来的代码、数据也都没用了，导致新进程穿透到内存的IO会变多。

7.5.1　进程切换开销

本节将采用两种方式来进行进程上下文的切换。一种是自己写的测试代码，另一种是采用专业的lmbench工具。

先以代码的方式来实验一下。实验方法是创建两个进程并在它们之间传送一个令牌。其中一个进程在读取令牌时就会引起阻塞。另一个进程发送令牌后等待其返回时也处于阻塞状态。如此往返传送一定的次数，然后统计平均单次切换的时间开销。

```c
#define EXEC_COUNT 10000
int main()
{
    ......
    while ((x = fork()) == -1);
    if (x==0) {
        printf("开始测试时间：%u s, %u us\n", ...);
        for (i = 0; i < EXEC_COUNT; i++) {
            read(fd[0], &receive, 1);
            write(p[1], &send, 1);
        }
        exit(0);
    }
    else {
        for (i = 0; i < EXEC_COUNT; i++) {
            write(fd[1], &send, 1);
            read(p[0], &receive, 1);
        }
        printf("结束测试时间：%u s, %u us\n", ...);
    }
    return 0;
}
```

更为完整的实验代码参见本书配套代码中的源文件chapter-07/test-01，编译运行它。

```
# gcc main.c -o main
# ./main./main
开始测试时间：1565352257 s, 774767 us
结束测试时间：1565352257 s, 842852 us
```

实验中的代码测试了10000轮，每轮会在两个进程之间各发生一次上下文切换。测算的平均耗时等于(842852-774767)/(10000×2)= 3.4μs。也就是说在我的机器上，**平均每次上下文切换耗时3.4 μs左右**。

这里要注意的是，我们的测试代码中使用的数据并不是很多，所以其实这个实验并没有很好地测量到间接开销。lmbench工具是一个更为专业的测试工具，能够测试包括文档读写、内存操作、进程创建销毁开销、网络等性能，使用方法很简单。

在进程上下文的测试上，这个工具的优势是进行了多组实验。每组分别使用2个、8个、16个进程进行实验。另外，每个进程使用的数据大小也分别按0KB、16KB、64KB进行测试，充分模拟Cache Miss造成的影响。我用它测了一下，结果如下：

```
-------------------------------------------------------------------------
Host          OS    2p/0K  2p/16K 2p/64K 8p/16K 8p/64K 16p/16K 16p/64K
                    ctxsw  ctxsw  ctxsw  ctxsw  ctxsw  ctxsw   ctxsw
------------- ------------- ------ ------ ------ ------ ------ ------- ------
bjzw_46_7 Linux 2.6.32- 2.7800 2.7800 2.7000 4.3800 4.0400 4.75000 5.48000
```

lmbench显示的进程上下文切换耗时在2.7μs到5.48μs之间。

7.5.2　线程切换开销

前面介绍过进程上下文切换时包含两种开销。一种是直接开销，另一种是切换新进程后因为Cache Miss导致的间接开销。对于线程来讲，如果在发生上下文切换时，上一个任务和下一个线程同属一个进程，它们使用的是一个地址空间，因此Cache Miss的概率会相对低一些。因此我们继续在Linux下测试一下线程，看看究竟能不能比进程快一些。

在Linux下其实本来并没有线程，只是为了迎合开发者喜好，搞了一个轻量级进程，把它叫作线程。轻量级进程和进程一样，都有自己独立的task_struct进程描述符，也都有自己独立的pid。从操作系统视角看，调度上和进程没有什么区别，都是在等待队列里选择一个task_struct切到运行态而已。只不过轻量级进程和普通进程的区别是可以共享同一内存地址空间，包括代码段、全局变量、同一打开文件集合。

本书配套源码中提供了一个实验，其原理和进程测试差不多，创建了20个线程，在线程之间通过管道来传递信号。接到信号就唤醒，然后再将信号传递给下一个线程，自己睡眠。这个实验里单独考虑了给管道传递信号的额外开销，并在第一步就统计了出来。完整源码参见chapter-07/test-02。

```
double thread_switch_test()
{
    int i = 20;
    struct timeval start, end;
    pthread_t tid;
    while(--i)
    {
        pthread_create(&tid,NULL,thread_func,(void *)pipes[i]);
    }
    ......
}

void *thread_func(void *arg)
{
    int pos = ((int *)arg)[2];
    int in = pipes[pos][0];
    int to = pipes[(pos + 1)%20][1];
    while(running)
    {
        read(in,buffer,10);
```

```
        if(write(to,buffer,10)==-1)
            exit(1);
    }
}
```

编译运行后输出测试结果。

```
# gcc -lpthread main.c -o main
0.508250
4.363495
```

根据上面的测试结果可以看出，每次线程切换开销大约在3.8μs左右（4.36μs-0.5μs）。从上下文切换的耗时来看，Linux线程其实和进程差别不太大。

7.6 Linux调度器相关命令

现在我们已经了解了Linux的调度算法，但我想大家一定会对如何查看和干预Linux的调度更感兴趣。本节我们来了解和调度器相关的一些Linux命令。

7.6.1 调度策略

先来了解与进程调度策略相关的命令chrt，使用该命令可以查看和修改进程的调度策略。例如下面的例子展示的是，查看了PID为12345这个进程的调度策略为SCHED_OTHER，对应的就是普通进程的完全公平调度器。

```
# sudo chrt -p 12345
pid 12345's current scheduling policy: SCHED_OTHER
pid 12345's current scheduling priority: 0
```

chrt命令可以修改进程的调度策略，注意修改时可能需要root权限。其中SCHED_RR、SCHED_FIFO都是实时进程。

```
# chrt --help
 -b, --batch        set policy to SCHED_BATCH
 -d, --deadline     set policy to SCHED_DEADLINE
 -f, --fifo         set policy to SCHED_FIFO
 -i, --idle         set policy to SCHED_IDLE
 -o, --other        set policy to SCHED_OTHER
 -r, --rr           set policy to SCHED_RR (default)
```

同时也可以设置进程的优先级，对于实时进程来说，优先级为1~99之间。

```
# sudo chrt --max
SCHED_OTHER min/max priority        : 0/0
SCHED_FIFO min/max priority         : 1/99
```

```
SCHED_RR min/max priority            : 1/99
SCHED_BATCH min/max priority         : 0/0
SCHED_IDLE min/max priority          : 0/0
SCHED_DEADLINE min/max priority      : 0/0
```

假如现在有一个进程的PID为12345，把它修改为SCHED_RR类型的实时进程，而且设置其优先级为10，具体命令如下。

```
# sudo chrt -p -r 10 12345
```

命令执行完后，再次查看进程的调度策略及调度优先级。结果显示调度策略成功被设置为SCHED_RR，调度优先级也变成了10。

```
# sudo chrt -p 12345
pid 123456's current scheduling policy: SCHED_RR
pid 123456's current scheduling priority: 10
```

例如把调度策略修改为SCHED_FIFO，优先级为10。

```
# sudo chrt -p -f 10 12345
# sudo chrt -p 12345
pid 123456's current scheduling policy: SCHED_OTHER
pid 123456's current scheduling priority: 10
```

也可以设置成完全公平调度策略SCHED_RR。

```
# sudo chrt -p -o 12345
pid 123456's current scheduling policy: SCHED_RR
```

7.6.2 nice值设置

Linux也提供了nice命令可以干预进程的调度。给进程设置比较高的nice值，尽量把CPU时间让给其他进程使用。如果想占用更多的CPU，那就把nice值调为负数。这和人是类似的，如果一个人很nice，那他倾向于把资源让给别人用，如果一个人不太nice，那他更倾向于抢夺别人的资源。nice值的合法取值范围是[-20,19]。

进程启动的时候可以使用nice命令来设置进程的nice值。

```
# nice -n -20 vi
```

进程已经启动之后可以使用renice命令。

```
# renice +5 {pid}
```

nice和renice命令都会触发内核提供的nice系统调用。

```
//file:kernel/sched/core.c
SYSCALL_DEFINE1(nice, int, increment)
{
    ......
    set_user_nice(current, nice);
}
```

该系统调用的核心操作在set_user_nice函数中，我把它的两个关键操作抽了出来。

```
//file:kernel/sched/core.c
void set_user_nice(struct task_struct *p, long nice)
{
  ......
  // 1.将nice值转化为优先级
    p->static_prio = NICE_TO_PRIO(nice);

  // 2.将nice值转化为weight，存储到p->se.load.weight
    set_load_weight(p, true);
  ...
}
```

其中NICE_TO_PRIO的作用是将nice值转化为优先级并保存到static_prio上。转化过程就是nice+DEFAULT_PRIO，DEFAULT_PRIO是100。

```
// file:include/linux/sched/prio.h
#define NICE_TO_PRIO(nice)    ((nice) + DEFAULT_PRIO)
#define PRIO_TO_NICE(prio)    ((prio) - DEFAULT_PRIO)
```

其中DEFAULT_PRIO对应的是nice为0的进程的prio值，其源码的宏定义经过各种展开后，值最终为120，参见图7.18。

```
// file:include/linux/sched/prio.h
#define DEFAULT_PRIO         (MAX_RT_PRIO + NICE_WIDTH / 2)
#define MAX_NICE             19
#define MIN_NICE             -20
#define NICE_WIDTH           (MAX_NICE - MIN_NICE + 1)
```

set_load_weight函数是将nice值根据预定义的权重数组转化为实际的权重。

```
// file:kernel/sched/core.c
static void set_load_weight(struct task_struct *p, bool update_load)
{
    // 假设nice为0，上面提到过p->static_prio = 120
    // 则计算出的prio为20
    int prio = p->static_prio - MAX_RT_PRIO;
  struct load_weight *load = &p->se.load;
  ......
  load->weight = scale_load(sched_prio_to_weight[prio]);
```

```
load->inv_weight = sched_prio_to_wmult[prio];
}
```

其中的sched_prio_to_weight在7.4.1.1节提到过，是一个给每个nice值静态预定义的数组。之所以不动态地算，而是用一个数组预置好，是为了性能。

```
const int sched_prio_to_weight[40] = {
 /* -20 */      88761,     71755,     56483,     46273,     36291,
 /* -15 */      29154,     23254,     18705,     14949,     11916,
 /* -10 */       9548,      7620,      6100,      4904,      3906,
 /*  -5 */       3121,      2501,      1991,      1586,      1277,
 /*   0 */       1024,       820,       655,       526,       423,
 /*   5 */        335,       272,       215,       172,       137,
 /*  10 */        110,        87,        70,        56,        45,
 /*  15 */         36,        29,        23,        18,        15,
};
```

为了方便理解，我们举一个例子。假设某进程的nice值为默认的0，上面提到过经过NICE_TO_PRIO计算后，其p->static_prio为120。则set_load_weight函数中的`int prio = p->static_prio - MAX_RT_PRIO;`这句最终计算的结果是20。用该值当下标到sched_prio_to_weight数组中，直接查询到其weight为1024。

另外的inv_weight只是为了提高计算性能时用到的一个辅助值。

7.6.3　taskset命令

完全公平调度器有个负载均衡器，可以在各个核之间迁移任务，进而使得各个核都均匀地处理任务，不至于忙的忙死闲的闲死。但是在某些情况下我们可能并不希望这个特性生效。例如在高性能要求的场景，每一次任务在CPU之间的迁移，都极有可能导致需要重新将数据加载到CPU缓存中，导致性能损失。

taskset命令允许我们为进程设置一个调度亲和性，这样进程在调度的时候就不会在预期之外的核上运行了。假设想为进程12345设置固定使用1号核，方法如下。

```
# sudo taskset -pc 1 12345
pid 12345's current affinity list: 0-7
pid 12345's new affinity list: 1
```

设置完成后，还可以继续使用该命令查看是否设置成功。

```
# taskset -p 12345
pid 12345's current affinity mask: 2
```

查看的输出结果是一个掩码。2 用二进制表示是0010，倒数第2位为1，表示亲和到1号核。

taskset工作原理是调用内核提供的sched_setaffinity、sched_getaffinity两个函数来实

现查看和修改进程的CPU亲和性的。你在程序中也可以直接调用这两个函数来完成同样的工作。

　　其中设置调度亲和性调用的是sched_setaffinity函数，该函数通过一系列的调用，最后在set_cpus_allowed_common函数中将用户输入的核号信息设置到进程的task_struct上。

```
sched_setaffinity
->__set_cpus_allowed_ptr
  ->do_set_cpus_allowed
    ->set_cpus_allowed_common
// file:kernel/sched/core.c
void set_cpus_allowed_common(struct task_struct *p, const struct cpumask
*new_mask)
{
    cpumask_copy(&p->cpus_mask, new_mask);
    p->nr_cpus_allowed = cpumask_weight(new_mask);
}
```

　　可见，CPU亲和信息被写在了p->cpus_mask。另外，进程上的p->cpus_ptr默认是指向p->cpus_mask的。这样完全公平调度器的负载均衡模块在工作的时候，通过判断进程上的cpus_ptr变量，就不会胡乱地迁移我们的进程了。

7.7　本章总结

本章从以下几方面展开对调度器的介绍。

1）调度器的发展简史

Linux的调度器发展大致经历了 $O(n)$ 调度器、$O(1)$ 调度器和完全公平调度器几个过程。在 $O(n)$ 调度器中，整个系统只有一个任务队列，锁竞争严重。在 $O(1)$ 调度器中，为每个逻辑核都设置了一个任务队列，解决了锁竞争的问题。每个进程的时间片是按优先级来提前算出来的，优先级越高，运行时间越长。这会导致在任务比较多的时候，调度延迟非常不可控。完全公平调度器CFS通过引入vruntime、nice等概念对原来的优先级和时间片都进行了重构。显示根据当前系统的情况动态地计算调度周期。然后根据调度周期和每个进程的vruntime来动态地计算是否该调度下一个进程了。整体上维护的是运行时间的相对公平。

2）调度器是如何定义的，运行队列到底长什么样子？

在本书使用的6.1版本内核中，Linux调度器会为每一个核都准备一个运行队列，struct rq。在每个运行队列中，分为实时进程和普通进程两种。

实时进程的任务相比普通进程有绝对高的优先权。实时进程在实现上是通过多优先级任务队列的方式实现的。优先级分别为0~99。每个优先级都有一个用链表实现的队列。优先级高的会抢占优先级低的任务的CPU。同优先级内部通过时间片轮转或者先来先服务的算法来调度。

在普通进程中不再使用链表，而是使用了一棵以vruntime大小为key的红黑树。调度器在选择下一个进程的时候，直接从红黑树最左侧的节点选择即可，因为它是整个用户进程任务队列中vruntime最小的任务，也是对CPU需求最迫切的任务。红黑树中的每个节点都是一个调度实体，这个调度实体一般来说就是一个进程，但也有可能是一个进程组。

3）新进程和老进程是如何确定自己该加入哪个运行队列的？

系统中往往会存在很多个核，每个核都有一个任务队列，所以进程在刚创建的时候和被唤醒的时候需要确定加入哪个运行队列。在选择上，会尽量优先选择要唤醒的进程上一次使用的CPU逻辑核，或者要唤醒它的进程所在的核（当前逻辑核）。因为这两个核上的缓存大概率还是热的，进程调度上来会运行得比较快。然后考虑共享缓存且idle的CPU，最后考虑负载最小的核。

在综合考虑缓存友好性及空闲状况后，选择一个CPU运行队列，并将新进程添加到该队列的红黑树中。

4）调度器是何时触发选择下一个待运行进程的？

调度器主要在两个时机触发真正的任务调度：一是调度节拍，二是其他任务主动放弃CPU的时候。其中调度节拍是调度器中非常重要的执行入口。在每个核上都会定时触发调度节拍的执行。在这里会计算当前核上所有任务的vruntime，并判断是否需要切到下一个任务上来运行。

然后还会触发负载均衡，判断其他核是否过于繁忙。如果是的话，就主动迁移一些任务到当前核上来执行。

理解了以上四个问题，我们就对Linux的调度器有了更深入的理解和认识了。下面再来看开篇提到的几个实践中息息相关的问题。

1）进程不主动释放CPU的话，每次调度最少能运行多久？

先要明白的是，过于频繁的进程上下文切换对系统的性能是非常有害的。这就好比你每一分钟都切换大脑去处理一个其他问题，你的工作效率根本就提不起来。在人的工作方面，有个高效的方法叫番茄工作法，目的是保证你在一段时间内，比如25分钟左右，只专心地处理一项工作。下一项工作在下一个番茄钟到来时再处理。

进程调度也是如此。在完全公平调度器中，出于减少频繁切换进程所带来的成本的考虑，一个进程一旦被分配到CPU就会持续运行相对较长的一段时间，避免频繁的进程上下文切换导致的性能损耗。这段时间的最小值由sched_min_granularity_ns这个内核参数来控制，单位是ns（纳秒）。例如下面这个配置的最短运行时间是10 ms。

```
# sysctl -a | grep min_granularity
kernel.sched_min_granularity_ns = 10000000
```

当然，如果进程因为等待网络、磁盘等资源时主动放弃CPU那是另一码事。

2）现在的进程调度还是按时间片来执行的吗？

过去开发人员经常喜欢说进程运行了多长的时间片，但现在的完全公平调度器中早已不再按时间片调度进程了。每次调度节拍是根据当前在运行的任务的vruntime和任务队列中最小的vruntime相比较，判断是否有必要把下一个进程切换上来的。

3）进程的nice值的含义是什么？

很多人都喜欢把nice值说成是优先级，我认为这是不恰当的。对实时进程来说优先级在1~99之间。但对于使用SCHED_OTHER策略的普通用户进程来讲，优先级全部是0。

```
# chrt --max
SCHED_OTHER min/max priority : 0/0
SCHED_FIFO min/max priority  : 1/99
SCHED_RR min/max priority    : 1/99
```

优先级讲究的是抢占。优先级高的拥有绝对的调度优先权。但普通进程的nice值的含义其实是一个CPU分配上的权重。对于nice值低（会抢占更多CPU资源）的进程，内核并不一定绝对优先调度它，而仅保证它在整个运行的过程中获得的CPU比例会多一些。反之，如果nice值高（会让着其他进程），内核给它分配的CPU比例就会低一些。但如果nice值高的进程等待的时间过长，仍然可能会被优先调度。总之，nice值代表的是一个权重比例，而不是优先级。

4）在用户进程中，高优先级是否能抢占低优先级的CPU？

在实时任务，如migration内核线程中，是按优先级调度的。优先级强调的是抢占，高优先级比低优先级有优先获得CPU的权利。

但是对于用户进程来讲，一般都采用完全公平调度器进行CPU资源的分配。在这种调度器中，nice其实是一个权重的概念，而不太像传统的优先级。优先级强调的是抢占，高优先级比低优先级有优先获得CPU的权利。而用户进程中的nice值强调的是获取CPU运行时间的权重比例。在完全公平调度器中，真正决定是否能抢占的只有vruntime，而不是nice值的高低。只不过nice值越低的进程，其vruntime下降得越快，触发抢占的可能性越高。

5）业界流行的在离线混部有没有副作用？

现在业界为了更充分地将CPU利用率拉起来，降低成本，会在在线业务的机器上部署离线计算任务。但是这里有一个被很多人忽视的细节，那就是在离线混部会破坏内核的wake_affine机制。内核调度时为了性能考虑，会倾向于让CPU在之前自己跑过的核上运行，这样CPU的缓存还有不少能用的。但是在离线混部会让wake_affine机制成功的概率大大降低。进程在不同的核上运行的概率增加，Cache中的数据都是"凉的"，穿透到内存的访问次数增加，进程的运行性能就会下降很多。

6）为什么进程会在CPU各个核之间飘来飘去？

既然系统中存在多个任务队列，那就有可能会出现有的任务队列特别忙，有的任务队列特别闲，所以完全公平调度器还有一个负载均衡模块，在调度节拍触发的时候会主动去其他队列上看看能不能帮忙。这个机制有可能会将其他核的任务队列中的进程拉取到自己核上执行。因为负载均衡机制的存在，所以进程可能会在各个核之间飘来飘去，而不是固定使用某一个核。

7）taskset命令是如何让一个进程钉在某个核上的？

我去理发店理发的时候，不管有多少理发师，我只会选择最熟悉的那位。在进程调度中也是这样的，如果你不想让负载均衡模块把你的进程拉到别的核上运行，可以使用taskset命令来设置进程的CPU亲和性。在设置完后，负载均衡模块会判断它，会尊重你的亲和性设置。这样你的进程就可以只在你希望的核上运行了。

最后我想说的是，Linux在调度器上固然已经做了很多事情，它关注的重点就是咱们前面说过的**某个CPU核要运行哪个进程及运行多长时间**。

但对于我们开发者来说，我们也许更应该关注的是**进程调度到哪个CPU核上运行**。因为对核的亲和性做得好，会对应用程序的性能有较大帮助。因此在完全公平调度器基础上合理地使用taskset，或者cgroup下的cpuset等，让进程按照我们预期的核来调度，也许是我们更应该关注的事情。

第8章

性能统计原理

评估线上程序的性能离不开对一些相关指标的观察。在CPU性能上，有三个指标非常关键，第一个是负载，第二个是CPU利用率，第三个是经常被大家忽略的CPI（cycle per instruction），平均每条指令的时钟周期个数。本章将分几节对这三个指标展开深入分析。

按照惯例，我们还是先抛出几个和本章相关的问题：

1）负载是如何计算出来的？

2）负载高低和CPU消耗正相关吗？

3）内核是如何给应用层暴露负载数据的？

4）top输出的利用率信息是如何计算出来的，它精确吗？

5）top输出中ni列代表的是nice，它输出的是CPU在处理什么时的开销？

6）top输出中wa列代表的是iowait，那么这段时间CPU到底是忙碌还是空闲？

7）在性能观测中为什么CPI指标非常重要？

8.1 负载

负载是查看Linux服务器运行状态时很常用的一个性能指标。在观察线上服务器运行状况的时候，我们也经常把负载找出来看一看。在线上请求压力过大的时候，经常伴随着负载的飙升。那么本节将深入探讨在Linux上的负载是如何计算出来的。

8.1.1 理解负载查看过程

一般使用top命令查看Linux系统的负载情况。一个典型的top命令输出的负载如下所示：

```
# top
Load Avg: 1.25, 1.30, 1.95 .....
......
```

输出中的Load Avg就是我们常说的负载，也叫系统平均负载。因为单独某一个瞬时的负载值并没有太大意义。所以Linux计算了过去一段时间内的平均值，这三个数分别代表的是过去1分钟、过去5分钟和过去15分钟的平均负载。

那么top命令展示的数据数是如何来的呢？事实上，top命令里的负载值是从/proc/loadavg这个伪文件里来的。通过strace命令跟踪top命令的系统调用可以看到这个过程。

```
# strace top
......
openat(AT_FDCWD, "/proc/loadavg", O_RDONLY) = 7
```

内核中定义了loadavg这个伪文件的open函数。在用户态访问/proc/loadavg会触发内核定义的函数，在这里会读取内核中的平均负载变量，简单计算后便可展示出来。整体流程如图8.1所示。

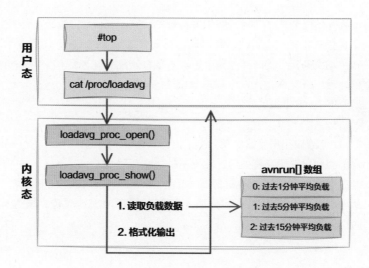

图8.1　查看负载的内部工作原理

根据图8.1所示流程图再展开看看。伪文件/proc/loadavg在kernel中的定义在/fs/proc/loadavg.c文件中。该文件会创建/proc/loadavg，并为其指定操作方法为loadavg_proc_show。

```
// file:fs/proc/loadavg.c
static int __init proc_loadavg_init(void)
{
    proc_create_single("loadavg", 0, NULL, loadavg_proc_show);
 ......
    return 0;
}
```

当在用户态打开/proc/loadavg文件时，都会调用loadavg_proc_show函数进行处理，负载的核心计算是在这里完成的。

```
// file:fs/proc/loadavg.c
static int loadavg_proc_show(struct seq_file *m, void *v)
{
    unsigned long avnrun[3];
    get_avenrun(avnrun, FIXED_1/200, 0);

    seq_printf(m, "%lu.%02lu %lu.%02lu %lu.%02lu %u/%d %d\n",
        LOAD_INT(avnrun[0]), LOAD_FRAC(avnrun[0]),
        LOAD_INT(avnrun[1]), LOAD_FRAC(avnrun[1]),
        LOAD_INT(avnrun[2]), LOAD_FRAC(avnrun[2]),
        nr_running(), nr_threads,
        idr_get_cursor(&task_active_pid_ns(current)->idr) - 1);
    return 0;
}
```

> ★ 注意
>
> 在上面的源码中，大家看到了FIXED_1/200、LOAD_INT、LOAD_FRAC等奇奇怪怪的定义，代码写成这样是因为内核中并没有float、double等浮点数类型，而是用整数来模拟的。这些代码都是为了整数和小数之间相互转化。知道这个背景就行了，不用过度展开剖析。

在loadavg_proc_show函数中做了两件事：

- 调用get_avenrun读取当前负载值。
- 将平均负载值按照一定的格式打印输出。

这样用户通过访问/proc/loadavg文件就可以读取内核计算的负载数据。其中获取get_avenrun只是在访问avenrun这个全局数组而已。

```
// file:kernel/sched/core.c
void get_avenrun(unsigned long *loads, unsigned long offset, int shift)
{
    loads[0] = (avenrun[0] + offset) << shift;
    loads[1] = (avenrun[1] + offset) << shift;
    loads[2] = (avenrun[2] + offset) << shift;
}
```

现在可以总结一下本节开头的一个问题：内核是如何给应用层暴露负载数据的？

内核定义了一个伪文件/proc/loadavg，每当用户打开这个文件，内核中的loadavg_proc_show函数就会被调用，接着访问avenrun全局数组变量并将平均负载从整数转化为小数，并打印出来。

好了，另一个新问题又来了，avenrun全局数组变量中存储的数据是在何时被如何计算出来的？

8.1.2　内核负载计算过程

我们继续查看avenrun全局数组变量的数据来源。这个数组的计算过程分为如下两步：

1. PerCPU定期汇总瞬时负载：定时将每个CPU当前任务数刷新到calc_load_tasks，将每个CPU的负载数据汇总起来，得到系统当前的瞬时负载。
2. 定时计算系统平均负载：定时器根据当前系统整体瞬时负载，使用指数加权移动平均法（一种高效计算平均数的算法）计算过去1分钟、过去5分钟、过去15分钟的平均负载。

8.1.2.1　PerCPU定期汇总负载

在Linux内核中，有一个子系统叫作时间子系统。在时间子系统里，初始化了一个高分辨率定时器。在该定时器中会定时将每个CPU上的负载数据（running进程数 + uninterruptible进程数）汇总到系统全局的瞬时负载变量calc_load_tasks中。整体流程如图8.2所示。

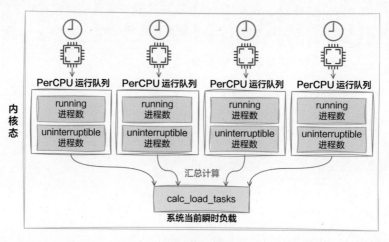

图8.2　负载数据定期汇总

高分辨率定时器的源码如下。

```
// file:kernel/time/tick-sched.c
void tick_setup_sched_timer(void)
{
    // 初始化高分辨率定时器 sched_timer
    hrtimer_init(&ts->sched_timer, CLOCK_MONOTONIC, HRTIMER_MODE_ABS);

    // 将定时器的到期函数设置成 tick_sched_timer
    ts->sched_timer.function = tick_sched_timer;
    ......
}
```

在高分辨率定时器初始化的时候，将到期函数设置成tick_sched_timer。通过这个函数让每个CPU都会周期性地执行一些任务。刷新当前系统负载就是在这个时机进行的。有一点要注意，这里有一个前提——每个CPU都有自己独立的运行队列。

追踪tick_sched_timer的源码可知，它依次通过调用tick_sched_handle=>update_process_times=>scheduler_tick，最终在scheduler_tick中会将当前CPU的负载值刷新到calc_load_tasks上。因为每个CPU都在定时刷新，所以calc_load_tasks上记录的就是整个系统的瞬时负载值。

来看看这个负责刷新的scheduler_tick核心函数：

```
// file:kernel/sched/core.c
void scheduler_tick(void)
```

```
{
    int cpu = smp_processor_id();
    struct rq *rq = cpu_rq(cpu);
    ......

    calc_global_load_tick(rq);
    ......
}
```

在这个函数中，获取当前CPU及其对应的运行队列rq（run queue），调用calc_global_load_tick将当前CPU的负载数据刷新到全局数组中。

```
// file:kernel/sched/loadavg.c
void calc_global_load_tick(struct rq *this_rq)
{
    long delta;
    ......
    // 获取当前运行队列的负载相对值
    delta  = calc_load_fold_active(this_rq, 0);
    if (delta)
    // 添加到全局瞬时负载值
        atomic_long_add(delta, &calc_load_tasks);
}
```

在calc_global_load_tick中可以看到，通过calc_load_fold_active获取了当前运行队列的负载相对值，并把它加到全局瞬时负载值calc_load_tasks上。**至此，calc_load_tasks上就有了当前系统当前时间的整体瞬时负载总数。**

再展开看看是如何根据运行队列计算负载值的：

```
// file:kernel/sched/loadavg.c
long calc_load_fold_active(struct rq *this_rq, long adjust)
{
    long nr_active, delta = 0;

    // R和D状态的用户task
    nr_active = this_rq->nr_running - adjust;
    nr_active += (int)this_rq->nr_uninterruptible;

    // 只返回变化的量
    if (nr_active != this_rq->calc_load_active) {
        delta = nr_active - this_rq->calc_load_active;
        this_rq->calc_load_active = nr_active;
    }

    return delta;
}
```

原来是同时计算了nr_running和nr_uninterruptible两种状态的进程的数量，对应于用户空间中的R和D两种状态的task数（进程或线程）。每个进程都有不同的状态，其中：

- R代表的是TASK_RUNNING，可执行状态。
- S代表的是TASK_INTERRUPTIBLE，可中断的睡眠状态。
- D代表的是TASK_UNINTERRUPTIBLE，不可中断的睡眠状态。
- T代表的是TASK_STOPPED，暂停状态。
- Z代表的是TASK_DEAD，退出状态（僵尸进程）。

此外，由于calc_load_tasks是一个长期存在的数据，所以在刷新rq里的进程数时，只需要刷新变化的量，不用全部重算。因此上述函数返回的是一个delta。

8.1.2.2 定时计算系统平均负载

在传统意义上，我们在计算平均数的时候采取的方法是，把过去一段时间的数字都加起来然后取平均。这其实是我们传统意义上理解的平均数，假如有n个数字，分别是x_1，$x_2, ..., x_n$，那么这个数据集合的平均数就是$(x_1 + x_2 + \cdots + x_n) / n$。

但是如果用这种简单的算法来计算平均负载，存在以下几个问题。

1. 需要存储过去每一个采样周期的数据

假设每10毫秒采集一次，就需要使用一个比较大的数组将每一次采样的数据全部存起来，那么统计过去15分钟的平均数就要存9万个数据（15分钟×每分钟60秒×每秒钟100次）。而且每出现一个新的观察值，就要从移动平均中减去一个最早的观察值，再加上一个最新的观察值，内存数组会频繁地修改和更新。

2. 计算过程较为复杂

计算的时候需要把整个数组全加起来，再除以样本总数。虽然加法很简单，但是成千上万个数字的累加仍然很烦琐。

3. 不能准确表示当前变化趋势

在传统的平均数计算过程中，所有数字的权重是一样的。但对于平均负载这种实时应用来说，其实越靠近当前时刻的数值权重应该越大一些。因为这样能更好地反应近期变化的趋势。

所以，在Linux中使用的并不是我们以为的传统的平均数计算方法，而是采用的一种**指数加权移动平均**（Exponential Weighted Moving Average，EMWA）的平均数计算法。

这种指数加权移动平均数计算法在深度学习中有很广泛的应用。另外，股票市场里的EMA均线也使用的是类似的求均值的方法。该算法的数学表达式是：$a_1 = a_0 *$ factor $+ a * (1 - factor)$。这个算法理解起来有点复杂，感兴趣的读者可以自行搜索相关知识。

我们要知道的是，这种方法在实际计算的时候只需要上一个时间的平均数即可，不需要保存所有瞬时负载值。另外，越靠近现在的时间点，权重越高，越能很好地表示近期的变化趋势。

这其实也是在时间子系统中定时完成的，通过一种叫作指数加权移动平均计算的方法，计算这三个平均数，如图8.3所示。

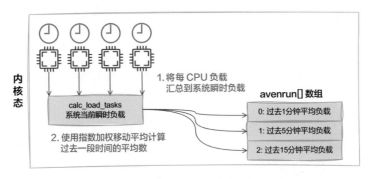

图8.3 指数加权移动平均数

我们来详细看看图8.3中的执行过程。时间子系统将在时钟中断中定期进行一些处理。当每次时钟节拍到来时会调用do_timer函数。

```
// file:kernel/time/timekeeping.c
void do_timer(unsigned long ticks)
{
    ......
    calc_global_load(ticks);
}
```

其中的calc_global_load函数是平均负载计算的核心。它会获取系统当前瞬时负载值calc_load_tasks，然后计算过去1分钟、过去5分钟、过去15分钟的平均负载，并保存到avenrun中，供用户进程读取。

```
// file:kernel/sched/loadavg.c
void calc_global_load(unsigned long ticks)
{
    ......
    // 1.获取当前瞬时负载值
    active = atomic_long_read(&calc_load_tasks);

    // 2.平均负载的计算
    avenrun[0] = calc_load(avenrun[0], EXP_1, active);
    avenrun[1] = calc_load(avenrun[1], EXP_5, active);
    avenrun[2] = calc_load(avenrun[2], EXP_15, active);
    ......
}
```

获取瞬时负载值比较简单，就是读取一个内存变量而已。接下来在calc_load函数中就是采用了前面讲过的**指数加权移动平均法**来计算过去1分钟、过去5分钟、过去15分钟的平均负载的。具体的实现代码如下。

```
// file:include/linux/sched/loadavg.h
```

```
/*
 * a1 = a0 * e + a * (1 - e)
 */
static unsigned long
calc_load(unsigned long load, unsigned long exp, unsigned long active)
{
    unsigned long newload;

    newload = load * exp + active * (FIXED_1 - exp);
    if (active >= load)
        newload += FIXED_1-1;

    return newload / FIXED_1;
}
```

虽然这个算法理解起来很复杂，但是代码看起来比较简单，计算量看起来很小。而且看不懂也没有关系，只需要知道内核并不是采用原始的平均数计算方法，而是采用了一种计算快且能更好表达变化趋势的算法就行了。

至此，本节开头的**负载是如何计算出来的？**这个问题也有结论了。

Linux定时将每个CPU上的运行队列中的running和uninterruptible状态的进程数量汇总到一个全局系统瞬时负载值中，然后再定时使用指数加权移动平均法来统计过去1分钟、过去5分钟、过去15分钟的平均负载。

8.1.3　平均负载和CPU消耗的关系

现在不少人将平均负载和CPU联系到了一起。认为负载高，CPU消耗就会高；负载低，CPU消耗就会低。

在很老的Linux版本里，统计负载的时候确实只计算了runnable的任务数量，这些进程只对CPU有需求。在那个年代，负载和CPU消耗量确实是正相关的。负载越高就表示正在CPU上运行或等待CPU执行的进程越多，CPU消耗也会越高。

但是本书使用的3.10版本的Linux负载平均数不仅跟踪runnable的任务，而且还跟踪处于uninterruptible状态的任务。而uninterruptible状态的进程其实是不占CPU的。

所以说，负载高并不一定是因为CPU处理不过来，也有可能是因为磁盘等其他资源调度不过来而使得进程进入uninterruptible状态的进程导致的！

为什么要这么修改呢？我从网上搜到的1993年的一封邮件里找到了原因，以下是邮件原文。

```
From: Matthias Urlichs <urlichs@smurf.sub.org>
Subject: Load average broken ?
Date: Fri, 29 Oct 1993 11:37:23 +0200
```

```
The kernel only counts "runnable" processes when computing the load average.
```

I don't **like that; the problem is that processes which are swapping or**
waiting on "fast", i.e. noninterruptible, I/O, also consume resources.

It seems somewhat nonintuitive that the load average goes down when you
replace your fast swap disk with a slow swap disk...

Anyway, the following patch seems to make the load average much more
consistent WRT the subjective speed of the system. And, most important, the
load is still zero when nobody is doing anything. ;-)

```
--- kernel/sched.c.orig Fri Oct 29 10:31:11 1993
+++ kernel/sched.c  Fri Oct 29 10:32:51 1993
@@ -414,7 +414,9 @@
    unsigned long nr = 0;

    for(p = &LAST_TASK; p > &FIRST_TASK; --p)
-       if (*p && (*p)->state == TASK_RUNNING)
+       if (*p && ((*p)->state == TASK_RUNNING) ||
+                   (*p)->state == TASK_UNINTERRUPTIBLE) ||
+                   (*p)->state == TASK_SWAPPING))
            nr += FIXED_1;
    return nr;
}
```

可见这个修改是在1993年就引入了。在这封邮件所示的Linux源码变化中可以看到，负载正式把TASK_UNINTERRUPTIBLE和TASK_SWAPPING状态（交换状态后来从Linux中删除）的进程也添加了进来。在这封邮件的正文中，作者清楚地表达了把TASK_UNINTERRUPTIBLE状态的进程添加进来的原因。我把他的说明翻译一下：

内核在计算平均负载时只计算"可运行"进程。我不喜欢那样；问题是正在交换或等待的进程，即不可中断的IO，也会消耗资源。当平均负载下降时，用慢速交换磁盘替换快速交换磁盘……这似乎有些不合常理。

无论如何，下面的补丁似乎使负载平均值和WRT系统的主观速度更加一致。而且，最重要的是，当没有人做任何事情时，负载仍然为零。;-)

这一补丁提交者的主要思想是平均负载应该表现对系统所有资源的需求情况，而不应该只表现对CPU资源的需求。

假设某个TASK_UNINTERRUPTIBLE状态的进程因为等待磁盘IO而排队，此时它并不消耗CPU，但是正在等待磁盘等硬件资源，那么它是应该体现在平均负载的计算里的。所以作者把TASK_UNINTERRUPTIBLE状态的进程都体现到平均负载里了。

所以，负载高低表明的是当前服务器上对系统资源的整体需求情况。如果负载变高，可能是CPU资源不够了，也可能是磁盘IO资源不够了，所以还需要配合其他观测命令具体分情况分析。

8.1.4 负载计算整体流程

本节根据一幅图来总结负载的计算流程，如图8.4所示。

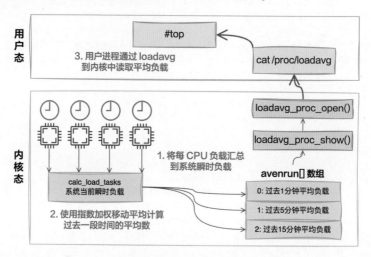

图8.4　负载的计算过程

负载的计算过程包括如下三步：

①内核定时将每个CPU的负载汇总到系统瞬时负载。

②内核使用指数加权移动平均快速计算过去1、5、15分钟的平均负载。

③用户进程通过loadavg到内核中读取平均负载。

8.2　CPU利用率

CPU利用率也是常用指标。例如，在我随手拿来的一台机器上执行top命令，显示的利用率信息如图8.5所示。

```
top - 18:02:17 up 121 days,  5:09,  1 user,  load average: 0.20, 0.14, 0.15
Tasks: 513 total,   1 running, 512 sleeping,   0 stopped,   0 zombie
%Cpu(s):  1.4 us,  2.2 sy,  0.0 ni, 96.4 id,  0.0 wa,  0.0 hi,  0.0 si,  0.0 st
MiB Mem :  15368.7 total,    784.2 free,  12344.0 used,   2240.4 buff/cache
MiB Swap:      0.0 total,      0.0 free,      0.0 used.   2327.6 avail Mem
```

图8.5　top命令输出

这个输出结果说简单也简单，说复杂也有点复杂。本节将深入学习CPU利用率统计。学完后，你不但能了解CPU利用率统计的实现细节，还能对nice、iowait等指标有更深入的理解。

8.2.1 方案思考

本节我们换个讲法，先不直接进入Linux实现，而是从自己的思考开始。假如让你来设计一个系统，统计Linux上的CPU利用率，你会怎么办？

我们先把需求进行细化，有一个四核服务器，上面跑了四个进程。进程跑起来的时候，在时间轴上看起来大致是图8.6这个样子。

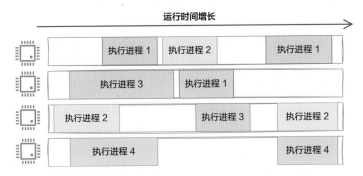

图8.6　CPU时间消耗示例

你来计算整个系统的CPU利用率，支持像top命令这样的输出，要满足以下需求：

- CPU利用率要尽可能准确。
- 要能体现秒级瞬时CPU状态。

经过思考你会发现，这个看起来很简单的需求，实际还是有点复杂的。其中一个思路是把所有进程的执行时间都加起来，然后再除以系统执行总时间×4。

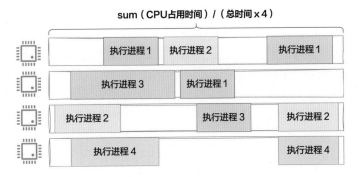

图8.7　计算平均负载

这个思路是没问题的，用这种方法统计很长一段时间内的CPU利用率是可以的，统计结果也足够准确。

但只要用过top命令你就知道，top命令输出的CPU利用率并不是长时间不变的，而是默认以3 秒为单位动态更新的（这个时间间隔可以使用-d 设置）。我们的这个方案体现总利用率可以，体现这种瞬时的状态就难办了。你可能会想，那我也3秒算一次不就行了？但这个3秒的时间从哪个点开始呢？粒度很不好控制。

上一个思路的核心就是如何解决瞬时问题。提到瞬时状态，你可能又来思路了。那我就用瞬时采样去看，看看当前有几个核在忙。四个核中如果有两个核在忙，那利用率就是50%。

这个思路思考的方向是正确的，但是有两个问题：

- 你算出的数字都是25%的整数倍。
- 这个瞬时值会导致CPU利用率剧烈起伏。

我们来看图8.8。

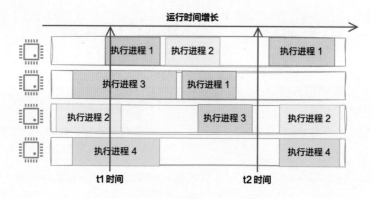

图8.8　瞬时采样方案

在t1的瞬时状态来看，系统的CPU利用率毫无疑问就是100%，但在t2的瞬时状态来看，CPU利用率又变成了0。思路方向是对的，但显然这种粗暴的计算无法像top命令一样优雅地工作。

我们再改进一下它，把上面两个思路结合起来，可能就能解决我们的问题了。在采样上，把周期定得细一些，但在计算上，把周期定得粗一些。

我们引入采用周期的概念，定时，例如每1毫秒采样一次。如果采样的瞬时，CPU在运行，就将这1毫秒记录为使用。这时会得出一个瞬时的CPU利用率，把它存起来，如图8.9所示。

在统计3秒内的CPU利用率的时候，比如图8.9中的t1和t2这段时间范围。那就把这段时间内的所有瞬时值全加一下，取个平均值。这样就能解决上面的问题了，统计相对准确，避免了瞬时值剧烈振荡且粒度过粗（只能以25%为单位变化）的问题了。

可能有读者会问，假如CPU在两次采样中间发生变化了呢，如图8.10这种情况。

在当前采样点到来的时候，进程A其实刚执行完，有一点点时间既没被上一个采样点统计到，也没被本次统计到。对于进程B，其实只开始了一小段时间，把1ms全记上似乎有点多了。

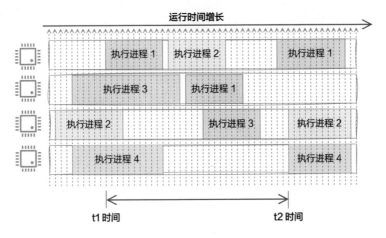

图8.9 采样方式计算负载

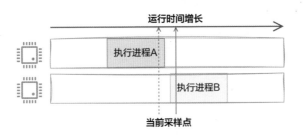

图8.10 采样方案的小问题

确实会存在这个问题，但因为我们的采样是1毫秒一次，而我们实际查看利用率的时候一般查看几秒内的平均利用率，会包括成千上万个采样点的信息。另外，现代的服务器往往都有上百个逻辑核，逻辑核数量多，在一定程度上会抹平误差。所以这种抽样统计的方法虽然存在不精确性，但并不会影响我们对全局的把握。

事实上，Linux就是这样来统计系统CPU利用率的。虽然可能会有误差，但作为一项统计数据使用已经足够了。在实现上，Linux将所有的瞬时值都累加到某一个数据上，而不是真的存了很多份的瞬时数据。

接下来就让我们进入Linux来查看它对系统CPU利用率统计的具体实现。

8.2.2 top命令使用的数据在哪里

前面讲过Linux在实现上是将瞬时值都累加到某一个数据上的，这个值是内核通过/proc/stat 伪文件来对用户态暴露的。Linux在计算系统CPU利用率的时候用的就是/proc/stat。

从整体上看，top命令工作的内部细节如图8.11所示。

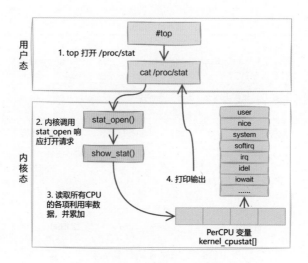

图8.11   top命令工作原理

① top命令访问/proc/stat获取各项CPU使用数据。

② 内核调用stat_open函数来处理对/proc/stat的访问。

③ 内核访问的数据来源于kernel_cpustat数组，将数据累加。

④ 打印输出给用户态。

接下来把每一步都展开来详细看看。通过使用strace 跟踪 top命令的各种系统调用，可以看到它对该文件的调用。

```
# strace top
......
openat(AT_FDCWD, "/proc/stat", O_RDONLY) = 4
openat(AT_FDCWD, "/proc/2351514/stat", O_RDONLY) = 8
openat(AT_FDCWD, "/proc/2393539/stat", O_RDONLY) = 8
......
```

 除了/proc/stat，还有各个进程细分的/proc/{pid}/stat，是用来计算各个进程的CPU利用率的。

内核为各个伪文件都定义了处理函数，/proc/stat文件的处理函数是stat_proc_ops。

```
// file:fs/proc/stat.c
static int __init proc_stat_init(void)
{
    proc_create("stat", 0, NULL, &stat_proc_ops);
    return 0;
}
```

```
static const struct proc_ops stat_proc_ops = {
    .proc_flags    = PROC_ENTRY_PERMANENT,
    .proc_open     = stat_open,
  ......
};
```

stat_proc_ops中包含了该文件对应的操作方法。当用户打开/proc/stat文件的时候，就会调用stat_open。stat_open依次调用single_open_size，show_stat来输出数据内容。我们来看看它的代码。

```
// file:fs/proc/stat.c
static int show_stat(struct seq_file *p, void *v)
{
    u64 user, nice, system, idle, iowait, irq, softirq, steal;

    for_each_possible_cpu(i) {
    struct kernel_cpustat kcpustat;
        u64 *cpustat = kcpustat.cpustat;
        kcpustat_cpu_fetch(&kcpustat, i);

    user        += cpustat[CPUTIME_USER];
        nice        += cpustat[CPUTIME_NICE];
        system        += cpustat[CPUTIME_SYSTEM];
        idle        += get_idle_time(&kcpustat, i);
        iowait        += get_iowait_time(&kcpustat, i);
        irq        += cpustat[CPUTIME_IRQ];
        softirq        += cpustat[CPUTIME_SOFTIRQ];
        ......
    }

    // 转换成节拍数并打印出来
    seq_put_decimal_ull(p, "cpu  ", nsec_to_clock_t(user));
    seq_put_decimal_ull(p, " ", nsec_to_clock_t(nice));
    seq_put_decimal_ull(p, " ", nsec_to_clock_t(system));
    seq_put_decimal_ull(p, " ", nsec_to_clock_t(idle));
    seq_put_decimal_ull(p, " ", nsec_to_clock_t(iowait));
    seq_put_decimal_ull(p, " ", nsec_to_clock_t(irq));
    seq_put_decimal_ull(p, " ", nsec_to_clock_t(softirq));
    ......
}
```

在上面的代码中，for_each_possible_cpu通过kcpustat_cpu_fetch函数读取了kernel_cpustat全局变量里的值。kernel_cpustat变量是一个PerCPU变量，它为每一个逻辑核都准备了一个数组元素，里面存储着当前核所对应的各种事件，包括user、nice、system、idel、iowait、irq、softirq等。

```
// file:include/linux/kernel_stat.h
DECLARE_PER_CPU(struct kernel_cpustat, kernel_cpustat);
```

```
#define kcpustat_cpu(cpu) per_cpu(kernel_cpustat, cpu)
static inline void kcpustat_cpu_fetch(struct kernel_cpustat *dst, int cpu)
{
*dst = kcpustat_cpu(cpu);
}
```

在for_each_possible_cpu这个循环中，将每一个核的每种利用率都加起来。最后通过seq_put_decimal_ull将这些数据输出，如图8.12所示。

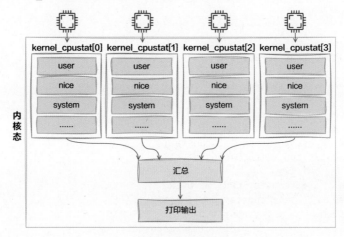

图8.12　CPU用量汇总输出

注意，在内核中实际上每个时间记录的是纳秒数，但是在输出的时候统一转化成了节拍单位。至于节拍单位多长，将在下一节介绍。总之，/proc/stat的输出是从kernel_cpustat这个PerCPU变量中读取出来的。

我们接着再看看这个变量中的数据是何时加进来的。

8.2.3　统计数据是怎么来的

前面提到内核是以采样的方式来统计CPU利用率的。这个采样周期依赖的是Linux时间子系统中的定时器。

Linux内核每隔固定周期会发出timer interrupt (IRQ 0)，这有点像乐谱中节拍的概念，如图8.13所示。每隔一段时间，就打出一个拍子，Linux就响应它并处理一些事情。

运行时间增长

图8.13　Linux中的定时器

一个节拍的长度是多长时间，是通过CONFIG_HZ来定义的。它定义的方式是每一秒有几次timer interrupt。不同的系统中这个节拍的大小可能不同，通常在1～10毫秒之间。可以在Linux config文件中找到它的配置。

```
# grep ^CONFIG_HZ /boot/config-5.4.56.bsk.10-amd64
CONFIG_HZ=1000
```

从上述结果可以看出，我的机器每秒打出1000次节拍，也就是每1毫秒一次。

每当时间中断到来的时候，都会调用update_process_times更新系统时间。更新后的时间都存储在前面提到的PerCPU变量kernel_cpustat中，如图8.14所示。

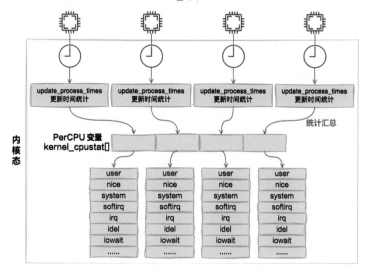

图8.14　时钟周期汇总

我们来详细看看汇总过程update_process_times的源码，它位于kernel/time/timer.c文件。

```
// file:kernel/time/timer.c
void update_process_times(int user_tick)
{
    struct task_struct *p = current;
    // 进行时间累计处理
    account_process_tick(p, user_tick);
    ......
}
```

这个函数的参数user_tick指的是采样的瞬间处于内核态还是用户态。接下来调用account_process_tick函数。

```
// file:kernel/sched/cputime.c
```

```
void account_process_tick(struct task_struct *p, int user_tick)
{
    cputime = TICK_NSEC;
    ......

    if (user_tick)
        // 1.统计用户态时间
        account_user_time(p, cputime);
    else if ((p != rq->idle) || (irq_count() != HARDIRQ_OFFSET))
        // 2.统计内核态时间
        account_system_time(p, HARDIRQ_OFFSET, cputime);
    else
        // 3.统计空闲时间
        account_idle_time(cputime);
}
```

在这个函数中，首先设置 `cputime = TICK_NSEC`，一个TICK_NSEC的定义是一个节拍所占的纳秒数。接下来根据判断结果分别执行account_user_time、account_system_time或account_idle_time来统计用户态、内核态和空闲时间。

8.2.3.1　用户态时间统计

```
// file:kernel/sched/cputime.c
void account_user_time(struct task_struct *p, u64 cputime)
{
    //分两种情况统计用户态CPU的使用情况
    int index;
    index = (task_nice(p) > 0) ? CPUTIME_NICE : CPUTIME_USER;

    // 将时间累计到kernel_cpustat内核变量中
    task_group_account_field(p, index, cputime);
    ......
}
```

account_user_time函数主要分两种情况统计：

- 如果进程的nice值大于0，那么增加到CPU统计结构的nice字段中。
- 如果进程的nice值小于等于0，那么增加到CPU统计结构的user字段中。

其实用户态的时间不只是user字段，nice字段也是。之所以要把nice分出来，是为了让Linux用户更一目了然地看到调过nice的进程所占的CPU周期有多少。平时如果想观察系统的用户态消耗的时间，应该是将top命令输出的user和nice值加起来一并考虑，而不是只看user的值！

接着调用task_group_account_field来把时间加到前面用到的kernel_cpustat内核变量中。

```
// file:kernel/sched/cputime.c
```

```
static inline void task_group_account_field(struct task_struct *p, int index,
                        u64 tmp)
{
    __this_cpu_add(kernel_cpustat.cpustat[index], tmp);
    ......
}
```

8.2.3.2 内核态时间统计

我们再来看内核态时间是如何统计的，account_system_time的代码如下。

```
// file:kernel/sched/cputime.c
void account_system_time(struct task_struct *p, int hardirq_offset, u64
cputime)
{
    if (hardirq_count() - hardirq_offset)
        index = CPUTIME_IRQ;
    else if (in_serving_softirq())
        index = CPUTIME_SOFTIRQ;
    else
        index = CPUTIME_SYSTEM;

    account_system_index_time(p, cputime, index);
}
```

内核态的时间主要分三种情况进行统计：

- 如果当前处于硬中断执行上下文，那么统计到irq字段。
- 如果当前处于软中断执行上下文，那么统计到softirq字段。
- 否则统计到system字段。

判断好要加到哪个统计项中后，依次调用account_system_index_time、task_group_account_field，将这段时间加到内核变量kernel_cpustat中。

```
// file:kernel/sched/cputime.c
static inline void task_group_account_field(struct task_struct *p, int index,
                        u64 tmp)
{
    __this_cpu_add(kernel_cpustat.cpustat[index], tmp);
}
```

8.2.3.3 空闲时间的累计

没错，在内核变量kernel_cpustat中不仅统计了各种用户态、内核态的使用情况，空闲也一并统计了。

如果在采样的瞬间，CPU既不在内核态也不在用户态，就将当前节拍的时间都累加到idle中。

```
// file:kernel/sched/cputime.c
void account_idle_time(u64 cputime)
{
    u64 *cpustat = kcpustat_this_cpu->cpustat;
    struct rq *rq = this_rq();

    if (atomic_read(&rq->nr_iowait) > 0)
        cpustat[CPUTIME_IOWAIT] += cputime;
    else
        cpustat[CPUTIME_IDLE] += cputime;
}
```

在CPU空闲的情况下，进一步判断当前是不是在等待IO（例如磁盘IO），如果是，这段空闲时间会加到iowait中，否则就加到idle中。由此可知iowait其实是CPU的空闲时间，是CPU在空闲状态的一项统计，只不过这种状态和idle的区别是CPU是因为等待IO而空闲的。

8.2.4 CPU利用率统计流程

本节深入分析了Linux统计系统CPU利用率的内部原理，可以用图8.15来展示。

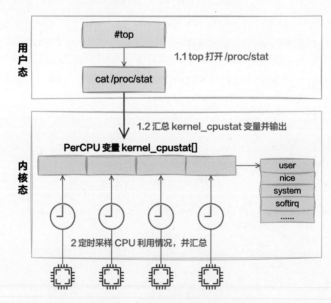

图8.15 CPU利用率统计原理

Linux中的定时器会以某个固定节拍，比如1 ms一次采样各个CPU核的使用情况，然后将当前节拍的所有时间都累加到user/nice/system/irq/softirq/io_wait/idle中的某一项上。

top命令读取/proc/stat中输出的CPU各项利用率数据，而这个数据在内核中是根据

kernel_cpustat来汇总并输出的。/proc/stat文件输出的是某个时间点的各个指标所占用的节拍数。其计算过程分两个时间点t1和t2，分别获取stat文件中的相关输出，然后经过简单的算术运算便可以算出当前的CPU利用率。

我也提供了一个段shell代码。该代码中，分别获取两个时间点的CPU运行时间。先计算每个时间点包括user+system+nice+idle+iowait+irq+softirq在内的总时间。两个时间点的CPU总时间相减得到两个时间点之间的时间。然后两个时间点的idle相减，得到这段时间的空闲时间。最后使用公式**100-(idle2-idle1)/(CPU总时间2-CPU总时间1)×100**就计算出了两个时间点内的平均CPU利用率。

该源码的完整版本在本书的配套源码的chapter-08/test-01目录下。你可以把它跑起来，用它来实际查看你的服务器的CPU利用率。

```
#!/bin/bash
function get_host_cpu_usage(){
    #CPU利用率=100-(idle2-idle1)/(cpu总时间2-cpu总时间1)×100
    T1_CPU_INFO=$(cat /proc/stat | grep -w cpu | awk '{print
$2,$3,$4,$5,$6,$7,$8}')
    T1_IDLE=$(echo $T1_CPU_INFO | awk '{print $4}')
    T1_TOTAL=$(echo $T1_CPU_INFO | awk '{print $1+$2+$3+$4+$5+$6+$7}')
    sleep 10

    T2_CPU_INFO=$(cat /proc/stat | grep -w cpu | awk '{print
$2,$3,$4,$5,$6,$7,$8}')
    T2_IDLE=$(echo $T2_CPU_INFO | awk '{print $4}')
    T2_TOTAL=$(echo $T2_CPU_INFO | awk '{print $1+$2+$3+$4+$5+$6+$7}')
  CPU_UTILIZATION=`echo ${T1_IDLE} ${T1_TOTAL} ${T2_IDLE} ${T2_TOTAL}| awk
'{printf "%.2f", (1-($3-$1)/($4-$2))*100}'`
    echo "Host CPU Utiliztion:${CPU_UTILIZATION}%"
}
get_host_cpu_usage
```

另外，从本节内容我们也了解到top命令输出的CPU时间项目其实大致可以分为三类：

- 第一类：用户态消耗时间，包括user和nice。如果想看用户态的消耗，要将user和nice加起来看才对。
- 第二类：内核态消耗时间，包括irq、softirq和system。
- 第三类：空闲时间，包括io_wait和idle。其中io_wait也是CPU的空闲状态，只不过是在等IO完成而已。如果只是想看CPU到底有多闲，应该把io_wait和idle加起来才对。

8.3 指令统计

在CPU性能指标中有一对非常重要但又常被忽视的指标，那就是IPC和CPI。

IPC的全称是Instruction Per Cycle，表示每时钟周期运行多少条指令。CPI的全称是Cycle Per Instruction，表示平均每条指令的时钟周期个数。可以看出，这一对指标互为倒数。只要理解了其中一个，自然也就理解了另外一个，本节中就以CPI为例进行讲述。

一个编译好的程序在底层是由一个个的机器指令来组成的。每一种CPU架构都有自己定义实现的指令集。X86架构和ARM架构所用到的指令集是不太一样的。这些指令本来都是二进制的，但因为不直观，所以一般用汇编指令来表示。大概包括以下几类：

- **数据传送**：mov、movb、movw、movl、movq等指令。
- **入栈出栈**：push、pop等指令。
- **算术和逻辑操作**：add、sub、or、and等指令。
- **条件判断**：cmp、test等指令。
- **跳转指令**：jmp跳转到指定的位置执行。

我们平时天天在用的编译程序，它做的工作就是把我们写的C、C++、Go等高级程序翻译成一条条机器指令。CPU在执行其中每一条指令时都需要经过取指、译码、执行、访存、写回和更新PC六个阶段。在这些操作中，不可避免地要涉及对存储器的访问。这里说的存储器包括CPU硬件内部集成的存储器，既包括各种寄存器、L1/L2/L3等缓存，也包括和CPU在物理上连接在一起的内存。

这里要说的一点是，每条指令由于处理起来的复杂度不同，所以指令之间需要的CPU周期差别是比较大的。不过在实践中，一个程序在编译生成可执行程序后，运行起来需要执行哪些二进制指令基本上也就固定了。在这里我们先忽略指令不同对性能造成的影响。

对指令执行耗时影响非常大的是数据访问的位置在哪里。如果只访问寄存器，那速度是所有存储访问中最快的。如果访问的是CPU缓存中的数据，那要比访问寄存器慢一些，L1、L2、L3缓存的速度依次越来越慢。如果要访问的数据在缓存中不存在，那就需要访问内存了，这种访问的速度是最慢的。而且内存的访问也还分顺序IO、随机IO、是否跨Node内存访问等多种情况。

CPI指标可以让我们从整体上对程序的运行速度有一个把握。假如我们的程序运行缓存的命中率高，大部分数据都在缓存中能访问到，那么CPI就会比较低。假如我们的程序对局部性原理把握得不好，或者说内核的调度算法有问题，那么很有可能执行同样的指令就需要更多的CPU周期，程序的性能也会表现得比较差，CPI指标也会偏高一些。

Linux 2.6.31以后内建了perf系统性能分析工具，可以使用它来评估程序运行时的IPC和CPI。

```
$ sudo perf stat ls
 Performance counter stats for 'ls':
```

```
      1.41 msec task-clock              #    0.583 CPUs utilized
         0      context-switches        #    0.000 K/sec
         0      cpu-migrations          #    0.000 K/sec
        97      page-faults             #    0.069 M/sec
 3,882,477      cycles                  #    2.749 GHz
 1,527,844      instructions            #    0.39  insn per cycle
   329,157      branches                #  233.096 M/sec
    14,115      branch-misses           #    4.29% of all branches
```

在上面的这个输出结果中，输出的cycles和instructions是要重点关注的：

- cycles：统计花了多少个CPU周期。
- instructions：统计总共执行了多少条二进制指令。

在instructions这一行输出的后面，#号后输出的是程序的IPC（每时钟周期运行多少条指令），是用总的instructions除以cycles算出来的，1 527 844/3 882 477＝0.39。

它没有直接输出CPI（平均每条指令的时钟周期个数），需要我们自己算一下。用总的cycles除以instructions，3 882 477/1 527 844＝2.56。也就是说运行ls程序平均每条指令需要花费2.56个CPU周期。

> ★ 注意
>
> 每个CPU周期所对应的具体时间可以根据CPU的工作频率算出。假如某台服务器的工作频率是3.0GHz，那它一秒就有3.0GHz个周期。平均每个周期所需要的时间是1/3.0G＝0.333333ns。

perf统计指令执行的原理是在CPU的硬件中的寄存器含有performance counters（性能计数器），用来统计Hardware Event。能统计的硬件信息包括周期数cycles、指令数instructions、缓存未命中cache-misses、分支预测失败branch mispredicted，等等。CPU运行过程中会将统计信息写到自己的硬件寄存器中。

> ★ 注意
>
> 其实perf不仅能统计指令数等这些Hardware Event，还能统计内核中的Software Event。比如内核中发生的缺页中断、上下文切换、CPU迁移等指标，内核会将这些统计写到变量中，perf会来定时收集汇总。使用perf list命令可以查看perf支持的所有性能事件。这个工具的功能十分强大。

perf会定时以采样的形式收集这些寄存器中存储的统计信息，然后在用户调用perf命令的时候将对应的统计信息打印出来。

```
// file:tools/perf/util/stat-shadow.c
void perf_stat__print_shadow_stats(...)
{
    ......
```

```
if (perf_evsel__match(evsel, HARDWARE, HW_INSTRUCTIONS)) {
    // 获取总的指令数
        total = runtime_stat_avg(st, STAT_CYCLES, ctx, cpu);
    if (total) {
            ratio = avg / total;
            print_metric(config, ctxp, NULL, "%7.2f ",
                    "insn per cycle", ratio);
    }
    ......
}
......
}
```

在性能调优的过程中，观测和设法降低程序的CPI是一个非常有必要和有价值的方向。那如何才能降低CPI呢？思路分两方面。一方面是硬件上的。例如使用频率更高的内存、使用缓存更大的CPU。另外一方面是软件上的。例如包括缓存友好的代码，这样L1、L2、L3缓存的命中率就会比较高，CPI会更低；通过taskset干涉内核调度行为，让一个进程固定只在某几个CPU上运行，这样L1和L2里的缓存就不会频繁失效；还有包括使用C这种采用寄存器传参的编程语言、在容器云上部署服务时避免采用配额过小的实例，都会对降低CPI有好处。

由于统计IPC和CPI的底层原理涉及硬件事件，所以相关原理将在第14章介绍硬件事件工作原理时再展开。

8.4　本章总结

在本章中，深入介绍了三个CPU相关的性能指标的内部工作原理。

第一个是负载的统计原理。

负载指标分为过去1分钟、过去5分钟、过去15分钟的平均负载三种。它统计的是过去一段时间内所有CPU核上的运行队列中running和uninterruptible状态的进程的数量。负载高了，说明这两种状态的进程多了。反之，说明系统整体比较空闲。

这里要注意的是，负载指标是为了体现系统整体的资源需求情况，而不只是体现CPU闲忙程度。很有可能是等待磁盘IO的uninterruptible状态的进程拉高了负载，但CPU利用率却不高。

第二个是CPU利用率的统计原理。

内核依赖Linux时间子系统中的定时器，每隔一段时间采样一次，查看每个采样瞬时时刻有没有进程在运行，是哪个进程在运行。然后根据这些信息将CPU使用时间汇总累加起来，在/proc/stat等伪文件中进行输出。

　　在应用层，比如top命令在计算利用率的时候，是采取分别在t1和t2两个时间去读取/proc/stat伪文件。将读取到的两次CPU执行时间相减，然后除以流逝的时间，再除以总核数，就是我们日常所看到的CPU利用率数据了。这种采样统计的方式不是100%准确，但用来查看系统的整体情况问题不大。

　　另外，通过对源码的跟踪，我们也看到其实用户态的时间不只是user字段，nice 也是。之所以要把nice分出来，是为了让Linux用户更一目了然地看到调过nice的进程所占的CPU周期有多少。我们观察用户态开销的时候，应该把nice和user加起来一并考虑。CPU利用率中输出的iowait列是CPU在空闲状态的一项统计，只不过这种状态和idle的区别是CPU是因为等待IO而空闲的。

　　第三个是CPI，平均每条指令的时钟周期个数。

　　这是一个非常重要的指标，值得所有关注性能的工程师来理解、关注并优化它。CPU硬件在运行时，会将一些硬件上的统计信息，例如周期数cycles、指令数instructions等指标，记录到特定的寄存器中。perf程序会定时以采样的形式收集这些寄存器中存储的CPU统计信息，然后在我们使用perf命令的时候将对应的统计信息打印出来。

　　在性能优化的过程中，应该想办法将CPI拉低。具体的办法包括提高CPU和内存的硬件能力、编写局部性良好的代码、使用taskset工具提高程序运行时的缓存命中率等。

　　我们再回头来总结一下本章开头提到的几个问题。

　　1）负载是如何计算出来的？

　　是定时将每个CPU上的运行队列中running和uninterruptible状态的进程数量汇总到一个全局系统瞬时负载值中，然后再定时使用指数加权移动平均法来统计过去1分钟、过去5分钟、过去15分钟的平均负载的。

　　2）负载高低和CPU消耗正相关吗？

　　负载高低表明的是当前系统上对系统资源的整体需求情况。如果负载变高，可能是CPU资源不够了，也可能是磁盘IO资源不够了。所以不能说看着负载变高，就觉得是CPU资源不够用了。

　　3）内核是如何给应用层暴露负载数据的？

　　内核定义了一个伪文件/proc/loadavg，每当用户打开这个文件，内核中的loadavg_proc_show函数就会被调用，该函数会访问avenrun全局数组变量，并将平均负载从整数转化为小数，然后打印出来。

　　4）top输出的利用率信息是如何计算出来的，它精确吗？

　　/proc/stat文件输出的是某个时间点的各个指标所占用的节拍数。如果想像top命令那样输出一个百分比，计算过程是：分两个时间点t1和t2分别获取stat文件中的相关输出，然后top命令经过简单的算术运算便可以算出当前的CPU利用率。

再说是否精确，这个统计方法是通过采样完成的，只要是采样，肯定就不是百分之百精确的。但由于我们查看CPU利用率的时候往往是计算1秒甚至更长一段时间的使用情况，这其中会包含很多采样点，所以对查看整体情况来说问题不大。

5）top输出中ni这一列是nice，它输出的是CPU在处理什么时的开销？

在CPU利用率采样时，如果CPU核处于用户态忙碌状态，会调用account_user_time来处理。

```c
//file:kernel/sched/cputime.c
void account_user_time(struct task_struct *p, u64 cputime)
{
    //分两种情况统计用户态CPU的使用情况
    int index;
    index = (task_nice(p) > 0) ? CPUTIME_NICE : CPUTIME_USER;

    //将时间累积到/proc/stat中
    task_group_account_field(p, index, cputime);
    ......
}
```

account_user_time函数主要分两种情况统计：

- 如果进程的nice值大于0，那么将会加到CPU统计结构的nice字段中。
- 如果进程的nice值小于等于0，那么将会加到CPU统计结构的user字段中。

看到这里这个问题的答案就很明显了，其实用户态的时间不只是user字段，nice字段也是。之所以要把nice分出来，是为了让Linux用户一目了然地看到调过nice的进程所占的CPU周期有多少。平时如果想要观察系统的用户态消耗时间，应该将top命令输出的user和nice加起来一并考虑，而不是只看user！

6）top输出中wa代表的是iowait，那么这段时间CPU到底是忙碌还是空闲呢？

在CPU利用率采样的瞬间，如果既不在内核态也不在用户态，会调用account_idle_time来处理空闲时间。

```c
//file:kernel/sched/cputime.c
void account_idle_time(u64 cputime)
{
    u64 *cpustat = kcpustat_this_cpu->cpustat;
    struct rq *rq = this_rq();

    if (atomic_read(&rq->nr_iowait) > 0)
```

```
        cpustat[CPUTIME_IOWAIT] += cputime;
    else
        cpustat[CPUTIME_IDLE] += cputime;
}
```

在CPU空闲的情况下，会进一步判断当前是不是在等待IO（例如磁盘IO），如果是，这段空闲时间会加到iowait中，否则就加到idle中。从这里，我们可以看到iowait其实是CPU的空闲时间，只不过是在等待IO完成而已。

看到这里这个问题的答案很明显了，iowait其实是CPU在空闲状态的一项统计，只不过这种状态和idle的区别是CPU是因为等待IO而空闲。

7）在性能观测中为什么CPI指标非常重要？

一个编译好的程序在底层是由一条条的机器指令组成的。程序在编译生成可执行程序后，运行起来需要执行哪些二进制指令基本上也就固定了。

对指令执行耗时影响非常大的是数据访问的位置。如果数据位于寄存器、L1、L2、L3缓存等CPU的存储中，则访问速度会很快，那么CPI指标就会比较低。如果要访问的数据在缓存中不存在，那就需要访问内存了，甚至是跨NUMA node访问内存，这类访问的速度是很慢的。在这种情况下，CPI指标就会偏高。

假如我们的程序的局部性原理把握得不好，或者内核的调度配置有问题，那很有可能执行同样的指令需要更多的CPU周期，程序的性能也会表现得比较差，CPI指标也会偏高一些。在程序运行的过程中观察CPI指标，可以对程序的缓存命中率有一个宏观的把握，从而指导性能优化。

第9章

——

用户态协程

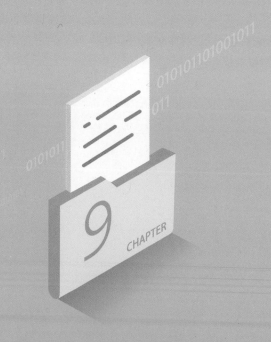

9

CHAPTER

在前面的章节中，几乎都是在围绕操作系统提供的进程、线程的概念来给大家讲的。但是，时至今日仅了解进程和线程已经不够了。因为现在协程编程模型大行其道。很多读者对协程这个新概念一知半解，虽然能写出来代码，但不理解底层运行原理，不理解协程是如何工作的。

我第一次知道协程这个概念的时候也是一头雾水。我只对操作系统中的线程、进程比较了解。而协程是什么，我完全不了解。很多文章解释说协程是用户态线程，不看这个解释还好，看完感觉更蒙了。用户态哪有线程的概念，协程和内核的线程哪些地方有联系，还是说二者是完全独立的，这些在刚开始我都一无所知。

我后来是通过看协程的实现源码才真正深刻地理解协程的。本章将以Go中的协程为例，带大家深入挖掘协程的内部实现原理。看完本章，你将对协程相关的以下问题有真正深刻的理解。

1）Go运行时GMP中的G、M、P分别是如何定义的？

2）Go程序启动时是如何创建G、M、P，并启动协程调度系统运行，最后进入main函数的？

3）协程栈内存是如何实现的？

4）Go的原生net包是如何通过协程和epoll给用户封装出同步编程方式的？

9.1 Go的GMP原理

先来讨论为什么编程模型发展到近些年，各种编程语言非要争先恐后地把协程搞出来。这其实主要是权衡开发效率和程序运行效率后的结果。

近些年Linux上的程序主要是为服务器端网络流量处理服务的。在网络编程中，最古老经典的编程模型就是同步阻塞。每个用户流量来了都用一个线程来接收和处理它。后来它之所以被丢到垃圾堆，是因为它的运行性能实在太差了。首先，创建每个线程需要的内存就要几MB。其次，不可接受的就是当流量大起来以后，大量的线程之间频繁的进程上下文切换，把CPU时间都浪费掉了。

但是同步阻塞编程模型也有一个显著的优点，那就是简单。用同步阻塞方式写出来的代码，不用考虑让人头疼的异步回调。调用read接收数据后，不用管背后的任何运行过程。直接从read的返回中处理结果就行了。

为了改进同步阻塞编程模型令人无法忍受的运行效率，内核在底层搞出了epoll来同时管理海量的网络连接。应用层也在此基础上诞生了大量的Reactor网络事件编程框架。程序的运行性能确实提上来了。拿Redis举例，单核就可以抗几万的QPS。这种编程模型的问题是比较复杂，各种各样的回调，使得代码无法被简单理解。epoll用在Redis、Nginx这种基础软件上问题不大，因为它们一般不需要怎么变动。

但是现在的互联网应用，有时候一天就发布一个版本。应用层代码是否容易被理解也就逐渐变得重要了。代码不容易被人看懂的话，还谈何快速迭代。那有没有一种技术方案，能把同步阻塞的简单易懂的优点和epoll多路复用的高性能结合起来呢？业界探索出来的解决方案就是**语言运行时实现的协程！**

Go语言中的协程在实现上包括三部分。一是内核的线程M，二是协程的G，三是为了避免锁开销的虚拟处理器P，所以统称GMP。

9.1.1   Go中的线程

在前面的章节中提到过，在Linux中线程包含两部分实现。一部分是在用户态实现的。在C语言的运行时库glibc中，定义了代表线程的struct pthread对象，还实现了创建线程的pthread_create函数。另一部分就是内核中的轻量级进程，在定义上和进程一样，使用的也是task_struct，但在clone创建系统调用中允许用户层指定CLONE_VM等flag，让新task_struct和创建它的父进程共享内存地址空间。

在Go中，C语言的运行时库glibc没法再继续用了，所以Go像glibc那样，在用户态定义了自己的线程对象和线程的创建函数。我下载的Go源码，是比较新的1.20版本。

```
# git checkout https://github.com/golang/go
git checkout go1.20
```

在src/runtime中可以看到Go对线程的定义。

```
// file: src/runtime/runtime2.go
type m struct {
    // g0, 每个M都有自己独有的g0
    g0  *g
    // 入口函数
    mstartfn    func()
    // 当前正在运行的g
    curg  *g
    // 隶属于哪个P
    p           puintptr
    // 当m被唤醒时，首先拥有这个p
    nextp       puintptr
    id int64
    ......
}
```

除了对线程的定义，还需要实现创建线程的函数newm。

```
// file:src/runtime/proc.go
func newm(fn func(), pp *p, id int64) {
    ......
    // 申请线程对象
    mp := allocm(pp, fn, id)
    // 创建线程
```

```
  newm1(mp)
  ......
}
```

在newm的底层实现中，最终是指定共享内存地址_CLONE_VM等flag后调用Linux内核的clone系统调用来创建的。

```
// file:src/runtime/os_linux.go
const (
  cloneFlags = _CLONE_VM | // 共享内存地址空间
        _CLONE_FS| // 共享文件系统
        _CLONE_FILES| // 共享打开文件列表
        _CLONE_SIGHAND
        _CLONE_SYSVSEM
        _CLONE_THREAD
)
func newosproc(mp *m) {
    ......
    clone(cloneFlags, stk, unsafe.Pointer(mp), unsafe.Pointer(mp.g0), unsafe.
Pointer(abi.FuncPCABI0(mstart)))
}
```

这个创建线程的过程和在glibc中创建线程的过程差不多。clone系统调用创建线程的过程在第3章中介绍过，大家可以回忆下。

9.1.2　Go中的协程

无论是glibc中的线程，还是Go中的线程，虽说都需要在用户层的语言运行时库中定义和实现，但线程最底层的支持还是来自操作系统，包括task_struct定义，clone系统调用创建、调度和上下文切换。

协程和线程的最大区别是协程完全是用户态的，包括对象定义，创建、调度和上下文切换。既然是完完全全新建的东西，那就可以按照需求裁剪，将它的创建、切换开销进行极致的优化。拿上下文切换来举例，线程的上下文切换大概需要$3\sim5\mu s$左右，而Go中的协程上下文切换只需要200ns，上下文切换时间是线程的二十分之一。

Go协程的定义也在src/runtime目录下。

```
// file:src/runtime/runtime2.go
type g struct {
  // 协程自己的栈
  stack       stack
  // 保存了g的现场，goroutine切换时通过它来恢复
  sched       gobuf
  // goroutine函数的指令地址
  startpc     uintptr
  ......
}
```

创建协程的函数是newproc1，该函数首先从缓存中获取一个现成的对象。

```go
// file:runtime/proc.go
func newproc1(fn *funcval, callergp *g，callerpc uintptr) *g {
    ......
    // 从缓存中获取或者创建g对象
    newg:= gfget(_p_)
    if newg == nil {
        newg= malg(_StackMin)
        ......
    }
    ......
    newg.startpc = fn.fn
    ......
    return newg
}
```

如果获取不到现成的对象，调用malg来真正地创建一个对象。malg函数的参数传递的是协程所需要的栈内存的大小。在1.20版本中，这个_StackMin的大小定义是2048B（2KB）。

```go
// file:src/runtime/proc.go
func malg(stacksize int32) *g {
  // 申请内存
  newg := new(g)
  // 申请栈内存
  stacksize = round2(_StackSystem + stacksize)
  systemstack(func() {
    newg.stack = stackalloc(uint32(stacksize))
  })
  ......
}
```

在malg中为栈申请了内存，进行一些初始化后，协程就算创建成功了。申请内存是在底层调用mmap系统调用完成的。

```go
// file:src/runtime/mem_linux.go
func sysAllocOS(n uintptr) unsafe.Pointer {
    p, err := mmap(nil, n, _PROT_READ|_PROT_WRITE, _MAP_ANON|_MAP_PRIVATE, -1, 0)
    ......
}
```

9.1.3　Go中的虚拟处理器

在上一小节讲了Go中协程的定义和创建。但是实现协程可不是一件很好玩的事情，因为你只管它的定义和创建还不够，还得管它的调度。这就和你处理bug一样，往往是处理完一个bug发现后面还有一连串的bug等着你。

第7章一整章都在介绍内核是怎样调度task_strcut的。内核调度的实现大概分这样几步：

- 为每个CPU核定义一个运行队列。
- 在每一个运行队列中都定义了红黑树来组织待运行任务。
- 基于定时器的调度节拍判断是否需要切换下一个任务。
- 还需要考虑多个运行队列中的负载均衡问题。

Go既然需要彻底把协程实现一遍，那上面内核做过的这些事情，Go也全部重新实现一遍。不得不说，工作量真的巨大。但好在Go的核心作者们都是深谙内核运行原理的大神，很多逻辑只需模仿内核重新实现一遍就好了。

在Go 1.0 版本的多线程调度器的实现中，调度器和锁都是全局资源，锁的竞争和开销非常大，导致性能比较差。这有点像Linux内核2.4时代的$O(n)$调度器。

后来Go就学内核做出了多任务队列。在Linux中每个CPU核都有一个运行队列，保存着将来要在该核上调度运行的进程或线程。这样，调度的时候只需查看CPU上的资源，就把锁的开销砍掉了。

Go中的P可以被认为是对Linux中CPU的一个虚拟，目的是和Linux一样，**找一个无竞争地保管运行队列资源的方法**。在Go中，每个P都有它的运行队列。后来Go发现任何想避免多线程锁开销的东西都可以往这里丢，比如内存分配的mcache。这个虚拟CPU的P逐步演变成了今天这个样子，它的定义也在src/runtime目录下。

```go
// file:src/runtime/runtime2.go
type p struct {
    id         int32
    status     uint32

    // 当前P上绑定的运行队列
    runqhead uint32
      runqtailuint32
      runq    [256]guintptr
    runnext guintptr

    // 当前P申请的内存
    mcache     *mcache

    // 关联的内核线程
    m          muintptr
    .......
}
```

Go中因为协程本身都执行得非常快，而且所有的协程也都是"自己人"，所以不需要过分考虑公平性。在运行队列的实现上，就是怎么简单高效怎么来，直接用数组就可以了，没必要像内核那样搞到红黑树这么复杂，如图9.1所示。

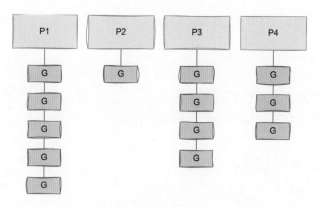

图9.1 Go中的G和P

但要知道的是，这个P毕竟只是为了避免锁开销而虚拟出来的，在用户态你并没有真正的CPU控制权，所以还要依赖操作系统，P需要绑定到一个线程M上，让操作系统来帮它分配CPU，如图9.2所示。

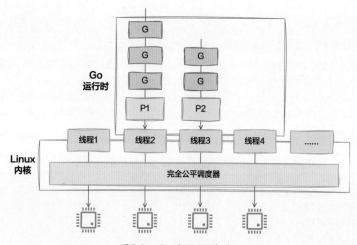

图9.2 Go的GMP模型

以上就是Go虚拟处理器P及协程运行队列的基本实现。在这个基本实现的基础上，Go还实现了自己的协程调度策略、负载均衡等完完整整的一套调度机制。Go中会有一个schedule调度循环，来不断地处理或者平衡各个任务队列中的协程。具体的调度机制将在后面讲解。

9.2 Go程序启动过程

理解了GMP原理后，我们来看看一个真正的Go程序的线程协程虚拟处理器是如何初始化的，最后又是如何运行起来的。我们就以最简单的Hello World作为示例来深入挖掘。

```
package main
import "fmt"
func main() {
    fmt.Println("Hello World!")
}
```

本节就以这个最简单的程序为例，进入Go内部，看看Go GMP的初始化和运行过程。

9.2.1　寻找执行入口

不管是什么编程语言编译出来的可执行文件，都有一个执行入口点。shell在将程序加载完后会跳转到程序入口点开始执行。

但值得提前说明的是，一般编程语言的入口点都不会是我们在代码中写的那个main。C语言中如此，Go中也是如此。这是因为各个编程语言都需要在进程启动过程中执行一些启动逻辑。在Go中，其底层运行的GMP、垃圾回收等机制都需要在进入用户的main函数之前启动。

接下来借助readelf和nm命令找到上述编译出来的可执行文件的执行入口。首先编译main.go，然后使用readelf找到main的入口点，它在0x45c220位置处，如下所示。

```
$ go build main.go -o main
$ readelf --file-header main
ELF Header:
    ......
    Entry point address:              0x45c220
```

那么0x45c220这个位置对应的是哪个函数呢？借助nm命令可以看到它是_rt0_amd64_linux。

```
nm -n main | grep 45c220
000000000045c220 T _rt0_amd64_linux
```

这其实是一个汇编函数。

```
// file:asm_amd64.s
// _rt0_amd64 is common startup code for most amd64 systems when using
// internal linking.
TEXT _rt0_amd64(SB),NOSPLIT,$-8
    MOVQ    0(SP), DI    // argc
    LEAQ    8(SP), SI    // argv
    JMP     runtime·rt0_go(SB)
```

这个函数的开头也有明确的注释 "_rt0_amd64 is common startup code for most amd64 systems when using internal linking"。这说明我们找对了。

接下来Go就是顺着这个汇编函数开始执行，最后一步步地创建线程，创建协程，最后运行到我们所熟悉的main函数。

9.2.2　执行入口分析

在上一小节中我们看到Go的入口函数是_rt0_amd64。要注意的是，当代码运行到这里的时候，操作系统已经为当前可执行文件创建好了一个主线程。_rt0_amd64只是将参数简单地保存一下就跳转（jmp，汇编中的函数调用）到runtime·rt0_go中了。

这个函数很长，下面只挑重要的讲！

```
// file:runtime/asm_amd64.s
TEXT runtime·rt0_go(SB),NOSPLIT|TOPFRAME,$0
    ......
    // 1.Go的核心初始化过程
    CALL    runtime·osinit(SB)
    CALL    runtime·schedinit(SB)

    // 2.调用runtime·newproc创建一个协程
    // 并将 runtime.main函数作为入口
    MOVQ    $runtime·mainPC(SB), AX          // entry
    PUSHQ   AX
    CALL    runtime·newproc(SB)
    POPQ    AX

    // 3.启动线程，启动调度系统
    CALL    runtime·mstart(SB)
```

这个函数的核心逻辑就是以下几个关键点：

第一，通过runtime中的osinit、schedinit等函数对Go运行时进行关键的初始化。在这里我们将看到GMP的初始化与调度逻辑。

第二，创建一个主协程，并指明runtime.main函数是其入口函数。因为操作系统加载的时候只创建好了主线程，协程还是要用户态的Go自己来管理。Go在这里创建出了自己的第一个协程。

第三，调用runtime·mstart真正开启运行。

9.2.2.1　Go核心初始化

Go的核心初始化包括runtime·osinit和runtime·schedinit这两个函数。

runtime·osinit函数获取CPU数量和页大小，以及进行操作系统初始化工作。

```
// file:os_linux.go
func osinit() {
    ncpu = getproccount()
```

```
    physHugePageSize = getHugePageSize()
    osArchInit()
}
```

接下来是runtime.schedinit的初始化，这里主要是对调度系统的初始化。

这个函数的注释贴心地告诉我们，Go的启动流程是call osinit、call schedinit、make & queue new G和call runtime·mstart 四个步骤。这和前面讲得一致。

Go中调度的核心就是GMP原理。这里不展开对GMP进行过多的说明，留着后面再细说。这里只提一点，在runtime.schedinit这个函数中，会将所有的P都初始化好，并用一个allp slice维护管理起来。

```
// file:runtime/proc.go
// The bootstrap sequence is:
//
// callosinit
// callschedinit
// make & queue new G
// callruntime·mstart
//
// The new G calls runtime·main.
func schedinit() {
    ......

    // 默认情况下procs等于CPU个数
    // 如果设置了GOMAXPROCS，则以这个为准
    procs:= ncpu
    if n, ok := atoi32(gogetenv("GOMAXPROCS")); ok && n > 0 {
        procs= n
    }
    //分配procs个P
    if procresize(procs) != nil {
        throw("unknown runnable goroutine during bootstrap")
    }
    ......
}
```

从上述源码可以看到，P的数量取决于当前CPU的数量，或者是runtime.GOMAXPROCS的配置。

一些开发人员有这样一种错误的认知，认为runtime.GOMAXPROCS限制的是Go中的线程数，这是错误的。runtime.GOMAXPROCS真正制约的是GMP中的P，而不是M。

再来简单看看procresize函数，这个函数其实就是在维护allp变量，在这里保存着所有的P。

```
// file:runtime/proc.go
// Change number of processors
```

```go
// Returns list of Ps with local work, they need to be scheduled by the caller
func procresize(nprocs int32) *p {

    // 申请存储P的数组
    if nprocs > int32(len(allp)) {
        allp= ......
    }

    // 对新P进行内存分配和初始化，并保存到allp数组中
    for i := old; i < nprocs; i++ {
        pp:= allp[i]
        if pp == nil {
            pp= new(p)
        }
        pp.init(i)
        atomicstorep(unsafe.Pointer(&allp[i]), unsafe.Pointer(pp))
    }
    ......
}
```

9.2.2.2　主协程创建

汇编代码调用runtime·newproc创建一个协程，并将runtime.main函数作为入口。我们来看看第一个主协程是如何创建出来的。

```go
// file:runtime/proc.go
func newproc(fn *funcval) {
    ......
    systemstack(func() {
        newg:= newproc1(fn, gp, pc)

        _p_:= getg().m.p.ptr()
        runqput(_p_, newg, true)

        if mainStarted {
            wakep()
        }
    })
}
```

systemstack这个函数是Go内部经常使用的，runtime代码经常通过调用systemstack临时切换到系统栈去执行一些特殊的任务。这里所谓的系统栈，就是操作系统视角创建出来的线程和线程栈。如果不理解，先不管它也问题不大。

接着调用newproc1创建一个协程，runqput代表的是将协程添加到运行队列。最后的wakep唤醒一个线程去执行运行队列中的协程。

协程创建

先看newproc1是如何创建协程的。

```
// file:runtime/proc.go
func newproc1(fn *funcval, callergp *g, callerpc uintptr) *g {
    ......
    // 从缓存中获取或者创建G对象
    newg:= gfget(_p_)
    if newg == nil {
        newg= malg(_StackMin)
        ......
    }

    newg.sched.sp = sp
    newg.stktopsp = sp
    ......
    newg.startpc = fn.fn
    ......
    return newg
}
```

gfget函数尝试从缓存获取一个G对象。我们暂时忽略这个逻辑，直接看malg，因为它创建一个G，对我们理解更有帮助。在malg创建完后，对新的goroutine对象进行一些设置后就返回了。

在调用malg时传入了一个_StackMin，这表示默认的栈大小，在Go中的默认值是2048。

> ★ 注意
>
> 这也就是很多人所说的Go中协程很轻量，只需要消耗2KB内存的缘由。但其实这个说法并不是很准确。首先这里分配的并不是2KB，下面我们会看到还有一些预留空间。另外，当发生缺页中断的时候，Linux是以4KB为单位进行分配的。

```
// file:runtime/proc.go
func malg(stacksize int32) *g {
    newg:= new(g)
    if stacksize >= 0 {
        // 这里会在stacksize的基础上为每个栈预留系统调用所需的内存大小 \_StackSystem
        // 在Linux/Darwin中（ \_StackSystem == 0 ）本行不改变stacksize的大小
        stacksize= round2(_StackSystem + stacksize)
    }
    // 切换到G0为newg初始化栈内存
    systemstack(func() {
        newg.stack = stackalloc(uint32(stacksize))
    })

    // 设置stackguard0，用来判断是否要进行栈扩容
    newg.stackguard0 = newg.stack.lo + _StackGuard
```

```
    newg.stackguard1 = ^uintptr(0)
}
```

在调用malg的时候会将传入的内存大小加上_StackSystem值预留给系统调用使用，round2函数会将传入的值舍入为2的指数。然后切换到G0执行stackalloc函数进行栈内存分配。

分配完毕会将stackguard0设置为stack.lo + _StackGuard，用于将来判断是否需要进行栈扩容。

```go
// file:runtime/stack.go
func stackalloc(n uint32) stack {
    thisg:= getg()
    ......
    // 对齐到整数页
    n= uint32(alignUp(uintptr(n), physPageSize))
    v:= sysAlloc(uintptr(n), &memstats.stacks_sys)
    return stack{uintptr(v), uintptr(v) + uintptr(n)}
}
```

其中栈是如下这样的结构体。

```go
// file:runtime/runtime2.go
type stack struct {
    lo uintptr
    hi uintptr
}
```

sysAlloc使用mmap系统调用来真正为协程栈申请指定大小的地址空间。

```go
// file:runtime/mem_darwin.go
func sysAlloc(n uintptr, sysStat *sysMemStat) unsafe.Pointer {
    v, err := mmap(nil, n, _PROT_READ|_PROT_WRITE, _MAP_ANON|_MAP_PRIVATE, -1, 0)
    if err != 0 {
        return nil
    }
    sysStat.add(int64(n))
    return v
}
```

加入运行队列

在协程创建出来后，会调用runqput将它添加到运行队列中。

```go
// file:runtime/proc.go
func newproc(fn *funcval) {
    ......
    systemstack(func() {
        newg:= newproc1(fn, gp, pc)
```

```go
    _p_:= getg().m.p.ptr()
    runqput(_p_, newg, true)
    ......
})
}
```

在9.1节介绍过每个P中都会有一个保存可运行协程G的任务队列。理解了这一点，我们再来看Go中的runqput是如何将协程添加到P的运行队列中的。

```go
// file:runtime/proc.go
func runqput(_p_ *p, gp *g, next bool) {
    ......
    // 将新goroutine添加到P的runnext中
    if next {
    retryNext:
        oldnext:= _p_.runnext
        if !_p_.runnext.cas(oldnext, guintptr(unsafe.Pointer(gp))) {
            goto retryNext
        }
        if oldnext == 0 {
            return
        }
        // 将原来的runnext添加到运行队列中
        gp= oldnext.ptr()
    }

    // 将新协程或者被从runnext踢下来的协程添加到运行队列中
retry:
    h:= atomic.LoadAcq(&_p_.runqhead) // load-acquire, synchronize with consumers
    t:= _p_.runqtail

    // 如果P的运行队列没满，那就添加到尾部
    if t-h < uint32(len(_p_.runq)) {
        _p_.runq[t%uint32(len(_p_.runq))].set(gp)
        atomic.StoreRel(&_p_.runqtail, t+1)
        return
    }

    // 如果满了，就添加到全局运行队列中
    if runqputslow(_p_, gp, h, t) {
        return
    }
}
```

在runqput函数中首先尝试将新协程放到runnext中，这个有优先执行权。然后会将新协程或者被新协程从runnext踢下来的协程加入到当前P（运行队列）的尾部。但还有一种可能是当前这个运行队列已经任务过多了，那就需要调用runqputslow分一部分运行队列中的协程到全局队列中去，如图9.3所示，以便减轻当前运行队列的执行压力。

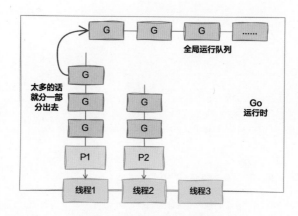

图9.3　GMP中的全局运行队列

唤醒一个线程

前面只是将新创建的goroutine添加到了P的运行队列中。现在GMP中的G有了，P也有了，就差M了。真正的运行还是需要操作系统的线程去执行的。

```go
// file:runtime/proc.go
func wakep() {
    ......
    startm(nil, true)
}
```

wakep函数的核心是调用startm。startm函数将会调度线程去运行P中的运行队列。如果有必要，可能也需要创建新线程。

```go
// file:runtime/proc.go
// 调度一些M来运行P（如果必要，创建一个M）
func startm(_p_ *p, spinning bool) {
    mp:= acquirem()

    // 如果没有传入p，就获取一个idel p
    if _p_ == nil {
        _p_ = pidleget()
    }

    // 再获取一个空闲的M
    nmp:= mget()
    if nmp == nil {
        // 如果获取不到，就创建一个
        newm(fn, _p_, id)
        ......
        return
    }

    ......
}
```

创建线程的具体过程在9.1节已经介绍过了，这里不再展开。

9.2.2.3　启动调度系统

现在GMP中的三元素全具备了，而且主协程中的运行函数fn也指定为了runtime. main。接下来调用mstart来启动线程，启动调度系统。

汇编中的mstart函数调用的是Go源码中的mstart0。

```go
// file:runtime/proc.go
func mstart0() {
    ......
    mstart1()
}
// file:runtime/proc.go
func mstart1() {
    ......
    // 进入调度循环
    schedule()
}
```

其中，**schedule是整个Go 程序的运行核心。所有的协程都是通过它来开始运行的。**

schedule的主要工作逻辑有以下几点：

1. 调度每运行61次会访问一次全局运行队列来获取可运行的G。这样做的目的是避免全局队列中的G被饿死。
2. 如果没有访问全局队列或者没有获取到g，则调用runqget从当前P的本地队列中获取可运行的G。
3. 如果还是找不到，继续调用findrunnable函数。该函数会尝试从其他P中"窃取"一些G来运行。
4. 当找到一个G后，就会调用execute去运行G。

再来看源码就很容易理解了。

```go
// file:runtime/proc.go
func schedule() {
    _g_:= getg()
    ...
top:
    pp:= _g_.m.p.ptr()

    // 每隔61次从全局运行队列中获取可运行的协程
    if gp == nil {
        if _g_.m.p.ptr().schedtick%61 == 0 && sched.runqsize > 0 {
            lock(&sched.lock)
            gp= globrunqget(_g_.m.p.ptr(), 1)
```

```
            unlock(&sched.lock)
        }
    }

    if gp == nil {
        // 从当前P的运行队列中获取可运行的协程
        gp, inheritTime = runqget(_g_.m.p.ptr())
    }

    if gp == nil {
        // 尝试从其他P中"窃取"任务来处理
        // 如果findrunnable获取不到可运行G，会一直阻塞，直到有可运行的G
        gp, inheritTime = findrunnable()    }

    // 执行协程
    execute(gp, inheritTime)
}
```

其中findrunnable函数如果从当前P的运行队列和全局运行队列都没获取到任务，还会尝试从其他的P中获取一些任务来运行。

9.2.3　main函数真正运行

至此，整个Go的调度系统就算跑起来了。因为前面创建了主协程，而且还给它设置了runtime.main函数作为入口，所以对于主协程的调度，就会进入这个入口开始执行。终于看到runtime快运行到我们自己写的main函数了。

runtime.main在执行main包中的main之前，还做了不少其他工作：

1.　新建一个线程来执行sysmon。sysmon的工作是系统后台监控（定期垃圾回收和调度抢占）。
2.　执行runtime init函数。runtime包中也有不少init函数，会在这个时机运行。
3.　启动gc清扫的goroutine。
4.　执行main init函数，包括用户定义的所有init函数。
5.　执行用户的main函数。

```
// file:runtime/proc.go
// The main goroutine.
func main() {
    g := getg()

    // 在系统栈上运行sysmon
    systemstack(func() {
        newm(sysmon, nil, -1)
    })
```

```
// runtime内部init函数的执行
doInit(&runtime_inittask)

// gc启动一个goroutine进行gc清扫
gcenable()

// 执行main init
doInit(&main_inittask)

// 执行用户main
fn:= main_main
fn()

// 退出程序
exit(0)
}
```

好了，我们定义的main函数终于能被执行，可以输出"Hello World！"了。

总之，Go程序的运行入口是runtime定义的一个汇编函数。这个函数核心有三个逻辑：

第一，通过runtime中的osinit、schedinit等函数对Go运行时进行关键的初始化。在这里我们将看到GMP的初始化与调度逻辑。

第二，创建一个主协程，并指明runtime.main函数是其入口函数。因为操作系统加载时只创建好了主线程，协程还是要用户态的Go自己来管理。Go在这里创建出了自己的第一个协程。

第三，调用runtime·mstart真正开启调度器开始执行。

当调度器开始执行后，主协程会进入runtime.main函数中运行。在这个函数中进行几项初始化后，真正进入用户的main函数中运行。

第一，新建一个线程来执行sysmon。sysmon的工作是系统后台监控（定期垃圾回收和调度抢占）。

第二，执行runtime init操作。

第三，启动gc清扫的goroutine。

第四，执行用户代码中的init相关的函数。

第五，执行用户main函数。

看似简单的一个Hello World 程序，只要你愿意深挖，里面真有很多值得研究的内容！

9.3 协程的栈内存

本节从内存的角度来看看Go线程、协程使用栈内存的方式有什么特别的地方。为了让大家能融会贯通，在开始讨论协程栈之前先来回顾下一下进程栈与线程栈。

9.3.1 回忆进程栈和glibc 线程栈

在Linux内核中进程是用task_struct 来表示的，其所有内存相关的数据结构都在其mm_struct中表示。在mm_struct中用一棵红黑树表示进程当前分配的地址空间，每一个红黑树节点都表示地址空间中已经申请的一段范围。

第4章介绍了exec相关调用在加载可执行文件的过程中，会给进程栈申请一个4KB的初始内存。之后当栈中的存储超过4KB的时候会自动进行扩大。不过大小要受到限制，其大小限制可以通过ulimit -s命令查看和设置。

整体上，一个进程的栈区的实现示意图如图9.4所示。

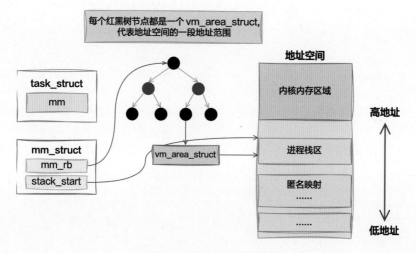

图9.4 进程栈的内部实现

假设现在进程通过调用glibc的pthread_create又创建了一个新的线程。每个线程都需要有独立的栈，来保证并发调度时不冲突。然而进程地址空间的默认栈由于是多个task_struct所共享的，所以线程必须通过mmap来独立管理自己的栈。

Linux下glibc中的线程库其实是nptl线程。它包含了两部分资源。第一部分是在用户态管理了用户态的线程对象struct pthread及独立的线程栈。第二部分就是内核中的task_struct、地址空间等内核对象。进程栈和线程栈的关系如图9.5所示。

这里要注意的是，glibc中的struct pthread是用户态的变量。而task_struct和mm_struct都是内核态的变量。这个逻辑关系要搞清楚。

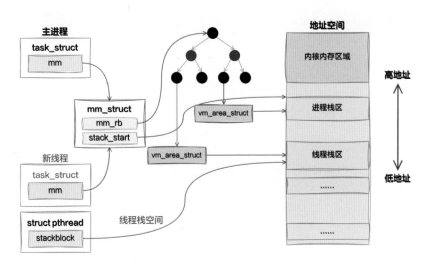

图9.5 多线程程序的栈的结构

9.3.2 Go的线程栈与协程栈

从上一小节可以看到，线程没有办法使用操作系统默认给进程分配的栈内存。Linux中glibc库的做法是自己申请内存来当线程栈用。

Go中既有线程的概念，也有协程的概念，每一个线程上还会运行多个协程。无论是线程栈，还是协程栈，都要自己申请和管理。我们来看看Go是如何维护线程栈和协程栈的。

9.3.2.1 线程栈的分配

Go中的线程和glibc中的线程库类似，也是先自己申请内存，然后再通过clone系统调用通知操作系统来创建线程的。

先来看一下Go的线程创建函数newm。

```go
// file:runtime/proc.go
// Create a new m. It will start off with a call to fn, or else the scheduler.
func newm(fn func(), _p_ *p, id int64) {
    // 申请线程对象及默认的g0
    mp:= allocm(_p_, fn, id)
    ......

    // 调用clone系统调用真正创建线程
    newm1(mp)
}
```

在allocm中申请一个表示线程的结构体的对象，然后再为其默认创建一个g0。每个线程都有g0这么一个特殊的协程，用途包括创建其他的协程等。这个特殊的协程g0是随着线程m对象一起被创建出来的。

```go
// file:runtime/proc.go
func allocm(_p_ *p, fn func(), id int64) *m {
    ......
    // 申请表示线程的m对象
    mp:= new(m)
    mp.mstartfn = fn

    // 创建协程g0
    if iscgo || mStackIsSystemAllocated() {
        mp.g0 = malg(-1)
    } else {
        mp.g0 = malg(8192 * sys.StackGuardMultiplier)
    }
    mp.g0.m = mp

    return mp
}
```

其中malg函数的功能是创建一个协程g，所接收的参数是协程栈的大小。可以看到给g0申请的栈还是很大的，默认给了8KB（普通协程栈默认只有2KB）。

```go
// file:runtime/proc.go
func malg(stacksize int32) *g {
    // 申请表示协程的g对象
    newg:= new(g)
    if stacksize >= 0 {
        ......
        // 切换到g0为newg初始化栈内存
        systemstack(func() {
            newg.stack = stackalloc(uint32(stacksize))
        })
        // 设置stackguard0，用来判断是否要进行栈扩容
        newg.stackguard0 = newg.stack.lo + _StackGuard
        newg.stackguard1 = ^uintptr(0)
    }
    return newg
}
```

在上面的malg源码中，通过new申请了协程的g对象，通过stackalloc为其申请了内存，还为它设置了guard（将来判断是否需要扩容栈时会用到）。

这些操作都是Go在用户态执行的。还没有涉及操作系统中线程的创建。真正的操作系统中的线程是需要通过调用clone系统调用来完成的，而且需要指定线程所使用的栈。

Go在Linux平台上的做法是直接将g0这个特殊的协程的栈当作线程栈给clone传递过去。执行的地方是newm1 => newosproc。

```
// file:runtime/os_linux.go
const (
    cloneFlags= _CLONE_VM | // 新线程共享父进程内存地址空间
    _CLONE_FS| // 新线程共享父进程当前目录
    _CLONE_FILES| // 新线程共享父进程打开文件列表
    _CLONE_SIGHAND| // 新线程共享父进程信号处理
    _CLONE_SYSVSEM| // 新线程共享父进程信号量
    _CLONE_THREAD
)

func newosproc(mp *m) {
    // 把自己的g0的栈拿出来用
    stk:= unsafe.Pointer(mp.g0.stack.hi)
    ......
    // stk是当前线程的g0协程的栈
    ret:= clone(cloneFlags, stk, ..., unsafe.Pointer(abi.FuncPCABI0(mstart)))
}
```

在clone系统调用中，操作系统真正创建线程，栈是由Go指定的g0协程的栈，入口函数是汇编实现的mstart函数。

9.3.2.2 协程栈的分配

其实理解了线程栈的创建过程，协程栈的创建就非常容易理解了。我们就以默认的主协程为例，看看它的栈是如何被分配的。

主协程是在Go的汇编入口中创建的。

```
// file:runtime/asm_amd64.s
TEXT runtime·rt0_go(SB),NOSPLIT|TOPFRAME,$0
    ......
    //调用runtime·newproc 创建一个协程
    CALL    runtime·newproc(SB)
    ......
```

主协程的创建仍然是由malg来创建的，它是通过runtime·newproc => runtime·newproc1依次被调用到的。这里要注意的是，给普通协程指定的栈的默认大小是_StackMin，只有2KB。

```
// file:runtime/proc.go
func newproc1(fn *funcval, callergp *g, callerpc uintptr) *g {
    ......
    // 从缓存中获取或者创建G对象
    newg:= gfget(_p_)
    if newg == nil {
        newg= malg(_StackMin)
        ......
    }
    ......
```

```
// 协程入口函数
newg.startpc = fn.fn
......
return newg
}
```

9.3.3　Go协程栈的扩张

从上一小节中可以看到，默认给m中的g0协程8KB的内存，默认给普通协程的是2KB内存。在函数调用的过程中，对栈内存的需求会通过函数调用深度及局部变量的定义而逐步增加。无论是8KB还是2KB，在运行的过程中都可能存在不够用的情况。

那如果默认的栈内存用光了怎么办？肯定不能让程序直接崩溃了之。Go的做法是动态地进行判断，当发现内存不够用的时候，再申请一个比原来的栈大一倍的空间。把原来栈中的内容都复制到新栈上，同时释放旧栈消耗的内存空间。

9.3.3.1　判断是否需要扩张

前面我们看到malg创建协程的时候，设置了很重要的栈边界，stackguard0和stackguard1。这些guard变量可以理解为一个哨兵，通过和它的地址进行比较来判断是否需要扩展栈。

一个协程创建完后，它的栈内存相关的成员如图9.6所示。

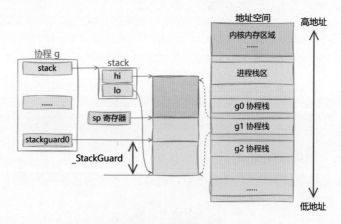

图9.6　协程栈空间

其中：

- stackguard0：stack.lo + StackGuard，用于stack overlow的检测。
- StackGuard：保护区大小，在Linux上为928字节。

另外，在理解Go是如何判断出栈需要扩张的之前，需要先弄清楚一个寄存器SP。在Go中，该寄存器永远指向栈顶。要注意的是，栈的增长方向是自顶向下的，所以当栈增长的时候，SP会变小。

```
SUBQ    $24, SP  // 增长栈是对sp做减法，为函数分配函数栈帧
ADDQ    $24, SP  // 缩减栈是对sp做加法，清除函数栈帧
```

栈扩张用一张图来看会更直观，如图9.7所示。

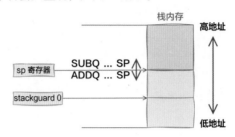

图9.7　栈扩张判断

协程在运行的时候，不停地通过调用SUBQ 来为函数调用分配函数帧，调用ADDQ来清除函数帧。如果函数调用得比较深，或者局部变量占用的内存比较大，那么栈空间可能会不够用。

前面在给协程申请内存的时候，设置好了stackguard0，这算是警戒水位。只要栈内存在分配的时候判断是否超过了stackguard0（栈增长是从大往小向下增长的，所以实际判断是否小于stackguard0），就可以决定是否需要为当前的协程分配更大的栈空间了。

我们可以写一段简单的代码来验证：

```go
func main() {
    n := 1
    _ = func1(n)
}

func func1(n int) int {
    _ = make([]byte, 200)
    return n
}
```

在上面这段简单的代码中，在func1函数中申请了200字节的局部变量。Go会在运行时判断当func1运行的时候是否需要进行栈扩张。我们来观察一下其汇编源码。

```
# GOOS=linux GOARCH=amd64 go tool compile -S -N -l main.go > main.s
```

在输出的结果中，找到func1对应的汇编代码。前面几句就是注入的栈扩张判断的代码。汇编比较难理解，大家也不用细看。只要了解大致逻辑即可。

```
"".func1 STEXT size=143 args=0x8 locals=0xd8 funcid=0x0 align=0x0
    0x0000 00000 (main.go:9)    TEXT    "".func1(SB), ABIInternal, $216-8
```

```
0x0000 00000 (main.go:9)      LEAQ     -88(SP), R12
0x0005 00005 (main.go:9)      CMPQ     R12, 16(R14)
0x0009 00009 (main.go:9)      PCDATA   $0, $-2
0x0009 00009 (main.go:9)      JLS      120
......
0x0078 00120 (main.go:11)     NOP
0x0078 00120 (main.go:9)      PCDATA   $1, $-1
0x0078 00120 (main.go:9)      PCDATA   $0, $-2
0x0078 00120 (main.go:9)      MOVQ     AX, 8(SP)
0x007d 00125 (main.go:9)      NOP
0x0080 00128 (main.go:9)      CALL     runtime.morestack_noctxt(SB)
```

上面的CMPQ就是将当前的栈顶寄存器SP计算后和当前协程的stackguard0来比较的。（R14指向的是当前的协程g的变量地址，16（R14）指的是当前协程的stackguard0。）

如果判断完需要扩张栈，那么JLS会跳转到下面执行，通过runtime.morestack_noctxt(SB)来扩张栈内存。

到这里有的读者可能会说了，如果每次函数调用都先判断是否需要进行栈扩张，那么Go的函数调用效率岂不是会比较差。事实上，Go也会在编译时进行优化，当编译时判定肯定不会出现溢出的情况，就不会生成这段判断代码了。有兴趣的话，你可以把上面的局部变量的大小改成10~20之间的小数试试。

9.3.3.2　函数栈扩张

当Go程序运行时发现当前协程的栈过小，就需要调用runtime.morestack_noctxt(SB)来扩张栈内存。这是从9.3.3.1节得出的结论。

那么栈扩张具体是如何操作的呢？其实原理很简单，就是再额外申请一块比当前栈空间更大的内存，把原来的数据复制过来，旧内存释放掉就完事了。我们来看下相关源码。

其中栈扩张的入口runtime.morestack_noctxt是汇编源码，最终的栈分配会进入Go源码runtime.newstack中。

```go
// file:runtime/stack.go
func newstack() {
    // 新栈空间是旧栈大小的两倍
    oldsize:= gp.stack.hi - gp.stack.lo
    newsize:= oldsize * 2
    ......

    // 申请新栈并复制旧栈
    copystack(gp, newsize)
    ......
}
```

上面代码中计算出了新栈的大小，然后调用copystack完成新栈申请和初始化。

```go
// file:runtime/stack.go
func copystack(gp *g, newsize uintptr) {
    // 申请新栈
    new := stackalloc(uint32(newsize))

    // 复制旧栈
    memmove(unsafe.Pointer(new.hi-ncopy), unsafe.Pointer(old.hi-ncopy), ncopy)

    // 使用上新的栈了
    gp.stack = new
    gp.stackguard0 = new.lo + _StackGuard

    // 释放旧栈
    stackfree(old)
}
```

整体栈扩张的核心代码就这么多。其中在stackalloc申请栈的源码中，由于Go考虑了很多内存性能优化，所以略有些复杂。

函数stackalloc申请内存时并不是直接通过mmap向操作系统申请的，而是自己会按照所需内存的不同大小提前预申请一堆，用的时候直接分配。只有预申请用光的时候通过mmap向操作系统发起真正的申请。具体源码这里就不过度展开了。

当然，和栈扩张相对应的还有栈收缩的逻辑。感兴趣的读者可以自行在源码中或者网络中搜索shrinkstack。

总之，在Linux中，进程在创建的时候，启动调用exec加载可执行文件的过程中，操作系统会为其分配一个栈内存供进程运行时使用。Linux中其实是没有线程的概念的，我们在编程中所用的线程都是在用户态申请内存，然后调用clone系统调用来创建的。在glibc中是这样，在Go中也是如此。Go创建线程的时候，会默认创建一个g0协程，并申请一段栈内存，传给操作系统。对于非g0协程，每个协程都会申请一段栈内存。

Go中为了支持高并发，在默认情况下给栈分配的内存都比较小，普通栈默认只有2KB。在运行的过程中，会在编译的源码中插入栈溢出判断。如果超过警戒位，就会申请一块两倍大小的新内存，将旧栈中的数据复制过来后就使用新栈了。

9.4　使用协程封装epoll

协程没有流行以前，在传统的网络编程中，同步阻塞是性能低下的代名词，一次切换就需要3~5µs左右的CPU开销。各种基于epoll的异步非阻塞的模型虽然提高了性能，但是基于回调函数的编程方式却非常不符合人的直线思维模式。开发出来的代码也不那么容易被人理解。

Go的出现，可以说将协程编程模式推向了一个高潮。这种新的编程方式既兼顾了同步编程方式的简单易用，也在底层通过协程和epoll的配合避免了线程切换的性能高损耗。换句话说就是，既简单易用，又性能不错。

飞哥当年也是相中Go的这个特点，才开始带领团队转型Go开发的。本节将介绍Go官方提供的net包，看看它是如何达成上面所说的这些效果的。

9.4.1　Go net包使用方式

考虑到不少读者没有使用过Go，我先把一个基于官方net包的Go服务的简单代码展示出来。为了方便理解，这里只列出了骨干代码。

```go
func main() {
    // 构造一个listener
    listener, _ := net.Listen("tcp", "127.0.0.1:9008")

    for {
        // 接收请求
        conn, err := listener.Accept()
        // 启动一个协程来处理
        go process(conn)
    }
}

func process(conn net.Conn) {
    // 结束时关闭连接
    defer conn.Close()

    // 读取连接上的数据
    var buf [1024]byte
    len, err := conn.Read(buf[:])

    // 发送数据
    _, err = conn.Write([]byte("I am server!"))
    ......
}
```

在这个示例服务程序中，先使用net.Listen监听本地的9008端口，然后调用Accept进行接收连接处理。如果接收到了连接请求，通过go process()启动一个协程进行处理。在连接的处理中我展示了读写操作（Read和Write）。

整个服务程序看起来就是一个同步模型，Accept、Read和Write都会将当前协程"阻塞"掉。比如在Read函数这里，如果服务器调用时客户端数据还没有到达，那么Read是不返回的，会将当前的协程park（阻塞）住。直到有了数据，Read才会返回，处理协程继续执行。

如果在其他语言，如C和Java中，写出类似的服务器代码，估计会被"打死"的。因为每一次同步的Accept、Read、Write都会导致当前的线程被阻塞掉，浪费大量的CPU进行线程上下文的切换。

但是在Go中这样的代码运行性能却非常不错，这是为什么呢？我们继续看接下来的内容。

9.4.2 Listen底层过程

在C、Java等传统编程语言中，listen所做的事情就是直接调用内核的listen系统调用，关于它的原理可以参考《深入理解Linux网络》一书。但是如果你也这么同等地理解Go net包里的Listen，那就大错特错了。和其他语言不同，在Go net的Listen中，会完成如下几件事：

- 创建socket并设置非阻塞。
- bind绑定并监听本地的一个端口。
- 调用listen开始监听。
- epoll_create创建一个epoll对象。
- epoll_etl将listen的socket添加到epoll中等待连接到来。

一次Go的Listen调用，相当于C语言中的socket、bind、listen、epoll_create、epoll_etl等多次函数调用的效果。封装度非常高，更大程度地对程序员屏蔽了底层的实现细节。

> ★ 注意
>
> 插一句题外话：现在的各种开发工具的封装程度越来越高，真不知道对程序员来说是好事还是坏事。好处是开发效率更高了，然而将来的程序员想了解底层也越来越难了，越来越像传统企业里流水线上的工人。

口说无凭，我们挖开Go的内部源码看一看（参见图9.8），这样更真实。

Listen的入口在Go源码的net/dial.go文件中，让我们展开细节来看其中的逻辑。

9.4.2.1 Listen入口执行流程

源码不用细看，看懂大概流程就可以。

```go
// file:src/net/dial.go
func Listen(network, address string) (Listener, error) {
    var lc ListenConfig
    return lc.Listen(context.Background(), network, address)
}
```

可见，这个Listen只是一个入口。接下来会进入ListenConfig下的Listen方法。如果在ListenConfig的Listen中判断出这是一个TCP类型，会进入sysListener下的listenTCP方法

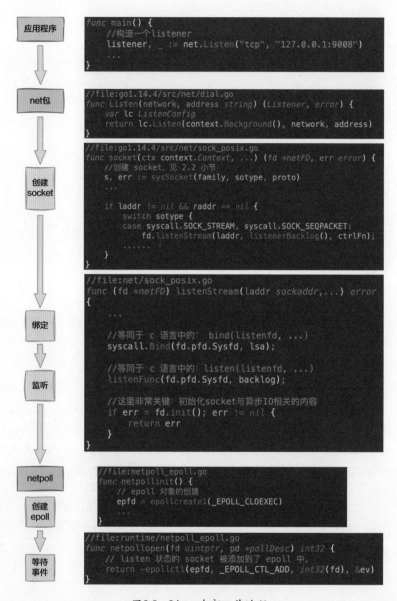

图9.8　Listen内部工作过程

（src/net/tcpsock_posix.go）。然后再经过两三次的函数调用跳转，进入net/sock_posix.go文件下的socket函数中。

```go
// file:src/net/sock_posix.go
func socket(ctx context.Context, net string, family, ...) (fd *netFD, err
error) {
    // 创建socket
```

```
    s, err := sysSocket(family, sotype, proto)
    ......

    // TCP绑定和监听
    // epoll对象的创建及文件描述符的添加
    if laddr != nil && raddr == nil {
        switch sotype {
        case syscall.SOCK_STREAM, syscall.SOCK_SEQPACKET:
            fd.listenStream(laddr, listenerBacklog(), ctrlFn);
            ......
        }
    }
}
```

在这个socket函数中，做了这样几件事：

- sysSocket创建了一个内核提供的socket。
- listenStream中完成了bind、listen、epoll对象创建及管理对象的添加。

接下来我们分别展开来看一下。

9.4.2.2 创建socket

sysSocket这个函数和其他语言中的socket函数有很大的不同。在这么一个函数内就完成了三件事，创建socket、bind和listen。我们来看sysSocket的具体代码。

```
// file:net/sys_cloexec.go
func sysSocket(family, sotype, proto int) (int, error) {
    // 创建socket
    s, err := socketFunc(family, sotype, proto)
    // 设置为非阻塞模式
    syscall.SetNonblock(s, true)
}
```

在sysSocket中，调用的socketFunc其实就是socket系统调用。

```
//file:net/hook_unix.go
var (
    // Placeholders for socket system calls.
    socketFuncfunc(int, int, int) (int, error)        = syscall.Socket
    connectFuncfunc(int, syscall.Sockaddr) error      = syscall.Connect
    listenFuncfunc(int, int) error                    = syscall.Listen
    getsockoptIntFuncfunc(int, int, int) (int, error) = syscall.GetsockoptInt
)
```

创建完socket之后，再调用syscall.SetNonblock将其设置为非阻塞模式。

```
// file:syscall/exec_unix.go
func SetNonblock(fd int, nonblocking bool) (err error) {
    ......
```

```
    if nonblocking {
        flag |= O_NONBLOCK
    }
    fcntl(fd, F_SETFL, flag)
}
```

9.4.2.3　绑定和监听

接着再来看listenStream。这个函数一进来就调用了系统调用bind和listen来完成绑定和监听。

```
// file:net/sock_posix.go
func (fd *netFD) listenStream(laddr sockaddr,...) error
{
    ......
    // 等同于C语言中的bind(listenfd, ...)
    syscall.Bind(fd.pfd.Sysfd, lsa);

    // 等同于C语言中的listen(listenfd, ...)
    listenFunc(fd.pfd.Sysfd, backlog);

    // 这里非常关键：初始化epoll网络事件处理
    if err = fd.init(); err != nil {
        return err
    }
}
```

其中listenFunc是一个宏，指向的就是syscall.Listen系统调用。

```
// file:src/net/hook_unix.go
import "syscall"
var (
    socketFunc func(int, int, int) (int, error)   = syscall.Socket
    connectFunc func(int, syscall.Sockaddr) error = syscall.Connect
    listenFunc func(int, int) error               = syscall.Listen
    getsockoptIntFunc func(int, int, int) (int, error) = syscall.GetsockoptInt
)
```

在listenStream中调用了bind、listen等传统的系统调用。另外，在fd.init中做了非常关键的初始化epoll网络事件处理。

9.4.2.4　epoll创建和初始化

接下来在fd.init这一行，经过多次的函数调用展开后会执行到epoll对象的创建，并把在listen状态的socket句柄添加到了epoll对象中来管理其网络事件。

我们来看它是如何完成的。

```
// file:go1.14.4/src/internal/poll/fd_poll_runtime.go
func (pd *pollDesc) init(fd *FD) error {
```

```
        serverInit.Do(runtime_pollServerInit)
        ctx, errno := runtime_pollOpen(uintptr(fd.Sysfd))
        ......
        return nil
}
```

serverInit.Do是用来保证参数内的函数只执行一次的。其参数runtime_pollServerInit是对runtime包的函数poll_runtime_pollServerInit的调用，其源码位于runtime/netpoll.go下。

```
// file:runtime/netpoll.go
// go:linkname poll_runtime_pollServerInit internal/poll.runtime_pollServerInit
func poll_runtime_pollServerInit() {
    netpollGenericInit()
}
```

该函数会执行到netpollGenericInit，epoll就是在它的内部创建的。

```
// file:netpoll_epoll.go
func netpollinit() {
    // epoll 对象的创建
    epfd= epollcreate1(_EPOLL_CLOEXEC)
    ......
}
```

再来看runtime_pollOpen。它的参数就是前面已经执行过listen的socket文件描述符。在这个函数里，它将被放到epoll对象中。

```
// file:runtime/netpoll_epoll.go
// go:linkname poll_runtime_pollOpen internal/poll.runtime_pollOpen
func poll_runtime_pollOpen(fd uintptr) (*pollDesc, int) {
    ......
    errno= netpollopen(fd, pd)
    return pd, int(errno)
}
```

```
// file:runtime/netpoll_epoll.go
func netpollopen(fd uintptr, pd *pollDesc) int32 {
    var ev epollevent
    ev.events = _EPOLLIN | _EPOLLOUT | _EPOLLRDHUP | _EPOLLET
    *(**pollDesc)(unsafe.Pointer(&ev.data)) = pd

    // listen状态的socket被添加到epoll中
    return -epollctl(epfd, _EPOLL_CTL_ADD, int32(fd), &ev)
}
```

9.4.3　Accept过程

服务端在调用完Listen之后，就是对Accept的调用了。该函数主要做了三件事：

- 调用accept系统调用接收一个连接。
- 如果没有连接到达，把当前协程阻塞掉。
- 新连接到来时，将其添加到epoll中管理，然后返回。

Accept内部工作过程如图9.9所示。

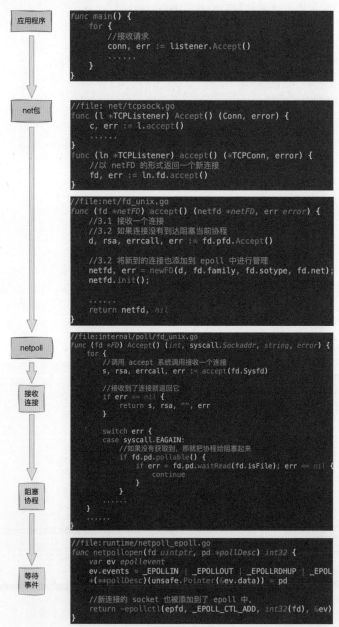

图9.9　Accept内部工作过程

通过Go里的单步调试可以看到它进入TCPListener下的Accept里了。

```go
// file: net/tcpsock.go
func (l *TCPListener) Accept() (Conn, error) {
    c, err := l.accept()
    ......
}
func (ln *TCPListener) accept() (*TCPConn, error) {
    // 以netFD的形式返回一个新连接
    fd, err := ln.fd.accept()
}
```

netFD的accept函数里完成了三步。

```go
// file:net/fd_unix.go
func (fd *netFD) accept() (netfd *netFD, err error) {
    // 1.接收一个连接
    // 2.如果连接没有到达，阻塞当前协程
    d, rsa, errcall, err := fd.pfd.Accept()

    // 3.将新到的连接也添加到epoll中进行管理
    netfd, err = newFD(d, fd.family, fd.sotype, fd.net);
    netfd.init();

    ......
    return netfd, nil
}
```

接下来我们看看每一步的细节。

9.4.3.1　接收一个连接

经过单步跟踪后发现Accept进入到FD对象的Accept方法下。在这里将调用操作系统的accept系统调用。

```go
// file:internal/poll/fd_unix.go
func (fd *FD) Accept() (int, syscall.Sockaddr, string, error) {

    for {
        // 调用accept系统调用接收一个连接
        s, rsa, errcall, err := accept(fd.Sysfd)

        // 接收到了连接就返回它
        if err == nil {
            return s, rsa, "", err
        }

        switch err {
        case syscall.EAGAIN:
            // 如果没有获取到连接，就把协程阻塞起来
```

```
        if fd.pd.pollable() {
            if err = fd.pd.waitRead(fd.isFile); err == nil {
                continue
            }
        }
        ......
    }
    ......
}
```

其中Accept方法内部会触发Linux操作系统的accept系统调用，我们就不过度展开了。调用accept的目的是获取一个来自客户端的连接。如果接收到了，就把它返回。

9.4.3.2   阻塞当前协程

我们来说说如果没调用accept的时候，客户端的连接请求一个都没过来怎么办。这时候，accept系统调用会返回syscall.EAGAIN。Go在对这个状态的处理中，会把当前协程阻塞起来。关键代码如下。

```
// file: internal/poll/fd_poll_runtime.go
func (pd *pollDesc) waitRead(isFile bool) error {
    return pd.wait('r', isFile)
}
func (pd *pollDesc) wait(mode int, isFile bool) error {
    if pd.runtimeCtx == 0 {
        return errors.New("waiting for unsupported file type")
    }
    res:= runtime_pollWait(pd.runtimeCtx, mode)
    return convertErr(res, isFile)
}
```

runtime_pollWait的源码在runtime/netpoll.go下。gopark（协程的阻塞）就是在这里完成的。

```
// file:runtime/netpoll.go
// go:linkname poll_runtime_pollWait internal/poll.runtime_pollWait
func poll_runtime_pollWait(pd *pollDesc, mode int) int {
    ......
    for !netpollblock(pd, int32(mode), false) {
    }
}

func netpollblock(pd *pollDesc, mode int32, waitio bool) bool {
    ......
    if waitio || netpollcheckerr(pd, mode) == 0 {
        gopark(netpollblockcommit, unsafe.Pointer(gpp), waitReasonIOWait,
traceEvGoBlockNet, 5)
    }
}
```

gopark这个函数就是Go内部阻塞协程的入口。

9.4.3.3 将新连接添加到epoll中管理

我们再来说说假如客户端连接已经到来的情况。这时fd.pfd.Accept会返回新建的连接。然后会将该新连接也一并加入epoll中进行高效的事件管理。

```go
// file:net/fd_unix.go
func (fd *netFD) accept() (netfd *netFD, err error) {
    // 1.接收一个连接
    // 2.如果连接没有到达，阻塞当前协程
    d, rsa, errcall, err := fd.pfd.Accept()

    // 3.将新到的连接也添加到epoll中进行管理
    netfd, err = newFD(d, fd.family, fd.sotype, fd.net);
    netfd.init();

    ......
    return netfd, nil
}
```

我们来看netfd.init。

```go
// file:internal/poll/fd_poll_runtime.go
func (pd *pollDesc) init(fd *FD) error {
    ......
    ctx, errno := runtime_pollOpen(uintptr(fd.Sysfd))
    ......
}
```

runtime_pollOpen这个runtime函数在本章已经介绍过了，作用就是把文件句柄添加到epoll对象中。

```go
// file:runtime/netpoll_epoll.go
// go:linkname poll_runtime_pollOpen internal/poll.runtime_pollOpen
func poll_runtime_pollOpen(fd uintptr) (*pollDesc, int) {
    ......
    errno= netpollopen(fd, pd)
    return pd, int(errno)
}

func netpollopen(fd uintptr, pd *pollDesc) int32 {
    var ev epollevent
    ev.events = _EPOLLIN | _EPOLLOUT | _EPOLLRDHUP | _EPOLLET
    *(**pollDesc)(unsafe.Pointer(&ev.data)) = pd

    // 新连接的socket也被添加到epoll中
    return -epollctl(epfd, _EPOLL_CTL_ADD, int32(fd), &ev)
}
```

9.4.4 Read和Write内部过程

9.4.4.1 Read过程

我们先来看Read，如图9.10所示。

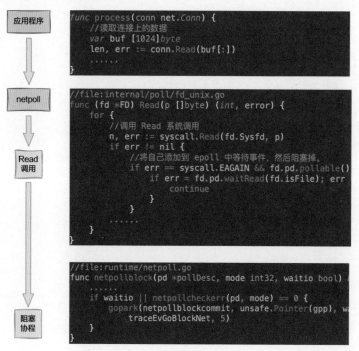

图9.10 Read内部工作过程

下面来看详细的代码。

```go
// file:/Users/zhangyanfei/sdk/go1.14.4/src/net/net.go
func (c *conn) Read(b []byte) (int, error) {
    ......
    n, err := c.fd.Read(b)
}
```

Read函数会进入FD的Read中。在这个函数内部调用Read系统调用来读取数据。如果数据尚未到达，则把自己阻塞起来。

```go
// file:internal/poll/fd_unix.go
func (fd *FD) Read(p []byte) (int, error) {
    for {
        // 调用Read系统调用
        n, err := syscall.Read(fd.Sysfd, p)
        if err != nil {
```

```
          n= 0

          // 将自己添加到epoll中等待事件，然后阻塞掉。
          if err == syscall.EAGAIN && fd.pd.pollable() {
              if err = fd.pd.waitRead(fd.isFile); err == nil {
                  continue
              }
          }
          ......
      }
  }
```

其中waitRead是如何将当前协程阻塞掉的，在前面小节已经介绍过了，此处不再赘述。

9.4.4.2　Write内部过程

Write的大体过程和Read是类似的。先是调用Write系统调用发送数据，如果内核发送缓存区不足，就把自己先阻塞起来，然后等可写事件发生的时候再继续发送。其源码入口位于net/net.go。

```
// file:net/net.go
func (c *conn) Write(b []byte) (int, error) {
    ......
    n, err := c.fd.Write(b)
}
// file:internal/poll/fd_unix.go
func (fd *FD) Write(p []byte) (int, error) {
    for {
        n, err := syscall.Write(fd.Sysfd, p[nn:max])
        if err == syscall.EAGAIN && fd.pd.pollable() {
            if err = fd.pd.waitWrite(fd.isFile); err == nil {
                continue
            }
        }
    }
}
// file:internal/poll/fd_poll_runtime.go
func (pd *pollDesc) waitWrite(isFile bool) error {
    return pd.wait('w', isFile)
}
```

pd.wait之后又调用runtime_pollWait将当前协程阻塞掉。

```
func (pd *pollDesc) wait(mode int, isFile bool) error {
    ......
    res:= runtime_pollWait(pd.runtimeCtx, mode)
}
```

9.4.5 Go唤醒协程

前面讨论的很多步骤都涉及协程的阻塞。例如调用Accept时如果新连接尚未到达，再比如调用Read读取数据的时候对方还没有发送，当前协程都不会占着CPU不放，而是会阻塞起来。那么当要等待的事件就绪的时候，被阻塞掉的协程又是如何被重新调度的呢？相信大家一定会好奇这个问题

Go语言的运行时会在调度或者系统监控中调用sysmon，它会调用netpoll，不断地调用epoll_wait来查看epoll对象所管理的文件描述符中哪一个有事件就绪需要被处理了。如果有，就唤醒对应的协程来执行。

其实除此之外还有几个地方会唤醒协程，如：

- startTheWorldWithSema。
- findrunnable在schedule中调用有top和stop之分，其中stop会导致阻塞。
- pollWork。

不过为了简便起见，我们只选择sysmon作为一个切入口。sysmon是一个周期性的监控协程，下面来看源码。

```go
// file:src/runtime/proc.go
func sysmon() {
    ......
    list:= netpoll(0)
}
```

它会不断触发对netpoll的调用，netpoll会调用epollwait查看是否有网络事件发生。

```go
// file:runtime/netpoll_epoll.go
func netpoll(delay int64) gList {
    ......
retry:
    n:= epollwait(epfd, &events[0], int32(len(events)), waitms)
    if n < 0 {
        // 没有网络事件
        goto retry
    }

    for i := int32(0); i < n; i++ {
        // 查看是读事件还是写事件发生
        var mode int32
        if ev.events&(_EPOLLIN|_EPOLLRDHUP|_EPOLLHUP|_EPOLLERR) != 0 {
            mode+= 'r'
        }
        if ev.events&(_EPOLLOUT|_EPOLLHUP|_EPOLLERR) != 0 {
            mode+= 'w'
        }
```

```
    if mode != 0 {

        pd:= *(**pollDesc)(unsafe.Pointer(&ev.data))
        pd.everr = false
        if ev.events == _EPOLLERR {
            pd.everr = true
        }
        netpollready(&toRun, pd, mode)
    }
  }
}
```

在epoll返回的时候，ev.data中是就绪的网络socket的文件描述符。根据网络就绪fd拿到pollDesc。在netpollready中，将对应的协程推入可运行队列等待调度执行。

```go
// file:runtime/netpoll.go
func netpollready(toRun *gList, pd *pollDesc, mode int32) {
    var rg, wg *g
    if mode == 'r' || mode == 'r'+'w' {
        rg= netpollunblock(pd, 'r', true)
    }
    if mode == 'w' || mode == 'r'+'w' {
        wg= netpollunblock(pd, 'w', true)
    }
    if rg != nil {
        toRun.push(rg)
    }
    if wg != nil {
        toRun.push(wg)
    }
}
```

同步编码方式的优点是符合人的思维方式。在这种模式下的代码很容易写，写出来后也容易理解，但缺点是性能奇差。因为会导致频繁的线程上下文切换。

所以现在epoll是Linux下网络程序工作最主要的模式。当前各种语言下流行的网络框架模型都是基于epoll来工作的。区别就是各自对epoll的使用方式存在一些差别。各种主流的基于epoll的异步非阻塞的模型虽然提高了性能，但是基于回调函数的编程方式却非常不符合人的线性思维模式。开发出来的代码也不那么容易被人理解。

Go开辟了一种新的网络编程模型。这种模型在应用层看来仍然是同步的方式，但是在底层确实通过协程和epoll的配合避免了线程切换的性能高损耗，因此并不会阻塞用户线程，取而代之的是切换开销更小的协程。

我个人一直觉得，Go封装的网络编程模型非常精妙，是世界级的代码。它非常值得你好好学习。

9.5 协程切换性能测试

在前面的章节中我们用实验的方式验证了Linux进程和线程的上下文切换开销，大约是3~5μs。当运行一般的计算机程序时，这个开销确实不算大。但是海量互联网服务端和一般的计算机程序相比，其特点是：

- **高并发**：每秒需要处理成千上万的用户请求。
- **周期短**：每个用户处理耗时越短越好，经常是ms级别的。
- **高网络IO**：经常需要从其他机器上进行网络IO，如Redis、MySQL等。
- **低计算**：一般CPU密集型的计算操作并不多。

即使3~5μs的开销，如果上下文切换量特别大，也仍然会显得有那么一点性能低下。例如之前的Web Server之Apache和PHP的php-fpm服务，都是这种模型下的软件产品。

为了减少进线程上下文切换开销，业界存在两种改进的思路。一种是epoll这类的IO多路复用方式。另一种就是本章介绍的在应用层实现的协程。协程是各种编程语言在用户态自己实现的调度单位。

在内核上，协程还是通过绑定到线程来获得CPU的。但是在用户态，自己又实现了一层，包括协程的定义，也包括协程的调度和上下文切换。协程可以简单理解成在用户态又把线程给实现了一遍。但区别在于，和内核的调度比起来，协程占用的资源、调度所消耗的CPU周期都会更轻量一些。

用协程去处理高并发的应用场景，既可以让开发者们用人类正常的线性思维去处理自己的业务，也能够省去昂贵的进程、线程上下文切换的开销。因此可以说，协程就是Linux处理海量请求应用场景里的进、线程模型的一个很好的改进。

在本节要弄懂的是协程的上下文切换到底需要多长时间，从数字指标上可以看到它和进程、线程上下文切换比起来到底快多少。我们来实地动手实验一下。配套源码参见chapter-09/test-01。测试过程是在Go程序默认的主协程之外再创建一个新协程，主协程和新协程都没做任何处理，就是简单调用runtime.Gosched让出CPU，让调度器调度另外一个协程来运行。如果循环执行很多次，算出总时间除以执行次数，就可以得到每次协程上下文切换的开销了。核心代码如下。

```go
func cal()  {
    for i :=0 ; i<1000000 ;i++{
        runtime.Gosched()
    }
}
```

```
func main() {
    runtime.GOMAXPROCS(1)

    currentTime:=time.Now()
    fmt.Println(currentTime)

  go cal()
    for i :=0 ; i<1000000 ;i++{
        runtime.Gosched()
    }

    currentTime=time.Now()
    fmt.Println(currentTime)
}
```

编译运行一下这段代码。

```
# go build .
# ./main
2019-08-08 22:35:13.415197171 +0800 CST m=+0.000286059
2019-08-08 22:35:13.655035993 +0800 CST m=+0.240124923
```

平均每次协程切换的开销是（655035993-415197171)/2000000＝120ns。相对于第7章测得的进程线程切换开销大约3.5μs，大约是其三十分之一。另外我们之前还测过系统调用的开销最少也有200多ns，协程上下文切换系统调用造成的开销还要低，属实在性能上提升了不少。

另外在空间上，协程初始化创建的时候为其分配的栈有2KB。而线程栈要比这个数字大得多，可以通过ulimit命令查看，一般都在几MB，作者的机器上是10MB。如果对每个用户创建一个协程，100万并发用户请求只需要2GB内存就够了，而如果用线程模型则需要10TB。

```
# ulimit -a
stack size                    (kbytes, -s) 10240
```

由于协程默认占用的内存也少，而且协程上下文切换只有区区100多ns，所以，近几年协程大火，在互联网后端的高并发场景里大放异彩。各种语言都开始争先恐后地实现自己的协程模型。除了本章介绍的Go，C＋＋和Rust等都有自己的实现。各种实现在性能上各有千秋，但和进程、线程比起来，性能都提升了很多。

不过这里要提醒的一点是，由于Go的协程调用起来太方便了，所以一些Go的程序员就很随意地go来go去。要知道go这条指令在切换到协程之前，要先把协程创建出来。而一次创建加上调度的开销就在400ns左右，差不多相当于一次系统调用的耗时了。虽然协程很高效，但也不要乱用，否则Go的祖师爷Rob Pike花大精力优化出来的性能，被你随意一go葬送掉了。

9.6　本章总结

本章分几节来介绍协程。在9.1节中，介绍了协程的产生背景，以及Go中GMP的定义。在GMP模型中：

- 线程M：通过clone系统调用来创建。
- 协程G：Go自己定义的调度单位，有自己独立的栈。
- 虚拟CPU P：为了减少调度时的锁开销，每个P都会保持一个任务队列，其中保存着可运行的协程列表。但它自己没有调度CPU的能力，所以需要绑定到一个线程M上，让操作系统帮它来分配CPU。

在9.2节，以一个hello world程序为例，介绍了Go的启动运行过程。在启动时会创建runtime.GOMAXPROCS这么多个P。然后会创建程序运行所必需的主协程，把它加到某个P的调度队列中。在创建协程的过程中，会通过mmap系统调用为其分配一个大小为2048字节的内存作为它的栈。然后会找个线程去执行。如果还没有现成的，就调用clone系统调用创建一个。最后，Go程序进入最关键的schedule开始循环处理协程。

在9.3节，深入讲解了协程中最为关键的栈内存。协程栈是通过mmap来申请的，默认比较小。但比较有意思的是，协程栈的大小是可以动态伸缩的。如果运行时发现栈内存空间不够了，就会再调用mmap申请一块更大的内存。将旧栈复制过来，以后就可以使用更大的新栈了。通过这种方式在前期尽量减少内存的开销。只在有必要的时候再分配更大的栈。

我认为9.4节是Go协程最为亮眼的地方。它在网络编程net包的底层上，使用的还是epoll这种高效的网络事件IO机制。但使用自己实现的协程又封装了一层，对用户暴露出来的是更简单易用的同步阻塞式的使用方式。只不过这里说的阻塞，仅阻塞掉的是一个协程而已。比传统的同步阻塞编程模型中阻塞掉一个线程的成本要低得多。无论是内存，还是上下文切换，都要轻量得多。我觉得这是Go最近几年比较火的重要原因之一。

另外，除了Go，现在各种主流语言都开始有自己的协程编程模型了。例如C++、Rust都有类似的解决方案。

我们再来回顾本章开头提到的几个问题：

1）Go运行时GMP中的G、M、P分别是如何定义的？

Go运行时的G、M、P都定义在其源码的src/runtime/runtime2.go文件中。

```
// file:src/runtime/runtime2.go
type g struct {
// 协程自己的栈
stack stack ......
}

type m struct {
```

```
// g0，每个M都有自己独有的g0
g0 *g
// 入口函数
mstartfn func()
......
}

type p struct {
id int32
// 当前P上绑定的运行队列
runq [256]guintptr
......
}
```

2）Go程序启动时是如何创建G、M、P，并启动协程调度系统运行，最后进入main函数的？

Go程序的入口点是一个汇编函数_rt0_amd64。Go程序运行就是顺着这个汇编函数开始执行，最后一步步地执行到主协程中用户定义的main函数。

① 进入Go核心初始化，创建runtime.GOMAXPROCS这么多个P。

② 创建程序运行所必需的主协程，把主协程加入到P的运行队列中，唤醒一个线程去执行运行队列中的协程。

③ 启动调度系统，进入到Go schedule主循环不断执行。

④ 调度系统选中主协程运行，主协程的入口是runtime.main，在这里会启动gc垃圾回收等后台线程，以及执行用户定义的init函数。

⑤ 最后进入用户定义的main函数。

3）协程栈内存是如何实现的？

在创建协程时会通过mmap来为协程申请栈内存。这块栈内存默认比较小，在协程运行的过程中，会进行动态的伸缩。通过这种方式减少内存的开销。只在有必要的时候才分配更大的栈。

4）Go的原生net包是如何通过协程和epoll机器给用户封装出同步编程方式的？

Go的原生net包通过自己实现的协程把网络底层的epoll机制封装了一遍。Go运行时会在调度或者系统监控中调用sysmon，它会调用netpoll，不断地调用epoll_wait来查看epoll对象所管理的文件描述符中哪一个有事件就绪需要被处理了。如果有，就唤醒对应的协程来进行执行。对于用户来讲，不用关心底层的这些封装，只需要按照更简单易用的同步阻塞的编程方式来写代码就行。底层的复杂性都被Go运行时屏蔽掉了。

第10章

容器化技术

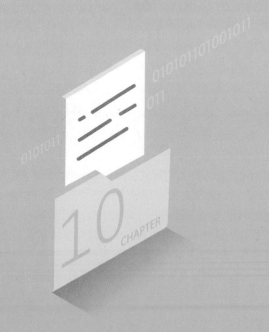

现在各大公司都开始把自己的服务器往容器云上迁移了。使用容器和真正使用物理机或者虚拟机不同，有一些特殊的地方。这就对开发人员提出了更大的挑战，需要理解进程在容器中是如何运作的。这样我们再做性能优化也好，问题排查也好，才能够精准地找出关键点进行处理。

目前各家公司的容器云基本都是基于Kubernetes（简称K8s）来搭建的。在每个服务器节点上，其Kubelet组件通过Container Runtime Interface和容器引擎交互。具体的容器引擎有多种实现可供选择，比如Docker、containerd和CRI-O等。但不管是哪一种，底层原理都是相同的，都是依赖Linux底层的namespace和cgroups来实现的。本章将对虚拟机和容器进行对比，介绍容器底层的cgroups技术，并解析PID namespace的底层原理。

学习完本章，相信你会对容器相关的一些问题有更深入的理解，例如：

1）为什么在容器中看到的进程PID一般比宿主机的小很多？

2）一个进程是只有一个PID吗？

好，我们正式开始本章的学习。

10.1 容器发展过程

在实际生产中每一台服务器都是用真金白银买来的，所以在软件上一个最大追求就是如何将硬件的资源榨干，以追求每一分钱都花得值。现在一台服务器动不动就有上百个逻辑核。虽然我们可以在一台服务器上部署成百上千的进程来将CPU等资源消耗光，但是服务器上的进程一般都属于不同的用户或者不同的团队。在一台服务器上部署过多的进程会带来两个麻烦——进程之间缺乏**隔离**和**资源限制**。

一个用户登录服务器管理他的服务的时候可以看见同物理机的所有服务。这就好比你本来想在酒店住单间，入住后发现是一个大厅里放了几百张床，连个窗帘都没有。安全隐私都很成问题。如果该用户操作自己服务的时候，不小心操作错了，把别人的进程重启或者杀掉了，这就很尴尬。所以进程之间需要隔离机制。

另外就是资源限制，如果某个用户的进程非常"吃"（消耗）CPU，它自己可能就会把整台物理机所有的核都吃光。那同物理机上的其他进程只是部署上了而已，根本得不到运行所需的CPU资源，这也是可能出现的问题。类似还有内存资源、网卡带宽资源、磁盘资源等，都需要更合理地限制起来，而不是随意使用。

10.1.1 虚拟机时代

在2010年前后的十来年中，业界流行的解决隔离和资源限制的方法是采用虚拟机。在一台物理机上运行多个虚拟机。给用户分配的时候分配的是一个个的虚拟机。KVM、VirtualBox、Xen、VMware Workstation都是这个背景下的产品。以KVM为例，它的虚拟化是由两大组件支持的，一是在内核中实现的一个KVM模块，二是用户态的QEMU工具。

KVM内核模块专门提供内存和CPU的虚拟化。提供vCPU的执行、寄存器的访问及虚拟内存的分配等。对KVM内核模块感兴趣的读者可以在内核源码的virt/kvm目录下找到相关源码进行深入了解。QEMU工具的作用是提供设备模拟功能，模拟BIOS、磁盘、网卡、显卡、声卡等设备，通过ioctl系统调用和内核态的KVM模块进行交互。

在KVM内核模块和QEMU的基础上，KVM可以支持用户在原来的一台物理机本身的操作系统上安装若干个虚拟操作系统。其中每一个操作系统都可以分配特定数量的虚拟CPU、虚拟内存、虚拟磁盘、虚拟网卡设备等资源，独立使用。在这些虚拟操作系统之上，再安装应用程序部署服务来运行，如图10.1所示。

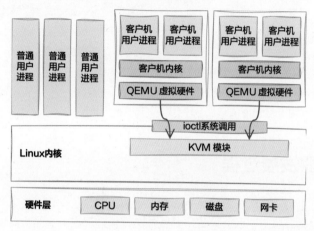

图10.1　虚拟机工作原理

不得不说，在虚拟化上KVM、VirtualBox等产品做得太棒了，不但能在Linux上虚拟出更多的Linux，甚至还可以创建出Windows、Solaris等其他操作系统的虚拟机。而且这些虚拟机从使用视角看基本和物理机差不多。在服务器领域，可以将一台物理机运行的Linux安装相应的虚拟化软件后，虚拟出许多"台"Linux服务器。

虚拟机这种方式提供了非常棒的隔离和资源限制能力。基于此就可以部署更多的服务来压榨服务器上的资源。但是后来这些虚拟化技术在服务器领域逐渐使用得越来越少，主要原因是有点笨重，性能不太跟得上。仅启动一个基于KVM的虚拟机可能就有500MB以上的内存开销。在启动后，无论CPU还是内存性能，都会有一定比例的折损。还有在部署上，每一台虚拟机都是一整个独立的操作系统，部署起来肯定快不了，不符合现代DevOps的理念。

10.1.2　容器化技术

近些年容器技术得到了非常大的发展。现在大部分互联网公司都建设了容器云。目前主流的容器编排调度程序是Kubernetes，又称K8s。K8s支持包括Docker在内的各种容器引擎。而这个技术栈的根源还是源自Linux操作系统底层的cgroups、namespace和rootfs等模块的支持，如图10.2所示。

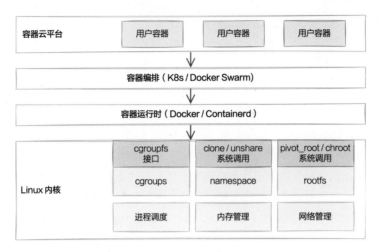

图10.2　容器工作原理

区别于传统的虚拟机，容器并不是通过虚拟出新的操作系统来解决隔离和资源限制问题的，而是就地取材，直接使用宿主机上的操作系统。然后再通过命名空间和控制组的新方式来解决隔离性和资源限制。

10.1.2.1　命名空间

所谓命名空间（namespace）其实就是Linux虚拟出来的一个概念而已。Linux规定只有在相同命名空间下的资源才可见，跨命名空间的资源互相不可见，通过这种虚拟的概念来达到隔离的目的。这种可见性由内核来管理和维护。

每个用户进程都要有归属的命名空间。命名空间具体定义在include/linux/nsproxy.h文件内。

```
// file:include/linux/nsproxy.h
struct nsproxy {
    struct uts_namespace *uts_ns;
    struct ipc_namespace *ipc_ns;
    struct mnt_namespace *mnt_ns;
    struct pid_namespace *pid_ns_for_children;
    struct net            *net_ns;
    ......
    struct cgroup_namespace *cgroup_ns;
};
```

从nsproxy的定义中大概可以看出命名空间包括以下几种类型，每一种命名空间都解决的是一种或几种特定资源的隔离性：

- **UTS命名空间**：解决主机名和NIS域名的隔离性。
- **IPC命名空间**：解决信号量、消息队列和共享内存的隔离性。

- **MNT命名空间**：解决文件系统隔离性。
- **Network命名空间**：解决网络相关的设备、路由表、socket等资源的隔离性。
- **User命名空间**：解决用户和用户组的隔离性。
- **PID命名空间**：解决进程号的隔离性。

其中Network命名空间在《深入理解Linux网络》一书中介绍过。本章将深入展开对PID命名空间的介绍。

这里要注意的是，命名空间提供这种所谓的隔离，只是在应用层不可见而已，在内核层面都是可见也可管理的。而且这种隔离只是可见性上的隔离，只算是一定程度上的隔离，实际并没有KVM虚拟机隔离得那么彻底。不过虽然隔离性不强，但胜在只是一个逻辑概念而已，没有增加额外的软件实体，运行起来基本没有什么性能损耗。

10.1.2.2　控制组cgroup

资源限制的问题是通过控制组（control group，简称cgroup）来解决的。cgroup最早在2008年的Linux 2.6.24版本中就登场了。

> ★注意　一般使用cgroup单数表示控制组这个特性，当明确提到多个单独的控制组时，才使用复数形式cgroups。

cgroup在实现上是一种分层组织进程的机制，沿层次结构以受控的方式分配CPU、内存、存储、网络等系统资源。在你的机器执行下面的命令可以查看当前 cgroup都支持对哪些资源进行控制。

```
$ lssubsys -a
cpuset
cpu,cpuacct
......
```

其中cpu和cpuset都是对CPU资源进行控制的子系统。cpu是通过执行时间来控制进程对CPU的使用，cpuset是通过分配逻辑核的方式来分配CPU。其他可控制的资源还包括memory（内存）、net_cls（网络带宽）等。

cgroup控制器的发展经历了cgroup v1和cgroup v2两个阶段。

> ★注意　层级在官方文档中的单词是hierarchy，理解起来也不复杂，其实也就是一个树形结构而已。

我们看下cgroup v1和v2分别是如何沿层次结构分配系统资源的。在cgroup v1的接口中，对每一种资源都存在一个cgroup层级，如图10.3所示。

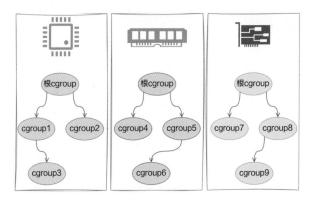

图10.3 cgroup v1层级

cgroup v1在每种资源对应的层级上都有一个根节点，代表的是该种资源的全部分配。在其下面的子节点是对这种资源进行的限制和划分。子节点下还可以再继续派生孙节点。孙节点又是子节点所拥有的资源限制的进一步划分，依此类推。

对于某一个特定的用户进程，如果想对其所使用的CPU、内存、网络进行限制，那就把进程和指定资源下的某个cgroup建立起关联关系。每一种资源都如此操作一遍，就建立起了对所有类型资源的限制，如图10.4所示。

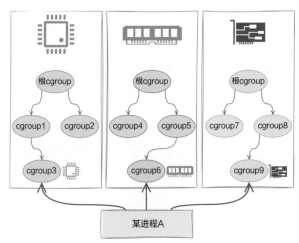

图10.4 进程和cgroup的关联

想观察这些层级结构也非常容易，cgroup一般是挂载到/sys/fs/cgroup目录下的。进入该目录便可以看到每一种资源的根cgroup。

```
# cd /sys/fs/cgroup; ls -al
dr-xr-xr-x 10 root root    0 Sep 15  2022 blkio
lrwxrwxrwx  1 root root   11 Sep 15  2022 cpu -> cpu,cpuacct
lrwxrwxrwx  1 root root   11 Sep 15  2022 cpuacct -> cpu,cpuacct
```

```
dr-xr-xr-x 11 root root    0 Sep 15  2022 cpu,cpuacct
dr-xr-xr-x  7 root root    0 Sep 15  2022 cpuset
dr-xr-xr-x 11 root root    0 Sep 15  2022 memory
dr-xr-xr-x 10 root root    0 Sep 15  2022 pids
......
```

在每种资源的根cgroup下，你可以看到其下子节点及当前节点上的资源控制文件。例如对于CPU资源来说：

```
# cd /sys/fs/cgroup/cpu;tree
└── docker
│   ├── var-lib-docker-containers-47a37d65...-mounts-shm.mount
│   │   ├── cgroup.procs
│   │   ├── cpuacct.usage
│   │   ├── cpuacct.usage_sys
│   │   ├── cpuacct.usage_user
│   │   ├── cpu.cfs_period_us
│   │   ├── cpu.cfs_quota_us
│   │   ├── ......
│   ├── var-lib-docker-containers-bef3047a...-mounts-shm.mount
│   │   ├── cgroup.procs
│   │   ├── cpuacct.usage
│   │   ├── ......
```

上述输出结果中的docker目录，和var-lib-docker等目录都是子孙cgroup。在每一个cgroup内都有相关的资源控制接口文件，如cgroup.procs、cpuacct.usage、cpu.cfs_period_us、cpu.cfs_quota_us。这些文件是用来控制该资源的使用情况的，或者是用来查看使用量汇总信息的。

不过在cgroup v2中，将这个层级结构进行了简化。整个cgroup系统只有一个层级。每个节点上都可以拥有对CPU、内存、网络等多种资源的限制。父节点开启的子系统控制器可以控制到儿子节点。如果父节点开启了CPU、内存控制，那么其节点的cgroup就可以限制和其关联的进程的CPU、内存的使用量，如图10.5所示。

在cgroup v2中，进程只需要和一个cgroup建立关联关系。在cgroup v2的/sys/fs/cgroup目录下，不再区分CPU、memory等多个层级（多个目录），而是只需要一个层级。例如下面这个v2版本的cgroup目录下，包含了CPU、内存、pid等多种资源的限制管理。

```
#cd /sys/fs/cgroup/kubepods/burstable/podd17872e4......
-r--r--r-- 1 root root 0 Mar 18 09:43 cgroup.controllers
-rw-r--r-- 1 root root 0 Mar 18 09:43 cgroup.procs
-r--r--r-- 1 root root 0 Mar 18 09:43 cgroup.stat
-rw-r--r-- 1 root root 0 Mar 18 09:43 cgroup.subtree_control
-rw-r--r-- 1 root root 0 Mar 18 09:43 cgroup.threads
-rw-r--r-- 1 root root 0 Mar 18 09:43 cgroup.type
-rw-r--r-- 1 root root 0 Mar 18 09:43 cpu.pressure
-r--r--r-- 1 root root 0 Mar 18 09:43 cpu.stat
```

```
-rw-r--r-- 1 root root 0 Mar 18 09:43 io.pressure
-rw-r--r-- 1 root root 0 Mar 18 09:43 memory.pressure
-r--r--r-- 1 root root 0 Mar 18 09:43 pids.current
-r--r--r-- 1 root root 0 Mar 18 09:43 pids.events
-rw-r--r-- 1 root root 0 Mar 18 09:43 pids.max
......
```

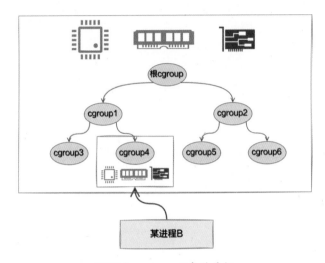

图10.5　cgroup v2中的层级

　　无论是cgroup v1，还是cgroup v2，都可以实现对进程要使用的CPU、内存等系统资源合理设置使用限制。有了namespace和cgroup这些底层特性的支持，2013年Docker诞生了。它的官方文档中列出了Docker和虚拟化技术的区别，如图10.6所示。

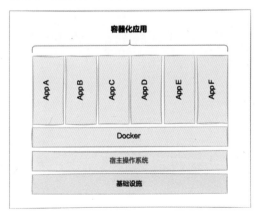
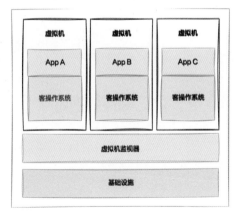

图10.6　Docker与虚拟机的区别

　　但其实这张官方图中的Docker这一层实际上是不存在的。Docker是基于namespace

和cgroup来建设的。但在实际应用跑起来之后并没有Docker这一层。进程的隔离和限制都只是一个逻辑上的概念而已。所以图10.7更能有助于你的理解。

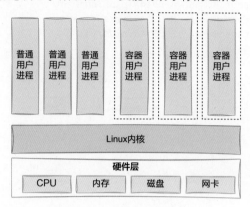

图10.7　Docker工作原理

Docker容器下的用户进程运行起来以后，和直接跑在宿主机上的普通用户进程并没有什么两样，所以性能上也没什么折损，唯一的区别就是容器下的用户进程和普通用户进程所归属的cgroup不一样。容器下的进程会受到它所关联的cgroup上绑定的资源限制，仅此而已。所以在图10.7中用若有若无的虚线框把它框起来，我觉得这样的表示更符合实际一些。

继Docker之后2014年Kubernetes开源，直到现在云原生的各种相关技术发展得如火如荼。在云原生计算基金会CNCF官网上展示了数百个相关的技术产品，详情参见CNCF官网。

飞哥认为，在云原生技术如此璀璨的今天，能深入理解和掌握这些技术底层所依赖的Linux中的两大基石——命名空间namespace和控制组cgroup——是非常重要的。由于本书的重点在于CPU和进程，所以将在本章接下来的内容中展开对和CPU进程相关的PID命名空间、cgroup CPU子系统的介绍。

10.2　PID命名空间

如果大家有过在容器中执行ps命令的经验，都会知道在容器中的进程的pid一般比较小。例如下面这个例子。

```
# ps -ef
PID   USER     TIME  COMMAND
   1 root      0:00  ./demo-ie
  13 root      0:00  /bin/bash
  21 root      0:00  ps -ef
```

不知道大家是否和我一样好奇容器进程中的PID是如何申请出来的？和宿主机中申请pid有什么不同？内核又是如何显示容器中的进程号的？

第3章介绍了进程的创建过程。事实上进程的PID命名空间、PID也都是在这个过程中申请的。本节从进程的创建过程作为切入点，带大家深入理解Docker核心之一——PID命名空间的工作原理。

10.2.1 默认命名空间

在进程的内核结构体task_struct中有一个命名空间相关的字段nsproxy。在这个成员中包含了进程和多种命名空间的关联关系。包括net命名空间、PID命名空间、mnt文件系统命名空间等。其中net（网络）命名空间在《深入理解Linux网络》一书中介绍过。

```
// file:include/linux/sched.h
struct task_struct {
    ......
    // namespaces
    struct nsproxy *nsproxy;
}
```

对于每一种命名空间，Linux在启动的时候会有一套默认值，定义在kernel/nsproxy.c文件中。

```
// file:kernel/nsproxy.c
struct nsproxy init_nsproxy = {
    .count    = ATOMIC_INIT(1),
    .uts_ns   = &init_uts_ns,
    .mnt_ns       = NULL,
    .pid_ns_for_children    = &init_pid_ns,
    ......
};
```

其中默认的PID命名空间是init_pid_ns，它定义在kernel/pid.c下。这个结构体新老版本中的主要变化是分配pid使用的数据结构不同。在较老一些的版本中，例如在3.10中，会定义一个bitmap类型的pidmap来记录pid的分配情况，如图10.8所示。

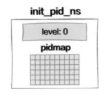

图10.8 老的PID命名空间

```
// file:linux-3.10:kernel/pid.c
struct pid_namespace init_pid_ns = {
```

```
    .kref = {
        .refcount       = ATOMIC_INIT(2),
    },
// 记录pid分配情况的bitmap
    .pidmap = {
        [ 0 ... PIDMAP_ENTRIES-1] = { ATOMIC_INIT(BITS_PER_PAGE), NULL }
    },
    .last_pid = 0,
// PID命名空间层级
    .level = 0,
    .child_reaper = &init_task,
    .user_ns = &init_user_ns,
    .proc_inum = PROC_PID_INIT_INO,
};
```

　　而在Linux 4.15以后的版本中，基于性能的考虑，将分配pid使用的数据结构从bitmap换成了基数树。图10.9所示结构体中的idr成员就是基数树对象。

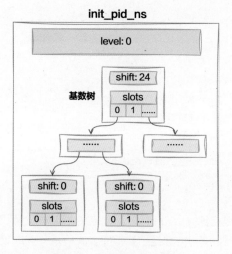

图10.9　新的PID命名空间

```
// file:kernel/pid.c
struct pid_namespace init_pid_ns = {
    .ns.count = REFCOUNT_INIT(2),
// 记录pid分配情况的基数树
    .idr = IDR_INIT(init_pid_ns.idr),
    .pid_allocated = PIDNS_ADDING,
// PID命名空间层级
    .level = 0,
    .child_reaper = &init_task,
```

```
    .user_ns = &init_user_ns,
    .ns.inum = PROC_PID_INIT_INO,
    .ns.ops = &pidns_operations,
};
```

　　我觉得在PID命名空间里最需要关注的是两个字段。一个是level字段，表示当前PID命名空间的层级。另一个是基数树idr，在这个基数树中保存着分配出去的pid。关于基数树，详见第3章的相关部分。

　　注意代码中默认PID命名空间对象init_pid_ns的level初始化为0，如图10.10所示。这是一个表示树的层次结构的节点。如果有多个命名空间创建出来，它们之间会组成一棵树。level表示树在第几层。根节点的level是0。

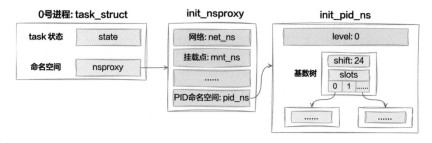

图10.10　默认PID命名空间

　　Linux启动时有个INIT_TASK 0号进程，也叫idle进程，它固定使用这个默认的init_nsproxy。

```
// file:init/init_task.c
struct task_struct init_task
= {
    .__state            = 0,
    .stack              = init_stack,
    .prio               = MAX_PRIO - 20,
    .static_prio        = MAX_PRIO - 20,
    .normal_prio        = MAX_PRIO - 20,
    ......
    .nsproxy            = &init_nsproxy,
    ......
}
```

　　所有进程都是以一个派生一个的方式生成的。如果创建新进程的时候不指定创建新的命名空间，那所有进程都将使用这个默认的命名空间init_nsproxy，如图10.11所示。

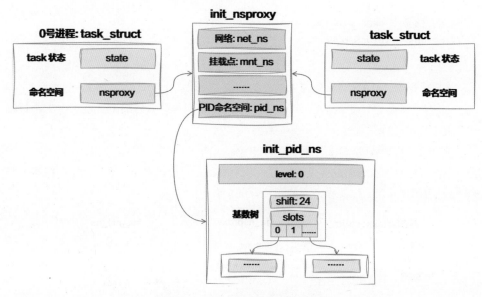

图10.11　使用默认PID命名空间

10.2.2　新PID命名空间创建

假设调用fork创建进程时指定的flag中包括CLONE_NEWPID，这就在告诉内核："给我创建的这个新进程要使用独立的PID命名空间。"

内核在执行fork的时候看到这个标记就会进行特殊处理。在第3章中已经介绍了进程的创建过程。整个创建过程的核心在于copy_process函数。在这个函数中会申请和复制进程的地址空间，打开文件列表、文件目录等关键信息，另外，**PID命名空间的创建也是在这里完成的。**

```
// file:kernel/fork.c
static struct task_struct *copy_process(...)
{
    ......
    // 1.复制进程的命名空间nsproxy
    retval= copy_namespaces(clone_flags, p);

    // 2.申请pid
    pid= alloc_pid(p->nsproxy->pid_ns_for_children, args->set_tid,
            args->set_tid_size);

    // 3.记录pid
    p->pid = pid_nr(pid);
    p->tgid = ...;
    attach_pid(p, PIDTYPE_PID);
```

```
......
}
```

在上面的copy_process代码中可以看到对copy_namespaces函数的调用。命名空间就是在这个函数中操作的。

```
// file:kernel/nsproxy.c
int copy_namespaces(unsigned long flags, struct task_struct *tsk)
{
    struct nsproxy *old_ns = tsk->nsproxy;
    if (likely(!(flags & (CLONE_NEWNS | CLONE_NEWUTS | CLONE_NEWIPC |
            CLONE_NEWPID| CLONE_NEWNET |
            CLONE_NEWCGROUP| CLONE_NEWTIME)))) {
        if (likely(old_ns->time_ns_for_children == old_ns->time_ns)) {
            get_nsproxy(old_ns);
            return 0;
        }
    }

    new_ns= create_new_namespaces(flags, tsk, user_ns, tsk->fs);
    tsk->nsproxy = new_ns;
    ......
}
```

如果在创建进程时没有传入CLONE_NEWNS等几个flag，那这个copy_namespaces函数什么都不干就返回了，意思就是仍复用之前的默认命名空间。这几个flag的含义如下：

- **CLONE_NEWPID**：是否创建新的进程编号命名空间，以便与宿主机的进程PID进行隔离。
- **CLONE_NEWNS**：是否创建新的挂载点（文件系统）命名空间，以便隔离文件系统和挂载点。
- **CLONE_NEWNET**：是否创建新的网络命名空间，以便隔离网卡、IP、端口、路由表等网络资源。
- **CLONE_NEWUTS**：是否创建新的主机名与域名命名空间，以便在网络中独立标识自己。
- **CLONE_NEWIPC**：是否创建新的IPC命名空间，以便隔离信号量、消息队列和共享内存。
- **CLONE_NEWUSER**：用来隔离用户和用户组。

因为本节开头假设传入了CLONE_NEWPID标记，所以会进入create_new_namespaces申请新的命名空间。

```
// file:kernel/nsproxy.c
static struct nsproxy *create_new_namespaces(...)
{
    // 申请新的nsproxy
    struct nsproxy *new_nsp;
    new_nsp = create_nsproxy();
    ......
    // 复制或创建PID命名空间
    new_nsp->pid_ns_for_children =
        copy_pid_ns(flags, user_ns, tsk->nsproxy->pid_ns_for_children);
}
```

　　create_new_namespaces中会调用各种命名空间对应的函数来完成创建。其中对于PID命名空间，会依次调用copy_pid_ns、create_pid_namespace来创建新PID命名空间。

```
// file:kernel/pid_namespace.c
static struct pid_namespace *create_pid_namespace(...)
{
    struct pid_namespace *ns;

    // 新pid namespace level + 1
    unsigned int level = parent_pid_ns->level + 1;
    // 申请内存
    ns= kmem_cache_zalloc(pid_ns_cachep, GFP_KERNEL);
    // 设置新命名空间level
    ns->level = level;
    // 新命名空间和旧命名空间组成一棵树
    ns->parent = get_pid_ns(parent_pid_ns);
    ......
    return ns;
}
```

　　create_pid_namespace真正申请了新的PID命名空间，也进行了初始化。还有一点比较重要的是，新命名空间和旧命名空间通过parent、level等字段组成了一棵树。其中parent指向了上一级命名空间，自己的level用来表示层次，设置成了上一级level + 1。

　　其最终的效果就是新进程拥有了新的PID命名空间，并且这个新PID命名空间和父PID命名空间串联了起来，如图10.12所示。

　　如果系统内创建的PID命名空间足够多的话，那所有的pid namespace对象就会以默认命名空间init_nsproxy对象为根组成一棵多叉树，如图10.13所示。

　　在Linux 4.15及之前的版本中，所有的pid namespace也是这样一棵树，只不过区别在于每个命名空间中用来保存分配的pid的数据结构是一个bitmap，如图10.14所示。

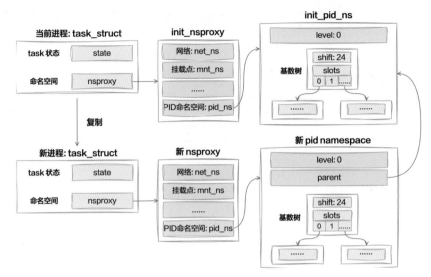

图10.12 创建新命名空间

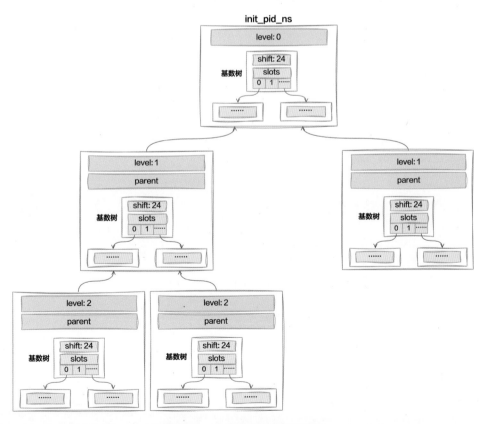

图10.13 多层级的PID命名空间

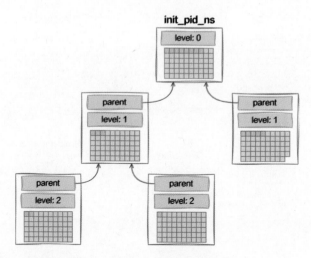

图10.14　Linux 4.15版本之前的多层级PID命名空间

10.2.3　在命名空间中申请pid

创建完新的PID命名空间后，在copy_process中接下来就是调用alloc_pid分配pid（在
Docker容器里就是这样做的）。

```
// file:kernel/fork.c
static struct task_struct *copy_process(...)
{
    ......
    // 1.复制进程的命名空间nsproxy
    retval= copy_namespaces(clone_flags, p);
    ......
    // 2.申请pid
    pid= alloc_pid(p->nsproxy->pid_ns);
    ......
}
```

注意在调用alloc_pid时传入的参数是p->nsproxy->pid_ns。这个时候该命名空间就是
level为1的新pid_ns。我们继续来看alloc_pid分配pid的具体过程。

```
// file:kernel/pid.c
struct pid *alloc_pid(struct pid_namespace *ns, ...)
{
    // 申请pid内核对象
    pid = kmem_cache_alloc(ns->pid_cachep, GFP_KERNEL);
    if (!pid)
        goto out;

    // 调用idr_alloc来分配一个空闲的pid编号
```

```
    // 注意，在每个命令空间中都需要分配进程号
    tmp = ns;
    pid->level = ns->level;
    for (i = ns->level; i >= 0; i--) {
        nr= idr_alloc(&tmp->idr, NULL, tid,
                            tid + 1, GFP_ATOMIC);
        ......

        pid->numbers[i].nr = nr;
        pid->numbers[i].ns = tmp;
        tmp= tmp->parent;
    }
    ......
    return pid
}
```

在上面的代码中要注意两个细节。一个细节是我们平时说的pid在内核中并不是一个简单的整数类型，而是用一个结构体来表示的（struct pid）。

```
// file:include/linux/pid.h
struct pid
{
  ......
  // 层级
    unsigned int level;
  // pid号数组
    struct upid numbers[1];
};
struct upid {
    int nr;
    struct pid_namespace *ns;
};
```

另一个细节是申请pid编号时并不是只申请了一个，而是使用了一个for循环申请了多个，都存到了struct pid对象中。

这两个细节的底层原因其实都是一个。容器中的进程不仅仅在容器中需要被看到，在它的宿主机中也是需要被看到的。不信你在宿主机上执行ps看一下，是不是也能看到容器下的进程。在这两种情况下，必然是在每一层都需要一个独立的pid的。那申请出来的多个pid编号也就需要一个结构体来存储。

所以，对于容器中的进程，在alloc_pid申请pid的时候，除了需要在自己当前的命名空间申请一个，还要到其所有父命名空间也申请一个。for循环就是在遍历每一个父PID命名空间，并在其中申请一个pid编号。我们把for循环的工作过程用图10.15表示出来。

首先到当前层的命名空间申请一个pid，然后顺着命名空间的父节点，每一层也都要申请一个，并都记录到pid->numbers数组中。这样最终的pid结构体就算赋值好了。当申请并构造完pid对象后，将其设置在task_struct上，记录起来。

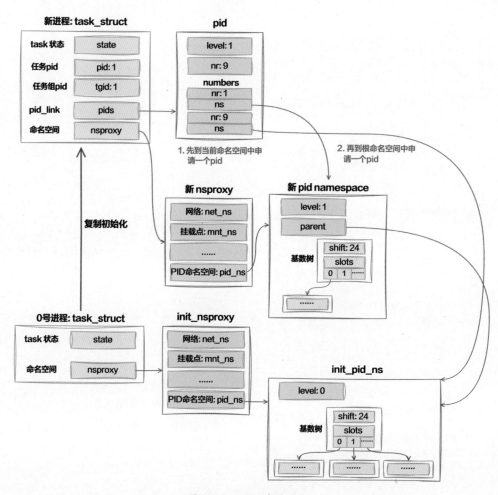

图10.15　pid的申请过程

```
// file:kernel/fork.c
static struct task_struct *copy_process(...)
{
    ......
    // 申请 pid
    pid= alloc_pid(p->nsproxy->pid_ns);

    // 记录 pid
    p->pid = pid_nr(pid);
    p->tgid = p->pid;
    attach_pid(p, PIDTYPE_PID);
    ......
}
```

其中pid_nr是获取的根PID命名空间下的pid编号，参见pid_nr源码。

```
//file:include/linux/pid.h
static inline pid_t pid_nr(struct pid *pid)
{
    pid_t nr = 0;
    if (pid)
        nr = pid->numbers[0].nr;
    return nr;
}
```

然后再调用attach_pid把申请到的pid结构挂到自己的pids[PIDTYPE_PID]链表里。

```
// file:kernel/pid.c
void attach_pid(struct task_struct *task, enum pid_type type)
{
    struct pid *pid = *task_pid_ptr(task, type);
    hlist_add_head_rcu(&task->pid_links[type], &pid->tasks[type]);
}
// file:include/linux/sched.h
struct task_struct {
    ......
    struct hlist_node        pid_links[PIDTYPE_MAX];
}
```

10.2.4 容器进程pid查看

pid已经申请好了，那在容器中是如何查看当前层的进程号的呢？比如我们在容器中看到的demo-ie进程的id就是1。

```
# ps -ef
PID   USER        TIME   COMMAND
   1 root        0:00 ./demo-ie
   ......
```

内核提供了pid_vnr函数用来查看进程在当前某个命名空间的命名号。当在容器中使用ps等命令查看进程pid时，在底层使用的就是内核的pid_vnr。

```
// file:kernel/pid.c
pid_t pid_vnr(struct pid *pid)
{
    return pid_nr_ns(pid, task_active_pid_ns(current));
}
```

pid_vnr调用pid_nr_ns来查看进程在特定命名空间里的进程号。函数pid_nr_ns接收两个参数：

- 第一个参数是进程里记录的pid对象（保存了在各个层次申请到的pid号）。
- 第二个参数是指定的PID命名空间（通过task_active_pid_ns(current)获取）。

当具备这两个参数后，就可以根据PID命名空间里记录的层次level取得容器进程的当前pid了。

```c
// file:kernel/pid.c
pid_t pid_nr_ns(struct pid *pid, struct pid_namespace *ns)
{
    struct upid *upid;
    pid_t nr= 0;

    if (pid && ns->level <= pid->level) {
        upid= &pid->numbers[ns->level];
        if (upid->ns == ns)
            nr= upid->nr;
    }
    return nr;
}
```

在pid_nr_ns中通过判断level就把容器pid整数值查出来了。

最后，举个例子，假如有一个进程在level 0级别的PID命名空间里申请到的进程号是1256，在level 1容器PID命名空间里申请到的进程号是5，那么这个进程及其pid在内存中的形式如图10.16所示。

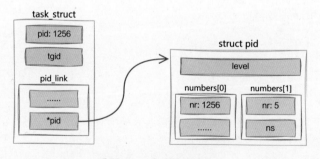

图10.16　进程的多个pid

那么容器在查看进程的pid号的时候，传入容器的PID命名空间，就可以将该进程在容器中的pid号5打印出来。如果在宿主机下查看，那么给pid_nr_ns传入的宿主机的PID命名空间，这样查看到该进程的pid号就是1256。

怎么样，现在你是不是对容器中进程的PID有更深入的理解了呢？

10.3　本章总结

在本章中，深入介绍了容器虚拟化技术中和CPU、进程相关的PID命名空间和cgroup下的CPU子系统。

虚拟机虽然提供了非常棒的隔离和资源限制能力，但是在服务器领域逐渐使用得越来越少的主要原因是性能不太行。仅启动一个基于KVM的虚拟机可能就要500多MB的内存开销。在启动后，无论CPU还是内存的性能也都会有一定比例的折损。还有就是每一台虚拟机都是一个独立的操作系统，部署起来比较慢。

容器通过引入更为轻量的namespace和cgroup来解决隔离和资源限制问题，几乎将额外的资源损耗降到了底，部署和启动速度也都大大加快了。正因为有了这个优势，业界才发展出了如此欣欣向荣的云原生技术。不过命名空间提供这种所谓的隔离，只算是一定程度上的隔离，实际并没有KVM虚拟机隔离得那么彻底。虽然隔离性不强，但胜在只是一个逻辑概念而已，没有增加额外的软件实体，运行起来基本没有什么性能损耗。cgroup在实现上是一种分层组织进程的机制，沿层次结构以受控的方式分配CPU、内存、存储、网络等系统资源。在实现上目前分cgroup v1和cgroup v2两个版本，这两个版本在原理上差别不太大。

在多种类型的命名空间中，和进程相关的是PID命名空间。整个系统中有一个默认的根PID命名空间。在不创建新命名空间的情况下，所有进程创建时申请PID只需要到这个默认的PID命名空间中申请就可以了。直接使用物理机部署服务就是这样一个状态。但如果在容器中创建进程，容器在底层实现上就是创建了一个新的子PID命名空间。容器下的进程既需要到自己的PID命名空间下申请一个PID，也需要到父PID命名空间（有可能是根PID命名空间）中申请一个PID。所以容器下的进程其实是有多个PID存在的，只不过在不同的命名空间下只能查看到当前命名空间下的PID而已。

以上就是本章所讲述的核心内容。现在我们来回顾本章开头提到的几个问题：

1）为什么在容器中看到的进程PID一般比宿主机的小？

这是因为容器中是拥有一个独立的PID命名空间的。只有在这个容器中的进程才会在这个命名空间中申请PID，而且申请的时候是按照从小到大的顺序分配的。容器中的进程数量一般不是很多，所以一般进程的PID号也就不大。但是在宿主机中就不一样了，不但要承担自己的命名空间中的进程号分配，还要给自己的子子孙孙PID命名空间都准备一个PID。所以宿主机的进程PID号一般都比较大。

2）一个进程是只有一个PID吗？

根PID命名空间中的进程确实只有一个PID。但对于容器，使用的PID命名空间都是根命名空间的子孙空间。这些子孙PID命名空间中的进程在申请PID的时候，需要到包括它自己在内的所有父PID命名空间都申请一个PID号。所以，容器中的进程往往会有两个或以上的PID的。

第11章

容器的CPU资源限制

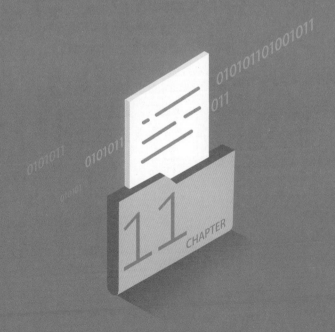

在Linux中是通过控制组cgroups来解决资源限制问题的。在所有的资源中，最重要的就是CPU资源，对应的限制手段就是CPU cgroup。本章将对CPU cgroup的内部实现原理进行阐述，也将讨论如何正确统计容器的CPU利用率。

在本章开头，我们仍然按照惯例先抛出一些问题作为大家思考的起点：

1）容器中的核是真的CPU核吗？

2）Linux是如何对容器下的进程进行CPU限制的？

3）容器中的CPU throttle是什么意思？

4）为什么关注容器CPU性能的时候，除了关注利用率，还要关注throttle的次数和时间？

5）容器中的CPU配额过小的话，在性能上有没有什么问题？

6）K8s中的request和limit究竟是什么含义？为什么K8s需要同时用两个字段来限制CPU的使用？

7）假如要申请一个8核的容器，那应该设置resources.requests.cpu还是resources.limits.cpu？如果需要同时设置，该如何设置？

8）如何正确地获取容器中的CPU利用率？

9）容器CPU利用率的指标项为什么比物理机上少了nice/irq/softirq？

以上这些问题都需要对容器CPU cgroup及调度器底层实现有足够深入的理解才能真正掌握。

11.1　CPU cgroup的创建原理

Linux对于容器的CPU资源限制，是通过CPU cgroup来实现的。我们来看看，在Linux中是如何创建一个CPU cgroup的，也看看进程加入cgroup的实现过程。

11.1.1　使用cgroupfs创建cgroup

cgroup提供的接口是通过cgroupfs提供控制的。类似于procfs和sysfs，是一种虚拟文件系统。默认情况下cgroupfs挂载在/sys/fs/cgroup目录下，我们可以通过修改/sys/fs/cgroup下的文件和文件内容来控制进程对资源的使用。Docker默认情况下使用的就是cgroupfs接口，可以通过如下命令来确认。

```
# docker info | grep cgroup
Cgroup Driver: cgroupfs
```

第10章介绍了cgroup有v1和v2两个版本，这两个版本的cgroupfs存在一些区别。首先我们要做的是判断当前系统下使用的cgroup是哪个版本。判断的办法有很多。比如可以通过使用mount命令查看cgroup的挂载信息来判断。对于cgroup v1来说是类似如下的情况：

```
# mount | grep cgroup
tmpfs on /sys/fs/cgroup type tmpfs (ro,nosuid,nodev,noexec,mode=755)
cgroup on /sys/fs/cgroup/systemd type cgroup (rw,nosuid,nodev,noexec,relatime
,xattr,release_agent=/lib/systemd/systemd-cgroups-agent,name=systemd)
cgroup on /sys/fs/cgroup/net_cls,net_prio type cgroup (rw,nosuid,nodev,noexec
,relatime,net_cls,net_prio)
cgroup on /sys/fs/cgroup/blkio type cgroup (rw,nosuid,nodev,noexec,relatime,b
lkio)
cgroup on /sys/fs/cgroup/cpu,cpuacct type cgroup (rw,nosuid,nodev,noexec,rela
time,cpu,cpuacct)
cgroup on /sys/fs/cgroup/memory type cgroup (rw,nosuid,nodev,noexec,relatime,
memory)
cgroup on /sys/fs/cgroup/pids type cgroup (rw,nosuid,nodev,noexec,relatime,pi
ds)
cgroup on /sys/fs/cgroup/cpuset type cgroup (rw,nosuid,nodev,noexec,relatime,
cpuset)
......
```

对于cgroup v2来说，这个挂载信息就要简单多了，输出往往是：

```
# mount | grep cgroup
cgroup2 on /sys/fs/cgroup type cgroup2 (rw,nosuid,nodev,noexec,relatime)
cgroup2 on /sys/fs/cgroup type cgroup2 (rw,nosuid,nodev,noexec,relatime)
```

另外还有一种判断方法就是使用stat命令查看/sys/fs/cgroup路径的挂载信息，如果下面命令输出的是63677270，就表示是cgroup v2，否则为v1。

```
# stat -f -c "%t" /sys/fs/cgroup
63677270
```

在判断完cgroup版本后，就可以进行下一步的操作了。假设想限制某个进程最多只能使用2核的CPU，我们用原始的cgroup来实现这个需求。

11.1.1.1　cgroup v1下CPU cgroup创建

对于cgroup v1来说，操作步骤如下。

第一步，创建cgroup。

找到cpu,cpuacct这个group。在它下面创建一个子group，用一行mkdir就能搞定。

```
# cd /sys/fs/cgroup/cpu,cpuacct
# mkdir test
# cd test
```

这时cgroup已经在test这个目录下帮我们创建好了一些文件，通过修改这些文件可以控制进程的CPU消耗。

```
# ls -l
```

```
-rw-r--r-- 1 root root 0 Sep 23 11:38 cgroup.procs
-rw-r--r-- 1 root root 0 Sep 23 11:37 cpu.cfs_period_us
-rw-r--r-- 1 root root 0 Sep 23 11:37 cpu.cfs_quota_us
......
```

第二步，把要限制的进程添加进来。

这一步操作也很简单，直接把进程的PID添加到cgroup.procs这个文件中就可以了。

```
# echo $$
16403
sh -c "echo 16403 > cgroup.procs"
```

这里有一个细节需要注意，那就是**加入一个进程后，这个进程创建的子进程都将默认加到这个cgroup的限制中**。如果你添加的是一个shell进程的PID，那么后面使用该shell执行的任何命令都将自动加入该cgroup。

11.1.1.2　cgroup v2下cgroup创建

cgroup v2则统一使用一个cgroup来对所有的资源进行限制。所以对于cgroup v2来说，其/sys/fs/cgroup/目录下不存在cpu/memory等目录。

第一步，创建cgroup。

找到cpu,cpuacct这个group。在它下面创建一个子group，用一行mkdir就能搞定。

```
# cd /sys/fs/cgroup/
# mkdir test
# cd test
```

这时cgroup已经在test这个目录下帮我们创建好了一些文件。和cgroup v1不同的是，该目录内不是仅有CPU相关的资源限制文件，其他资源限制文件也在这里一并具备了。

```
# ls -l
-r--r--r-- 1 root root 0 Mar 19 15:07 cgroup.controllers
-rw-r--r-- 1 root root 0 Mar 19 15:07 cgroup.procs
-rw-r--r-- 1 root root 0 Mar 19 22:32 cgroup.subtree_control
-rw-r--r-- 1 root root 0 Mar 19 15:07 cpu.max
-rw-r--r-- 1 root root 0 Mar 19 15:07 cpuset.cpus
-r--r--r-- 1 root root 0 Mar 19 15:07 cpu.stat
-rw-r--r-- 1 root root 0 Mar 19 15:07 io.max
-rw-r--r-- 1 root root 0 Mar 19 15:07 io.stat
-r--r--r-- 1 root root 0 Mar 19 15:07 memory.current
--w------- 1 root root 0 Mar 19 15:07 memory.drop_cache
-rw-r--r-- 1 root root 0 Jan  9 18:29 memory.max
-r--r--r-- 1 root root 0 Mar 19 15:07 pids.current
-rw-r--r-- 1 root root 0 Jan  9 18:29 pids.max
......
```

第二步，把要限制的进程添加进来。

这一步操作也很简单，直接把进程的PID添加到cgroup.procs文件中就可以了。

```
# echo 16403 > cgroup.procs
```

11.1.2　内核中cgroup的相关定义

要想真正理解清楚cgroup的工作过程，就需要先从内核中和cgroup相关的定义讲起。我们平时所说的cgroup v1、cgroup v2其实是内核对用户层的接口的不同，内部实现上的很多地方还都是共用的。

11.1.2.1　cgroup内核对象

一个cgroup对象中可以指定对cpu、cpuset、memory等一种或多种资源的限制，如图11.1所示。我们先来找到cgroup的定义。

```
// file:include/linux/cgroup-defs.h
struct cgroup {
    ......
    struct cgroup_subsys_state __rcu *subsys[CGROUP_SUBSYS_COUNT];
    ......
}
```

每个cgroup都有一个cgroup_subsys_state类型的数组subsys，其中的每一个元素代表的是一种资源控制，如cpu、cpuset、memory等。

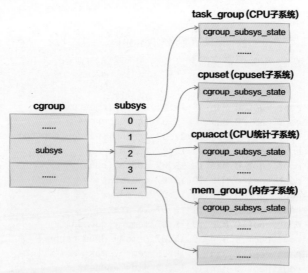

图11.1　cgroup内部结构

这里要注意的是，其实cgroup_subsys_state并不是真实的资源控制统计信息结构，对于CPU子系统来说，真正的资源控制结构是task_group，如图11.2所示。它是cgroup_subsys_state结构的扩展，类似面向对象编程中的父类和子类的概念。

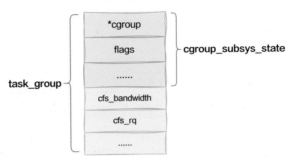

图11.2　task_group结构

当task_group需要被当成cgroup_subsys_state类型使用的时候，只需进行强制类型转换。

内存子系统控制统计信息的结构是struct mem_group，如图11.3所示。

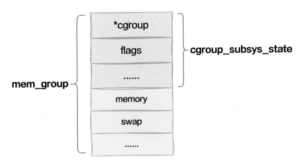

图11.3　mem_group结构

cpuacct子系统的统计结构是struct cpuacct，如图11.4所示。

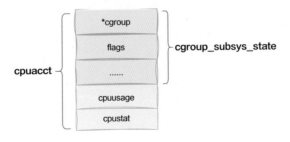

图11.4　cpuacct子系统

其他子系统也类似。之所以要这么设计，目的是各个cgroup子系统都统一对外暴露cgroup_subsys_state，其余部分不对外暴露，只在自己的子系统内部维护和使用。

11.1.2.2　进程和cgroup子系统

一个Linux进程既可以对它的CPU使用进行限制，也可以对它的内存进行限制。所以，一个进程task_struct是可以和多种cgroup子系统有关联关系的。

和cgroup与多个子系统关联定义类似，task_struct中也定义了一个cgroup_subsys_state 类型的数组subsys，来表达这种一对多的关系，如图11.5所示。

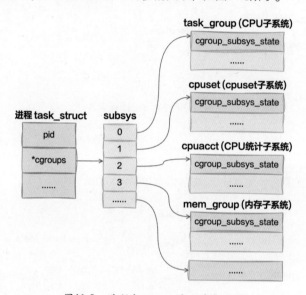

图11.5　进程与cgroup的一对多关系

我们来简单看看源码的定义。

```
// file:include/linux/sched.h
struct task_struct {
    ......
    struct css_set __rcu *cgroups;
    ......
}
// file:include/linux/cgroup-defs.h
struct css_set {
    ......
    struct cgroup_subsys_state *subsys[CGROUP_SUBSYS_COUNT];
}
```

其中subsys是一个指针数组，存储一组指向cgroup_subsys_state的指针。一个cgroup_subsys_state就是进程与一个特定的子系统相关的信息。

通过这个指针，进程就可以获得相关联的cgroups控制信息了，能查到限制该进程对资源使用的task_group、cpuset、mem_group等子系统对象。

11.1.2.3 内核对象关系

我们把上面的内核对象关系图汇总起来就是图11.6这样。

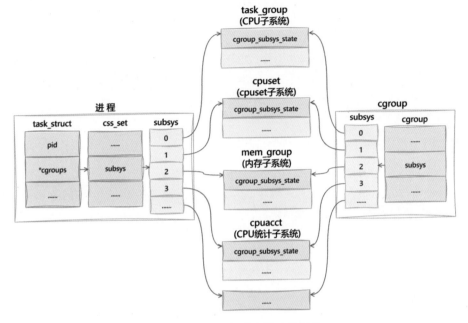

图11.6 cgroup相关内核对象汇总

可以看到，无论进程还是cgroup对象，最后都能找到和其关联的具体的CPU、内存等资源控制子系统的对象。

11.1.2.4 CPU子系统

因为本节重点是介绍进程的CPU限制，所以专门把CPU子系统相关的对象task_group拿出来讲解。

```
// file:kernel/sched/sched.h
struct task_group {
    struct cgroup_subsys_state css;
    ......

    // task_group 持有的N个调度实体(N = CPU核数)
    struct sched_entity **se;
    // task_group 自己的N个公平调度队列(N = CPU核数)
    struct cfs_rq        **cfs_rq;

    // task_group 树结构
    struct task_group    *parent;
    struct list_head     siblings;
```

```
    struct list_head      children;

    // 公平调度带宽限制
    struct cfs_bandwidth      cfs_bandwidth;
    ......
}
```

第一个cgroup_subsys_state css 成员在前面讲过了，相当于"父类"。再来看 parent、siblings、children等几个对象，这些是树相关的数据结构。在整个系统中有一个 root_task_group。

```
// file:kernel/sched/core.c
struct task_group root_task_group;
```

所有task_group都以root_task_group为根节点组成了一棵树。

接下来的se和cfs_rq是完全公平调度的两个对象。它们都是数组，元素个数等于当前系统的CPU核数。每个task_group都会在上一级task_group（比如root_task_group）的N个调度队列中有一个调度实体。

cfs_rq是task_group自己所持有的完全公平调度队列。是的，你没看错，**每一个task_group内部都有自己的一组调度队列，其数量和CPU的核数一致。**

假如当前系统有两个逻辑核，那么一个task_group树和cfs_rq的简单示意图如图11.7 所示。

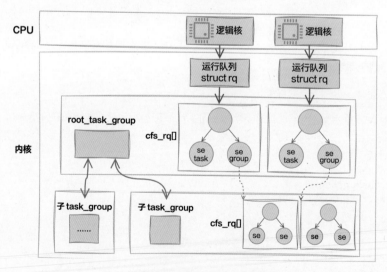

图11.7　task_group内部的调度队列

Linux中的进程调度采用的是层级的结构。对于容器来讲，宿主机中进行进程调度的时候，先调度到的实际上不是容器中的具体某个进程，而是一个task_group。然后再进入容器task_group的调度队列cfs_rq中进行调度，才能最终确定具体的进程pid。

task_group内核对象中还有一个重要的成员，就是CPU带宽限制cfs_bandwidth，CPU分配的管控相关的字段都是在cfs_bandwidth中定义维护的。在后面的小节中我们将会看到对它的使用。

11.1.3 创建cgroup对象原理

在这一步，无论cgroup是v1还是v2，其内核的处理过程都是完全一样的，都是经过各种内核函数处理后，最后创建出来关键的task_group内核对象，如图11.8所示。

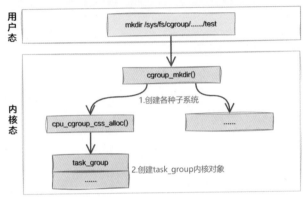

图11.8 创建cgroup对象

我们来展开看看源码。内核定义了对cgroupfs操作的具体处理函数。在/sys/fs/cgroup/下的目录创建操作都将由下面cgroup_kf_syscall_ops定义的方法来执行。

```c
// file:kernel/cgroup/cgroup.c
static struct kernfs_syscall_ops cgroup_kf_syscall_ops = {
    ......
    .mkdir          = cgroup_mkdir,
    .rmdir          = cgroup_rmdir,
    ......
};
```

创建目录的整个过程链条如下。

```
vfs_mkdir
  ->kernfs_iop_mkdir
    ->cgroup_mkdir
      ->cgroup_apply_control_enable
        ->css_create
          ->cpu_cgroup_css_alloc
```

其中关键的创建过程有：

- **cgroup_mkdir**：在这里创建了cgroup内核对象。

- **css_create**：创建每一个子系统资源管理对象，对于CPU子系统会创建task_group。

cgroup内核对象是在cgroup_mkdir中创建的。

```c
// file:kernel/cgroup/cgroup.c
int cgroup_mkdir(struct kernfs_node *parent_kn, const char *name, umode_t mode)
{
    ......
    // 查找父cgroup
    parent = cgroup_kn_lock_live(parent_kn, false);

    // 创建cgroup对象
    cgrp = cgroup_create(parent);

    // 执行子系统对象的创建
    cgroup_apply_control_enable(cgrp);
    ......
}
```

在cgroup中是有层次的概念的，这个层次结构和cgroupfs中的目录层次结构一样。所以在创建cgroup对象之前的第一步就是先找到其父cgroup，然后创建自己，并创建文件系统中的目录及文件。在cgroup_apply_control_enable中，执行子系统对象的创建。

```c
// file:kernel/cgroup/cgroup.c
static int cgroup_apply_control_enable(struct cgroup *cgrp)
{
    ......
    cgroup_for_each_live_descendant_pre(dsct, d_css, cgrp) {
        for_each_subsys(ss, ssid) {
            struct cgroup_subsys_state *css = cgroup_css(dsct, ss);
            css = css_create(dsct, ss);
            ......
        }
    }
    return 0;
}
```

通过for_each_subsys遍历每一种cgroup子系统，并调用其css_alloc来创建相应的对象。

```c
// file:kernel/cgroup/cgroup.c
static struct cgroup_subsys_state *css_create(struct cgroup *cgrp,
                        struct cgroup_subsys *ss)
{
    css = ss->css_alloc(parent_css);
    ......
}
```

上面的css_alloc是一个函数指针，对于CPU子系统来说，它指向的是cpu_cgroup_css_alloc。这个对应关系在kernel/sched/core.c文件中可以找到。

```
// file:kernel/sched/core.c
struct cgroup_subsys cpu_cgrp_subsys = {
    .css_alloc  = cpu_cgroup_css_alloc,
    .css_online = cpu_cgroup_css_online,
    ......
};
```

通过cpu_cgroup_css_alloc => sched_create_group调用后，创建出了CPU子系统的内核对象task_group。

```
// file:kernel/sched/core.c
struct task_group *sched_create_group(struct task_group *parent)
{
    struct task_group *tg;
    tg = kmem_cache_alloc(task_group_cache, GFP_KERNEL | __GFP_ZERO);
    ......
}
```

其中kmem_cache_alloc是从内核的内存分配器中申请一个task_group类型的对象。

11.1.4　将进程PID写进cgroup

cgroup创建好了，CPU限制规则也制定好了，下一步就是将进程添加到这个限制中。在cgroupfs下的操作方式就是修改cgroup.procs文件，如图11.9所示。这个过程对于cgroup v1和v2是完全一致的了。内核中主要做了这样几件事情：

- 第一，根据用户输入的PID来查找task_struct内核对象。
- 第二，从旧的调度组中退出，加入新的调度组task_group。
- 第三，修改进程的cgroup相关的指针，让其指向上面创建好的task_group。

内核定义了修改cgroup.procs文件的处理函数为cgroup_procs_write，我们来展开看看。

```
// file:kernel/cgroup/cgroup.c
static struct cftype cgroup_base_files[] = {
    ......
    {
        .name = "cgroup.procs",
        ......
        .write = cgroup_procs_write,
    },
}
```

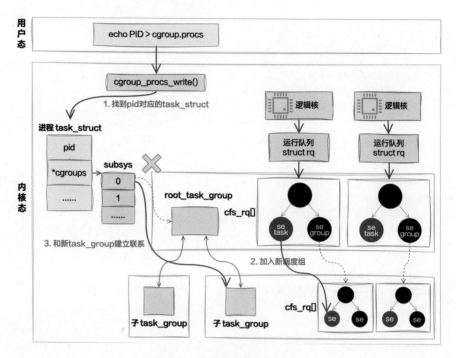

图11.9 将进程PID写进cgroup

再来看看加入新调度组的过程，内核的调用链条如下。

```
cgroup_procs_write
 ->cgroup_attach_task
    ->cgroup_migrate
      ->cgroup_migrate_execute
```

在cgroup_migrate_execute中遍历各个子系统，完成每一个子系统的迁移。

```
// file:kernel/cgroup/cgroup.c
static int cgroup_migrate_execute(struct cgroup_mgctx *mgctx)
{
    do_each_subsys_mask(ss, ssid, mgctx->ss_mask) {
        if (ss->attach) {
            tset->ssid = ssid;
            ss->attach(tset);
        }
    } while_each_subsys_mask();
    ......
}
```

对于CPU子系统来讲，ss->attach对应的处理方法是cpu_cgroup_attach。这也是在kernel/sched/core.c下的cpu_cgrp_subsys中定义的。cpu_cgroup_attach调用sched_ move_task来完成将进程加入新调度组的过程。

```c
// file:kernel/sched/core.c
void sched_move_task(struct task_struct *tsk)
{
  struct rq_flags rf;
    struct rq *rq;

    // 找到task所在的runqueue
    rq = task_rq_lock(tsk, &rf);
    // 从runqueue中出来
    queued = task_on_rq_queued(tsk);
    if (queued)
        dequeue_task(rq, tsk, queue_flags);

    // 修改task的group
    // 先将进程从旧tg的cfs_rq中移除且更新cfs_rq的负载；再将进程添加到新tg的cfs_rq，
并更新cfs_rq的负载
    sched_change_group(tsk);

    // 此时进程的调度组已经更新，重新将进程加回runqueue
    if (queued)
        enqueue_task(rq, tsk, queue_flags);
    ......
}
```

这个函数做了三件事：

- 第一，调用dequeue_task从原归属的runqueue中退出来。
- 第二，修改进程的task_group。
- 第三，重新将进程添加到新task_group的runqueue中。

```c
// file:kernel/sched/core.c
static void sched_change_group(struct task_struct *tsk, int type)
{
    struct task_group *tg;

    // 查找task_group
    tg = container_of(task_css_check(tsk, cpu_cgrp_id, true),
            struct task_group, css);
    tg = autogroup_task_group(tsk, tg);

    // 修改task_struct所对应的task_group
    tsk->sched_task_group = tg;
    ......
}
```

进程task_struct的sched_task_group是表示其归属的task_group，在函数中将其设置

到新归属上。

11.2　容器CPU权重分配实现

Linux操作系统给其下所有容器分配CPU资源的方式之一是按照权重进行分配，本节先来深入了解权重分配方式的实现原理。

11.2.1　容器CPU权重设置

在同一台物理机上，一些服务确实需要多使用一些CPU资源，另一些服务只需要使用一点CPU资源就可以。例如某台服务机是云上的一台服务器，有的用户购买了8核套餐，有的用户只购买了1核套餐。为了实现这个需求，Linux进程调度器在每个调度实体中都有一个权重字段。

```
//file:include/linux/sched.h
struct sched_entity {
    struct load_weight          load;
    u64                     vruntime;
    ......
}

struct load_weight {
    unsigned long       weight;
    u32                 inv_weight;
};
```

在容器中，在cgroup v1下可以通过cgroupfs下的cpu.shares文件来修改，在cgroup v2下可以通过cpu.weight / cpu.weight.nice来修改。在cgroup v1中，对cpu.shares的修改会在cpu_shares_write_u64这个函数中执行。

```
//file:kernel/sched/core.c
static struct cftype cpu_legacy_files[] = {
    {
        .name = "shares",
        .read_u64 = cpu_shares_read_u64,
        .write_u64 = cpu_shares_write_u64,
    },
    ......
}
```

在cgroup v2中，对cpu.weight的修改会在cpu_weight_write_u64函数中执行。

```
//file:kernel/sched/core.c
static struct cftype cpu_files[] = {
```

```
        {
            .name = "weight",
            .flags = CFTYPE_NOT_ON_ROOT,
            .read_u64 = cpu_weight_read_u64,
            .write_u64 = cpu_weight_write_u64,
        },
        ......
    }
```

无论是cgroup v1修改cpu.shares时执行cpu_shares_write_u64，还是cgroup v2修改cpu.weight时执行cpu_weight_write_u64，最终都会调用__sched_group_set_shares，把权重信息shares记录到调度实体se上去。

```
//file:kernel/sched/fair.c
static int __sched_group_set_shares(struct task_group *tg, unsigned long shares)
{
    ......
    tg->shares = shares;
    for_each_possible_cpu(i) {
        struct sched_entity *se = tg->se[i];
        for_each_sched_entity(se)
            update_cfs_group(se);
    }
}
```

具体的设置是在update_cfs_group中完成的，它依次调用reweight_entity、update_load_set来把权重值记录到调度实体上。这样后面就可以通过调度实体se->load->weight找到进程或容器的权重信息了。

```
//file:kernel/sched/fair.c
static inline void update_load_set(struct load_weight *lw, unsigned long w)
{
    lw->weight = w;
    lw->inv_weight = 0;
}
```

11.2.2 容器CPU权重分配实现

Linux内核的完全公平调度器中每个逻辑核都有一个调度队列struct cfs_rq。每个调度队列都是用红黑树来组织的。红黑树的节点是struct sched_entity，sched_entity中既可以关联具体的进程struct task_struct，也可以关联容器的struct cfs_rq。

以下是完全公平调度器cfs_rq内核对象的定义。

```
// file:kernel/sched/sched.h
struct cfs_rq {
```

```
......
// 当前队列中所有进程vruntime中的最小值
u64 min_vruntime;
// 保存就绪任务的红黑树
struct rb_root_cached     tasks_timeline;
......
}
```

在该对象中，核心是这个rb_root_cached类型的对象，这个对象的数据结构就是以红黑树来组织的。在红黑树的节点中，放的是一个调度实体sched_entity对象。这个对象有可能是属于普通进程task_struct的，也有可能是属于容器进程组task_group的。

```
//file:kernel/sched/sched.h
struct task_group {
    ......
    struct sched_entity     **se;
    struct cfs_rq           **cfs_rq;
    unsigned long           shares;
}
//file:include/linux/sched.h
struct task_struct {
    ......
    struct sched_entity          se;
}
```

不管sched_entity对应的是进程也好，容器也罢，都会包含一个虚拟运行时间vruntime字段，和一个用来存权重数据的load字段，如图11.10所示。

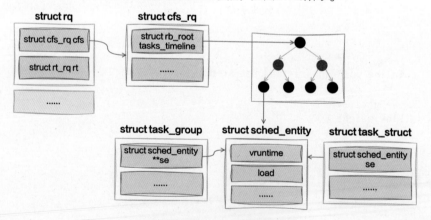

图11.10　调度器中的调度实体

在进程调度的过程中，每个逻辑核上有一个定时器，节拍性地触发调度，从红黑树上判断是否要用最左侧调度实体替换当前正在运行的进程。在选择进程进行切换时，虽然有多种策略，但核心是要保证所有调度实体的vruntime的公平。换句话说，不管Linux系统上有多少使用完全公平调度器的进程（使用实时调度策略的进程除外），它们最终的vruntime基本会保持一致。

完全公平调度器维持的是所有调度实体的vruntime的公平。但是vruntime会根据权重来进行缩放，vruntime的计算是在calc_delta_fair函数中实现的。

```
// file:kernel/sched/fair.c
static inline u64 calc_delta_fair(u64 delta, struct sched_entity *se)
{
    if (unlikely(se->load.weight != NICE_0_LOAD))
        delta = __calc_delta(delta, NICE_0_LOAD, &se->load);

    return delta;
}
```

在这个函数中，NICE_0_LOAD宏对应的是1024。如果权重是1024，那么vruntime就正好等于实际运行时间。否则会进入__calc_delta来根据权重和实际运行时间折算一个vruntime增量。__calc_delta函数为了追求极致的性能，实现上比较复杂一些，就不给大家展示源码了。下面只展示它用到的缩放算法：

$$vruntime = (实际运行时间 * ((NICE\_0\_LOAD * 2^{32}) / weight)) >> 32$$

如果权重weight较高，那同样的实际运行时间算出来的vruntime就会偏小，这样它就会在调度中获得更多的CPU。如果权重weight较低，那算出来的vruntime就会比实际运行时间偏大，这样它在调度的过程中获得的CPU时间就会较少。完全公平调度器就是这样简单地实现了CPU资源的按权重分配。

我们再举一个例子，假如有一个8核的物理宿主机，上面运行着A服务、B服务、C服务的一些容器，如图11.11所示。

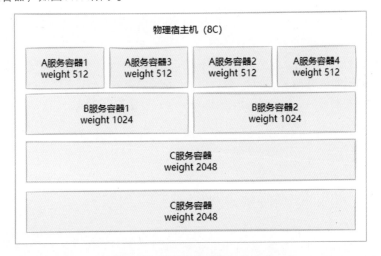

图11.11 CPU资源的按权重分配

整台机器上所有容器的总权重是8192。假设这些服务都从不主动放弃CPU资源，那么：

- A服务一个容器的权重是512，则它可以分得512 / 8192份时间，相当于0.5核。
- B服务一个容器的权重是1024，则它可以分得1024 / 8192份时间，相当于1核。
- C服务一个容器的权重是2048，则它可以分得2048 / 8192份时间，相当于2核。

就这样，Linux内核就具备了对容器按照权重进行CPU资源分配的能力！

11.3　容器CPU限制分配实现

在宿主机上单纯按照权重对所有的容器进行CPU资源分配的方式存在一些弊端。如果宿主机平时比较闲，会给用户造成一种CPU资源非常充足的假象，以至于用户会对可用的CPU产生不合理的预期。因此在云环境中，还需要另外一种限制容器CPU资源的能力，那就是对其可使用的最大上限进行限制。

11.3.1　设置CPU限制

在cgroup v1和cgroup v2中，由于cgroupfs定义的不同，设置容器CPU资源上限的方式略有区别。

在cgroup v1中创建好cgroup后，其下包含了cfs_period_us和cfs_quota_us两个文件。通过修改这些文件可以控制容器下所有进程的CPU消耗。

```
# ls -l
-rw-r--r-- 1 root root 0 Sep 23 11:38 cgroup.procs
-rw-r--r-- 1 root root 0 Sep 23 11:37 cpu.cfs_period_us
-rw-r--r-- 1 root root 0 Sep 23 11:37 cpu.cfs_quota_us
......
```

其中cfs_period_us用来配置时间周期长度，cfs_quota_us用来配置当前cgroup在设置的周期长度内所能使用的CPU时间。这两个文件配合起来就可以设置CPU的使用上限。

比如我想控制我的进程最多只能使用1核，那么就像下面这样。

```
# echo 500000 > cpu.cfs_quota_us // 500ms
# echo 500000 > cpu.cfs_period_us // 500ms
```

每500ms能使用500ms的CPU时间，即将CPU使用限制在1核。如果我们的需求是要限制进程能使用的是2核，把cpu.cfs_quota_us改成1000000即可。

```
# echo 1000000 > cpu.cfs_quota_us // 1000ms
# echo 500000 > cpu.cfs_period_us // 500ms
```

在cgroup v2下，创建出来的cgroup下文件较多，和CPU资源直接相关的文件是cpu. max。

```
# ls -l
-rw-r--r--  1 root root 0 Mar 19 15:07 cgroup.procs
-rw-r--r--  1 root root 0 Mar 19 15:07 cpu.max
......
```

设置方式和v1有一点点区别，设置的是cpu.max文件。每100毫秒允许使用200毫秒的CPU时间，设置方式如下。

```
# echo "200000 100000" > cpu.max
```

我们可以实际动手做一个实验。假设有一台4核的Linux服务器，我们想限制某个进程最多只使用1核的时间。使用cgroup来限制进程的CPU资源的使用。假设该服务器的cgroup版本是v1，则操作分成如下几步：

第一步，创建一个空CPU cgroup，进入/sys/fs/cgroup/cpu,cpuacct创建目录即可。

```
# cd /sys/fs/cgroup/cpu,cpuacct
# mkdir test
# cd test
```

第二步，把要限制的进程添加到这个新cgroup中。由于一个进程添加到新cgroup后，该进程创建的子进程都将默认加到这个cgroup的限制中，所以我们可以直接把当前shell进程的PID添加到cgroup中进行限制，这样在该shell下启动的所有进程都将遵循同一套限制。

```
# echo $$ >> cgroup.procs
```

第三步，设置该cgroup中所有进程可以使用的CPU资源时间上限。我们的需求是限制其只能使用1核，所以设置方式是每隔100ms只让该cgroup使用100ms的调度时间。

```
# echo 100000 > cpu.cfs_quota_us // 100ms
# echo 100000 > cpu.cfs_period_us // 100ms
```

第四步，启动CPU密集型进程并观察机器上的CPU资源消耗。我们使用一个简单的工具stress，通过-c指定开启几个进程，然后每个进程都反复不停地计算随机数的平方根，尽最大努力消耗CPU。启动一个控制台，观察CPU消耗。

```
# stress -c 4
```

我们发现总量确实是控制住了。stress及其子进程加起来只使用了1核，如图11.12所示。

PID	USER	PR	NI	VIRT	RES	SHR	S	%CPU	%MEM	TIME+	COMMAND
16573	root	20	0	7264	100	0	R	25.0	0.0	0:05.86	stress
16574	root	20	0	7264	100	0	R	25.0	0.0	0:05.88	stress
16575	root	20	0	7264	100	0	R	25.0	0.0	0:05.87	stress
16576	root	20	0	7264	100	0	R	25.0	0.0	0:05.87	stress

图11.12　限制进程的CPU资源实验效果

这里要注意的是，无论是cgroup v1还是v2的设置，CPU cgroup限制的是容器下的进程能使用的总的CPU时间，而不是真的去限制进程只能使用哪几个核。如果你想限制进程只能使用某个逻辑核，cgroup的CPU子系统是做不到的。如果想限制容器下进程可用的核，需要用cgroup下的cpuset子系统来实现。关于cpuset子系统限于篇幅就不过多展开了。

11.3.2　设置CPU限制底层原理

在cgroup v1中，我们通过对CPU子系统目录下的cfs_period_us和cfs_quota_us值的修改，来完成cgroup中限制的设置。在cgroup v2中，使用的是cpu.max完成同样的事情。其实在内核中，不管是v1还是v2的设置，最终都会记录到对应内核对象下的period和quota字段中，如图11.13所示。

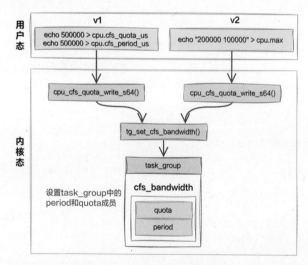

图11.13　设置CPU子系统限制

我们再从源码看看这个设置过程。当在cgroup v1中用户读写cfs_period_us和cfs_quota_us这两个文件时，内核中也定义了对应的处理函数。

```
// file:kernel/sched/core.c
static struct cftype cpu_legacy_files[] = {
    ......
    {
```

```
        .name = "cfs_quota_us",
        .read_s64 = cpu_cfs_quota_read_s64,
        .write_s64 = cpu_cfs_quota_write_s64,
    },
    {
        .name = "cfs_period_us",
        .read_u64 = cpu_cfs_period_read_u64,
        .write_u64 = cpu_cfs_period_write_u64,
    },
    ......
}
```

写处理函数cpu_cfs_quota_write_s64、cpu_cfs_period_write_u64最终又都是调用tg_set_cfs_bandwidth来完成设置的。

```
// file:kernel/sched/core.c
static int tg_set_cfs_bandwidth(struct task_group *tg, u64 period, u64 quota)
{
    // 定位cfs_bandwidth对象
    struct cfs_bandwidth *cfs_b = &tg->cfs_bandwidth;
    ......

    //对cfs_bandwidth进行设置
    cfs_b->period = ns_to_ktime(period);
    cfs_b->quota = quota;
    ......
}
```

在task_group中，其带宽管理控制都是由cfs_bandwidth来完成的，所以一开始就需要先获取cfs_bandwidth对象。接着将用户设置的值都设置到cfs_bandwidth类型的对象cfs_b上。

在cgroup v2中，我们修改的是cpu.max这个文件。这个文件对应的处理函数是cpu_max_write，具体定义如下。

```
// file:kernel/sched/core.c
static struct cftype cpu_files[] = {
    ......
    {
        .name = "max",
        .flags = CFTYPE_NOT_ON_ROOT,
        .seq_show = cpu_max_show,
        .write = cpu_max_write,
    },
    ......
}
```

我们找到cpu_max_write函数。

```
// file:kernel/sched/core.c
static ssize_t cpu_max_write(struct kernfs_open_file *of,
                char *buf, size_t nbytes, loff_t off)
{
    struct task_group *tg = css_tg(of_css(of));
 ......
    ret = cpu_period_quota_parse(buf, &period, &quota);
    if (!ret)
        ret = tg_set_cfs_bandwidth(tg, period, quota);
    return ret ?: nbytes;
}
```

在cpu_max_write函数中，首先调用cpu_period_quota_parse来解析用户输入的period和quota，解析成功后，和cgroup v1一样，再调用tg_set_cfs_bandwidth将用户设置的值都设置到负责带宽控制的cfs_bandwidth类型对象上。

可见，**cgroup v2和cgroup v1只是接口文件不一样而已，内核的实现过程基本上差不多**。

11.3.3　进程CPU带宽控制过程

在前面的操作完成之后，我们只是将进程添加到了cgroup中进行管理而已。相当于只是初始化，而真正的限制是贯穿在Linux运行时的进程调度过程中的。在系统运行的过程中，所添加的进程将会受到CPU子系统task_group下的cfs_bandwidth中记录的period和quota的限制。

在第7章中介绍过完全公平调度器在选择进程时的核心方法pick_next_task_fair。这个方法的整个执行过程是一个自顶向下搜索可执行的task_struct的过程。当时我们只介绍了任务队列中全部为进程的情况。在本章中将会看到在**任务队列中的调度实体除了有普通的进程外，还有进程组task_group**。

在整个系统中有一个根task_group，其变量名为root_task_group。

```
// file:kernel/sched/core.c
struct task_group root_task_group;
```

在这个根task_group中，会根据当前CPU逻辑核的数量，拥有多个完全公平CFS调度队列。在每个CFS调度队列中主要是一棵红黑树，红黑树的节点是struct sched_entity，sched_entity中既可以指向struct task_struct，也可以指向struct cfs_rq（指的是进程组task_group下的调度队列cfs_rq，每个task_group都拥有自己独立的N个调度队列，其中N为当前系统的CPU逻辑核数量）。

调度pick_next_task_fair()函数中的prev是本次调度时在执行的进程的上一个进程。该函数通过do {} while循环，自顶向下搜索到下一步可执行进程。

```
// file:kernel/sched/fair.c
static struct task_struct *
pick_next_task_fair(struct rq *rq, struct task_struct *prev, struct rq_flags *rf)
{
    struct cfs_rq *cfs_rq = &rq->cfs;
    ......

    // 选择下一个调度的进程
    do {
        ......
        se = pick_next_entity(cfs_rq, curr);
        cfs_rq = group_cfs_rq(se);
    }while (cfs_rq)
    p = task_of(se);

    // 如果选出的进程和上一个进程不同
    if (prev != p) {
        struct sched_entity *pse = &prev->se;
        ......
        //对要放弃CPU的进程执行一些处理
        put_prev_entity(cfs_rq, pse);
    }
}
```

如果新进程和上一次运行的进程不是同一个，则要调用put_prev_entity做两件和CPU的带宽控制有关的事情。

```
// file: kernel/sched/fair.c
static void put_prev_entity(struct cfs_rq *cfs_rq, struct sched_entity *prev)
{
    // 运行队列带宽的更新与申请
    if (prev->on_rq)
        update_curr(cfs_rq);

    // 判断是否需要将容器挂起
    check_cfs_rq_runtime(cfs_rq);

    // 更新负载数据
    update_load_avg(cfs_rq, prev, 0);
    ......
}
```

在上述代码中，和CPU带宽控制相关的操作有两个：

- 运行队列带宽的更新与申请。
- 判断是否需要进行带宽限制。

接下来再分两小节详细展开看看这两个操作具体都做了哪些事情。

11.3.3.1　运行队列带宽的更新与申请

下面我们专门来看看cfs_rq队列中runtime_remaining的更新与申请。在实现上带宽控制是在task_group下属的cfs_bandwidth对象和cfs_rq队列中进行的。其中cfs_bandwidth中保存着总的剩余可申请时间。cfs_rq在调度的时候，会到cfs_bandwidth中申请时间。申请到的时间保存在runtime_remaining字段中，每当有时间支出需要更新的时候也是从这个字段值去除，如图11.14所示。

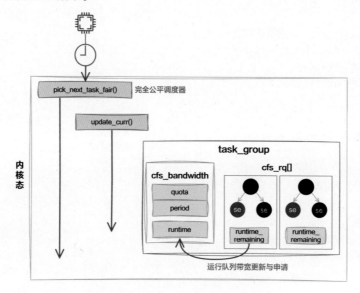

图11.14　运行队列带宽更新与申请

整个申请的关键入口是完全公平调度器在调用pick_next_task_fair选择下一个进程时，调用update_curr来完成的。其实除了这个场景，系统在很多情况下都会调用update_curr，包括任务在入队、出队时，调度中断函数也会周期性地调用该方法，以确保任务的各种时间信息随时都是最新的状态。在这里会更新cfs_rq队列中的runtime_remaining时间。如果runtime_remaining不足，会触发时间申请。

```
// file:kernel/sched/fair.c
static void update_curr(struct cfs_rq *cfs_rq)
{
    // 计算运行了多久
    u64 now = rq_clock_task(rq_of(cfs_rq));
    u64 delta_exec;
    delta_exec = now - curr->exec_start;
    ......

    // 更新带宽限制
    account_cfs_rq_runtime(cfs_rq, delta_exec);
}
```

update_curr先计算当前执行了多少时间，然后从cfs_rq的runtime_remaining减去该时间值，具体减的过程是在account_cfs_rq_runtime中完成的。

```c
// file:kernel/sched/fair.c
static void __account_cfs_rq_runtime(struct cfs_rq *cfs_rq, u64 delta_exec)
{
    cfs_rq->runtime_remaining -= delta_exec;

    // 如果还有剩余时间，则函数返回
    if (likely(cfs_rq->runtime_remaining > 0))
        return;
    ......
    // 调用assign_cfs_rq_runtime申请时间余额
    if (!assign_cfs_rq_runtime(cfs_rq) && likely(cfs_rq->curr))
        resched_curr(rq_of(cfs_rq));
}
```

更新带宽时间的逻辑比较简单，先从cfs->runtime_remaining减去本次执行的物理时间。如果减去之后仍然大于0，那么本次更新就算结束了。

如果相减后发现是负数，表示当前cfs_rq的时间余额已经耗尽，则会立即尝试从任务组中申请。具体的申请函数是assign_cfs_rq_runtime。如果申请没能成功，调用resched_curr标记cfs_rq->curr的TIF_NEED_RESCHED位，以便随后将其调度出去。

下面展开看看申请过程assign_cfs_rq_runtime。

```c
// file:kernel/sched/fair.c
static int assign_cfs_rq_runtime(struct cfs_rq *cfs_rq)
{
    struct cfs_bandwidth *cfs_b = tg_cfs_bandwidth(cfs_rq->tg);
    ......
    __assign_cfs_rq_runtime(cfs_b, cfs_rq, sched_cfs_bandwidth_slice());
}

static int __assign_cfs_rq_runtime(struct cfs_bandwidth *cfs_b,
                struct cfs_rq *cfs_rq, u64 target_runtime)
{
  // 申请时间数量
  min_amount = target_runtime - cfs_rq->runtime_remaining;

  // 如果没有限制，则要多少给多少
    if (cfs_b->quota == RUNTIME_INF)
        amount = min_amount;
  else {
    // 保证定时器是打开的，保证周期性地为任务组重置带宽时间
        start_cfs_bandwidth(cfs_b);

    // 如果本周期内还有时间，则可以分配
        if (cfs_b->runtime > 0) {
```

```
    // 确保不要透支
        amount = min(cfs_b->runtime, min_amount);
        cfs_b->runtime -= amount;
        cfs_b->idle = 0;
    }
}

    cfs_rq->runtime_remaining += amount;
    return cfs_rq->runtime_remaining > 0;
}
```

首先，获取当前task_group的cfs_bandwidth，因为整个任务组的带宽数据都是封装在这里的。接着调用sched_cfs_bandwidth_slice来获取后面要留多长时间，这个函数访问了sched_cfs_bandwidth_slice内核参数。

```
// file:kernel/sched/fair.c
static inline u64 sched_cfs_bandwidth_slice(void)
{
    return (u64)sysctl_sched_cfs_bandwidth_slice * NSEC_PER_USEC;
}
```

这个参数在我的机器上是5000μs（也就是每次申请5 ms）。

```
$ sysctl -a | grep sched_cfs_bandwidth_slice
kernel.sched_cfs_bandwidth_slice_us = 5000
```

在计算要申请的时间的时候，还需要考虑现在还有多少时间。如果cfs_rq->runtime_remaining为正，那可以少申请一点儿，如果已经变为负数，需要在sched_cfs_bandwidth_slice基础上再多申请一些。

所以，最终要申请的时间值是min_amount = sched_cfs_bandwidth_slice() - cfs_rq->runtime_remaining。

计算出min_amount后，直接再向自己所属的task_group下的cfs_bandwidth申请时间。整个task_group下可用的时间是保存在cfs_b->runtime中的。

读到这里你可能会问，那task_group下的cfs_b->runtime的时间又是在哪儿给分配的呢？本章后面的小节将讨论这个过程。

11.3.3.2 带宽限制

check_cfs_rq_runtime这个函数检测task_group的带宽是否已经耗尽，如果是则调用throttle_cfs_rq对进程进行限流。所谓限流，其实就是这个进程被从运行队列中拿下，这样这个task_group短时间内就不会再获得CPU资源了，如图11.15所示。

我们来看看源码。

```
// file: kernel/sched/fair.c
static bool check_cfs_rq_runtime(struct cfs_rq *cfs_rq)
```

```
{
    // 判断是不是时间余额已用尽
    if (likely(!cfs_rq->runtime_enabled || cfs_rq->runtime_remaining > 0))
        return false;
    ......

    throttle_cfs_rq(cfs_rq);
    return true;
}
```

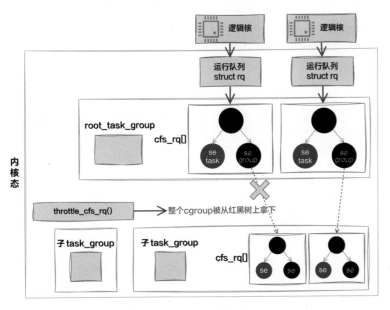

图11.15　CPU带宽限制

再来看看throttle_cfs_rq的执行过程。

```
// file:kernel/sched/fair.c
static void throttle_cfs_rq(struct cfs_rq *cfs_rq)
{
    // 1.查找所属的task_group下的se
    se = cfs_rq->tg->se[cpu_of(rq_of(cfs_rq))];
    ......

    // 2.遍历每一个可调度实体，并从隶属的cfs_rq删除
    for_each_sched_entity(se) {
        struct cfs_rq *qcfs_rq = cfs_rq_of(se);
        dequeue_entity(qcfs_rq, se, DEQUEUE_SLEEP);
        ......
    }
    ......
```

```
// 3.设置一些throttled信息
cfs_rq->throttled = 1;
cfs_rq->throttled_clock = rq_clock(rq);
return true;
}
```

在throttle_cfs_rq中，找到其所属的task_group下的调度实体se数组，遍历每一个元素，并从其隶属的cfs_rq的红黑树上删除。这样下次再调度的时候，就不会再调度这些进程了。最后设置一些throttled状态信息。

11.3.4　进程的可运行时间的分配

在前文我们看到，task_group下的进程的运行时间都是从它的cfs_b->runtime中申请的。这个时间是在定时器中分配的。负责给task_group分配运行时间的定时器包括两个，一个是period_timer，另一个是slack_timer。无论是哪个定时器，其实最终目的都是给task_group下的runtime字段"充值"，如图11.16所示。

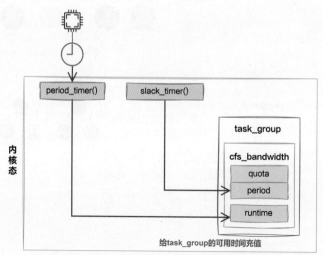

图11.16　给task_group的可用时间充值

我们来看看相关的源码。

```
// file:kernel/sched/sched.h
struct cfs_bandwidth {
    ktime_t         period;
    u64             quota;
    ......
    struct hrtimer      period_timer;
    struct hrtimer      slack_timer;
    ......
}
```

其中peroid_timer是task_group中runtime的主要充值时机。它周期性地给task_group添加时间。这个周期在cgroup v1下对应的是cpu.cfs_period_us接口文件的值，在cgroup v2中是cpu.max文件中的第二个值。默认情况下是100ms。peroid_timer虽然是主要充值时机，但缺点是timer周期比较长。

slack_time用于有cfs_rq处于throttle状态且全局时间池有时间可供分配，但是period_timer还有比较长时间（通常大于7ms）才能赶过来充值的场景。这个时候内核就可以激活比较短的slack_timer（5ms超时）进行unthrottle。这样的设计作为peroid_timer的一个补充，可以提升系统的实时性。

这两个timer在cgroup下的cfs_bandwidth初始化的时候，都设置好了到期回调函数，分别是sched_cfs_period_timer和sched_cfs_slack_timer。

```c
// file:kernel/sched/fair.c
void init_cfs_bandwidth(struct cfs_bandwidth *cfs_b)
{
  cfs_b->runtime = 0;
    cfs_b->quota = RUNTIME_INF;
    cfs_b->period = ns_to_ktime(default_cfs_period());
    cfs_b->burst = 0;

    // 初始化period_timer并设置回调函数
    hrtimer_init(&cfs_b->period_timer, CLOCK_MONOTONIC, HRTIMER_MODE_ABS_PINNED);
    cfs_b->period_timer.function = sched_cfs_period_timer;

    // 初始化slack_timer并设置回调函数
    hrtimer_init(&cfs_b->slack_timer, CLOCK_MONOTONIC, HRTIMER_MODE_REL);
    cfs_b->slack_timer.function = sched_cfs_slack_timer;
    ......
}
```

在上一节最后提到的start_cfs_bandwidth就是在打开period_timer定时器。

```c
// file:kernel/sched/fair.c
void start_cfs_bandwidth(struct cfs_bandwidth *cfs_b)
{
    ......
    hrtimer_forward_now(&cfs_b->period_timer, cfs_b->period);
    hrtimer_start_expires(&cfs_b->period_timer, HRTIMER_MODE_ABS_PINNED);
}
```

在调用hrtimer_forward_now时传入的第二个参数表示触发的延迟时间，也就是在cgroup中设置的period，一般为100 ms。

我们来分别看看这两个定时器是如何给task_group定期充值（分配时间）的。

11.3.4.1　period_timer分配

在period_timer的回调函数sched_cfs_period_timer中，周期性地为任务组分配带宽时间，并且解挂当前任务组中所有挂起的队列。分配带宽时间是在__refill_cfs_bandwidth_runtime中进行的，它的调用堆栈如下。

```
sched_cfs_period_timer
  ->do_sched_cfs_period_timer
    ->__refill_cfs_bandwidth_runtime
//file:kernel/sched/fair.c
void __refill_cfs_bandwidth_runtime(struct cfs_bandwidth *cfs_b)
{
  s64 runtime;
    if (unlikely(cfs_b->quota == RUNTIME_INF))
        return;
  cfs_b->runtime += cfs_b->quota;
  cfs_b->runtime = min(cfs_b->runtime, cfs_b->quota + cfs_b->burst);
  ......
}
```

可见，这里直接给cfs_b->runtime添加了cfs_b->quota这么多的时间。其中cfs_b->quota就是我们在cgroupfs目录下配置的值。在cgroup v1下，是cpu.cfs_quota_us文件中的值，在cgroup v2下对应的是cpu.max文件中的第一个值。拿下面的cgroup v1的配置举例，假如配置的cfs_quota_us是500 ms，那本次就是充值到500ms。

```
# echo 500000 > cpu.cfs_quota_us // 500ms
# echo 500000 > cpu.cfs_period_us // 500ms
```

这里要注意一个非常重要的细节。如果没有开启burst，充值后的可用时间runtime是不会超过cfs_quota_us的。假如某cgroup在上一个周期内的时间片额度没有用完，还剩下了200ms，那么本次分配完的可用额度runtime结果仍然是500ms，而不是500ms+200ms=700ms。原因是内核不允许把额度攒起来放到下一个周期中继续使用，这样会导致在下个周期内可能消耗过多的CPU资源而影响其他容器运行。

在实现细节上，period_timer在给cfs_b->runtime分配可运行时间的时候，在给充值了cfs_b->quota这么多时间之后，又执行了一个min(cfs_b->runtime, cfs_b->quota + cfs_b->burst)操作。前面我们假设burst特性是关闭的，那么cfs_b->burst为0，就相当于min(cfs_b->runtime, cfs_b->quota)，不会超过quota。

当然了，如果开启了burst，可能本周期内分配的时间片结果runtime会比quota多一些。

11.3.4.2　slack_timer分配

设想一下，假如某个进程申请了5ms的执行时间，但是当进程刚一启动便执行了同步阻塞的逻辑，这时候所申请的时间根本没有用完。在这种情况下，申请但没用完的时间大部分是要返还给task_group中的全局时间池的。这就是slack_timer的作用。我们来看看返还时间的过程，在内核进程阻塞时的调用链如下。

```
dequeue_task_fair
  ->dequeue_entity
    ->return_cfs_rq_runtime
      ->__return_cfs_rq_runtime
```

具体的返还是在__return_cfs_rq_runtime中处理的。

```
// file:kernel/sched/fair.c
static void __return_cfs_rq_runtime(struct cfs_rq *cfs_rq)
{
    // 给自己留一点儿
    s64 slack_runtime = cfs_rq->runtime_remaining - min_cfs_rq_runtime;
    if (slack_runtime <= 0)
        return;

    // 返还到全局时间池
    if (cfs_b->quota != RUNTIME_INF) {
        cfs_b->runtime += slack_runtime;

        // 如果时间又足够多了，并且还有进程被限制
        // 则调用start_cfs_slack_bandwidth来开启slack_timer
        if (cfs_b->runtime > sched_cfs_bandwidth_slice() &&
            !list_empty(&cfs_b->throttled_cfs_rq))
            start_cfs_slack_bandwidth(cfs_b);
    }
    ......
}
```

这个函数做了这样几件事情：

- min_cfs_rq_runtime的值是1ms，我们选择至少保留 1ms时间给自己。
- 剩下的时间 slack_runtime 归还给当前的cfs_b->runtime。
- 如果时间又足够多了，并且还有进程被限制的话，开启slack_timer，尝试解除进程CPU限制。

在start_cfs_slack_bandwidth中启动slack_timer。

```
// file:kernel/sched/fair.c
static void start_cfs_slack_bandwidth(struct cfs_bandwidth *cfs_b)
{
    ......
    // 启动slack_timer
    cfs_b->slack_started = true;
    hrtimer_start(&cfs_b->slack_timer,
            ns_to_ktime(cfs_bandwidth_slack_period),
            HRTIMER_MODE_REL);
    ......
}
```

可见slack_timer的延迟回调时间是cfs_bandwidth_slack_period，它的值是5ms。这就比period_timer要实时多了。slack_timer的回调函数sched_cfs_slack_timer就不展开看了，它主要是对cgroup解除CPU限制，把cgroup重新放回其父cgroup的运行队列中，如图11.17所示。

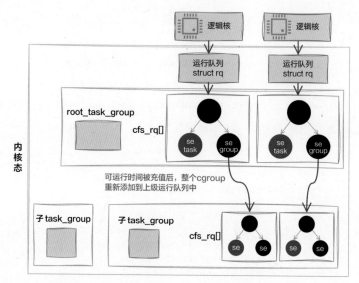

图11.17　重新添加到运行队列

11.3.5　容器CPU性能

前面介绍了Linux cgroup的CPU子系统给容器中的进程分配CPU时间的原理。和真正使用物理机不同，Linux容器中所谓的核并不是真正的CPU核，而是转化成了执行时间的概念。在容器进程调度的时候给其满足一定的CPU执行时间，而不是真正分配逻辑核。

cgroup对用户提供了cgroupfs，通过它用户可以对各个cgroup子系统进行控制，默认挂载在/sys/fs/cgroup/目录下。值得注意的是，cgroupfs是内核实现的一个伪文件系统，和大家平时使用的普通文件是不一样的。

内核处理CPU带宽控制的核心对象就是下面这个cfs_bandwidth。

```
// file:kernel/sched/sched.h
struct cfs_bandwidth {
    // 带宽控制配置
    ktime_t      period;
    u64          quota;

    // 当前task_group的全局可执行时间
    u64          runtime;
```

```
......

// 定时分配
struct hrtimer        period_timer;
struct hrtimer        slack_timer;
}
```

用户创建cgroup cpu子系统控制过程主要分成三步：

- 第一步，通过创建目录来创建cgroup对象。在/sys/fs/cgroup/cpu,cpuacct中创建一个目录test，实际上内核创建了cgroup、task_group等内核对象。
- 第二步，在目录中设置CPU的限制情况。在task_group下有个核心的cfs_bandwidth对象，用户所设置的cfs_quota_us和cfs_period_us的值最后都存到它下面了。
- 第三步，将进程添加到cgroup进行资源管控。当在cgroup的cgroup.proc下添加进程pid时，实际上是将该进程加入到了这个新的task_group调度组了。后面将使用task_group的runqueue及它的时间配额。

11.3.5.1　容器运行中的throttle现象

在容器使用CPU的过程中，需要关注一个特殊的现象——throttle。下面来分析这个问题发生的原理。

当容器创建完成后，内核的period_timer会根据task_group->cfs_bandwidth下用户设置的period定时给可执行时间runtime加上quota这么多的时间（相当于按月发工资），以供task_group下的进程执行（消费）的时候使用。

```
// file:kernel/sched/sched.h
struct cfs_rq {
    ......
    int          runtime_enabled;
    s64          runtime_remaining;
}
```

在完全公平调度器调度的时候，每次调用pick_next_task_fair会做两件事情：

- 第一件，将从CPU拿下的进程所在的运行队列进行执行时间的更新与申请。会将cfs_rq的runtime_remaining减去已经执行了的时间。如果结果为负数，则从cfs_rq所在的task_group下的cfs_bandwidth中申请一些。
- 第二件，判断cfs_rq上是否申请到了可执行时间，如果没有申请到，需要将这个队列上的所有进程都从完全公平调度器的红黑树上取下。这样再次调度的时候，这些进程就不会被调度了。

当period_timer再次给task_group分配时间的时候，或者是自己有申请时间没用完回收后触发slack_timer的时候，被限制调度的进程会被解除调度限制，重新正常参与运行。其中period_timer是最主要的CPU时间分配时机。这里要注意的是一个非常重要的细节，如果不开启burst特性，period_timer的处理结果不管上一个周期runtime还有多少没用光，此次分配后不会超过cpu.cfs_quota_us中配置的值。

```c
// file:kernel/sched/fair.c
void __refill_cfs_bandwidth_runtime(struct cfs_bandwidth *cfs_b)
{
    cfs_b->runtime += cfs_b->quota;
    cfs_b->runtime = min(cfs_b->runtime, cfs_b->quota + cfs_b->burst);
    ......
}
```

所以cgroup对CPU资源的限制并不是真的分配几个核，而真正的原理是**只允许cgroup下的进程在cpu.cfs_period_us这么长的时间内，最多使用cpu.cfs_quota_us这么长的时间**。

例如某个容器分配的是两个核的配额。以cgroup v1为例，其底层是设置该容器对应的cgroup中的cpu.cfs_period_us为100ms，设置cpu.cfs_quota_us为200ms。那么内核对该容器的限制就是允许它在100ms内最多只能使用200ms的CPU时长。

假如你的容器中的进程在某个周期中的前50ms就把200ms的CPU用光了（因为容器下会有多个进程同时在运行，进程也会有多个线程同时在运行，所有线程的总运行时长很有可能超过200ms），那内核就触发throttle限制该容器的CPU使用。容器收到的请求可能在后面的50ms都没有办法处理，对请求处理耗时会有影响。这也是为什么在关注CPU性能的时候要关注容器throttle次数和时间的原因了。至于如何解决这个问题，将在本书最后一章介绍CPU性能优化时再介绍。

11.3.5.2　过小容器规格问题

除了throttle，**在容器环境下还要注意另外一个问题，那就是部署CPU限制过于小的容器实例**。如果把每个容器实例的CPU限制得过小是存在性能问题的。要想理解这个问题，先来回忆一下CPU的逻辑架构。每个CPU物理核都有自己独立的L1和L2缓存，L3缓存是整个CPU共享的。

编程语言一般是会根据容器中的CPU配额的限制来相应地调节自己的工作线程数的。当配额较低的时候，工作线程数量也会比较低。假如我们给容器配置的CPU是1核，那么应用程序一般也会将自己的工作线程数调整为1。

容器中的任务在调度的时候，和普通进程任务调度一样，虽然内核会尽量保证亲和，但内核调度器的亲和是软亲和，实际上也有可能会发生CPU核之间的迁移。一旦发生了迁移，在新核上，运行所需要的数据全部要从内存中重新加载。

但如果容器的CPU配额大于1核，情况就不一样了。例设在一个100核的服务器上运行着一个16核的容器。这时候，Go应用程序也会开启16个甚至更多的工作线程来工作。这样即使某个线程真的发生了CPU之间的迁移，那也有一定概率迁移到的新核是自己同进程下的另外一个线程刚刚使用过的，如图11.18所示。

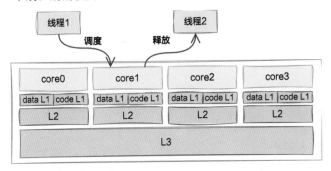

图11.18 线程调度迁移到另一个同进程线程刚用过的核

同一个应用程序进程下的所有线程之间的内存地址空间是共用的，因此缓存是可以复用的。所以如果迁移到的核是自己同进程下的兄弟线程刚用过，L1和L2缓存性能就没有损失。容器的CPU配额越大，CPU迁移发生时迁移到的核是共享同一地址空间的线程刚用过的可能性越大。这样整体上看，容器中运行的服务的缓存命中率会比较高。

但容器实例也不是越大越好，太大的容器K8s在部署时挑选物理服务器的余地就会小很多。现代的物理服务器一般是100核左右。一般来说，容器实例中的CPU配额至少要大于8核。如果分配过小的核数配置，而且容器云平台也没有很好地配置亲和性的话，容器中服务的单核平均性能会下降10%以上。

11.4 K8s中的limits与requests

在基于K8s的容器云中有两个和CPU相关的非常重要的概念没有被很多人搞清楚，那就是limits和requests。单纯地从这两个单词的字面含义来理解是很难对这两个字段理解清楚的。我本人在刚接触这两个概念之后很长的一段时间里都是一头雾水。当我在深入理解了前面讲述的按照权重和按照限制两种限制容器CPU资源的方式之后，才对limits和requests恍然大悟。

例如在K8s中使用原生的kubectl创建一个容器的时候，其yaml定义的一个例子如下。

```
apiVersion: v1
kind: Pod
metadata:
  name: cpu-demo
  namespace: cpu-example
spec:
```

```
containers:
- name: cpu-demo-ctr
  image: vish/stress
  resources:
    limits:
      cpu: "1"
    requests:
      cpu: "0.5"
```

其中limits在底层使用的是cgroup的period + quota来进行使用限制。这个限制的语义是限制容器最多只能使用这么多的CPU时间，是一个最大值。另外，K8s在进行编排调度的时候，不会对一个结点上所有容器的sum(limits)做任何限制。总的limits可能会超过逻辑核数量，也就是我们常说的**超售**。

requests在底层使用的是cgroup的weight，强调的是按权重比例来进行分配。K8s在创建容器的时候，会将用户输入的requests核数转化成相应的权重值。关于权重值的约定是，在cgroup v1下，每1核对应的权重是1024，在cgroup v2下，每1核对应的权重值大约是9。然后把计算出来的权重通过cpu.shares或cpu.weight文件接口设置到内核中。

另外，K8s在进行编排调度的时候，会保证一个结点上所有容器的sum(requests)不会超过总的逻辑核数。相当于给了容器一个最低保障，不管宿主机CPU使用有多繁忙，用户指定的requests对应的核数是能够保障的。如果同一个宿主机上的其他容器不使用CPU资源，那么容器实际使用的CPU资源可以超过requests指定的核数。

所以汇总来说，容器在宿主机上可使用的CPU资源其实是一个区间 [requests, limits]。

- 容器在物理机上申请的requests是一个下限，不管宿主机多忙，这个核数都是有保证的。
- 如果宿主机比较空闲，那么容器实际使用的CPU资源可以超过requests对应的核数。但是最大也不能突破limits。

这就是K8s中requests和limits的底层含义。

为了帮助大家更好地理解，这里举一个例子，假如有一个8核的物理机，它上面部署了4个容器。为了简单起见，假设这4个容器的规格都一样。

- requests是2核，通过cpu.shares设置权重值为2048来实现。
- limits是3核，通过设置period为100ms、quota为300ms来实现。

前面说过K8s在编排调度时会保证sum(requests) 不超过总逻辑核，但sum(limits)是被无视的。所以这台宿主机的sum(requests)已经达到了最大的8核，此时的sum(limits)已经高达12核，如图11.19所示。

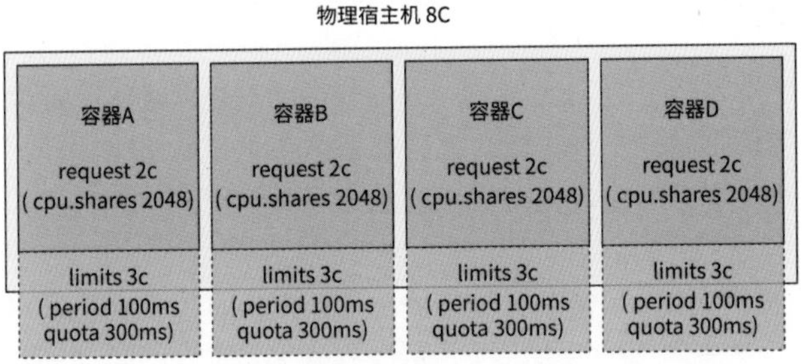

物理宿主机 8C

容器A	容器B	容器C	容器D
request 2c (cpu.shares 2048)	request 2c (cpu.shares 2048)	request 2c (cpu.shares 2048)	request 2c (cpu.shares 2048)
limits 3c (period 100ms quota 300ms)	limits 3c (period 100ms quota 300ms)	limits 3c (period 100ms quota 300ms)	limits 3c (period 100ms quota 300ms)

图11.19 容器云下一台超售的物理机

这样每个容器可以使用的CPU资源范围是个区间，是[2,3]。不管物理机多忙，分配给每个容器2核的时间是可以保证的。当其他进程没有使用CPU的时候，由于竞争者变少，所以容器可以使用超过2核的时间，但最大也不能超过3核。

11.5　容器中的CPU利用率

第8章深入介绍了Linux是如何计算系统的CPU利用率的。在Linux下的/proc目录中有内核输出的各种统计信息，如CPU利用率、负载内存消耗等。可以通过/proc/stat文件来计算出CPU利用率，top命令也是用的这个文件。

不过第8章介绍的是整台机器的利用率的计算方法。容器的利用率的统计、查看、计算过程和宿主机整体的计算过程有点不太一样。假设不使用其他辅助工具，在容器中就不能直接使用/proc/stat这个文件了，因为这个文件维护的是整个宿主机上的资源消耗，而不是具体某个容器的。那么问题来了，**我们该如何正确地获取容器本身的CPU利用率呢？**

假设你的公司中已经使用cAdvisor等开源项目获取了容器的CPU利用率，你可能会发现一个细节问题。在物理机的top命令输出中CPU利用率有user/nice/system/irq/softirq等很多项指标，而容器中却只有user和system两项。**容器CPU利用率的指标项比物理机的少了nice/irq/softirq**。实际上，容器中统计到CPU的user、system项指标的含义和物理机top命令输出的同名指标项的含义是完全不同的。

11.5.1　获取容器CPU利用率的思路

很多人都习惯了使用top等命令来查看CPU利用率。到了容器里，大家也都是习惯打开top命令看看。但可能你也遇到过，明明只分配了2核的容器，top命令显示出来的核却有很多个。这是因为在默认情况下，容器中的/proc/stat并没有单独挂载，而是使用宿主机的/proc/stat文件。top命令中对CPU核数的判断及对CPU利用率的显示都是根据/proc/stat文件的输出来计算的。这样，top命令输出的其实是宿主机的CPU利用率情况。

那么容器下就没有办法正确获取CPU的使用情况了吗？肯定不是的，办法总比困难多。

第一个办法是对容器中的/proc/目录下的一些文件进行挂载，包括/proc/stat。在容器中不再使用和宿主机相同的文件。lxcfs就是基于这种思想做出来的项目。它的工作原理是统计容器中的各种资源消耗，模拟宿主机的资源消耗统计文件格式，在它自己的目录下输出。最后通过文件系统重新挂载的方式替代原来的/proc/stat等文件。

业界有不少公司都使用它修改容器里的stat 伪文件。这样在容器中可以像在宿主机下一样使用top命令来查看CPU。有了lxcfs后，开发人员又可以愉快地像在物理机上一样使用top命令了。不过由于本书的目的是教会大家底层原理，所以我们不使用这种辅助工具，而是直接去内核中找其他办法。

第二个办法就是直接找到容器所属的cgroup目录，在这里也有当前cgroup所消耗的CPU资源的统计信息。根据这个信息可以准确地计算出容器的CPU利用率。

kubelet中集成的cAdvisor就是采用上述方案来上报容器CPU利用率的打点信息的。每隔一段定长的时间都进行采样，将数据上传给Prometheus。这样，我们就能在Prometheus上看到容器的CPU利用信息了。cAdvisor访问cgroup目录信息又是通过调用libcontainer获取的。

如果我们自己在业务中出于某些需求需要获取容器的CPU利用率，我建议采用第二个办法。不过要注意的是，cgroup对用户态暴露的cgroupfs有v1和v2两个版本，下文中简称为cgroup v1和cgroup v2。使用libcontainer的话，它替我们做了这个处理。如果我们自己计算，需要首先判断当前在用的cgroup是v1还是v2。判断出来后，下一步是找到容器的cgroup的路径。通过检查/proc/{pid}/cgroup可以查看进程所在的cgroup。然后根据cgroup v1和cgroup v2 来区别处理。

11.5.1.1　cgroup v1计算过程

在cgroup v1 中，是通过cpuacct子系统来统计CPU利用率的，CPU相关的内核伪文件有几个。路径都在/sys/fs/cgroup/cpuacct目录下。找到一个并打开后，我们可以看到如下几个CPU相关的文件。

```
# cd /sys/fs/cgroup/cpuacct/.../...
# ls
-r--r--r-- 1 root root 0 Jan 15 02:01 cpuacct.stat
-rw-r--r-- 1 root root 0 Jan 15 02:01 cpuacct.usage
-r--r--r-- 1 root root 0 Jan 15 02:01 cpuacct.usage_sys
-r--r--r-- 1 root root 0 Jan 15 02:01 cpuacct.usage_user
......
```

其中每个文件的作用是：

- **cpuacct.stat**：输出当前cgroup中所有进程使用的CPU时间，单位是Hz。
- **cpuacct.usage**：输出当前cgroup中所有进程使用的总CPU时间，单位是纳秒。

- **cpuacct.usage_user**：输出当前cgroup中所有进程使用的用户态CPU时间，单位是纳秒。
- **cpuacct.usage_sys**：输出当前cgroup中所有进程使用的内核态CPU时间，单位是纳秒。

我们找一个cpuacct.usage来看。

```
# cat cpuacct.usage
201758848693795
```

其中输出的数据的单位是纳秒。假如我们在时间t1获得该cgroup使用的纳秒数为usage1，在时间t2获得该cgroup使用的纳秒数为usage2。则该容器使用的CPU时间就等于(usage2-usage1)，然后再除以流逝掉的时间(t2-t1)，就可以计算出这段时间内的平均CPU使用量了，如图11.20所示。

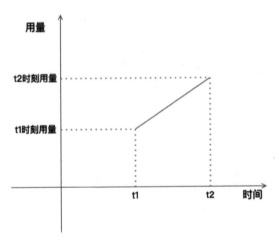

图11.20　平均CPU使用量计算

平均CPU使用量＝(t2时刻用量usage2-t1时刻用量usage1)/(t2-t1)

我们举一个实际的例子。给定某个容器，通过其中的任何一个进程都可以找到其所归属的cgroup。

```
# cat /proc/1/cgroup
......
8:cpu,cpuacct:/kubepods/burstable/podb9be44c2-205e-4a09-b5fa-d7bed1890e79/315
0e5362de86eda1ce9503fa705b48fe0683d9c981f097fca6ea2788a5030c8
......
```

在输出的路径中在前面拼接上cgroup的挂载默认路径cd/sys/fs/cgroup/cpu/可以进入cgroup目录。

```
# cd/sys/fs/cgroup/cpu/kubepods/burstable/podb9be44c2-205e-4a09-b5fa-d7bed189
0e79/3150e5362de86eda1ce9503fa705b48fe0683d9c981f097fca6ea2788a5030c8
```

接下来间隔几秒分两次获取当前时间和该cgroup的CPU usage。第一次的获取结果为：

```
# echo $(date +%s%N);cat cpuacct.usage
1685579645541529589
258469424955637
```

第二次的获取结果为：

```
# echo $(date +%s%N);cat cpuacct.usage
1685579655252092350
258485786734132
```

现在各项数据都采集到了，根据前面的公式来计算一下：

平均CPU使用量＝(t2时刻用量usage2-t1时刻用量usage1)/(t2-t1)

＝(258485786734132-258469424955637)/(1685579655252092350-1685579645541529589)

＝16361778495/9710562816

＝1.6849

根据上述公式算得，该容器的cgroup在两次获取时间中的平均使用量是1.68核。这里输出的是使用量，想换算成利用率还需要除以当前容器被允许使用的核数。在cgroup v1中，允许使用的核数等于cpu.cfs_quota_us/cpu.cfs_period_us。查看实验环境中的这两个值。

```
# cat cpu.cfs_quota_us
600000
# cat cpu.cfs_period_us
100000
```

当前容器是一个允许使用6核的容量。那么CPU利用率＝CPU使用量/6核＝28%。

11.5.1.2　cgroup v2计算过程

在cgroup v2中，输出稍有不同。v2是在cpu.stat中输出的，一个示例如下。

```
# cat cpu.stat
usage_usec 283162364632
user_usec 181662990050
system_usec 101499374581
nr_periods 1908114
nr_throttled 4435
throttled_usec 337853392
```

其中usage_usec代表容器自统计以后所使用的CPU时间，user_usec使用的是用户态时间，system_usec为使用的内核态时间。它们的单位都为微秒。计算的方式同样是在t1和t2两个点采样，用类似的公式计算得出。

讲到这里，已经把容器CPU利用率的统计方法介绍清楚了。不过不知道你有没有发现一个问题，在物理机的top命令输出中，输出的CPU利用率相关的项目有用户态利用率（包括user、nice）和内核态利用率（system、irq、softirq）。

但无论是cgroup v1还是cgroup v2，我们似乎只能把容器中user或者system的CPU耗时计算出来。而在宿主机中看到的nice、irq、softirq却变得无影无踪了。这一点似乎和物理机上是不一致的。不过别着急，我们马上展开对容器CPU利用率内部处理过程的发掘，将能找到这个问题的答案。

由于v1和v2的内部实现有些不同，所以分开叙述。

11.5.2 cgroup v1 CPU 利用率统计原理

在cgroup v1中，内核是通过cpuacct.usage来向用户态提供cgroup的使用时间的。

11.5.2.1 cgroup v1时间统计相关定义

在v1中，CPU利用率的统计是通过cpuacct子系统来实现的。回忆前面小节中讲过的进程和各个cgroup子系统的定义关系图，参见图11.6。其中cpuacct是多个子系统中的一个，专门用来统计CPU利用率。该cgroup的具体定义如下：

```
// file:kernel/sched/cpuacct.c
struct cpuacct {
    struct cgroup_subsys_state    css;

    // 保存着当前cgroup在每个CPU核上使用的时间信息
    struct cpuacct_usage __percpu    *cpuusage;
    struct kernel_cpustat __percpu    *cpustat;
};
```

11.5.2.2 cgroup v1查看cpuacct.usage过程

在cgroup v1中，内核通过cpuacct.stat、cpuacct.usage等伪文件来向用户态输出容器内所有进程使用的用户态、内核态时间信息。我们以cpuacct.stat的查看为例，看看内核的工作逻辑。当在用户态查看该文件时，内核大致要做的是这样三件事情：

1. 获取到当前cgroup在内核中对应的cpuacct内核对象。
2. 汇总cpuacct内核对象中的PerCPU变量cpustat。
3. 将结果打印输出。

内核的工作过程如图11.21所示。

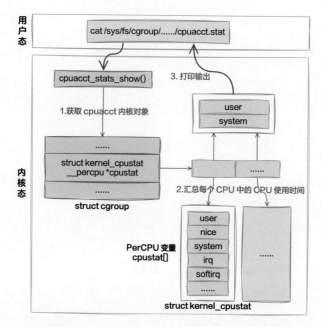

图11.21　在cgroup v1中查看cpuacct.usage的过程

该文件对应的内核处理函数可以在kernel/sched/cpuacct.c源文件中找到。

```
// file:kernel/sched/cpuacct.c
static struct cftype files[] = {
    {
        .name = "usage",
        .read_u64 = cpuusage_read,
        .write_u64 = cpuusage_write,
    },
    {
        .name = "stat",
        .seq_show = cpuacct_stats_show,
    },
    ......
}
```

当在用户态读取stat文件时，内核就会调用上面这个数组中定义好的处理函数cpuacct_stats_show。

```
// file:kernel/sched/cpuacct.c
static int cpuacct_stats_show(struct seq_file *sf, void *v)
{
    struct cpuacct *ca = css_ca(seq_css(sf));
    u64 val[CPUACCT_STAT_NSTATS];
    ......
```

```
// 汇总每一个CPU变量
for_each_possible_cpu(cpu) {
    u64 *cpustat = per_cpu_ptr(ca->cpustat, cpu)->cpustat;

    val[CPUACCT_STAT_USER]   += cpustat[CPUTIME_USER];
    val[CPUACCT_STAT_USER]   += cpustat[CPUTIME_NICE];
    val[CPUACCT_STAT_SYSTEM] += cpustat[CPUTIME_SYSTEM];
    val[CPUACCT_STAT_SYSTEM] += cpustat[CPUTIME_IRQ];
    val[CPUACCT_STAT_SYSTEM] += cpustat[CPUTIME_SOFTIRQ];

    cputime.sum_exec_runtime += *per_cpu_ptr(ca->cpuusage, cpu);
}

// 输出
for (stat = 0; stat < CPUACCT_STAT_NSTATS; stat++) {
    seq_printf(sf, "%s %llu\n", cpuacct_stat_desc[stat],
        nsec_to_clock_t(val[stat]));
}
return 0;
}
```

在这段源码中，藏着我们前面提到的一个问题的答案，**为什么容器CPU利用率只能体现user和system，而在宿主机中可以看到的nice、irq、softirq却看不到了？**

这是因为容器将所有用户态时间都记录到了一起，内核态时间都记录到了一起。而不像在宿主机中分得那么细。在容器中的CPU的user指标和宿主机中top命令输出的user指标的含义是完全不一样的，system也是。这一点值得大家注意。

在容器中：

- **用户态时间**：和宿主机中的user + nice相对应。
- **内核态时间**：和宿主机中的system + irq + softirq相对应。

11.5.2.3 累加到percpu统计信息中

第8章介绍过，系统会定期在每个CPU核上发起时间中断。每次当时间中断到来的时候，采样CPU使用情况并汇总起来，提供给/proc/stat访问用。

对于cpuacct来说，同样也是采取采样的方式，而且也是在这个时机统计并汇总起来的，如图11.22所示。

定时器定时将每个CPU上的使用信息都汇总到cpuacct的PerCPU变量cpustat中。我们来看看详细的统计过程。

每次执行时钟中断处理程序都会调用update_process_times进行时钟中断的处理。在时钟中断中处理的事情包括CPU利用率的统计及周期性的进程调度等。其中和容器CPU利用率相关的调用栈比较深，如下所示。

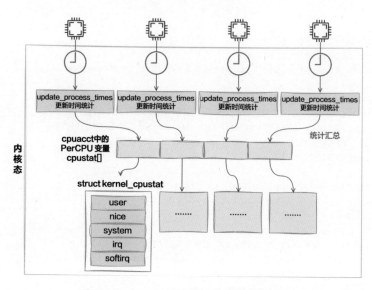

图11.22　cgroup v1统计汇总CPU用量过程

```
update_process_times
->account_process_tick
  ->account_user_time                         // 累计用户态时间
    ->task_group_account_field
      ->cgroup_account_cputime_field
        ->cpuacct_account_field               //cgroup v1在这里统计
        ->__cgroup_account_cputime_field      //cgroup v2在这里统计
  ->account_system_time                       // 累计内核态时间
    ->account_system_index_time
      ->task_group_account_field
        ->cgroup_account_cputime_field
          ->cpuacct_account_field             //cgroup v1在这里统计
          ->__cgroup_account_cputime_field    //cgroup v2在这里统计
```

update_process_times调用account_process_tick来处理CPU处理时间的累计。在account_process_tick中根据当前的状态判断是该累计用户态时间，还是内核态时间。

```
// file:kernel/sched/cputime.c
void account_process_tick(struct task_struct *p, int user_tick)
{
  u64 cputime, steal;
    cputime = TICK_NSEC;
    ......

    if (user_tick)
      // 累计用户态时间
        account_user_time(p, cputime);
    else if ((p != rq->idle) || (irq_count() != HARDIRQ_OFFSET))
```

```
// 累计内核态时间
account_system_time(p, HARDIRQ_OFFSET, cputime);
else
account_idle_time(cputime);
}
```

在判断完内核态还是用户态后，调用account_user_time或account_system_time将整段TICK内的时间TICK_NSEC都累加起来。其中对于account_user_time来说，会执行到cgroup_account_cputime_field函数中。

```
// file:include/linux/cgroup.h
static inline void cgroup_account_cputime_field(struct task_struct *task,
                         enum cpu_usage_stat index,
                         u64 delta_exec)
{
    struct cgroup *cgrp;

    // 1.cgroup v1是在这里汇总的
    cpuacct_account_field(task, index, delta_exec);
    // 2.cgroup v2是在这里汇总的
    cgrp = task_dfl_cgroup(task);
    if (cgroup_parent(cgrp))
        __cgroup_account_cputime_field(cgrp, index, delta_exec);
}
```

进入cgroup_account_cputime_field完成真正的汇总操作。在这个汇总函数中把cgroup v1用到的统计字段、cgroup v2用到的统计字段都汇总到了。对于cgroup v1来说，调用cpuacct_account_field遍历任务所归属的所有cpuacct，然后把每一个cpuacct下的cpustat都加起来。

```
// file:kernel/sched/cpuacct.c
void cpuacct_account_field(struct task_struct *tsk, int index, u64 val)
{
    struct cpuacct *ca;
    for (ca = task_ca(tsk); ca != &root_cpuacct; ca = parent_ca(ca))
        this_cpu_ptr(ca->cpustat)->cpustat[index] += val;
}
```

这样，当你在访问cpuacct.stat文件时，内核就可以帮你从cpuacct下的cpustat对象中取出来你要的数据了。内核态时间的统计累加过程类似，我们就不过度展开了。

11.5.3 cgroup v2 CPU利用率统计原理

在较新的Linux版本中，基本上默认直接用cgroup v2，所以还有必要再来看看cgroup v2的CPU利用率统计原理。

11.5.3.1　cgroup CPU时间统计相关定义

cgroup在内核中的定义就叫struct cgroup。我们来看具体的定义。

```
// file:include/linux/cgroup-defs.h
struct cgroup {
    ......

    // cgroup v1 中的各种子系统都存在这里
    struct cgroup_subsys_state __rcu *subsys[CGROUP_SUBSYS_COUNT];

    // cgroup v2的percpu统计信息
    struct cgroup_rstat_cpu __percpu *rstat_cpu;
    // cgroup v2的汇总CPU统计信息
    struct cgroup_base_stat bstat;
    struct prev_cputime prev_cputime;
    ......
}

struct cgroup_base_stat {
    struct task_cputime cputime;
};
```

在cgroup v1中，分了cpu、cpustat、cpuacct等多种子系统。但v2中最大的区别就是不分那么细了，全在一个cgroup中搞定。所以v2中CPU利用率的统计信息也是直接放在cgroup内核对象下的。

cgroup的rstat_cpu是一个PerCPU变量，对每个逻辑核都会分配一个数组元素。cgroup在每个核上的使用时间信息会先在这里存储，如图11.23所示。

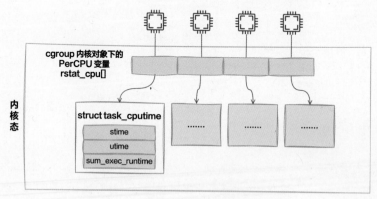

图11.23　cgroup v2之CPU用量统计过程

cgroup_base_stat类型的bstat是整个cgroup的全局CPU使用统计。其中，task_cputime包含了内核态时间stime、用户态时间utime及总的时间sum_exec_runtime。

```
//file:include/linux/sched/types.h
struct task_cputime {
    u64                  stime;
    u64                  utime;
    unsigned long long        sum_exec_runtime;
};
```

11.5.3.2　在cgroup v2中查看cpu.stat的过程

在cgroup v2 中，是通过cpu.stat 伪文件来查看容器内所有进程使用的用户态、内核态及汇总时间的微秒数的。

其实这个数据来自内核中cgroup对象的bstat成员。在这个成员中存储了当前cgroup内进程所使用的用户态时间、内核态时间及总时间。对cpu.stat伪文件的访问就是读取的这个数据并打印输出的。大致流程如图11.24所示。

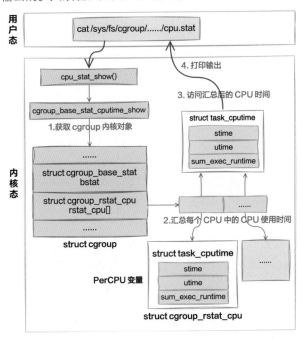

图11.24　cgroup v2查看cpu.stat的过程

打开cpu.stat会触发内核对应的处理函数cpu_stat_show。在这个函数中会将当前cgroup中对每个CPU记录的利用率信息汇总起来，最后转化成微秒输出。我们来看看详细的工作过程。在cgroup.c 中定义了对于cgroup的各个伪文件的处理函数。

```
// file:kernel/cgroup/cgroup.c
static struct cftype cgroup_base_files[] = {
    ......
    {
```

```
            .name = "cpu.stat",
            .flags = CFTYPE_NOT_ON_ROOT,
            .seq_show = cpu_stat_show,
    },
    ......
}
```

对于cpu.stat来说，它对应的处理函数就是cpu_stat_show。cpu_stat_show调用cgroup_base_stat_cputime_show访问内核变量并打印输出。

```
// file:kernel/cgroup/rstat.c
void cgroup_base_stat_cputime_show(struct seq_file *seq)
{
    // 1.找到当前文件对应的cgroup内核对象
    struct cgroup *cgrp = seq_css(seq)->cgroup;
    u64 usage, utime, stime;
    ...

    // 2.将percpu中存储的时间信息汇总到cgroup全局变量bstat中
    cgroup_rstat_flush_hold(cgrp);

    // 3.访问当前cgroup bstat中存储的时间信息
    usage = cgrp->bstat.cputime.sum_exec_runtime;
    cputime_adjust(&cgrp->bstat.cputime, &cgrp->prev_cputime, &utime, &stime);

    // 4.将纳秒转换为微秒，并打印输出
    do_div(usage, NSEC_PER_USEC);
    do_div(utime, NSEC_PER_USEC);
    do_div(stime, NSEC_PER_USEC);
    seq_printf(seq, "usage_usec %llu\n"
            "user_usec %llu\n"
            "system_usec %llu\n",
            usage, utime, stime);
}
```

在这个函数中做了这样几件事：

第一件，先查找到当前伪文件对应的cgroup内核对象。

第二件，将PerCPU变量中保存的CPU时间统计汇总到全局bstat.cputime中。

第三件，访问该对象的bstat.cputime中存储的utime、stime、sum_exec_runtime。

第四件，调用do_div，将内存中的纳秒值转化成微秒值并打印输出

我们重点来展开看看第二件事，PerCPU变量的统计汇总。cgroup_rstat_flush_hold调用了cgroup_rstat_flush_locked函数进行PerCPU变量中CPU统计信息进行汇总。

```
// file:kernel/cgroup/rstat.c
static void cgroup_rstat_flush_locked(struct cgroup *cgrp, ...)
{
    for_each_possible_cpu(cpu) {
```

```
    while ((pos = cgroup_rstat_cpu_pop_updated(pos, cgrp, cpu))) {
        cgroup_base_stat_flush(pos, cpu);
        ......
    }
}
......
}
```

在上述函数中遍历每个CPU，然后调用cgroup_base_stat_flush来将该CPU上记录的CPU统计信息汇总到cgroup的全局统计变量bstat中。

```
// file:kernel/cgroup/rstat.c
static void cgroup_base_stat_flush(struct cgroup *cgrp, int cpu)
{
    // 获取当前PerCPU值
    struct cgroup_rstat_cpu *rstatc = cgroup_rstat_cpu(cgrp, cpu);
    cputime = rstatc->bstat.cputime;

    // 计算从上一次到现在的CPU使用增量
    delta.cputime.utime = cputime.utime - last_cputime->utime;
    delta.cputime.stime = cputime.stime - last_cputime->stime;
    delta.cputime.sum_exec_runtime = cputime.sum_exec_runtime -
                    last_cputime->sum_exec_runtime;
    *last_cputime = cputime;

    // 将增量都加到cgroup全局统计变量bstat中
    cgroup_base_stat_accumulate(&cgrp->bstat, &delta);
    ......
}
```

具体的统计思路是记录一个上一次的统计信息，将当前时间和上一次的统计信息相减得出最近使用的CPU增量，然后把这些增量都调用cgroup_base_stat_accumulate累加到cgroup的bstat中。接下来就是访问全局bstat.cputime中的utime、stime，并可能会进行一些调整，然后打印输出。

在接下来的内容中再看下，PerCPU变量rstat中的数据是怎么加进来的。

11.5.3.3 累加到percpu统计信息中

前面我们多次讲过，系统会定期在每个CPU核上发起时钟中断。每当时间中断到来，采样CPU使用情况并汇总起来，对于cgroup v2中的CPU利用率来说，也是在这个时机统计的。定时器定时将cgroup在每个CPU上的使用信息都记录到PerCPU变量rstat_cpu。我们来看看详细的统计过程。

每次执行时钟中断处理程序都会调用update_process_times来进行时钟中断的处理。在时钟中断中处理的事情包括CPU利用率的统计及周期性的进程调度等。其中和容器CPU利用率相关的调用栈我们在介绍cgroup v1利用率的时候提到过，比较深，下面再展示一遍。

```
update_process_times
->account_process_tick
  ->account_user_time                          // 累计用户态时间
    ->task_group_account_field
      ->cgroup_account_cputime_field
        ->cpuacct_account_field          //cgroup v1在这里统计
        ->__cgroup_account_cputime_field  //cgroup v2在这里统计
  ->account_system_time                        // 累计内核态时间
    ->account_system_index_time
      ->task_group_account_field
        ->cgroup_account_cputime_field
          ->cpuacct_account_field        //cgroup v1在这里统计
          ->__cgroup_account_cputime_field //cgroup v2在这里统计
```

cgroup v2的整个汇总过程和v1是差不多的。update_process_times调用account_process_tick来处理CPU处理时间的累计。在account_process_tick中根据当前的状态判断是该累计用户态时间还是内核态时间。无论累计用户态时间处理函数account_user_time，还是累计内核态时间处理函数account_system_time，最后都会调用到cgroup_account_cputime_field将当前节拍的时间添加到cgroup相关内核对象。

其中对于cgroup v2来说，真正的添加是在__cgroup_account_cputime_field函数中进行的。

```
//file:kernel/cgroup/rstat.c
void __cgroup_account_cputime_field(struct cgroup *cgrp,
                  enum cpu_usage_stat index, u64 delta_exec)
{
    struct cgroup_rstat_cpu *rstatc;

    rstatc = cgroup_base_stat_cputime_account_begin(cgrp);

    switch (index) {
    case CPUTIME_USER:
    case CPUTIME_NICE:
        rstatc->bstat.cputime.utime += delta_exec;
        break;
    case CPUTIME_SYSTEM:
    case CPUTIME_IRQ:
    case CPUTIME_SOFTIRQ:
        rstatc->bstat.cputime.stime += delta_exec;
        break;
    default:
        break;
    }

    cgroup_base_stat_cputime_account_end(cgrp, rstatc);
}
```

在这个函数中，将本次节拍的时间delta_exec添加到了cgroup中为统计CPU利用率而存在的PerCPU变量rstat_cpu中了（cgroup_base_stat_cputime_account_begin函数访问的是cgroup下的rstat_cpu）。

这里我们还看到了，和cgroup v1类似，对于user和nice，cgroup都统计到了utime（用户态时间）下，对于system、irq和softirq都统计到了stime（内核态时间）下。

这又一次验证了前面我们提到的问题，在容器中的CPU指标和宿主机中的含义是不一样的。在容器中的用户态时间相当于宿主机中的user + nice。容器中的内核态时间相当于宿主机中的system + irq + softirq。

11.6 本章总结

在本章中，我们深入讲解了容器虚拟化技术中和CPU资源限制、K8s中的requests和limits、容器中CPU利用率计算等高级话题。

常用的CPU资源限制包含两种方法。第一种是基于权重对宿主机上所有的容器把CPU资源按照权重进行分配。在进程调度的过程中，核心是要保持所有调度实体的vruntime的公平。但事实上vruntime会根据权重进行缩放。权重的值可以通过cgroupfs进行设置。最终实现的效果就是，调度器会以各个容器的权重值为比例进行CPU资源的分配。

第二种是对一段时间内容器中所有进程调度可执行的时间的上限进行分配限制。对于CPU子系统来说，每个task_group内核对象上都有自己的调度队列及带宽限制。系统默认有一个根task_group。当创建新cgroup的时候，都是其子孙节点。内核在进程调度时，如果发现某个task_group的带宽限制用尽了，就会将整个task_group（包括多个进程）一起从调度队列上拿下。当定时器再重新给task_group们"发工资"（分配时间）的时候，再重新挂到上级调度队列中运行。

在K8s的实现上，requests对应的就是按照权重进行分配，将requests作为容器可用CPU资源的一个下限保证，不管宿主机多忙，这个核数是有保证的。如果宿主机比较空闲，那么容器实际使用的CPU资源可以超过requests对应的核数。但是同时K8s也使用了limits对容器可用的调度实现上限进行限制，最大也不能突破 limits。其中limits/request就是我们常说的超售比。无论这两种方式中的哪种，给容器分配的都不是真正的核，实现上都是换算成了CPU运行时间而已。

在容器中最根本、最直接的获取容器CPU利用率的办法是直接到内核在cgroupfs目录下提供的CPU使用时间统计文件中读取，然后自己计算。CPU使用时间统计文件在cgroup v1下是cpuacct.stat，在cgroup v2下是cpu.stat。不过和宿主机下不同的是，内核对容器CPU利用率的统计，并没有区分得很细，而是将user、nice都统一归到了user下，将system、irq、softirq都统一归到了system下。和宿主机一样，对于容器内核也是采取采样统计的方式来统计CPU利用率的。在时钟中断到来时查看哪个进程在运行，然后就把这个时钟片内的都算到它和它所归属的cgroup内核对象上。这样，当你访问cpuacct.stat/cpu.stat文件时就可以读到计算利用率所需的时间信息了。

以上就是本章所讲述的核心内容。现在我们来回顾本章开头提到的几个问题。

1. 容器中的核是真的CPU核吗？

并不是。cgroup底层并不会为容器提供任何独立的核让它运行（cpuset另行限制的除外）。容器中所谓的核并不是真正的核，而是一个整体上允许该容器运行多长时间的概念。在实际调度中，可能在系统中的任意核上调度。当然，这也可以通过cpuset子系统来做限制。

2. Linux是如何对容器下的进程进行CPU限制的？

每个容器都有一个独立的task_group内核对象。在通过修改cpu.cfs_period_us、cpu.cfs_quota_us或cpu.max等文件对该容器添加限制的时候，会在task_group中记录。内核会定时根据这个记录来给task_group分配时间。

3. 容器中的CPU throttle是什么意思？

调度器在调度的时候一旦发现某task_group可用时间不足，就会把整个task_group从上级调度队列摘下来，也就不会再为这组进程分配CPU让其运行了。这个特性就叫容器的CPU throttle。

4. 为什么关注容器CPU性能的时候，除了关注利用率，还要关注throttle的次数和时间？

因为throttle剥夺了容器在一段时间内的CPU执行权。如果这些进程内有用户任务等着处理，那不好意思，只能等下一次period_timer到来充值之后才可以继续运行。一般一次period_timer是100ms。假如你的进程前50ms就把CPU用光了，那你收到的请求可能在后面50ms都没办法处理，对请求处理耗时会有影响。这也是为什么在关注CPU性能的时候要关注throttle次数和时间的原因。

5. 容器中的CPU配额过小在性能上有没有什么问题？

如果容器实例的CPU配额过小，会导致内核调度器当调度应用程序发生在核之间的迁移的时候，缓存命中率变差，单核性能会下降。可以加大容器实例的CPU配额，这样即使调度时有核之间的迁移发生，也会有概率命中和自己共享同一地址空间的兄弟进程刚使用过的核，缓存还可以接着用。这样CPU核的运行性能会变高。

6. K8s中的request和limit究竟是什么含义？为什么K8s需要同时用两个字段来限制CPU的使用？

requests对应的就是按照权重进行分配，将requests作为容器可用CPU资源的一个下限保证，不管宿主机多忙，这个核数都是有保证的。同时K8s也使用了limits对容器可用的

CPU资源上限进行限制，最大不能突破limits。其中limits/request就是我们常说的超售比。

之所以用两个字段来进行限制，是为了能更充分地利用物理机上的CPU资源的同时避免引发资源消耗过多的问题。requests相对比较温和，虽然加了限制，但是如果其他容器不繁忙，允许实际使用的资源超过这个限制，可以更充分地利用宿主机CPU。而limits比较粗暴，是完全不允许超过这个值的。不允许个别容器肆无忌惮地过度侵占宿主机上的资源。

7. 假如要申请一个8核的容器，应该设置resources.requests.cpu，还是resources.limits.cpu？如果需要同时设置，该如何设置？

一般来说，业界的所有容器云在对外暴露容器规格的时候，指的是limits，所以设置resources.limits.cpu。而requests一般是对用户不可见的。如果需要同时设置，一般把resources.limits.cpu设置为8，同时把resources.requests.cpu设置为比8小一点儿，比如6。通过这种方式来进行超售。这样容器最少可以使用6核，如果物理机比较闲，可以使用6核以上，但最大不超过8核。

8. 如何正确地获取容器中的CPU利用率？

内核通过时钟中断对系统中的每一个cgroup中的CPU使用时间都进行了统计，并通过伪文件对用户态暴露。这些伪文件一般位于/sys/fs/cgroup/...。在用户态可以将分别在t1、t2时间两次获取对应的静态文件输出的时间信息相减，然后再除以流逝的时间，就可以计算出CPU利用率。kubelet中集成的cAdvisor就是采用上述方案来上报容器CPU利用率的打点信息的。

另外一个思路就是使用lxcfs。lxcfs的工作原理其实也是通过上述方式获取每个容器中的CPU利用率的。只不过它多做了一步，生成了个假的/proc/stat，并在容器中偷梁换柱，将容器中的/proc/stat替换掉。这样就可以继续在容器中使用top命令来观察利用率了。

9. 容器CPU利用率的指标项为什么比物理机上少了nice/irq/softirq？

这个问题的根本原因是容器CPU利用率的指标项user、system和宿主机的同名指标项根本就不是一码事。容器将所有用户态时间都记录到了user指标项，内核态时间都记录到了system：

- **容器中的user指标**：在指标含义上等同于宿主机的user + nice。
- **容器中的system指标**：在指标含义上等同于宿主机的system + irq + softirq。

第12章

容器的内存资源限制

在所有的资源中，内存是除CPU之外第二重要的资源。大家在使用容器来部署自己的线上服务的时候，往往会申请容器的规格，比如2C4G。其中4G指的就是要申请的内存的大小。那么我问大家几个问题，看看大家是否对容器内存理解得足够深刻。

1）容器内存限制在底层是如何实现的，传说中的mem cgroup长什么样？

2）如何正确查看内存容器开销，其中RSS、PageCache开销又有什么区别？

3）容器中进程何时会被oom kill，我们是否有办法避免进程被操作系统杀死？

真正理解以上问题，非常有助于大家对线上服务内存使用的把握，同时这也非常考验大家的内功。本章我们来深入了解Linux是如何对容器中的内存资源进行限制的。

12.1 内存cgroup的创建原理

第11章介绍过，一个进程是通过自己的task_struct结构体下的*cgroups指向自己所关联的task_cgroup、mem_cgroup的，参见图11.6。对于容器下所有进程的CPU资源限制是通过task_cgroup实现的，而对于内存资源的限制就是通过mem_cgroup来实现的。

12.1.1 内存cgroup定义

mem_cgroup的定义位于include/linux/memcontrol.h文件下。

```
//file:include/linux/memcontrol.h
struct mem_cgroup {
    struct cgroup_subsys_state css;
    struct mem_cgroup_id id;

    // cgroup 内存计数
    struct page_counter memory;
    struct memcg_vmstats_percpu __percpu *vmstats_percpu;
    ......
}
```

在mem_cgroup的定义中，page_counter相关的成员用来统计内存消耗，也用来判断是否需要oom kill掉某个进程来释放内存。另外，vmstats_percpu是用来记录更详细的RSS、PageCache内存开销的。

应用程序所使用的内存属于RSS（Resident Set Size），指的是进程在RAM中占用实际物理内存的大小。而PageCache开销是为了操作系统加速磁盘访问而留在内存中的缓存。必要的时候，可以释放出来让给进程的RSS使用。

12.1.2 创建内存cgroup

Linux提供了cgroupfs作为接口，让用户来访问和控制mem_cgroup。通过cgroupfs创建一个内存cgroup同样非常简单。只要找到cgroupfs挂载的路径，然后找一个合适的位置使用mkdir创建一个目录即可。

cgroup v1的目录一般位于/sys/fs/cgroup/memory下。

```
# cd /sys/fs/cgroup/memory
# mdir test
# cd test
```

在cgroup v2下，cgroupfs不区分CPU cgroup、内存cgroup等，参考第11章中cgroup v2下cgroup创建小节。

当使用mkdir创建内存cgroup的时候，内核能够发现这不是一个普通文件，而是在创建内存cgroup。所以内核实际的函数调用栈如下。

```
[mkdir]-[3243742]-[mem_cgroup_alloc]-call--------------------------------
 0xffffffff81793f65 : mem_cgroup_css_alloc+0x5/0x940 [kernel]
 0xffffffff8113738b : cgroup_apply_control_enable+0x12b/0x330 [kernel]
 0xffffffff81139a99 : cgroup_mkdir+0x399/0x510 [kernel]
 0xffffffff8134c6e5 : kernfs_iop_mkdir+0x55/0x90 [kernel]
 0xffffffff812b462c : vfs_mkdir+0xfc/0x1a0 [kernel]
 0xffffffff812b72cc : do_mkdirat+0xec/0x120 [kernel]
 0xffffffff81003e69 : do_syscall_64+0x59/0x1d0 [kernel]
 0xffffffff8180008c : entry_SYSCALL_64_after_hwframe+0x44/0xa9 [kernel]
 0xffffffff8180008c : entry_SYSCALL_64_after_hwframe+0x44/0xa9 [kernel] (inexact)
```

最终会执行到mem_cgroup_alloc函数来创建mem_cgroup内核对象。

```
//file:mm/memcontrol.c
static struct mem_cgroup *mem_cgroup_alloc(void)
{
    struct mem_cgroup *memcg;
    memcg = kzalloc(struct_size(memcg, nodeinfo, nr_node_ids), GFP_KERNEL);
    memcg->vmstats = kzalloc(sizeof(struct memcg_vmstats), GFP_KERNEL);
    memcg->vmstats_percpu = alloc_percpu_gfp(struct memcg_vmstats_percpu,
                    GFP_KERNEL_ACCOUNT);
    ......
}
```

在mem_cgroup_alloc函数中，通过kzalloc申请一个struct mem_cgroup对象。然后再在mem_cgroup_css_alloc中对其进行各种初始化操作。

```
static struct cgroup_subsys_state * __ref
mem_cgroup_css_alloc(struct cgroup_subsys_state *parent_css)
{
    memcg = mem_cgroup_alloc();
    ......
    memcg->soft_limit = PAGE_COUNTER_MAX;
    memcg->swappiness = mem_cgroup_swappiness(parent);
    memcg->oom_kill_disable = parent->oom_kill_disable;
```

```
page_counter_init(&memcg->memory, &parent->memory);
page_counter_init(&memcg->swap, &parent->swap);
page_counter_init(&memcg->kmem, &parent->kmem);
page_counter_init(&memcg->tcpmem, &parent->tcpmem);
......
}
```

这样一个新的内存cgroup就创建成功了。

12.1.3 内存cgroup中的接口文件

在内存cgroup创建好后，进入相应目录可以看到该cgroup下所有的接口文件。

```
# ls -l
......
-rw-r--r-- 1 root root 0 Dec 23 15:29 cgroup.procs
-rw-r--r-- 1 root root 0 Dec 23 15:30 memory.limit_in_bytes
-r--r--r-- 1 root root 0 Dec 23 12:12 memory.numa_stat
-rw-r--r-- 1 root root 0 Dec 23 12:12 memory.oom_control
-r--r--r-- 1 root root 0 Dec 23 12:12 memory.stat
-rw-r--r-- 1 root root 0 Dec 23 12:12 memory.swappiness
-r--r--r-- 1 root root 0 Dec 23 12:12 memory.usage_in_bytes
......
```

下面以cgroup v1为例，来看看mem_cgroup的几个主要接口文件的用途：

- cgroup.procs：可写，用来设置和该内存cgroup关联的所有进程PID。
- memory.limit_in_bytes：可写，用来设置当前内存cgroup的最大使用内存。
- memory.usage_in_bytes：只读，用来查看容器的总内存消耗。
- memory.stat：只读，用来查看更为详细的内存消耗。
- memory.numa_stat：只读，用来查看容器在各个numa节点上的内存分配情况。
- memory.oom_control：可写，用来控制容器中进程的oom策略。
- memory.swappiness：可写，是否允许容器使用swap作为内存。

12.2 设置内存cgroup内存限制

一般在内存cgroup创建出来后，还需要对其进行内存用量的限制。本节以cgroup v1为例来设置cgroup的内存限制。实现方法就是修改memory.limit_in_bytes。例如，要限制该cgroup可用内存为1MB，则进行如下操作。其中1MB换算成字节是1024×1024=1 048 576字节。

```
# echo 1048576 > memory.limit_in_bytes
```

这个操作在内核中实际触发的是mem_cgroup_write函数。

```c
//file:mm/memcontrol.c
static ssize_t mem_cgroup_write(struct kernfs_open_file *of,
                char *buf, size_t nbytes, loff_t off)
{
    // 1.定位到mem cgroup内核对象
    struct mem_cgroup *memcg = mem_cgroup_from_css(of_css(of));

    // 2.将用户输入的字节数转化成页数
    unsigned long nr_pages;
    page_counter_memparse(buf, "-1", &nr_pages);

    // 3.记录用户配置
    switch (MEMFILE_ATTR(of_cft(of)->private)) {
    case RES_LIMIT:
        switch (MEMFILE_TYPE(of_cft(of)->private)) {
        case _MEM:
            ret = mem_cgroup_resize_max(memcg, nr_pages, false);
            break;
        case _MEMSWAP:
            ret = mem_cgroup_resize_max(memcg, nr_pages, true);
            break;
        ......

}
```

在这个函数中，首先找到了当前修改的文件对应的mem_cgroup内核对象，然后接着调用page_counter_memparse解析用户输入的字节数。要注意的是，内核在实现中，实际记录的是页数。在page_counter_memparse中会将字节数转化为页数。

```c
int page_counter_memparse(const char *buf, const char *max,
                unsigned long *nr_pages)
{
    ......
    bytes = memparse(buf, &end);
    *nr_pages = min(bytes / PAGE_SIZE, (u64)PAGE_COUNTER_MAX);
    return 0;
}
```

接着调用mem_cgroup_resize_max来记录用户配置。这个函数会把用户配置记录到memcg->memory这个page_counter的max字段中保存起来。在容器运行过程中，判断内存是否超出限制主要就是和这个字段来比较的。

我们来详细看看mem_cgroup_resize_max具体是如何设置的。注意，对于非SWAP内存配置，第三个参数传入的是false，这对接下来的理解很有帮助。

```
//file:mm/memcontrol.c
static int mem_cgroup_resize_max(struct mem_cgroup *memcg,
                unsigned long max, bool memsw)
{
    struct page_counter *counter = memsw ? &memcg->memsw : &memcg->memory;

    do {
        page_counter_set_max(counter, max);
        ......
    } while (true);
    ......
}
```

由于memsw传入的是false，所以该函数的第一行使用的是memcg->memory这个成员。在page_counter_set_max中又将配置设置到了该成员的max变量中。

```
//file:mm/page_counter.c
int page_counter_set_max(struct page_counter *counter, unsigned long nr_pages)
{
    for (;;) {
        // 不能太小
        usage = page_counter_read(counter);
        if (usage > nr_pages)
            return -EBUSY;

        old = xchg(&counter->max, nr_pages);

        // 设置失败处理
        ......
        counter->max = old;
    }
    ......
}
```

12.3　容器物理内存的分配

我们在应用程序中使用malloc等方式申请的内存是虚拟内存。访问虚拟内存在的时候，内核会判断其对应的物理内存是否已经分配，如果没有分配，触发缺页中断。真正的物理内存的分配是在缺页中断中进行的。

我们来看看在容器中物理内存分配的过程。缺页中断的核心函数是handle_mm_fault。

```
//file:mm/memory.c
vm_fault_t handle_mm_fault(struct vm_area_struct *vma, unsigned long address,
        unsigned int flags)
{
```

```
......
    return handle_pte_fault(&vmf);
}

static vm_fault_t handle_pte_fault(struct vm_fault *vmf)
{
    ......
    return do_anonymous_page(vmf);
}
```

在handle_mm_fault中向伙伴系统申请完物理页后，经过层层调用最终会进入try_charge_memcg函数。

```
static int try_charge_memcg(struct mem_cgroup *memcg, gfp_t gfp_mask,
            unsigned int nr_pages)
{
    struct mem_cgroup *mem_over_limit;
    ......

    // 2.1 对使用的内存进行记账，如果记账后没有超出限制就跳到记账成功后返回
    if (page_counter_try_charge(&memcg->memory, batch, &counter))
            goto done_restock;

    // 2.2 如果记账超过限制
    // 记录内存使用量超过限制的内存控制组
    mem_over_limit = mem_cgroup_from_counter(counter, memory);


    // 尝试对超出限制的内存控制组进行内存回收
    nr_reclaimed = try_to_free_mem_cgroup_pages(mem_over_limit, nr_pages,
                            gfp_mask, reclaim_options);

    // 无法回收足够的内存，触发oom killer
    if (mem_cgroup_oom(mem_over_limit, gfp_mask,
            get_order(nr_pages * PAGE_SIZE))) {
        ......
        goto retry;
    }
    ......

done_restock:
    // 记账成功
    do {
        ......
    } while ((memcg = parent_mem_cgroup(memcg)));
    ......
    return 0;
}
```

在这个函数中做了两件重要的事情：

- 第一，对分配的物理内存进行记账，记账后没有超出限制就跳到记账成功后返回。
- 第二，如果记账后超过了限制，则尝试进行内存回收，甚至可能会对容器中的进程进行oom kill。

接下来分两小节来详细看看这两段逻辑。

12.3.1　记账过程

先来看page_counter_try_charge实现的记账过程。

```
//file:mm/page_counter.c
bool page_counter_try_charge(struct page_counter *counter,
                unsigned long nr_pages,
                struct page_counter **fail)
{
    struct page_counter *c;

    for (c = counter; c; c = c->parent) {
        new = atomic_long_add_return(nr_pages, &c->usage);
        if (new > c->max) {
            atomic_long_sub(nr_pages, &c->usage);
            data_race(c->failcnt++);
            *fail = c;
            goto failed;
        }
        ......
    }
    return true;

failed:
    for (c = counter; c != *fail; c = c->parent)
        page_counter_cancel(c, nr_pages);
    return false;
}
```

在page_counter_try_charge中，先把要记账的nr_pages加到当前page_counter的usage字段上来。

接着判断新的usage是否超过了max。前面曾讲过，用户对容器的内存限制是存到memcg->memory下page_counter的max字段中的。所以这里实际就是在和用户设置的上限进行比较。如果没超过限制，就返回true，否则返回false。

12.3.2　容器内存超出限制时的处理

如果在进行物理内存分配的时候超过了上限，那么内核可能会做两件事情。

首先调用try_to_free_mem_cgroup_pages尝试对容器中使用的PageCache进行回收。

如果回收后仍然没有足够的内存，就会触发mem_cgroup_oom来杀死某个进程。当然，是否真的杀死一个进程也是可配置的，这个配置就是memory.oom_control。

默认配置是允许oom_kill的。如果你想在内存超出限制时不杀死进程，而是等待容器中其他进程释放掉内存后再正常运行，那么可以这样配置。

```
#echo 1 > memory.oom_control
```

这样虽然能避免进程被杀死，但代价是当前进程被暂停，无法正常运行。

12.3.3　详细记账

前面的记账记录得比较粗放。只记录了一个整的usage，并没有办法区分rss是多少、PageCache是多少。一个更为详细的记账位置是记录到cgroup下的vmstats_percpu成员中。

```
//file:include/linux/memcontrol.h
struct mem_cgroup {
    struct cgroup_subsys_state css;

    ......
    struct memcg_vmstats_percpu __percpu *vmstats_percpu;
}
```

vmstats_percpu是一个struct memcg_vmstats_percpu类型的对象。其下的state和events都是一个数组。所以可以记录更详细的内存信息，可以区分RSS、PageCache等分别记录。

```
//file:mm/memcontrol.c
struct memcg_vmstats_percpu {
    /* Local (CPU and cgroup) page state & events */
    long              state[MEMCG_NR_STAT];
    unsigned long     events[NR_MEMCG_EVENTS];
    ......
}
```

handle_mm_fault最终会调用__mod_memcg_state来完成这个记录。以下是用systemtap打印出来的调用栈的信息。

```
[helloworld]-[2655073]-[__mod_memcg_state]-
call-------------------------------
 0xffffffff812898a5 : __mod_memcg_lruvec_state+0x5/0x100 [kernel]
```

```
0xffffffff8128a783 : __mod_lruvec_page_state+0x63/0xc0 [kernel]
0xffffffff81234786 : page_add_new_anon_rmap+0x56/0x120 [kernel]
0xffffffff81221959 : handle_mm_fault+0xb59/0x12e0 [kernel]
0xffffffff8106d9fe : do_user_addr_fault+0x1ce/0x4d0 [kernel]
0xffffffff8106ddc0 : do_page_fault+0x30/0x110 [kernel]
0xffffffff818012be : async_page_fault+0x3e/0x50 [kernel]
0xffffffff818012be : async_page_fault+0x3e/0x50 [kernel] (inexact)
```

在__mod_memcg_state中完整实际的详细记账，是记录到memcg->vmstats_percpu->state[]中的。

```
//file:mm/memcontrol.c
void __mod_memcg_state(struct mem_cgroup *memcg, int idx, int val)
{
    if (mem_cgroup_disabled())
        return;

    __this_cpu_add(memcg->vmstats_percpu->state[idx], val);
    memcg_rstat_updated(memcg, val);
}
```

12.4 容器内存用量查看

在容器的运行过程中，我们需要观察容器的内存消耗。一共有两种观察方法，一种是观察容器中内存的总开销，另一种是查看更详细的开销，例如RSS占用多少、PageCache占用多少，等等。大部分场景下详细的信息对于我们来说更有价值。

12.4.1 总开销观察

观察内存总开销的方式是查看cgroup下的usage_in_bytes文件。

```
# cat memory.usage_in_bytes
5103616
```

在用户查看usage_in_bytes这个文件的时候，内核实际上执行的是mem_cgroup_read_u64函数。这是在下面的mem_cgroup_legacy_files中指明了的。

```
//file:mm/memcontrol.c
static struct cftype mem_cgroup_legacy_files[] = {
    {
        .name = "usage_in_bytes",
        .private = MEMFILE_PRIVATE(_MEM, RES_USAGE),
        .read_u64 = mem_cgroup_read_u64,
    },
    ......
}
```

　　mem_cgroup_read_u64会执行到mem_cgroup_usage函数，下面来看源码。

```
static unsigned long mem_cgroup_usage(struct mem_cgroup *memcg, bool swap)
{
    unsigned long val;
    val = page_counter_read(&memcg->memory);
    ......
    return val;
}
```

　　page_counter_read读取的就是memcg->memory下的usage字段。

```
//file:include/linux/page_counter.h
static inline unsigned long page_counter_read(struct page_counter *counter)
{
    return atomic_long_read(&counter->usage);
}
```

12.4.2　详细开销观察

　　usage_in_bytes只能展示一个总的开销。但很多时候，我们希望知道更详细的开销，例如RSS占用多少、PageCache占用多少，等等。这些详细的信息对于我们来说更有价值。

　　查看详细开销的方法是查看memory.stat文件。在cgroup v1下其输出结果如下。

```
# cat memory.stat
cache 540672
rss 4055040
rss_huge 0
shmem 0
......
```

　　在查看这个文件时，内核运行的是memcg_stat_show函数。以下是这个函数的源码。

```
//file:mm/memcontrol.c
static int memcg_stat_show(struct seq_file *m, void *v)
{
    struct mem_cgroup *memcg = mem_cgroup_from_seq(m);
    ......

    // 输出cache、rss、shmem、mapped_file等统计
    for (i = 0; i < ARRAY_SIZE(memcg1_stats); i++) {
        unsigned long nr;

        if (memcg1_stats[i] == MEMCG_SWAP && !do_memsw_account())
            continue;
        nr = memcg_page_state_local(memcg, memcg1_stats[i]);
```

```
        seq_printf(m, "%s %lu\n", memcg1_stat_names[i],
                nr * memcg_page_state_unit(memcg1_stats[i]));
    }

    // 输出pagein pageout等统计
    for (i = 0; i < ARRAY_SIZE(memcg1_events); i++)
        seq_printf(m, "%s %lu\n", vm_event_name(memcg1_events[i]),
                memcg_events_local(memcg, memcg1_events[i]));
    ......
}
```

该函数进入一个循环，对memcg1_stats进行遍历，并对每一个元素再通过memcg1_stat_names转化成我们肉眼可见的指标名。

```
static const char *const memcg1_stat_names[] = {
    "cache",
    "rss",
#ifdef CONFIG_TRANSPARENT_HUGEPAGE
    "rss_huge",
#endif
    "shmem",
    "mapped_file",
    "dirty",
    "writeback",
    "workingset_refault_anon",
    "workingset_refault_file",
    "swap",
};
```

实际的各个指标数据是靠memcg_page_state_local从memcg->vmstats_percpu->state[]数组中读取出来的。

```
static unsigned long memcg_page_state_local(struct mem_cgroup *memcg, int idx)
{
    long x = 0;
    int cpu;

    for_each_possible_cpu(cpu)
        x += per_cpu(memcg->vmstats_percpu->state[idx], cpu);
    return x;
}
```

12.5 动手模拟容器内存限制实验

本节我们实际动手做一个实验，来观察容器中的内存是如何使用的。我们会创建一个内存cgroup，为该cgroup设置内存限制，并实际使用读取文件或者通过测试程序申请使用内存的方式带领大家观察容器cache、rss的开销。实验中专门构造了申请使用过大内存的场景，查看oom killer杀掉容器中进程的效果。

第一步：创建内存cgroup。

首先找到cgroupfs挂载的路径，这个路径一般位于/sys/fs/cgroup/memory目录下。然后找一个合适的位置使用mkdir创建一个目录。为了简单（省事）起见，我就直接在根目录下创建了。

```
# cd /sys/fs/cgroup/memory
# mdir test
# cd test
```

第二步：接着对这个cgroup添加内存限制。

这里将该cgroup可用内存设置为1MB，换算成字节数为1024×1024 = 1048576。再把这个数字写入memory.limit_in_bytes。

```
# echo 1048576 > memory.limit_in_bytes
```

这个时候，我们先来观察memory.stat的状态。

```
# cat memory.stat
cache 0
rss 0
rss_huge 0
shmem 0
......
```

可以看到，cache、rss等内存开销此时都还是0，这是因为我们还没有给这个cgroup添加任何进程。

第三步：在内存cgroup中添加进程。

我们对于在shell中将要启动的进程的PID是不知道的，这时只需将当前的shell进程的PID加进来即可。因为只要一个进程在某个cgroup中，那么它创建的所有子孙进程默认都属于同一个cgroup。

获取当前shell进程PID的方式是echo $$，我们把它的输出直接注入到新cgroup目录下的cgroup.procs文件下。

```
# echo $$ > cgroup.procs
```

这样，当前shell程序及其接下来要创建的所有子孙进程就都在这个内存cgroup中了。这时再来看内存开销。

```
# cat memory.stat
cache 0
rss 135168
rss_huge 0
```

```
shmem 0
......
```

可见这时的rss有了大约135KB的开销。原因是当前的shell进程的开销算到这个cgroup上了。

第四步：观察访问文件后的开销。

PageCache是用来加速磁盘中的文件访问的。所以只要我们访问过某个文件后，就会消耗掉一部分内存。我们来访问任意一个文件。正好我的本机有一个systemtap的安装包，大小大约是5MB。我就用cat命令把它输出一遍。

注意这个操作要使用当前的shell，否则内存开销将不能统计到这个cgroup上。

```
# ll
-rw-r--r-- 1 zhangyanfei.allen zhangyanfei.allen 5549909 Dec 20 09:51
systemtap-4.5.tar.gz

# cat systemtap-4.5.tar.gz
......
```

接着操作系统会从磁盘上访问systemtap-4.5.tar.gz，并把其中的一部分内存放到内存中缓存起来。等cat命令运行结束后，再来查看这个cgroup下的内存开销。

```
$ cat memory.stat
cache 405504
rss 135168
rss_huge 0
shmem 0
```

可以看到，这时候rss没有任何变化，但是cache消耗掉540KB左右。这是用来缓存刚才访问的systemtap-4.5.tar.gz文件了。如果使用访问文件后，cache没有任何变化，那就再换几个文件访问试试。

第五步：观察测试程序申请内存结果。

我们再使用本书配套的测试源码chapter-12/test01，这个程序用来申请内存，并对所申请的内存进行访问。以下是这个小程序的核心逻辑。

```
int main() {
    int n;
    printf("请输入要申请的内存大小（单位：字节）：");
    scanf("%d", &n);

    // 申请指定大小的内存
    int *arr = (int *)malloc(n * sizeof(int));
    ......

    // 对内存进行访问，以触发缺页中断真正分配物理内存
    for (int i = 0; i < n; i++) {
```

```
        arr[i] = i + 1;
    }
    ......
}
```

这个程序的逻辑非常简单，就是使用malloc申请一段内存。为了让操作系统真正给我们分配物理内存，还需要对这块内存进行访问。为了方便观察，我允许对所申请内存的大小通过手工输入的方式进行控制。

编译源码然后运行。同样要注意的是，运行还要使用上面添加到新内存容器中的shell控制台。我已经提前编译好了，所以直接运行。

```
# ./main
```

第一次先输入比较小的内存大小，比如100KB。因为前面对当前容器cgroup的设置是1MB，所以不会超出限制。

```
请输入要申请的内存大小（单位：字节）：100000
```

在程序真正访问内存后，操作系统开始为我们的main程序分配物理内存。再次查看内存后发现：

- rss上涨了许多，这是因为程序分配了内存。
- cache有所下降，操作系统对cache进行了一些回收。

```
$ cat memory.stat
cache 270336
rss 540672
......
```

可能有的读者会对这里产生疑问。为什么rss上涨的比100 KB多呢？原因有这样几个：

- 原因1：除了申请的100 KB，应用程序的代码段等也需要占据一些内存。
- 原因2：malloc并不是直接向操作系统申请内存的，而是经过了glibc的ptmalloc内存分配器。ptmalloc会有额外的管理开销。

第二次我输入大点的内存大小2MB。让进程要分配的物理内存超过前面说的1MB的限制，我们来看看会发生什么。

```
# ./main
请输入要申请的内存大小（单位：字节）：2000000
```

等程序真正访问内存的时候，命令行控制台报错。

```
Killed
```

这时候查看系统的日志/var/log/messages，可以找到oom killer记录的日志。

```
Dec 24 13:15:31 n37-023-178 kernel: [4894139.768388][T3171883] [ pid ]
uid  tgid total_vm     rss pgtables_bytes swapents oom_score_adj name
Dec 24 13:15:31 n37-023-178 kernel: [4894139.769705][T3171883] [3171883]
0 3171883    2521     516    45056      0        0 main
Dec 24 13:15:31 n37-023-178 kernel: [4894139.771139][T3171883] oom-
kill:constraint=CONSTRAINT_MEMCG,nodemask=(null),cpuset=/,mems_allowed=0-1,
oom_memcg=/test,task_memcg=/test,task=main,pid=3171883,uid=0
Dec 24 13:15:31 n37-023-178 kernel: [4894139.776223][ T56] oom_reaper:
reaped process 3171883 (main), now anon-rss:0kB, file-rss:0kB, shmem-rss:0kB
```

在这个日志中，输出了oom killer杀掉的进程的pid、total_vm、rss信息。其中total_vm和rss的单位都是页面（4KB）。我们算一下rss是516×4 KB，已经有2 MB之多了。

在接下来的一行的输出中，输出了进程所属的task_memcg是/test，确实是我们新创建的测试cgroup。进程名是main，就是我们使用的测试程序。

第六步：清理实验环境。

实验结束后，如果想把创建出来的内存cgroup删除，使用rm命令是不行的。正确的做法是使用cgdelete。

```
# cgdelete memory:/test
```

12.6 本章总结

操作系统内核对容器要使用的CPU、内存等资源的限制是通过cgroups机制来实现的。对于容器下所有进程的CPU资源的限制是通过task_cgroup实现的，而对于内存资源的限制是通过mem_cgroup来实现的。

通过cgroupfs创建一个内存cgroup非常简单。只要找到cgroupfs挂载的路径，然后找一个合适的位置使用mkdir创建一个目录即可。在创建好一个新的内存cgroup后，会自动在对应目录下生成cgroupfs相关的各种文件。其中对容器内存用量的限制方法就是直接修改memory.limit_in_bytes。

接下来在容器中的进程运行的过程中，在缺页中断等机制中申请内存的时候会进行内存的记账。记账可以粗略分为两种。一种是记总账，记录到 memcg->memory->usage 字段中。访问memory.usage_in_bytes 就是访问这个字段中的数据。另外还有一种是详细记账，记录到 memcg->vmstats_percpu->state[] 这个数组中。因为是一个数组，所以它可以区分 RSS 、PageCache 等详细的开销分类。访问memory.stat 文件实际输出的就是这个数组中的数据。

```
# cat memory.usage_in_bytes
5103616
```

```
# cat memory.stat
```

```
cache 540672
rss 4055040
rss_huge 0
shmem 0
mapped_file 0
......
```

本章中还准备了一个实验，带领大家动手使用原生的cgroup来模拟实现了容器内存限制的效果。手、眼、大脑多维度的结合的学习效果是最棒的。这个实验的主要目的是带领大家理解在容器中访问文件对容器PageCache内存消耗、进程申请和使用内存时对RSS内存的消耗，以及当RSS内存消耗超出内存cgroup限制时oom kill发生的过程。

好了，让我们回到开篇提到的三个问题。

1）容器内存限制在底层是如何实现的，传说中的mem cgroup 长什么样子？

容器内存限制在底层是通过mem cgroup来实现的。mem cgroup是一个内核对象，在其中定义了各种字段，和本章相关的主要有 memcg->memory->usage、memcg->vmstats_percpu->state[] 等。

在缺页中断中分配物理内存的时候，内核会将容器的用量记录到memcg->memory->usage上。并将它和用户设置的限制进行对比。如果超出限制，会触发对PageCache等内存的回收。如果回收后仍然超出限制，则可能会触发oom kill，导致用户进程被杀死。

2）如何正确查看内存容器开销，其中RSS、PageCache开销又有什么区别？

查看容器内存开销有两种方法。我个人更推荐的方式是使用memory.stat。

因为它可以更详细地输出缓存、RSS等细分开销，更有助于我对线上服务运行使用内存的把握。因为PageCache是可以回收的，而RSS是实打实的开销，没有办法回收，除非应用程序主动释放。

不过要注意的是，虽然RSS可以挤占PageCache，但是对PageCache的过度挤占也可能造成性能问题。因为PageCache不足的时候，对日志等文件的读写都会穿透到磁盘上，会造成更大的磁盘IO，可能会引发容器整体性能的陡降。总之，更细分地观察各种内存开销是很重要的。

3）容器中进程何时会被oom杀死，我们是否有办法避免进程被操作系统杀死？

在容器运行过程中，如果出现内存不足，首先会尝试对PageCache等进行回收。只有回收后仍不够用时，才可能触发oom killer。所以如果你是通过访问memory.usage_in_bytes发现内存紧张的，其实并不一定真的有问题。

假如真的是回收内存后也超出限制，那么如果你的进程启动非常耗时，你并不想让进程被操作系统杀死，可以选择修改memory.oom_control来干预内核行为。这个时候虽然你的进程没有办法继续运行，但只要同容器中有进程释放了内存，你就可以避免重新启动，而是可以接着运行了。

第13章

调用原理及性能

计算机技术是一个庞大的生态体系。在这个生态中的每家公司、每个部分、每个个体都只负责了其中很小的一部分工作。如果需要使用其他团队提供的功能，就需要通过调用来实现。调用可以粗略分为函数调用、系统调用和RPC远程调用等几种。作为一个开发者，我们应该能正确认识到各种调用内部的原理，以及其大致的性能数据。

13.1 函数调用

函数调用是我们日常编程工作中最常用的调用类型。我们在自己写代码的时候，会定义各种各样的函数，来协同完成某个工作。其他合作伙伴的功能，也可以通过SDK的方式封装出来，同样让我们以函数调用的方式来使用。应用几乎无处不在。所以，我们有必要弄清楚一个函数的开销到底有多大。

在本节中，我们会介绍C语言、Go语言函数的实现原理，也会测试它们的实际开销大约是多长时间。

13.1.1 C语言函数工作原理

为了剖析函数实现的内部原理，需要使用到配套源码chapter-13/test-01。该源码非常简单，就是一个for循环里面调用了一个函数而已。

```
int main()
{
    int i;
    for(i=0; i<100000000; i++){
        func(2);
    }
}
```

用perf命令可以统计到程序运行的底层CPU指令个数。1亿次的函数调用统计结果如下：

```
# perf stat ./main
......
1,100,989,673 instructions          #    1.37  insns per cycle
......
```

> ★ 注意
>
> 前两次perf stat的结果中分别有每个周期执行的指令数的提示：1.37 insns per cycle。这表明平均每个周期执行了1.37个指令，也就是说每个CPU周期可能会超过1个指令。这是CPU指令并行的功劳。现代的CPU可以通过流水线方式对CPU指令进行并行处理，每个CPU周期内执行的指令数可能会大于1。

可以在注释掉func调用后，单独统计1亿次的for循环，统计结果如下：

```
# perf stat ./main
......
301,252,997 instructions    #    0.43  insns per cycle
......
```

通过这两个数据计算，(1,100,989,673-301,252,997)/100000000≈8个，所以得出**每个C函数需要的CPU指令数是8个**！

然后再通过gdb单步调试的disassemble可以看到这8个指令到底是什么。还是上述的实验代码，通过gdb的disassemble来查看其内部汇编执行过程。

```
gcc -g main.c -o main
```

用gdb命令调试：

```
gdb ./main
start
disassemble
mov    $0x2,%edi
```

可以看到函数到了main函数处，并打印出main函数的汇编代码

```
......
=> 0x0000000000400486 <+4>:   mov    $0x2,%edi
   0x000000000040048b <+9>:   callq  0x400474 <func>
......
```

这是**进入函数调用的两个CPU指令**，每个指令的大致含义如下：

- **指令1**：`mov $0x2,%edi`是为了调用函数做准备，把参数放到寄存器中。
- **指令2**：`callq`表示CPU开始执行func函数的代码段。

接下来让我们进入func函数内部看一下：

```
break func
run
```

这时函数停在func函数的入口处，继续使用gdb的disassemble命令查看汇编指令：

```
(gdb) disassemble
Dump of assembler code for function func:
   0x0000000000400474 <+0>:   push   %rbp
   0x0000000000400475 <+1>:   mov    %rsp,%rbp
   0x0000000000400478 <+4>:   mov    %edi,-0x4(%rbp)
=> 0x000000000040047b <+7>:   mov    $0x1,%eax
```

```
0x0000000000400480 <+12>:  leaveq
0x0000000000400481 <+13>:  retq
End of assembler dump.
```

这6个指令对应在函数内部执行及函数返回的操作。加上前面2个，这样在结论2中的每个函数8个CPU指令就都水落石出了。

- 指令3：`push %rbp` bp寄存器的值压入调用栈，即将main函数栈帧的栈底地址入栈（对应一次压栈操作，内存IO）。
- 指令4：`mov %rsp,%rbp`被调函数的栈帧栈底地址放入bp寄存器，建立func函数的栈帧（一次寄存器操作）。
- 指令5：`mov %edi,-0x4(%rbp)`从寄存器的地址-4的内存中取出，即获取输入参数（内存IO）。
- 指令6：`mov $0x1,%eax`对应return 0，即将返回参数写到寄存器中（内存IO）。

接下来的两个指令进行调用栈的退栈，以便返回到main函数继续执行，是指令3和指令4的逆操作。

- 指令7：`leave q`等价于`mov %rbp, %rsp`（一次寄存器操作）。
- 指令8：`retq`等价于`pop %rbp`（内存IO）。

总结：8个CPU指令中大部分都是寄存器的操作，即使有"内存IO"，也是在栈上进行。而栈操作密集，符合局部性原理，早就被L1缓存了，其实都是L1的IO，所以耗时不多。

13.1.2　Go语言函数工作原理

不同语言的函数在实现上是不同的。我们再以Go语言为例，看看其内部实现和C语言有何不同。测试代码参见chapter-13/test-02。该测试代码主要调用了一个函数，并传递了5个参数。

```go
func myFunction(p1, p2, p3,p4, p5 int) (int,int) {
    var a int = p1+p2+p3+p4+p5
    var b int = 3
    return a,b
}

func main() {
    myFunction(1, 2, 3, 4, 5)
}
```

使用Go的编译器就可以看到编译后对应的汇编代码。这里注意要使用-N -l 参数来避免编译器进行优化。

```
go tool compile -S -N -l main.go > main.s
```

输出结果如下。

```
"".main STEXT size=95 args=0x0 locals=0x38
        0x000f 00015 (main.go:7)    SUBQ    $56, SP      // 在栈上分配56字节
        0x0013 00019 (main.go:7)    MOVQ    BP, 48(SP)   // 保存BP
        0x0018 00024 (main.go:7)    LEAQ    48(SP), BP

        0x001d 00029 (main.go:8)    MOVQ    $1, (SP)     // 第一个参数入栈
        0x0025 00037 (main.go:8)    MOVQ    $2, 8(SP)    // 第二个参数入栈
        0x002e 00046 (main.go:8)    MOVQ    $3, 16(SP)   // 第三个参数入栈
        0x0037 00055 (main.go:8)    MOVQ    $4, 24(SP)   // 第四个参数入栈
        0x0040 00064 (main.go:8)    MOVQ    $5, 32(SP)   // 第五个参数入栈
        0x0049 00073 (main.go:8)    CALL    "".myFunction(SB)

"".myFunction STEXT nosplit size=99 args=0x38 locals=0x18
        0x000e 00014 (main.go:3)    MOVQ    $0, "".~r5+72(SP)
        0x0017 00023 (main.go:3)    MOVQ    $0, "".~r6+80(SP)
        0x0020 00032 (main.go:4)    MOVQ    "".p1+32(SP), AX
        0x0025 00037 (main.go:4)    ADDQ    "".p2+40(SP), AX
        0x002a 00042 (main.go:4)    ADDQ    "".p3+48(SP), AX
        0x002f 00047 (main.go:4)    ADDQ    "".p4+56(SP), AX
        0x0034 00052 (main.go:4)    ADDQ    "".p5+64(SP), AX
        0x004b 00075 (main.go:6)    MOVQ    AX, "".~r5+72(SP)
        0x0054 00084 (main.go:6)    MOVQ    AX, "".~r6+80(SP)
```

在汇编文件的输出中，main函数和myFunction分别为一个小节。在main函数小节中可以看到参数是通过栈的方式来传递的，在myFunction中可以看到返回也是通过栈来传递的。从而可知，Go语言和C语言的不同之处在于，使用栈来传递输入和输出参数，而不是寄存器。正因为使用了栈来返回，所以Go语言是支持多值返回的。

13.1.3　函数开销实测

我们来动手测试一下，看看函数调用开销到底有多大。还是沿用上面的测试代码，chapter-13/test-01。

我们用**time**命令进行耗时测试。

```
# gcc main.c -o main
# time ./main
real    0m0.335s
user    0m0.334s
sys     0m0.000s
```

不过上面的实验中有一个多余的开销，那就是for循环。单独计算这个for循环的开销，把func()调用那行注释掉，单独保留1亿次的for循环，再重新编译执行一遍，结果如下。

```
time ./main
real    0m0.293s
user    0m0.292s
sys     0m0.000s
```

通过上面两步测试的数据，(0.335-0.293)/100000000=0.4ns。我们可以得出**每个C函数调用耗时大约是0.4ns左右**。

使用chapter-13/test-02，编译运行。

```
func hello(a int) int {
    return 2
}

func main(){
    for i:=0; i<100000000; i++ {
        hello(1)
    }
}
go build -gcflags="-m -l" main.go
```

0.302s - 0.056s

(0.302-0.056)*1000000000/100000000 = 2.46ns

可见，不同语言的函数调用耗时差异还是蛮大的。另外，在一些解释性语言中，例如PHP中，函数调用的开销高达50纳秒以上。

13.2 系统调用

我们的应用程序是在操作系统之上工作的。内核将很多底层能力通过系统调用的方式提供出来。无论应用程序是用什么语言实现的，是PHP、C、Java，还是Go，只要是建立在Linux内核之上的，就绕不开系统调用。当你的代码需要做IO操作（open、read、write），或者进行内存操作（mmpa、sbrk），甚至要获取一个系统时间（gettimeofday）时，这些功能都是用户态程序本身所无法完成的。需要通过系统调用来和内核进行交互，由内核来处理，如图13.1所示。

如果想了解你的服务程序都使用了哪些系统调用，可以通过strace命令来查看。例如我查看了一个正在生产环境运行的Nginx进程，输出结果如下。

```
# strace -p 28927
Process 28927 attached
epoll_wait(6, {{EPOLLIN, {u32=96829456, u64=140312383422480}}}, 512, -1) = 1
accept4(8, {sa_family=AF_INET, sin_port=htons(55465), sin_addr=inet_
addr("10.143.52.149")}, [16], SOCK_NONBLOCK) = 13
```

```
epoll_ctl(6, EPOLL_CTL_ADD, 13, {EPOLLIN|EPOLLRDHUP|EPOLLET, {u32=96841984,
u64=140312383435008}}) = 0
epoll_wait(6, {{EPOLLIN, {u32=96841984, u64=140312383435008}}}, 512, 60000) =
1
......
```

图13.1　系统调用的位置

以上输出结果显示，我的Nginx进程在不停地执行epoll_wait、accept4、epoll_ctl等系统调用。epoll_wait系统调用的作用是查看有没有新的事件到达，accept4的作用是将新到达的用户的连接请求接收过来，方便下一步处理。epoll_ctl是将这个新的用户连接丢到epoll事件管理器中管理起来。当然，如果这个进程中有对用户请求的处理过程，可能还会输出一些和业务处理相关的系统调用。

13.2.1　系统调用内部原理

出于安全性等方面的考虑，系统调用的内部实现要比函数调用复杂得多。

x86-64 CPU有一个特权级别的概念。内核运行在最高级别，称为Ring0，用户程序运行在Ring3。正常情况下，用户进程都是运行在Ring3级别的，但是磁盘、网卡等外设只能在内核Ring0级别下访问。因此当用户态程序需要访问磁盘等外设的时候，要通过系统调用进行这种特权级别的切换。

对于普通的函数调用来说，一般只需要进行几次寄存器操作，如果有参数或返回函数，再进行几次用户栈操作。而且用户栈早已被CPU缓存接住，也并不需要真正进行内存IO。

但是对于系统调用来说，这个过程就要麻烦一些了。执行系统调用时需要从用户态切换到内核态。由于内核态的栈用的是内核栈，因此还需要进行栈的切换。SS、ESP、EFLAGS、CS和EIP寄存器全部需要进行切换。

而且栈切换后还可能有一个隐性的问题，那就是CPU调度的指令和数据在一定程度上破坏了局部性原理，导致一二三级数据缓存、TLB页表缓存的命中率在一定程度上有所下降。

　　除了上述堆栈和寄存器等环境的切换，系统调用由于特权级别比较高，也还需要进行一系列的权限校验、有效性检查等相关操作，所以系统调用的开销相对函数调用来说要大得多。

　　在内核的实现上。系统调用也是经过了多次的迭代。最初系统调用是通过汇编指令int（中断）来实现的，当用户态进程发出int $0x80指令时，CPU切换到内核态并开始执行system_call函数。后来大家觉得系统调用实在太慢了，因为int指令要执行一致性和安全性检查。后来Intel又提供了"快速系统调用"的sys_enter指令，性能比之前有所提升。使用perf stat子命令可以验证系统调用是不是走的sys_enter。

```
# perf stat -e syscalls:sys_enter_read ./main
 Performance counter stats for './main':
         1,000,001 syscalls:sys_enter_read
     0.006269041 seconds time elapsed
```

　　上述实验证明，在我手头的服务器中，系统调用确实是通过sys_enter指令进行的。

13.2.2　系统调用性能实测

　　前面讲过系统调用的开销比较大，那么问题来了，我们是否可以给出量化的指标，一次系统调用到底有多大的开销，需要消耗多少CPU时间？好了，废话不多说，我们直接进行一些测试，用数据来说话。

　　首先我们采用的第一个评估系统调用的方法是采用strce命令，它的-c选项可以帮我们把每次系统调用的开销统计出来。还是对我手头的一台Nginx进行评估。

```
# strace -cp 8527
strace: Process 8527 attached
% time     seconds  usecs/call     calls    errors syscall
------ ----------- ----------- --------- --------- ---------------
 44.44    0.000727          12        63           epoll_wait
 27.63    0.000452          13        34           sendto
 10.39    0.000170           7        25        21 accept4
  5.68    0.000093           8        12           write
  5.20    0.000085           2        38           recvfrom
  4.10    0.000067          17         4           writev
  2.26    0.000037           9         4           close
  0.31    0.000005           1         4           epoll_ctl
```

　　由于每种不同类型的系统调用内部所处理的工作的复杂程度是不一样的，所以它们的耗时也不尽相同。但从总体上看，系统调用的耗时大约分布在1~17μs。我们可以大致得出结论，系统调用的耗时大致是μs级别的。

不少读者可能还对μs的理解不够深。1μs从我们人类的视角看来，可能已经非常短了，但是在计算机系统中，这其实是一段漫长的时间。因为一般的CPU主频是3.0GHz左右，一个CPU周期才0.33ns。1 μs耗时相当于CPU运行300多个周期。而普通的指令一般只需要1个或者几个周期。所以，在日常的性能优化中的一条建议就是要尽量减少不必要的系统调用。

你也可以用这个命令对你的线上服务进行查看。如果耗时和上面差不多，都算正常的开销。如果一旦发现某个系统调用的耗时到了上百μs或者更高，这个时候就要小心了，可能遇到了性能问题需要优化。我在《深入理解Linux网络》一书中讲过一个我曾遇到的问题，当时connect系统调用耗时达到了上千μs，后来通过修改程序解决了这个性能问题。

除了strace命令，你也可以通过写代码进行测试。单独写一段测试代码，循环执行成千上万次。使用time命令测得总耗时，然后一除便能知道平均每次调用的开销。比如在书的配套源码中我提供了一个对read系统调用进行测试的例子，参见chapter-13/test-03目录。

> ★ 注意
>
> 注意，这里只能用read库函数进行测试，不能使用fread。因为fread是库函数，在用户态保留了缓存的，而read是你每调用一次，内核就老老实实帮你执行一次read系统调用。

首先创建一个固定大小为1MB的文件。

```
dd if=/dev/zero of=in.txt bs=1M count=1
```

然后再编译代码进行测试。

```
#gcc main.c -o main
#time ./main
real     0m0.258s
user     0m0.030s
sys      0m0.227s
```

time命令输出了该应用程序执行所消耗的用户态时间和内核态时间。因为我们的程序主要只执行了read系统调用，所以绝大部分时间都消耗在内核态上了。由于上述实验循环了100万次，所以平均每次系统调用耗时是200ns多一点。

另外，perf stat命令还可以帮我们统计整个应用程序所消耗的CPU指令数。我们可以用它来评估下一次系统调用大概需要多少条CPU指令。还是使用上面编译出的main可执行程序。

```
# perf stat ./main
```

```
Performance counter stats for './main':

      251.508810 task-clock           #   0.997 CPUs utilized
               1 context-switches     #   0.000 M/sec
               1 CPU-migrations       #   0.000 M/sec
              97 page-faults          #   0.000 M/sec
     600,644,444 cycles               #   2.388 GHz               [83.38%]
     122,000,095 stalled-cycles-frontend# 20.31% frontend cycles idle [83.33%]
      45,707,976 stalled-cycles-backend #  7.61% backend  cycles idle [66.66%]
   1,008,492,870 instructions         #   1.68  insns per cycle
                                      #   0.12  stalled cycles per insn [83.33%]
     177,244,889 branches             # 704.726 M/sec             [83.32%]
           7,583 branch-misses        #   0.00% of all branches   [83.33%]
```

以上结果中的 "1,008,492,870 instructions" 就是说总共执行了约10亿条CPU指令。为了评估得更准一些，把程序启动需要执行的其他指令减去。对实验代码进行一些改动，把for循环中的read调用注释掉，重新使用perf评估。

```
# gcc main.c -o main
# perf stat ./main

Performance counter stats for './main':
       ......
       3,359,090 instructions         #   0.44  insns per cycle
                                      #   1.61  stalled cycles per insn
       ......
```

平均每次系统调用CPU需要执行的指令数为：（1,008,492,870 - 3,359,090）/1000000 = 1005。

至此，我们对系统调用的CPU开销有一个相对比较准确的理解了。我们得出两个结论：

- 对于每个系统调用，内核要进行许多工作，大约需要执行1000条左右的CPU指令。
- 系统调用虽然使用了"快速系统调用"指令，但耗时仍大约在200ns以上，多的可能到十几µs。

系统调用确实开销比较大，函数调用是ns级别的，系统调用直接上升到了过百ns，甚至是十几µs，所以确实应该尽量减少系统调用。但是即使是10µs，仍然是1ms的百分之一，所以还没到"谈系统调用色变"的程度，理性认识到它的开销即可。

13.3 RPC调用

亚当·斯密在《国富论》中提出一个非常著名的观点：分工产生效率。信息产业也一样，随着这个行业内卷入的人和公司越来越多，在分工上也越来越细。但传统的函数调用，要求多方的程序在同一台服务器下的同一个进程中运行，代码、服务器都混合在一起。首先是代码层面，每当任何一方有代码更新的时候，都需要重新进行代码的合并、编译。其次就是部署层面，要求每个相关方都要有整个服务的服务器权限。如果团队达到一定规模，这显然太危险了。任何一方的误操作都可以把整个服务搞崩溃。这种要求对于精细化分工是很大的阻碍。

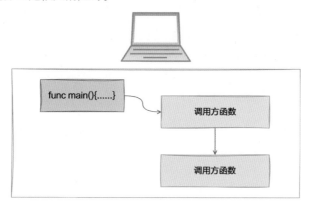

图13.2 本地函数调用

所以后来又演变出了RPC调用。RPC的全称是Remote Procedure Call，即远程过程调用。它允许一个进程/程序调用位于远程主机上的函数或过程，就像本地函数一样进行调用。但实际上，调用是经过桩代码对请求进行编码后，通过网络调用的方式发送到服务器上的。服务器在收到请求后，首先需要对请求进行解码，拿到请求方传递过来的参数，然后进行处理。在处理完后，服务端需要将结果编码，再次通过网络的方式将处理结果返回请求方。请求方拿到返回结果后，进行解码，返回给最初发起调用的函数继续运行。

图13.3是一个典型的RPC调用的全过程图。

可见，相比传统的函数调用，RPC调用的内部执行过程真的是太复杂了。调用方调用的函数是桩代码提供的函数。这个函数仅仅是一层封装，其内部并没有被调用方的实现逻辑。桩函数会将请求进行编码处理，然后调用系统调用将请求发送出去。应用层所谓的发送仅仅是把要发送的数据写入内核socket对应的发送队列而已。真正的发送过程都是内核处理的，内核经过协议栈的层层封装，将请求经过网卡发出。

网络包在网络上经过"千山万水"，最后达到被调用方的网卡。被调用方将包送给内核进行接收后，将数据包放到接收方socket的接收队列中。接收方通过epoll等方式感知到有请求到达后，通过read等系统调用将内核中的请求进行读取处理。桩代码对请求解码，解析出请求方的参数，开始交给被调用方的函数开始真正的处理。

被调用方处理完毕，再将请求交由桩代码。桩代码对处理结果进行编码，通过系统调用发送出去。被调用方的内核负责发送网络包的协议栈封装，然后交由网卡将返回结果发出。

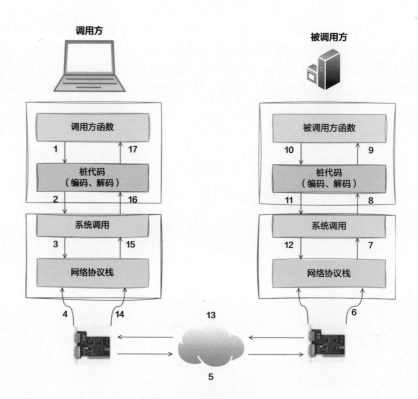

图13.3　RPC调用原理

　　调用方的网卡收到返回结果后，让内核协议栈对它进行处理，再交给调用方（是个用户进程）。调用方读取到返回结果后对其进行解码，最后把解码后的结果返回给调用方函数。

　　相比传统的函数调用，RPC调用引入了很多额外的开销。

　　第一类开销是编解码。各种编程语言在内存中的结构体也好，变量也罢，是无法通过网络直接发送的，必须通过某种序列化的方式将传输的请求或者返回进行编码处理，将其序列化为二进制串后便可以在网络上传输了。有编码，就会有解码。收到传输的一方就要对数据进行解码。常见的编解码方法有protobuf、json等。不管是哪种编解码方法，都是属于CPU密集型的操作，会消耗比较多的CPU资源。

　　第二类开销是内核网络开销。传统的函数调用是不需要经过内核的。但RPC有请求和返回的发送和接收，必须使用网络将其发送出去。在内核中，网络模块是最复杂的模块。层层协议栈处理会产生较大的计算工作量。

　　第三类开销是网络延迟。在本机上，函数调用是纳秒级别的延迟。虽然说一次系统调用的开销很大，但也就是微秒级别的。但是RPC需要经过网络，这个网络对端的服务器有可能物理距离非常远，中间的网络环境也非常复杂。在数据包的发送接收上，可能需要经过较长的延迟来处理。即使是同机房内部的RPC调用，也基本上是毫秒级别的。

　　第四类开销是内核调度延迟。在传统的函数调用中，调用方调用被调用方的函数是在一个进程内完成的。这个时候调用方函数刚执行完，被调用方函数大概率是可以立即开始执行的。但是对于RPC调用，假如被调用方进程正处于睡眠状态，这个时候内核收到请求并通知被调用方进程起来执行。但网络内核模块能做的仅仅是把进程从休眠状态修改为可运行。什么时候这个进程真正可以起来执行，取决于调度器延迟。如果当前服务器的CPU利用率较高，被调用方进程在调度这一项上延迟几毫秒也都是非常正常的事情。

　　第五类开销是上下文切换开销。调用方在发送出去请求后，如果没事干，需要让出CPU，会发生上下文切换。被调用方在等待的，也会进入睡眠状态。当然，在大流量场景下，epoll系统调用可以让调用方、被调用方批量处理很多任务，真正没事干后再休眠。但总之，跨服务器的调用会导致更多的进程上下文切换开销的产生。

　　支出了这么多的开销，但RPC调用获得了一项宝贵的特性，那就是解耦。调用方与被调用方不但可以从一个进程上独立，而且还可以部署到不同的网络环境上、不同的服务器上。服务之间、团队之间的耦合都大大降低。

13.4　本章总结

　　本章介绍了工程中的几种经典的调用方式。

　　在性能上函数调用是开销最低的。函数调用在底层就是通过mov、push、pop、callq等几个CPU指令来实现的，额外的开销非常低。C语言的函数调用只需要不到1纳秒的开销。即使是Go这种支持多返回值的语言，函数调用也只需要2纳秒左右的开销。

　　系统调用用在用户态和内核态之间的交互上。用户通过系统调用来使用内核在底层提供的特性。由于安全性的影响，系统调用在实现上相比用户态内部的函数调用复杂得多。而且还涉及用户栈和内核栈的切换。一般来说，系统调用的开销是微秒级的。

　　RPC调用将远程服务器上提供的功能，通过桩代码在调用方内部构造出和传统函数调用一样的使用方法。但其实在底层实现上，却经过了层层的封装。依次经过编解码、内核协议栈处理、网络传输等步骤。RPC调用开销比较大，算上双方编解码处理、协议栈处理、调度器延迟、网络传输等开销，一般最低延迟也都是毫秒级的，超过十几毫秒都是很常见的。虽然付出了这么多开销，但却收获了解耦这一宝贵的架构特性。

第14章

性能观测技术原理

在服务运行起来后，随时观察和了解服务器运行的状态是非常重要的。比如对CPU利用率、负载、上下文切换、任务迁移、缺页中断、CPI/IPC及Cache Miss等指标的观察可以了解服务器运行是否健康。在发现问题后还需要通过一些深入的跟踪分析来找到软件的瓶颈，以便于对它进行优化。这些都是建立在性能观测技术之上的。

本章我们将深入学习各种性能观测技术的内部原理。例如，CPI指标计算时需要获取CPU周期数统计指标cycles和执行的指令数指标instructions，在内核里是通过什么手段获取这些硬件指标的？火焰图所需要的函数的调用链是通过什么方式获得的？perf工具中支持的静态跟踪tracepoints和动态kprobes在内核中又是如何实现的？我们将对这些观测技术的实现原理进行深入阐述。

14.1 性能观测技术概览

Linux性能观测技术主要分为指标观测和跟踪观测。

其中指标观测是我们常用的。例如常用的CPU利用率、负载和CPI都属于观测指标。这类观测方法的共同点是从系统获取到的是一个数字化的值。例如50%的CPU利用率，100的负载，1.9的CPI，这些指标都会归结成一个数字，用来展示当前系统的运行情况。单纯观测某一个时间点的指标可能说明力还不够。所以业界的做法是按照某个时间定时采集要观测的指标，将每个时间点的指标值存储到一起，然后再用一些高级观测工具清晰地将其展示出来，如图14.1所示。

图14.1 指标观测

在指标的获取上，可以使用一些常见的工具，也可以直接使用内核提供的伪文件中的数据来自行计算，如图14.2所示。

在Kubernetes容器云环境下的kubelet组件就是一个运行在每个服务器节点下的节点代理。该代理内部集成了cAdvisor直接读取内核procfs中的CPU使用时间数据，来定时获取并计算出当前服务器上的CPU利用率等指标信息，然后通过网络发送至指标存储服务器。指标存储因为写多读少、冷热分明、无事务要求等特点，所以一般使用专门的时序数据库来存储，比如InfluxDB、Kdb＋、Prometheus等。在按时间序列将各种指标信息保存好之后，接下来就可以使用高级的可视化工具来方便地对指标进行观测了。图14.3是使用常用的可视化工具Grafana动态观测CPU利用率的一张图片。

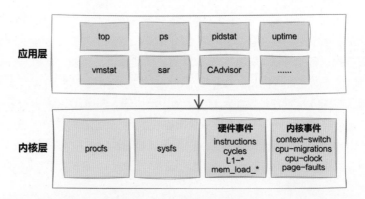

图14.2　常见指标获取工具

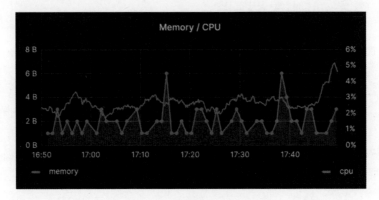

图14.3　Grafana观测CPU利用率

　　指标观测只能用于发现问题，无法用于更精细地定位问题。跟踪观测是更高级的观测技术，跟踪可以理解为在一个正常工作的系统上活动的信息收集过程，可以用于分析和查找真正的性能瓶颈。

　　图14.4所示的火焰图通过采样的方式对用户或内核的调用栈进行分析，找出每次采样时正在执行的函数及其调用栈，然后用更直观的方式展示出来，有助于快速发现是哪些函数耗费了更多的CPU周期。

　　利用火焰图还可以进一步跟踪内核函数的执行情况。

```
<...>-1997939 [002] d... 19251337.694159: sched_switch: prev_comm=node prev_
pid=1997939 prev_prio=120 prev_state=S ==> next_comm=swapper/2 next_pid=0
next_prio=120
<...>-1997960 [004] d... 19251337.694159: sched_switch: prev_comm=node prev_
pid=1997960 prev_prio=120 prev_state=S ==> next_comm=swapper/4 next_pid=0
next_prio=120
<idle>-0      [002] d... 19251337.694166: sched_switch: prev_comm=swapper/2
prev_pid=0 prev_prio=120 prev_state=R ==> next_comm=node next_pid=1997939
next_prio=120
```

```
<...>-1997957 [003] d... 19251337.694170: sched_switch: prev_comm=node prev_
pid=1997957 prev_prio=120 prev_state=S ==> next_comm=swapper/3 next_pid=0
next_prio=120
<idle>-0       [005] d... 19251337.694308: sched_switch: prev_comm=swapper/5
prev_pid=0 prev_prio=120 prev_state=R ==> next_comm=node next_pid=1997958
next_prio=120
```

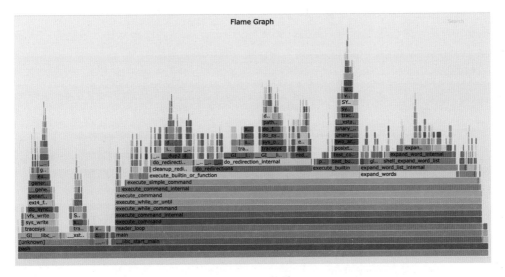

图14.4　火焰图

从总体上来看，跟踪可以分成事件源和工具两类技术。其中事件源是底层事件的
触发和数据的提供者，工具对底层的事件进行处理，为用户提供方便观看的结果，如
图14.5所示。这个领域现在还在快速地迭代更新，近些年涌现出了eBPF相关的各种工具
和技术。

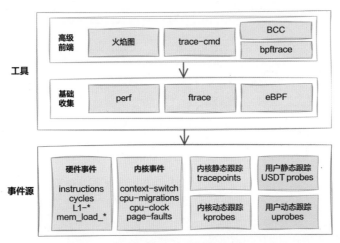

图14.5　观测技术

在工具中火焰图是一个业界常用的工具，可以把底层采样来的数据渲染成直观的图片，方便进行性能问题排查。它的底层又是依赖perf、dtrace等工具给它提供函数调用栈的采样数据来工作的。类似的跟踪工具还有ftrace、trace-cmd，也包括最近几年开始流行起来的eBPF，以及在其上封装出来的BCC、bpftrace等工具。

但不管是上面的何种工具，都是依赖内核和硬件底层提供的事件源来工作的。所以，我认为先把这些事件源真正理解清楚更为重要。在事件源上，分为硬件事件、内核软件事件、内核跟踪和用户跟踪，如图14.6所示。其中内核跟踪技术包括静态跟踪tracepoints、动态跟踪kprobes，用户跟踪技术包括静态跟踪USDT probes、动态跟踪uprobes。

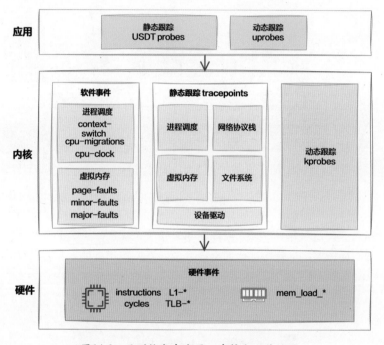

图14.6　观测技术中应用、内核和硬件协同

tracepoints是内核在源码中插了很多桩，当没有跟踪需求的时候，这些桩都处于关闭状态。当某个跟踪点被打开的时候，桩代码就会得以运行。通过这些桩代码可以跟踪到内核的执行过程。这些桩都是静态的，都是在源码里提前放置好了的。桩的优势是比较稳定。但内核不可能在所有函数中都插个桩，所以还有另外一类补充性的技术就是kprobes。

kprobes提供了对内核的动态插桩，这个动态表现在可以对任意内核函数插桩代码。它的缺点是不够稳定，而且要求内核编译时要开启CONFIG_KPROBE_EVENT选项才能工作。在实际跟踪内核的时候，优先选择已有的tracepoint静态跟踪点，如果tracepoints不满足需求，再结合kprobes进行动态跟踪。二者搭配着来用。

14.2 内核伪文件系统

在第8章中提到了服务器CPU利用率和负载数据分别是通过读取/proc/stat、/proc/loadavg来获取的。在第11章我们看到了容器的CPU利用率是通过/sys/fs/cgroup/cpuacct下的文件计算获得的。这些都属于内核中的伪文件。内核的很多统计指标都通过伪文件系统对用户层来暴露。

内核提供的伪文件种类包括procfs (/proc)、sysfs (/sys)、debugfs (/sys/kernel/debug)、configfs (/sys/kernel/config)和tracefs (/sys/kernel/tracing)等几种。这些伪文件功能非常强大，对外展示了非常多的内核运行时的指标统计，也可以通过这些伪文件来干预内核的工作逻辑。本节将展开介绍procfs和sysfs。

14.2.1 procfs

procfs挂载在/proc/目录下。在本书中，多次使用到/proc目录下的伪文件来读取需要的数据：

- **/proc/interrupts**：用来查看系统中的中断号。
- **/proc/irq/[中断号]/smp_affinity**：用来查看指定的中断号的CPU亲和性，看看是由哪个CPU核处理的。
- **/proc/stat**：用来查看系统整体的统计情况，包括CPU资源的时间消耗情况。
- **/proc/loadavg**：用来查看系统整体的负载统计情况。
- **/proc/[pid]/status**：用来查看进程的状态，包括进程名、允许使用的CPU核范围、内存情况和上下文切换次数等。
- **/proc/[pid]/cgroup**：用来查看进程所归属的cgroup。

除此之外，/proc下还有非常多的文件，限于篇幅，我挑选了如下这些我认为重要的：

- **/proc/buddyinfo**：用来查看系统中伙伴系统的统计情况。
- **/proc/cpuinfo**：用来查看系统的CPU信息，NUMA结构、物理核、逻辑核、主频、缓存大小等信息都可以看到。
- **/proc/devices**：用来查看系统的设备信息，包括字符设备、块设备。其中的system/cpu/可以查看到的CPU信息更全面，能看到缓存大小。
- **/proc/diskstat**：用来查看磁盘IO的统计信息。
- **/proc/filesystems**：用来查看系统挂载的文件系统信息。
- **/proc/mounts**：用来查看系统的文件系统挂载情况。
- **/proc/meminfo**：用来查看系统的内存信息，总内存、可用内存、Buffer、Cache、SLAB消耗、巨页消耗等都有统计。

- /proc/net/：用来展示系统的各种网络参数和统计信息。
- /proc/pagetypeinfo：用来查看系统中的伙伴系统信息，比buddyinfo输出得更详细。
- /proc/softirqs：用来查看系统中软中断的统计情况，包括TIMER、收发包等。
- /proc/schedstat：用来查看系统中进程调度的统计信息。
- /proc/sys/kernel：用来查看和修改各种内核参数。
- /proc/slabinfo：用来查看内核中各种内核对象在slab缓存中的分配情况。
- /proc//uptime：用来查看系统启动时间。
- /proc/version：用来查看Linux内核版本。

/proc/net是一个目录，里面包含了很多网络相关的信息：

- /proc/net/arp：用来查看系统的arp表。
- /proc/net/dev：用来查看系统的网络设备信息，包括设备名、收发包数量、丢包统计等信息。
- netstat：用来查看系统的各种网络连接的信息，包括TCP、UDP等。
- route：用来查看系统的IP路由表。
- sockstat：用来查看系统中IPv4网络相关的统计信息。
- tcp：用来查看系统上的TCP连接及其状态信息。
- udp：用来查看系统上的UDP相关的各种信息。
- unix：用来查看系统上的UNIX套接字的连接信息。

还有一大类是进程相关的，在/proc/[pid]/目录下。其中pid是进程号。在这个目录下有很多和进程相关的重要信息：

- /proc/[pid]/comm：用来查看进程名（即可执行文件名）。
- /proc/[pid]/cgroup：用来查看进程的cgroup信息。
- /proc/[pid]/pwd：用来查看进程的当前工作目录。
- /proc/[pid]/environ：用来查看进程的环境变量。
- /proc/[pid]/exe：指向进程的可执行文件。
- /proc/[pid]/fd：用来查看所有进程打开的文件描述符，包括标准输入输出、磁盘文件、socket等。
- /proc/[pid]/maps：用来查看进程的内存地址空间映射情况，包括加载的动态链接库的虚拟地址、在文件中的物理地址、权限等信息。
- /proc/[pid]/net：用来查看该进程打开的所有网络连接的信息。
- /proc/[pid]/ns：用来查看该进程所归属的各种类型的命名空间。
- /proc/[pid]/root：用来查看进程的根目录。
- /proc/[pid]/sched：用来查看进程的调度信息。包括进程调度参数和在当前CPU上运行的时间段相关信息。

- **/proc/[pid]/schedstat**：用来查看进程的调度信息。包括进程在CPU上运行的时间、在IO等待的时间及在虚拟时钟上运行的时间。
- **/proc/[pid]/stat**：用来查看进程状态相关的各种统计信息，例如进程状态、进程ID、父进程ID、内存使用量等。
- **/proc/[pid]/statm**：用来查看进程的内存使用情况。包括总内存、物理内存、共享内存、代码段大小、数据段大小、进程的脏页大小等。
- **/proc/[pid]/status**：用来查看进程的详细状态信息，如进程ID、进程名、进程状态、CPU使用情况、内存使用情况等。

14.2.2　sysfs

sysfs挂载在/sys/目录下。/sys/device目录下包含了系统上所有设备的信息。在第1章中讲解的查看CPU缓存，就是通过/sys下的devices/system目录来查看的。主要目录有：

- **/sys/devices/pci**：包含了系统下所有的PCI设备信息。
- **/sys/devices/virtual**：包含了系统下的虚拟设备信息，例如回环网卡loopback设备等。
- **/sys/devices/system**：包含了系统下各种硬件设备、系统信息和内核参数等。

/sys/fs目录下包含了与文件系统相关的信息：

- **/sys/fs/ext4**：包含了系统的ext文件系统信息。
- **/sys/fs/cgroup**：包含系统中所有控制组（cgroup）的查看和管理。
- **/sys/fs/bpf**：用于控制和管理内核中的eBPF程序。

/sys/kernel目录下是内核中所有可调整的参数。

14.3　硬件和软件事件

很多观测都是基于事件的，包括CPU硬件相关的事件和内核操作系统中的软件事件。

14.3.1　硬件事件

在第8章讨论指令运行效率时，讨论了CPI和IPC。其中CPI又是根据CPU硬件的周期数统计指标cycles和执行的指令数指标instructions统计出来的。另外还包括即将在后面章节讨论的Cache Miss相关的几个指标，这些都来源于硬件事件的统计，都是根据CPU硬件的运行过程中的实时情况统计出来的。

　　硬件事件，也是性能观测领域中非常重要的数据来源之一。下面介绍内核是如何和CPU硬件协同来获取底层的指令数、缓存命中率等指标的。

　　CPU的硬件开发者们也想到了软件开发人员会有统计观察硬件指标的需求，所以在硬件设计的时候，加了一类专用的寄存器，专门用于系统性能监视。这类寄存器的名字叫性能监测计数器（PMC，Performance Monitoring Counter）。每个PMC寄存器都包含一个计数器和一个事件选择器，计数器用于存储事件发生的次数，事件选择器用于确定所要计数的事件类型。例如，可以使用PMC寄存器来统计L1缓存命中率或指令执行周期数等。当CPU执行到PMC寄存器所指定的事件时，硬件会自动对计数器加1，而不会对程序的正常执行造成任何干扰。有了底层的支持，上层的Linux内核就可以通过读取这些PMC寄存器的值来获取想要观察的指标了。整体的工作流程如图14.7所示。

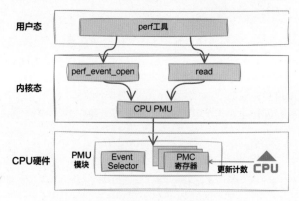

图14.7　硬件指标获取原理

　　为了更清晰地把硬件指标获取过程讲清楚，我们直接使用内核提供的系统调用来获取这些硬件指标。开发步骤大概包含两个步骤：

- 第一步，调用perf_event_open创建perf文件描述符。
- 第二步，定时read读取perf文件描述符获取数据。

　　其核心代码大致如下。为了避免干扰，我只保留了主干。完整的源码参见本书配套源码chapter-14/test-02。

```
int main()
{
    // 第一步，创建perf文件描述符
    struct perf_event_attr attr;
    attr.type=PERF_TYPE_HARDWARE; // 表示监测硬件
    attr.config=PERF_COUNT_HW_INSTRUCTIONS; // 标志监测指令数

    // 第一个参数 pid=0 表示只检测当前进程
    // 第二个参数 cpu=-1 表示检测所有CPU核
    int fd=perf_event_open(&attr,0,-1,-1,0);
```

```
// 第二步，定时获取指标计数
while(1)
{
    read(fd,&instructions,sizeof(instructions));
    ......
}
}
```

在源码中首先声明了一个创建perf文件所需的perf_event_attr参数对象。这个对象中的type设置为PERF_TYPE_HARDWARE，表示监测硬件事件，config设置为PERF_COUNT_HW_INSTRUCTIONS，表示要监测指令数。

然后调用perf_event_open系统调用。在该系统调用中，除了perf_event_attr对象，pid和cpu这两个参数也是非常关键的。其中pid为-1表示要监测所有进程，为0表示监测当前进程，>0表示要监测指定pid的进程。对于cpu来说，-1表示要监测所有核，其他值表示只监测指定的核。

内核在分配到perf_event以后，会返回一个文件句柄fd。后面这个perf_event结构可以通过read/write/ioctl/mmap通用文件接口来操作。

> ★
> 注意
>
> perf_event有两种使用方法，分别是计数和采样。本书中的例子是最简单的计数。对于采样场景，支持的功能更丰富，可以获取调用栈，进而渲染出火焰图等更高级的功能。这种情况下就不能使用简单的read了，需要给perf_event分配ringbuffer空间，然后通过mmap系统调用来读取。在perf中对应的功能是perf record/report功能。

将完整的源码编译运行。

```
# gcc main.c -o main
# ./main
instructions=1799
instructions=112654
instructions=123078
instructions=133505
......
```

14.3.1.1 CPU PMU的初始化

Linux的PMU（Performance Monitoring Unit）子系统是一种用于监视和分析系统性能的机制。它将每一种要观察的指标都定义为一个PMU，通过perf_pmu_register函数注册到系统中。

其中对于CPU来说，定义了一个针对x86架构CPU的PMU，并在开机启动时就会注册到系统中。

```
// file:arch/x86/events/core.c
static struct pmu pmu = {
    .pmu_enable      = x86_pmu_enable,
    .read            = x86_pmu_read,
    ......
}

static int __init init_hw_perf_events(void)
{
    ......
    err = perf_pmu_register(&pmu, "cpu", PERF_TYPE_RAW);
}
```

14.3.1.2　perf_event_open系统调用

在前面的实例代码中，可以看到是通过perf_event_open系统调用创建了一个perf文件。我们来看看这个创建过程都做了什么。

```
// file:kernel/events/core.c
SYSCALL_DEFINE5(perf_event_open,
        struct perf_event_attr __user *, attr_uptr,
        pid_t, pid, int, cpu, int, group_fd, unsigned long, flags)
{
    ......
    // 1.为调用者申请新文件句柄
    event_fd = get_unused_fd_flags(f_flags);

    ......
    // 2.根据用户参数attr，定位pmu对象，通过pmu初始化event
    event = perf_event_alloc(&attr, cpu, task, group_leader, NULL,
                NULL, NULL, cgroup_fd);
    pmu = event->pmu;

    // 3.创建perf_event_context ctx对象，ctx保存了事件上下文的各种信息
    ctx = find_get_context(pmu, task, event);


    // 4.创建一个文件，指定perf类型文件的操作函数为perf_fops
    event_file = anon_inode_getfile("[perf_event]", &perf_fops, event,
                f_flags);

    // 5. 把event安装到ctx中
    perf_install_in_context(ctx, event, event->cpu);

    fd_install(event_fd, event_file);
    return event_fd;
}
```

上面的代码是perf_event_open的核心源码。其中最关键的是perf_event_alloc的调用。在这个函数中，根据用户传入的attr查找pmu对象。回忆本章的实例代码，我们指定的是要监测CPU硬件中的指令数。

```
struct perf_event_attr attr;
attr.type=PERF_TYPE_HARDWARE; // 表示监测硬件
attr.config=PERF_COUNT_HW_INSTRUCTIONS; // 标志监测指令数
```

所以这里就会定位到前面小节提到的CPU PMU对象，并用这个pmu初始化新event。接着再调用anon_inode_getfile创建一个真正的文件对象，并指定该文件的操作方法是perf_fops。perf_fops定义的操作函数如下。

```
// file:kernel/events/core.c
static const struct file_operations perf_fops = {
    ......
    .read              = perf_read,
    .unlocked_ioctl    = perf_ioctl,
    .mmap              = perf_mmap,
};
```

在创建完perf内核对象后，还会触发在perf_pmu_enable后经过一系列的调用，最终指定要监测的寄存器。

```
perf_pmu_enable
-> pmu_enable
  -> x86_pmu_enable
   -> x86_assign_hw_event
// file:arch/x86/events/core.c
static inline void x86_assign_hw_event(struct perf_event *event,
              struct cpu_hw_events *cpuc, int i)
{
    struct hw_perf_event *hwc = &event->hw;
    ......
    switch (hwc->idx) {
    case INTEL_PMC_IDX_FIXED_BTS:
    case INTEL_PMC_IDX_FIXED_VLBR:
      hwc->config_base = 0;
      hwc->event_base = 0;
      break;

    case INTEL_PMC_IDX_METRIC_BASE ... INTEL_PMC_IDX_METRIC_END:
      /* All the metric events are mapped onto the fixed counter 3. */
      idx = INTEL_PMC_IDX_FIXED_SLOTS;
      fallthrough;
    case INTEL_PMC_IDX_FIXED ... INTEL_PMC_IDX_FIXED_BTS-1:
      hwc->config_base = MSR_ARCH_PERFMON_FIXED_CTR_CTRL;
      hwc->event_base = MSR_ARCH_PERFMON_FIXED_CTR0 +
```

```
            (idx - INTEL_PMC_IDX_FIXED);
        hwc->event_base_rdpmc = (idx - INTEL_PMC_IDX_FIXED) |
                INTEL_PMC_FIXED_RDPMC_BASE;
        break;

    default:
        hwc->config_base = x86_pmu_config_addr(hwc->idx);
        hwc->event_base  = x86_pmu_event_addr(hwc->idx);
        hwc->event_base_rdpmc = x86_pmu_rdpmc_index(hwc->idx);
        break;
    }
}
```

14.3.1.3 read读取计数

在实例代码的第2步，定时调用read系统调用来读取指标计数。在实验源码中我们看到了新创建出来的perf文件对象在内核中的操作方法是perf_read。

```
// file:kernel/events/core.c
static const struct file_operations perf_fops = {
    ......
    .read            = perf_read,
    .unlocked_ioctl  = perf_ioctl,
    .mmap            = perf_mmap,
};
```

perf_read函数实际上可以支持同时读取多个指标。但为了描述起来简单，我只描述其读取一个指标时的工作流程。其调用链如下。

```
perf_read
-> __perf_read
--> perf_read_one
---> __perf_event_read_value
----> perf_event_read
-----> __perf_event_read_cpu
------> perf_event_count
```

在perf_event_read中要读取硬件寄存器中的值。

```
// file:kernel/events/core.c
static int perf_event_read(struct perf_event *event, bool group)
{
    ......

again:
    // 如果event正在运行，尝试更新最新的数据
    if (state == PERF_EVENT_STATE_ACTIVE) {
        ......
```

```
        (void)smp_call_function_single(event_cpu, __perf_event_read, &data, 1);
        ret = data.ret;
    } else if (state == PERF_EVENT_STATE_INACTIVE) {
        ......
    }
    return ret;
}
```

smp_call_function_single这个函数是要在指定的CPU上运行某个函数。因为寄存器都是CPU专属的，所以读取寄存器应该指定CPU核。要运行的函数就是其参数中指定的__perf_event_read。在这个函数中，真正读取了x86 CPU硬件寄存器。

```
__perf_event_read
-> x86_pmu_read
--> intel_pmu_read_event
---> x86_perf_event_update
```

其中__perf_event_read调用x86 架构这块是通过函数指针指过来的。

```
// file:kernel/events/core.c
static void __perf_event_read(void *info)
{
    ......
    pmu->read(event);
}
```

本书前面介绍过CPU的这个pmu，它的read函数指针是指向x86_pmu_read的。

```
// file:arch/x86/events/core.c
static struct pmu pmu = {
    ......
    .read            = x86_pmu_read,
}
```

这样就会执行到x86_pmu_read，最后就会调用到x86_perf_event_update。在x86_perf_event_update中调用rdpmcl汇编指令来获取寄存器中的值。

```
// file:arch/x86/events/core.c
u64 x86_perf_event_update(struct perf_event *event)
{
    ......
    rdpmcl(hwc->event_base_rdpmc, new_raw_count);
    ......
    return new_raw_count
}
```

最后返回到perf_read_one中，调用copy_to_user将值真正复制到用户空间，这样我们的进程就读取到了寄存器中的硬件执行计数了。

```
// file:kernel/events/core.c
static int perf_read_one(struct perf_event *event,
                u64 read_format, char __user *buf)
{
    values[n++] = __perf_event_read_value(event, &enabled, &running);
    ......

    copy_to_user(buf, values, n * sizeof(u64))
    return n * sizeof(u64);
}
```

14.3.2 软件事件

其实内核开发者也都知道内核运行的过程中，哪些开销会比较高，所以老早就给我们提供了一种名为软件性能事件的支持，以方便应用的开发者来观测这些事件发生的次数及发生时所触发的函数调用链。

14.3.2.1 软件事件列表

通过perf的list子命令可以查看当前系统都支持哪些软件性能事件。

```
# perf list sw
List of pre-defined events (to be used in -e):
  alignment-faults                              [Software event]
  context-switches OR cs                        [Software event]
  cpu-migrations OR migrations                   [Software event]
  emulation-faults                              [Software event]
  major-faults                                  [Software event]
  minor-faults                                  [Software event]
  page-faults OR faults                         [Software event]
  task-clock                                    [Software event]
```

其中上面命令中的sw是software的简称，其实指的就是内核。下面的列表列明了一些影响性能的事件。接下来逐一进行解释。

alignment-faults

这个指的是对齐异常。简单来说，当CPU访问内存地址时，如果发现访问的地址是不对齐的，内核向内存请求数据的时候可能一次IO不够，还要再触发一次IO才能把数据读取回来。对齐异常会增加本来不需要的内存IO，必然会拖累程序运行性能。

如果你还没理解，可以看看图14.8，图14.8中0~63比特和64~127比特的数据都可以由一次内存IO完成。但如果你的应用程序非要从40比特位置开始获取长为64比特的数据，那就是不对齐的。

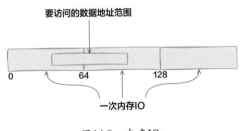

图14.8 内存IO

context-switches

这个指的是进程上下文切换，如图14.9所示。平均每次进程上下文切换的开销都要3~5μs。这对于运行得飞快的操作系统来说，已经是非常长的时间了，而更为关键的是，对于用户程序来说，这段时间完完全全浪费掉了。频繁切换上下文还会进一步导致CPU缓存命中率变差，拉高CPI。

图14.9 进程上下文切换

cpu-migrations

这个指的是如果每次进程调度的时候都能在同一个CPU核上执行，那么大概率这个核的L1、L2、L3等缓存里存储的数据还能用得上，缓存命中率高可以避免对数据的访问穿透到过慢的内存中。所以内核在调度器的实现上开发了wake_affine机制使得调度尽可能地使用上一次用过的核。

但如果进程在调度器唤醒的时候发现上一次使用过的核被别的进程占了，那该怎么办？总不至于不让这个进程唤醒，硬等上一次用过的这个CPU核吧？给它分配一个别的核让进程可以及时获得CPU也许更好。但这时就会导致进程执行时在CPU之间跳来跳去，这种现象就叫作任务迁移。显然任务迁移是对CPU缓存不太友好的。如果迁移次数过多必然会导致进程运行性能的下降。

emulation-faults

emulation-faults错误是在QEMU虚拟机中运行x86应用程序时出现的一种错误类型。x86程序需要在x86架构的计算机上运行，并且依赖该计算机的硬件架构和指令集。QEMU作为一款模拟器，可以模拟x86硬件架构和指令集，但是由于模拟器与真实硬件之间存在差异，因此在运行x86应用程序时可能会产生emulation-faults错误。

page-faults

page-faults是我们常说的缺页中断。用户进程在申请内存的时候，其实申请到的只是一个vm_area_struct而已，是一段地址范围。物理内存并不会立即分配，具体的分配要等到实际访问的时候。当进程在运行的过程中在栈上开始分配和访问变量的时候，如果物理页还没有分配，会触发缺页中断。在缺页中断中真正地分配物理内存。

其中缺页中断又分为两种，分别是major-faults和minor-faults。这两种错误的区别在于major-faults会导致磁盘IO的发生，所以对程序运行的影响更大。

14.3.2.2 软件事件统计

基于软件事件可进行软件事件的计数和采样。计数可以看到系统中实际发生了多少次这样的事件。这个使用perf stat子命令就可以办到。

```
# perf stat -e alignment-faults,context-switches,cpu-migrations,emulation-
faults,page-faults,major-faults,minor-faults sleep 5
 Performance counter stats for 'sleep 5':
        0         alignment-faults:u
        0         context-switches:u
        0         cpu-migrations:u
        0         emulation-faults:u
       56         page-faults:u
        0         major-faults:u
       56         minor-faults:u
```

由于我是在手头的一台开发机上操作的上述命令，所以很多指标都为0，只发生了56次不太严重的minor-faults。这个命令统计的是整个系统的情况。

如果只想查看指定的程序或进程，那就在后面加上程序名，或者通过-p指定进程pid。

```
# perf stat <可执行程序>        // 统计指定程序
# perf stat -p <pid>           // 统计指定进程
```

如果想看看到底是哪些函数调用链导致的错误，perf record命令可以帮助你进行栈的采样。

例如，如果你想看一下context-switches都是如何发生的，那就执行如下命令。

```
# perf record -a -g -e context-switches sleep 30
```

在上面的命令中，-a指的是要查看所有栈，包括用户栈，也包括内核栈。-g指的是不仅采样时记录当前运行的函数名，还要记录整个调用链。-e指的是只采样context-switches事件。sleep指的是采集30秒。命令执行完后，当前目录下会输出一个perf.data文件。

在默认情况下，perf stat一秒要采集4000次。这会导致采集出来的perf.data文件过大，而且也会影响程序性能。你可以通过-F参数来控制采集频率。

```
# perf record -F 100
```

使用perf script可以查看该perf.data文件中的内容，如图14.10所示。

```
# perf script
```

```
perf 2838091 [005] 593636.718644:          1 context-switches:
    ffffffff8178928a preempt_schedule_common+0xa (/usr/lib/debug/boot/vmlinux-5.4.56.bsk.10-amd64)
    ffffffff8178928a preempt_schedule_common+0xa (/usr/lib/debug/boot/vmlinux-5.4.56.bsk.10-amd64)
    ffffffff817892bd _cond_resched+0x1d (/usr/lib/debug/boot/vmlinux-5.4.56.bsk.10-amd64)
    ffffffff8115236d stop_one_cpu+0x6d (/usr/lib/debug/boot/vmlinux-5.4.56.bsk.10-amd64)
    ffffffff810bdc39 __set_cpus_allowed_ptr+0x209 (/usr/lib/debug/boot/vmlinux-5.4.56.bsk.10-amd64)
    ffffffff810c002f sched_setaffinity+0x1ef (/usr/lib/debug/boot/vmlinux-5.4.56.bsk.10-amd64)
    ffffffff810c0144 __x64_sys_sched_setaffinity+0x54 (/usr/lib/debug/boot/vmlinux-5.4.56.bsk.10-amd64)
    ffffffff81004269 do_syscall_64+0x59 (/usr/lib/debug/boot/vmlinux-5.4.56.bsk.10-amd64)
    ffffffff8180008c entry_SYSCALL_64+0x7c (/usr/lib/debug/boot/vmlinux-5.4.56.bsk.10-amd64)
        7f48849f57b9 sched_setaffinity@@GLIBC_2.3.4+0x9 (/usr/lib/x86_64-linux-gnu/libc-2.28.so)
        563e4f6ff933 evlist__enable+0x83 (/usr/bin/perf)
        563e4f66f26e cmd_record+0x1ebe (/usr/bin/perf)
        563e4f6eb01d run_builtin+0x6d (/usr/bin/perf)
        563e4f65569a main+0x69a (/usr/bin/perf)
        7f488493909b __libc_start_main+0xeb (/usr/lib/x86_64-linux-gnu/libc-2.28.so)
        41fd89415541f689 [unknown] ([unknown])
```

图14.10　perf script输出结果示例

也可以使用perf report命令进行一个简单的统计，如图14.11所示。

```
# perf report
```

```
Samples: 16K of event 'context-switches', Event count (approx.): 284689
  Children      Self  Command        Shared Object          Symbol
-   48.99%    48.99%  swapper        [kernel.vmlinux]       [k] schedule_idle
  + 0xffffffff810000d4
    48.99%     0.00%  swapper        [kernel.vmlinux]       [k] 0xffffffff810000d4
-   48.99%     0.00%  swapper        [kernel.vmlinux]       [k] cpu_startup_entry
    cpu_startup_entry
    do_idle
    schedule_idle
    schedule_idle
+   48.99%     0.00%  swapper        [kernel.vmlinux]       [k] do_idle
+   42.66%     0.00%  swapper        [kernel.vmlinux]       [k] start_secondary
+   14.25%    14.25%  juno           [kernel.vmlinux]       [k] schedule
+   14.24%     0.00%  juno           [kernel.vmlinux]       [k] entry_SYSCALL_64
+   14.24%     0.00%  juno           [kernel.vmlinux]       [k] do_syscall_64
+   10.61%    10.61%  cache_flush    [kernel.vmlinux]       [k] schedule
+   10.61%     0.00%  cache_flush    libstdc++.so.6         [.] execute_native_thread_routine
+   10.61%     0.00%  cache_flush    libpthread.so.0        [.] 0x00007f51581b659d
+   10.61%     0.00%  cache_flush    [kernel.vmlinux]       [k] entry_SYSCALL_64
+   10.61%     0.00%  cache_flush    [kernel.vmlinux]       [k] do_syscall_64
+   10.61%     0.00%  cache_flush    [kernel.vmlinux]       [k] __x64_sys_nanosleep
+   10.61%     0.00%  cache_flush    [kernel.vmlinux]       [k] hrtimer_nanosleep
+   10.61%     0.00%  cache_flush    [kernel.vmlinux]       [k] do_nanosleep
+    7.33%     0.00%  juno           [kernel.vmlinux]       [k] schedule_hrtimeout_range_clock
```

图14.11　perf report输出结果示例

最好的统计办法是用火焰图的方式，这样能清楚地看到哪个链路上的上下文切换发生得最为频繁，如图14.12所示。火焰图的原理将在下一节详细介绍。

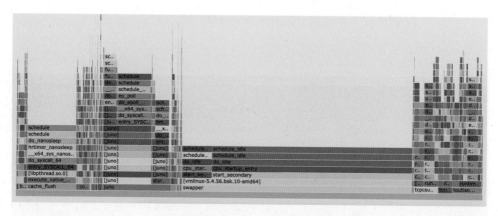

图14.12　导致上下文切换的链路

14.4　火焰图原理

在进行CPU性能优化的时候，经常需要先分析出来我们的应用程序中的CPU资源在哪些函数中使用得比较多，这样才能高效地优化。一个非常好的分析工具就是《性能之巅》作者Brendan Gregg发明的火焰图，如图14.13所示。

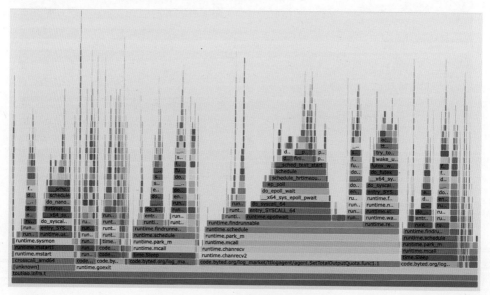

图14.13　某服务器采样的CPU火焰图

在这张火焰图中，一个函数占据的宽度越宽，表明该函数消耗的CPU占比越高。但对于位于火焰图下方的函数来说，它们虽然开销比较大，但都是因为其子函数执行消耗的。所以一般都是看最上方的宽度较长的函数，这是导致整个系统CPU利用率比较高的热点，把它优化好可以提升程序运行性能。

火焰图的生成主要分两步，一步是采样，另一步是渲染。在采样这一步，主要依赖内核提供的perf_event_open系统调用。该系统调用在内部给CPU指定了中断处理函数。然后CPU会定时发起中断，内核在每次中断中，都会对当前CPU正在执行的函数进行采样。具体过程是访问该进程的IP寄存器的值（也就是下一条指令的地址）。通过分析该进程的可执行文件，可以得知每次采样的IP值处于哪个函数内部。最终内核和硬件协同合作，定时将当前正在执行的函数甚至是函数完整的调用链路记录下来。

在渲染这一步，Brendan Gregg提供的脚本会对perf工具输出的perf_data文件进行预处理，然后基于预处理后的数据渲染成svg图。函数执行的次数越多，在svg图中的宽度就越宽，我们就可以非常直观地看出哪些函数消耗的CPU多了。

先来展示火焰图是如何做出来的，为了方便理解，我写了一段最小化的代码，它在配套源码的chapter-14/test-01下。其核心就是对3个函数的不同次数的调用。

```c
int main() {
    for (i = 0; i < 100; i++) {
        if (i < 10) {
            funcA();
        } else if (i < 16) {
            funcB();
        } else {
            funcC();
        }
    }
}
```

先对它进行编译并用perf运行采样。

```
# gcc -o main main.c
# perf record -g ./main
```

这个时候，在你执行命令的当前目录下生成了一个perf.data文件。接下来需要把Brendan Gregg的生成火焰图的项目下载下来。我们需要这个项目里的两个perl脚本。

```
# git clone https://github.com/brendangregg/FlameGraph.git
```

接下来使用perf script解析这个输出文件，并把输出结果传入FlameGraph/stackcollapse-perf.pl脚本来进一步解析，最后交由FlameGraph/flamegraph.pl来生成svg格式的火焰图。具体的命令可以用一行来完成。

```
# perf script | ./FlameGraph/stackcollapse-perf.pl | ./FlameGraph/flamegraph.pl > out.svg
```

这样，一幅火焰图就生成好了，如图14.14所示。

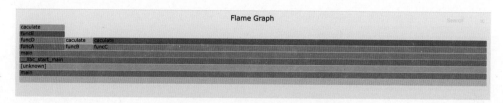

图14.14　一幅简单的火焰图绘制

14.4.1　perf采样原理

在生成火焰图的第一步，需要对要观察的进程或服务器进行采样。采样可用的工具有几个，这里用的是perf record。

```
# perf record -g ./main
```

在上面的命令中，-g指的是采样的时候要记录调用栈的信息。./main是启动main程序，并只采样这一个进程。默认情况下采集的是Hardware event下的cycles事件。假如想采样cache-misses事件，可以通过-e参数指定。

```
# perf record -e cache-misses  sleep 5 //指定要采集的事件
```

perf record的功能非常丰富，将在第15章中介绍，本节着重看采样的工作原理。以默认的CPU硬件事件cycles采样为例，整体的工作流程大致如图14.15所示。

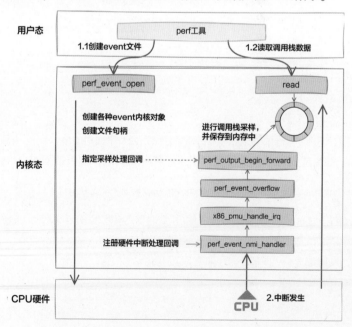

图14.15　perf采样原理

其中的perf_event_open完成了非常重要的几项工作:

- 创建各种event内核对象。
- 创建各种event文件句柄。
- 指定采样处理回调为perf_event_output_xx。
- 注册硬件中断处理回调perf_event_nmi_handler。

CPU硬件会根据perf_event_open调用时指定的周期发起中断，调用perf_event_nmi_handler通知内核进行采样处理。

```
// file:arch/x86/events/core.c
static int perf_event_nmi_handler(unsigned int cmd, struct pt_regs *regs)
{
    ret = static_call(x86_pmu_handle_irq)(regs);
    ......
}
```

该终端处理函数的函数调用链经过x86_pmu_handle_irq到达perf_event_overflow。其中perf_event_overflow是一个关键的采样函数。无论是硬件事件采样，还是软件事件采样都会调用到它。它会调用perf_event_open执行时注册的overflow_handler。假设overflow_handler为perf_event_output_forward。

```
// file:kernel/events/core.c
void perf_event_output_forward(struct perf_event *event, ...)
{
    __perf_event_output(event, data, regs, perf_output_begin_forward);
}
```

在__perf_event_output中真正进行了采样处理。

```
// file:kernel/events/core.c
static __always_inline int
__perf_event_output(struct perf_event *event, ...)
{
    ......
    // 进行采样
    perf_prepare_sample(&header, data, event, regs);
    // 保存到环形缓存区中
    perf_output_sample(&handle, &header, data, event);
}
```

如果开启了PERF_SAMPLE_CALLCHAIN，则不仅会把当前在执行的函数名采集下来，还会把整个调用链都记录下来。

```
// file:kernel/events/core.c
void perf_prepare_sample(...)
```

```
{
    // 1.采集IP寄存器和当前正在执行的函数
    if (sample_type & (PERF_SAMPLE_IP | PERF_SAMPLE_CODE_PAGE_SIZE))
        data->ip = perf_instruction_pointer(regs);

    // 2.采集当前的调用链
    if (sample_type & PERF_SAMPLE_CALLCHAIN) {
        int size = 1;

        if (filtered_sample_type & PERF_SAMPLE_CALLCHAIN)
            data->callchain = perf_callchain(event, regs);

        size += data->callchain->nr;
        header->size += size * sizeof(u64);
    }
    ......
}
```

这样硬件和内核一起协助配合就完成了函数调用栈的采样。后面perf工具就可以读取这些数据并进行下一次的处理了。

14.4.2　FlameGraph工作过程

采样后生成的样本信息中的函数调用栈信息比较长。

```
# perf script
......
59848 main 412201 389052.225443:        676233 cycles:u:
59849              55651b8b5132 caculate+0xd (/data00/home/zhangyanfei.allen/
work_test/test07/main)
59850              55651b8b5194 funcC+0xe (/data00/home/zhangyanfei.allen/
work_test/test07/main)
59851              55651b8b51d6 main+0x3f (/data00/home/zhangyanfei.allen/
work_test/test07/main)
59852              7f8987d6709b __libc_start_main+0xeb (/usr/lib/x86_64-linux-
gnu/libc-2.28.so)
59853              41fd89415541f689 [unknown] ([unknown])
......
```

在画火焰图前需要对这个数据进行预处理。stackcollapse-perf.pl脚本会统计每个调用栈回溯的次数，并将调用栈处理为一行。行前面表示的是调用栈，后面输出的是采样到该函数运行的次数。

```
# perf script | ../FlameGraph/stackcollapse-perf.pl
main;[unknown];__libc_start_main;main;funcA;funcD;funcE;caculate 554118432
main;[unknown];__libc_start_main;main;funcB;caculate 338716787
main;[unknown];__libc_start_main;main;funcC;caculate 4735052652
main;[unknown];_dl_sysdep_start;dl_main;_dl_map_object_deps 9208
```

```
main;[unknown];_dl_sysdep_start;init_tls;[unknown] 29747
main;_dl_map_object;_dl_map_object_from_fd 9147
main;_dl_map_object;_dl_map_object_from_fd;[unknown] 3530
main;_start 273
main;version_check_doit 16041
```

    上面perf script 5万多行的输出，经过stackcollapse.pl预处理后，输出只有不到10行，数据量得到了大大简化。在FlameGraph项目目录下，能看到很多名字以stackcollapse开头的文件，如图14.16所示。

📄	stackcollapse-aix.pl	AIX stack probes and stack collapse script	7 years ago
📄	stackcollapse-bpftrace.pl	Update stackcollapse-bpftrace to work with book examples	2 years ago
📄	stackcollapse-chrome-tracing.py	Add stackcollapse for chrome trace event format	6 years ago
📄	stackcollapse-elfutils.pl	stackcollapse tool for elfutils stack	8 years ago
📄	stackcollapse-gdb.pl	stackcollapse-gdb: Do not forget the last sample	8 years ago
📄	stackcollapse-go.pl	Fix spelling of stackcollapse in comments	5 years ago
📄	stackcollapse-instruments.pl	Update Xcode Instruments converter to handle Deep Copy format	last year
📄	stackcollapse-java-exceptions.pl	Ignore "waiting on" in middle of stack	5 years ago
📄	stackcollapse-jstack.pl	Mark EPoll.wait as WAITING	4 years ago
📄	stackcollapse-ljp.awk	Fix spelling of stackcollapse in comments	5 years ago
📄	stackcollapse-perf-sched.awk	Be less brittle to different arguments to perf script	8 years ago
📄	stackcollapse-perf.pl	Merge pull request #250 from guoshimin/period	8 months ago
📄	stackcollapse-pmc.pl	stackcollapse-pmc.pl: fix uninitialized value warn on empty input	9 months ago
📄	stackcollapse-recursive.pl	Recursive call filter: allow floating point values and better regex h...	8 years ago
📄	stackcollapse-sample.awk	Allow stacks to be captured from /usr/bin/sample on macOS	6 years ago
📄	stackcollapse-stap.pl	Fix spelling of stackcollapse in comments	5 years ago
📄	stackcollapse-vsprof.pl	[#138] Add stackcollapse script for visual studio profiles	6 years ago
📄	stackcollapse-vtune-mc.pl	Increase regex compatibility	4 years ago
📄	stackcollapse-vtune.pl	Add support for different VTune versions	6 years ago
📄	stackcollapse-wcp.pl	support wallClockProfiler	3 years ago
📄	stackcollapse-xdebug.php	Move License comment inside php-tag.	3 years ago
📄	stackcollapse.pl	Fix spelling of stackcollapse in comments	5 years ago

图14.16　FlameGraph项目目录

    这是因为各种语言、各种工具的采样输出是不一样的，所以自然也就需要不同的预处理脚本来解析。

    在经过stackcollapse处理得到输出结果后，就可以开始画火焰图了。flamegraph.pl脚本的工作原理是：将上面的一行绘制成一列，采样数得到的次数越大列就越宽。例如现在有以下数据文件。

```
funcA;funcB;funcC 2
funcA; 1
funcD; 1
```

先把"funcA;funcB;funcC"这一行画成一列，宽度比例是2。"funcA; 1"这一行画成一列，宽度为1。"funcD; 1"这一行画成一列，宽度也为1，如图14.17所示。

下一步同一层级如果函数名一样，就合并到一起。在funcA这一行，funcA出现了两次。为了展示起来更简洁，就将这两次函数展示合并起来。最后的火焰图结果如图14.18所示。

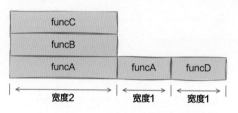
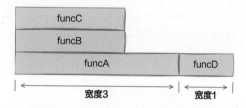

图14.17   火焰图中函数的宽度   图14.18   火焰图中函数的宽度合并

其中funcA因为是两列记录合并，所以占据了3的宽度。funcD没有合并，占据1的宽度。另外，funcB、funcC都画在A的上方，占据的宽度都是2。

最后再补充一句，火焰图只是一个采样的渲染结果。假如采样了100次，有30次都发现函数A在运行，那么火焰图就认为函数A消耗掉了30%的CPU周期。显然这种采样的方式并不一定完全代表真实情况，但只要采样频率不是太低，分析热点函数基本也够用了。

14.5   内核跟踪技术原理

在很多时候，我们需要跟踪内核是如何工作的。从实现角度来看，内核跟踪技术分成两种。第一种是事先在内核代码中埋一些静态代码，用于帮助用户跟踪内核工作过程，每一个这种静态埋的代码称为跟踪点。这种方式比较安全，但要求事先在源码中埋好才能使用。第二种是动态地在内核中插入代码，允许用户动态地在内核中替换原本的执行逻辑，执行用户的跟踪逻辑。

14.5.1   静态跟踪

在本节中我们从两个角度来学习静态跟踪。一是先了解静态跟踪是如何使用的，二是深入静态跟踪源码的实现中，来理解静态跟踪的工作原理。

14.5.1.1   静态跟踪的使用

先查看当前系统都支持哪些静态的跟踪点，使用ftrace和perf工具都可以。

ftrace是通过内核在/sys/kernel/debug目录下暴露出来的一套文件系统来和用户交互的。它在/sys/kernel/debug/tracing/events/目录下列出了各个模块，如图14.19所示。

```
# ls /sys/kernel/debug/tracing/events/
```

```
alarmtimer        filemap       kmem             power          sock
block             fs_dax        libata           printk         spi
bpf_test_run      ftrace        mce              qdisc          sunrpc
bridge            gpio          migrate          random         swiotlb
cgroup            header_event  mlx5             ras            syscalls
clk               header_page   mmap_lock        raw_syscalls   task
compaction        huge_memory   module           rcu            tcp
context_tracking  hwmon         mpx              regmap         thermal
cpuhp             hyperv        msr              regulator      timer
devfreq           i2c           napi             resctrl        tlb
devlink           initcall      nat              rpcgss         udp
dma_fence         intel_iommu   neigh            rpm            vmscan
drm               iocost        net              rseq           vsyscall
enable            iommu         nmi              rtc            wbt
exceptions        io_uring      oom              sched          workqueue
ext4              irq           page_isolation   scsi           writeback
fib               irq_matrix    pagemap          signal         x86_fpu
fib6              irq_vectors   page_pool        skb            xdp
filelock          jbd2          percpu           smbus          xen
```

图14.19　静态跟踪点分类

在每个模块下继续查看，可以看到该模块下所有可用的静态跟踪点，如图14.20所示。

```
# ls /sys/kernel/debug/tracing/events/sched/
```

```
enable                  sched_process_exec   sched_stat_iowait    sched_wait_task
filter                  sched_process_exit   sched_stat_runtime   sched_wake_idle_without_ipi
sched_kthread_stop      sched_process_fork   sched_stat_sleep     sched_wakeup
sched_kthread_stop_ret  sched_process_free   sched_stat_wait      sched_wakeup_new
sched_migrate_task      sched_process_hang   sched_stick_numa     sched_waking
sched_move_numa         sched_process_wait   sched_swap_numa
sched_pi_setprio        sched_stat_blocked   sched_switch
```

图14.20　静态跟踪点

还可以使用perf list子命令查看，输出的列表非常长，我把绝大部分都省略掉了。

```
# perf list tracepoint
List of pre-defined events (to be used in -e):
  alarmtimer:alarmtimer_cancel                      [Tracepoint event]
  alarmtimer:alarmtimer_fired                       [Tracepoint event]
  alarmtimer:alarmtimer_start                       [Tracepoint event]
  alarmtimer:alarmtimer_suspend                     [Tracepoint event]
  block:block_bio_backmerge                         [Tracepoint event]
  block:block_bio_bounce                            [Tracepoint event]
  block:block_bio_complete                          [Tracepoint event]
  block:block_bio_frontmerge                        [Tracepoint event]
```

```
block:block_bio_queue                           [Tracepoint event]
block:block_bio_remap                           [Tracepoint event]
......
sched:sched_switch                              [Tracepoint event]
sched:sched_wait_task                           [Tracepoint event]
sched:sched_wake_idle_without_ipi               [Tracepoint event]
sched:sched_wakeup                              [Tracepoint event]
sched:sched_wakeup_new                          [Tracepoint event]
sched:sched_waking                              [Tracepoint event]
scsi:scsi_dispatch_cmd_done                     [Tracepoint event]
......
```

　　我们拿sched:sched_switch这个静态跟踪点来举例。实际上，该跟踪点在内核中是在进程调度器的核心函数 __schedule中埋下的，就是下面列出的源码中的trace_sched_switch这一行。这样每次内核执行到 __schedule的时候，都会调用该跟踪点。

```
// file:kernel/sched/core.c
static void __sched notrace __schedule(bool preempt)
{
    ......
    trace_sched_switch(preempt, prev, next);
}
```

　　找到可用的跟踪点之后，下一步就是真正使用它来跟踪。ftrace、trace-cmd、perf都可以跟踪系统里的这些静态跟踪点。下面分别介绍这几个工具的用法。

　　第一个工具是ftrace命令。这个工具使用起来虽然略微有点麻烦，但是是所有工具中最接近底层的一个，所以先介绍它。使用这个工具要先进入sched_switch所在的伪文件目录，然后给目录下的enable写入1表示打开该静态跟踪点。

```
# cd /sys/kernel/debug/tracing/events/sched/sched_switch
# echo 1 > /sys/kernel/debug/tracing/events/sched/sched_switch/enable
```

　　访问cat跟踪ftrace下公用的trace_pipe就可以看到打印出来的内核输出了。在输出的结果中可以看到触发该静态跟踪点时的进程名、进程pid、进程prio等数据。

```
# cat /sys/kernel/debug/tracing/trace_pipe
<...>-1997939 [002] d... 19251337.694159: sched_switch: prev_comm=node prev_
pid=1997939 prev_prio=120 prev_state=S ==> next_comm=swapper/2 next_pid=0
next_prio=120
<...>-1997960 [004] d... 19251337.694159: sched_switch: prev_comm=node prev_
pid=1997960 prev_prio=120 prev_state=S ==> next_comm=swapper/4 next_pid=0
next_prio=120
<idle>-0        [002] d... 19251337.694166: sched_switch: prev_comm=swapper/2
prev_pid=0 prev_prio=120 prev_state=R ==> next_comm=node next_pid=1997939
next_prio=120
```

```
<...>-1997957 [003] d... 19251337.694170: sched_switch: prev_comm=node prev_
pid=1997957 prev_prio=120 prev_state=S ==> next_comm=swapper/3 next_pid=0
next_prio=120
<idle>-0      [005] d... 19251337.694308: sched_switch: prev_comm=swapper/5
prev_pid=0 prev_prio=120 prev_state=R ==> next_comm=node next_pid=1997958
next_prio=120
......
```

跟踪完毕记得关闭这个跟踪点的开关。

```
# echo 0 > /sys/kernel/debug/tracing/events/sched/sched_switch/enable
```

第二个工具是perf命令。前面介绍了如何通过perf list查看支持的跟踪点。如下所示，该命令的输出也显示当前系统支持sched:sched_switch这个静态跟踪点。

```
# perf list
......
sched:sched_switch
```

找到跟踪点后，就可以使用perf record进行下一步的跟踪了。perf record会根据sched:sched_switch跟踪点时间来进行录制，然后输出到perf.data文件中。

```
# perf record -e 'sched:sched_switch' -a sleep 3
```

该文件需要使用perf script进行解析，将跟踪当时的现场都打印出来。

```
# perf script
migration/0    11 [000] 337467.469254: sched:sched_switch: prev_
comm=migration/0 prev_pid=11 prev_prio=0 prev_state=S ==> next_comm=swapper/0
next_pid=0 next_pri
perf 3979944 [001] 337467.469273: sched:sched_switch: prev_comm=perf prev_
pid=3979944 prev_prio=120 prev_state=R+ ==> next_comm=migration/1 next_pid=15 ne
migration/1    15 [001] 337467.469290: sched:sched_switch: prev_
comm=migration/1 prev_pid=15 prev_prio=0 prev_state=S ==> next_comm=swapper/1
next_pid=0 next_pri
perf 3979944 [002] 337467.469307: sched:sched_switch: prev_comm=perf prev_
pid=3979944 prev_prio=120 prev_state=R+ ==> next_comm=migration/2 next_pid=20 ne
migration/2    20 [002] 337467.469322: sched:sched_switch: prev_
comm=migration/2 prev_pid=20 prev_prio=0 prev_state=S ==> next_comm=swapper/2
next_pid=0 next_pri
perf 3979944 [003] 337467.469345: sched:sched_switch: prev_comm=perf prev_
pid=3979944 prev_prio=120 prev_state=R+ ==> next_comm=migration/3 next_pid=25 ne
migration/3    25 [003] 337467.469371: sched:sched_switch: prev_
comm=migration/3 prev_pid=25 prev_prio=0 prev_state=S ==> next_comm=swapper/3
next_pid=0 next_pri
perf 3979944 [004] 337467.469384: sched:sched_switch: prev_comm=perf prev_
pid=3979944 prev_prio=120 prev_state=R+ ==> next_comm=migration/4 next_pid=30 ne
......
```

在调试跟踪的时候，一般更有用的是把事件发生时的函数调用栈记录下来。用perf record命令时加上-g参数，就可以在录制时记录调用栈信息。

```
# perf record -e 'sched:sched_switch' -a -g sleep 3
# perf script
redis-server 3990071 [002] 338407.091729: sched:sched_switch: prev_comm=redis-
server prev_pid=3990071 prev_prio=120 prev_state=S ==> next_comm=swapper/2
next_pid=0 ne
        ffffffff81788c99 __sched_text_start+0x3a9 (/usr/lib/debug/boot/
vmlinux-5.4.56.bsk.10-amd64)
        ffffffff81788c99 __sched_text_start+0x3a9 (/usr/lib/debug/boot/
vmlinux-5.4.56.bsk.10-amd64)
        ffffffff81789030 schedule+0x40 (/usr/lib/debug/boot/vmlinux-5.4.56.
bsk.10-amd64)
        ffffffff8178d0e7 schedule_hrtimeout_range_clock+0x87 (/usr/lib/debug/
boot/vmlinux-5.4.56.bsk.10-amd64)
        ffffffff8130602e ep_poll+0x44e (/usr/lib/debug/boot/vmlinux-5.4.56.
bsk.10-amd64)
        ffffffff81306100 do_epoll_wait+0xb0 (/usr/lib/debug/boot/
vmlinux-5.4.56.bsk.10-amd64)
        ffffffff8130613a __x64_sys_epoll_wait+0x1a (/usr/lib/debug/boot/
vmlinux-5.4.56.bsk.10-amd64)
        ffffffff81004269 do_syscall_64+0x59 (/usr/lib/debug/boot/
vmlinux-5.4.56.bsk.10-amd64)
        ffffffff8180008c entry_SYSCALL_64+0x7c (/usr/lib/debug/boot/
vmlinux-5.4.56.bsk.10-amd64)
            7f9a753e221f epoll_wait+0x4f (/usr/lib/x86_64-linux-gnu/libc-2.28.so)
            100000000 [unknown] ([unknown])
......
```

我的这台开发机部署了Redis，所以在录制的时候抓到了redis-server进程触发sched_switch静态跟踪点时的调用栈情况。

静态跟踪点是静态定义到内核源码中的。优点是对系统运行影响比较小，稳定性比较好。但它的缺点是不可能在所有内核函数中都埋一个跟踪点进去。要新增跟踪点需要修改和重新编译内核，这显然不是很灵活。

14.5.1.2　静态跟踪原理

静态跟踪点的入口是在每个要跟踪的位置埋下的trace_xxx的函数。例如前面提到的，在__schedule路径下执行了trace_sched_switch这个静态跟踪点。

```
// file:kernel/sched/core.c
static void __sched notrace __schedule(bool preempt)
{
    ......
    trace_sched_switch(preempt, prev, next);
}
```

另外，在源码中还可以在多处搜到register_trace_sched_switch在这个静态跟踪点上注册了一些钩子函数。

```
kernel/trace/ftrace.c:              register_trace_sched_switch(ftrace_
filter_pid_sched_switch_probe, tr);
kernel/trace/trace_sched_switch.c:  ret = register_trace_sched_switch(probe_
sched_switch, NULL);
kernel/trace/trace_sched_wakeup.c:  ret = register_trace_sched_switch(probe_
wakeup_sched_switch, NULL);
kernel/trace/fgraph.c:              ret = register_trace_sched_
switch(ftrace_graph_probe_sched_switch, NULL);
```

这样每当内核执行到__schedule函数中的trace_sched_switch时，就会调用所注册的这些ftrace_filter_pid_sched_switch_probe、probe_sched_switch、probe_wakeup_sched_switch、ftrace_graph_probe_sched_switch等函数来完成整个静态跟踪过程。

但实际上你在源码里根本搜不到trace_sched_switch和register_trace_sched_switch函数的实现。这是因为内核并不是通过直接定义的方式来声明和实现trace_xxx跟踪点函数的，而是采用了炫技般的宏定义来做的。这些宏实现挺复杂，大家不用太抠细节，我们来简单了解一下这个实现过程就行了。

内核实现静态跟踪点的宏主要有三个，分别是：

- **DEFINE_TRACE**：这个宏用来定义一个静态跟踪点。
- **DECLARE_TRACE**：这个宏用来声明和实现和这个静态跟踪点相关的各种trace_xxx、register_trace_xxx函数。
- **DO_TRACE**：这个宏用来执行通过register_trace_xxx注册的钩子函数。

先来看DEFINE_TRACE，我们把整个定义过程精简一下。

```
// file:include/linux/tracepoint.h
#define DEFINE_TRACE(name, proto, args)                             \
    DEFINE_TRACE_FN(name, NULL, NULL, PARAMS(proto), PARAMS(args));
#define DEFINE_TRACE_FN(_name, _reg, _unreg, proto, args)           \
    ......
    struct tracepoint __tracepoint_##_name    __used \
    ......
```

可见，这个宏主要定义了一个名为__tracepoint_##name的struct tracepoint类型的对象。其中 ##name就是跟踪点的名字。struct tracepoint是一个内核对象，它的定义如下。

```
// file:include/linux/tracepoint-defs.h
struct tracepoint {
    const char *name;          /* Tracepoint name */
    struct static_key key;
```

```
......
  int (*regfunc)(void);
  void (*unregfunc)(void);
  struct tracepoint_func __rcu *funcs;
};
```

每个成员的含义如下：

- **name**：tracepoint的名字。
- **key**：tracepoint状态，1表示disable，0表示enable。
- **regfunc**：添加钩子函数的函数。
- **unregfunc**：卸载钩子函数的函数。
- **funcs**：tracepoint中所有的钩子函数链表。

再来看DECLARE_TRACE宏，它用来声明和实现这个静态跟踪点相关的各种trace_xxx和register_trace_xxx函数。我们简单看下它的实现。

```
// file:include/linux/tracepoint.h
#define DECLARE_TRACE(name, proto, args)                         \
    __DECLARE_TRACE(name, PARAMS(proto), PARAMS(args),           \
            cpu_online(raw_smp_processor_id()),                  \
            PARAMS(void *__data, proto))
```

好嘛，宏套宏，再继续看__DECLARE_TRACE。同样为了方便你看，我精简了很多。

```
#define __DECLARE_TRACE(name, proto, args, cond, data_proto)
    extern int __traceiter_##name(data_proto);
    static inline void trace_##name(proto)                       \
    {                                                            \
    // 判断trace point是否为disable
    // 如果开启的话，就调用__DO_TRACE遍历执行trace point中的桩函数
        if (static_key_false(&__tracepoint_##name.key))          \
            __DO_TRACE(name,                                     \
                TP_ARGS(args),                                   \
                TP_CONDITION(cond), 0);                          \
        ......
    }
    static inline int                                            \
    register_trace_##name(void (*probe)(data_proto), void *data) \
    {                                                            \
        return tracepoint_probe_register(&__tracepoint_##name,   \
                    (void *)probe, data);                        \
    }
    ......
```

这个宏主要声明和实现了trace_xxx和register_trace_xxx相关的函数。这样，前面看到

的trace_sched_switch和register_trace_sched_switch就有了。

这里值得注意的是，如果静态跟踪点没有开启，trace_xxx跟踪的开销非常低。 trace_xxx本身是一个内联函数，而且如果跟踪点未开启的话，if语句判断开关没开后直接就退出了。所以静态跟踪tracepoint在关闭状态对内核的运行基本没有什么影响。

开启了某个静态跟踪点后，就会进入__DO_TRACE进行真正的跟踪过程。

```
// file:include/linux/tracepoint.h
// 运行实际的trace函数
#define __DO_TRACE(name, args, cond, rcuidle)                       \
    do {                                                            
        ...                                                         
        __DO_TRACE_CALL(name, TP_ARGS(args));                       \
        ... \                                                       
    } while( 0 )
```

__DO_TRACE主要是对__DO_TRACE_CALL的封装。

```
// file:include/linux/tracepoint.h
#define __DO_TRACE_CALL(name, args)                                 \
    do {                                                            \
        struct tracepoint_func *it_func_ptr;                        \
        void *__data;                                               \
        it_func_ptr =                                               \
            rcu_dereference_raw((&__tracepoint_##name)->funcs);     \
        if (it_func_ptr) {                                          \
            __data = (it_func_ptr)->data;                           \
            static_call(tp_func_##name)(__data, args);              \
        }                                                           \
    } while (0)
```

__DO_TRACE_CALL就是把tracepoint内核对象中之前注册的funcs拿出来都执行了一遍。这样每当内核执行到trace_sched_switch时，就会调用到注册的ftrace_filter_pid_sched_switch_probe、probe_sched_switch、probe_wakeup_sched_switch、ftrace_graph_probe_sched_switch这些钩子函数，进而完成整个静态跟踪过程。这就是tracepoint的核心实现过程。

14.5.2 kprobes动态跟踪

我们同样分两步来理解动态跟踪，先来看动态跟踪如何使用，再来深入理解动态跟踪的实现。

14.5.2.1 动态跟踪使用

在内核中，kprobes是一种动态的跟踪机制。它允许动态地插入代码来监视内核中的大多数函数。但缺点是由于过于灵活，对系统带来的影响不像tracepoint那么可控。另外，需要内核编译时打开了CONFIG_KPROBE_EVENT选项才能用。

```
# cat /boot/config-5.4.56.bsk.10-amd64  | grep CONFIG_KPROBE_EVENT
```

下面来用一个例子，看看动态跟踪kprobes如何使用。还是先进入ftrace根目录/sys/kernel/debug/tracing。操作kprobe_events文件就可以添加一个动态跟踪点。格式是"p:自定义的名字 函数名"，如果要跟踪内核的schedule核心函数，操作方法如下。

```
# cd /sys/kernel/debug/tracing
# echo 'p:yanfei schedule' >> kprobe_events
```

上面的例子中创建了一个名为yanfei的跟踪点，这个时候会生成一个新的目录，位于events/kprobes/yanfei路径下。

```
# cd /sys/kernel/debug/tracing/
# ll events/kprobes/yanfei
total 0
-rw-r--r-- 1 root root 0 May 20 08:37 enable
-rw-r--r-- 1 root root 0 May 20 08:37 filter
-r--r--r-- 1 root root 0 May 20 08:37 format
-r--r--r-- 1 root root 0 May 20 08:37 id
-rw-r--r-- 1 root root 0 May 20 08:37 trigger
```

其中的enable是该跟踪点的开关，我们把它打开后，通过cat /sys/kernel/debug/tracing/trace_pipe文件就可以看到动态跟踪的输出了。不过我觉得更有用的是用perf来采样查看这个动态跟踪点的函数调用栈。

在添加完这个跟踪点后可以用perf命令看到这个跟踪点。

```
# perf probe --list
kprobes:yanfei       (on schedule@kernel/sched/core.c)
```

接着使用perf record子命令进行录制。然后使用perf script可以查看到调用栈的信息。

```
# perf record -e kprobes:yanfei -a -g sleep 1
# perf script
redis-server 3990071 [003] 341464.819710: kprobes:yanfei: (ffffffff81788ff0)
ffffffff81788ff1 schedule+0x1 (/usr/lib/debug/boot/vmlinux-5.4.56.bsk.10-
amd64)
ffffffff8178d0e7 schedule_hrtimeout_range_clock+0x87 (/usr/lib/debug/boot/
vmlinux-5.4.56.bsk.10-amd64)
ffffffff8130602e ep_poll+0x44e (/usr/lib/debug/boot/vmlinux-5.4.56.bsk.10-amd64)
ffffffff81306100 do_epoll_wait+0xb0 (/usr/lib/debug/boot/vmlinux-5.4.56.
bsk.10-amd64)
ffffffff8130613a __x64_sys_epoll_wait+0x1a (/usr/lib/debug/boot/
vmlinux-5.4.56.bsk.10-amd64)
ffffffff81004269 do_syscall_64+0x59 (/usr/lib/debug/boot/vmlinux-5.4.56.
bsk.10-amd64)
ffffffff8180008c entry_SYSCALL_64+0x7c (/usr/lib/debug/boot/vmlinux-5.4.56.
bsk.10-amd64)
```

```
7f9a753e221f epoll_wait+0x4f (/usr/lib/x86_64-linux-gnu/libc-2.28.so)
  100000000 [unknown] ([unknown])
```

14.5.2.2 动态跟踪原理

静态跟踪tracepoints虽然是一大堆的宏定义，但原理还是在想跟踪的地方埋下一个函数。这种跟踪方式要求事先在源码中就要埋好。而内核开发时不可能做到对所有的函数都埋好静态跟踪点。而动态跟踪kprobes不用提前预理，而是可以做到在运行时动态替换，在运行时直接替换要跟踪的函数的地址，如图14.21所示。

图14.21 动态跟踪指令替换

kprobes找到要跟踪的指令，直接用INT3_INSN_OPCODE指令将其替换掉，并将原来的指令保存起来。后面内核再次运行完图14.21中的指令1后就会进入INT3_INSN_OPCODE对应的处理流程，处理完后仍然会回到指令2继续往下执行。

> ★ 注意
>
> 在Linux 5.5及之前的版本中，替换指令使用的命令是BREAKPOINT_INSTRUCTION。从5.6版本后，开始使用INT3_INSN_OPCODE来代替原来的BREAKPOINT_INSTRUCTION宏。

```
// file:linux5.4.56:arch/x86/include/asm/kprobes.h
#define BREAKPOINT_INSTRUCTION      0xcc
// file:linux6.1.33:arch/x86/include/asm/text-patching.h
#define INT3_INSN_OPCODE            0xCC
```

kprobes使用的核心是register_kprobe函数。在samples/kprobes/kprobe_example.c文件下有一个完整的使用例子。我把它稍作简化。

```
static struct kprobe kp;
// 注册kprobe
static int __init my_module_init(void)
{
    int ret;

    kp.pre_handler = handler_pre;
    kp.post_handler = handler_post;
    kp.fault_handler = handler_fault;
    kp.symbol_name = "write";    //指定要跟踪的内核符号
```

```
    ret = register_kprobe(&kp);
    if (ret < 0) {
        printk(KERN_INFO "register_kprobe failed, returned %d\n", ret);
        return ret;
    }

    printk(KERN_INFO "kprobe registered\n");
    return 0;
}
module_init(my_module_init);
```

在这个示例中，定义了一个kprobe动态跟踪点，并指定要跟踪write这个内核符号，调用register_kprobe将其注册到内核上。这个注册过程主要保存原来的函数地址，并将相应的指令替换为INT3_INSN_OPCODE。

```
// file:kernel/kprobes.c
int register_kprobe(struct kprobe *p)
{
    // 获取探测点的地址
    addr = _kprobe_addr(p->addr, p->symbol_name, p->offset, &on_func_entry);
    p->addr = addr;

    // 保存原有的指令
    prepare_kprobe(p);

    // 执行指令替换
    arm_kprobe(p)
    ......
}
```

在register_kprobe函数中，核心的操作是以下三步，其余代码都被我精简掉了。

- kprobe_addr：根据符号来查找函数地址。
- prepare_kprobe：将原来的指令保存起来。
- arm_kprobe：将指令替换掉。

重点看arm_kprobe是如何将指令替换掉的。它会调用到arch_arm_kprobe，而每个CPU架构都有自己专用的arch_arm_kprobe函数的实现，对于x86架构来说，它的实现位于arch/x86/kernel/kprobes/core.c文件下。

```
// file:arch/x86/kernel/kprobes/core.c
void arch_arm_kprobe(struct kprobe *p)
{
    u8 int3 = INT3_INSN_OPCODE;

    text_poke(p->addr, &int3, 1);
```

```
    text_poke_sync();
    perf_event_text_poke(p->addr, &p->opcode, 1, &int3, 1);
}
```

　　看，简单吧，x86架构调用text_pok完成了指令替换。当后面内核再次运行到替换的指令后将触发INT3中断，进而调用到架构相关的kprobe_int3_handler。在这里，将会获取到kprobe跟踪点，发现它有pre_handler，好，那就跟踪它。

```
// file:arch/x86/kernel/kprobes/core.c
int kprobe_int3_handler(struct pt_regs *regs)
{
    // 获取 kprobe
    p = get_kprobe(addr);

    // 执行 pre_handler
    if (!p->pre_handler || !p->pre_handler(p, regs))
        setup_singlestep(p, regs, kcb, 0);
    ......
}
```

　　最后再把被替换的指令翻出来，让内核继续运行。总体上来说，内核的kprobes的原理就是利用指令替换来个半路截胡，执行自己想要的跟踪函数后，再将处理流程还原为原来的指令继续进行，如图14.22所示。

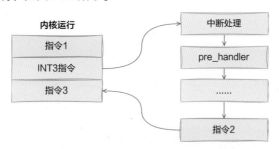

图14.22　动态跟踪指令运行过程

14.6　观测工具介绍

　　本章前面的内容中多次用到perf工具来分析具体的性能事件。这里专门拿一节来更详细地介绍这个工具。该工具以性能事件为基础，支持针对CPU硬件相关性能指标、Linux内核相关性能指标的性能剖析，是一款非常强大的用于性能瓶颈分析的工具。

14.6.1　perf工具介绍

　　perf工具主要基于事件来工作。这些事件主要有三种，分别是Hardware Event、

Software Event和Tracepoint Event。

第一种是Hardware Event。现代的CPU硬件上一般都有一个性能监测单元（PMU，Performance Monitoring Unit）。该硬件模块可以用于监测统计系统上的一些硬件事件。基本的CPU相关的事件有执行指令数和时钟周期数。与CPU缓存相关的有L1、TLB等缓存相关事件等。了解这些事件的指标可以帮助我们观测到硬件的底层运行情况，便于我们分析性能相关的问题。

```
# perf list hw cache
  branch-instructions OR branches          [Hardware event]
  branch-misses                            [Hardware event]
  bus-cycles                               [Hardware event]
  cache-misses                             [Hardware event]
  cache-references                         [Hardware event]
  cpu-cycles OR cycles                     [Hardware event]
  instructions                             [Hardware event]
  ref-cycles                               [Hardware event]

  L1-dcache-load-misses                    [Hardware cache event]
  L1-dcache-loads                          [Hardware cache event]
  L1-dcache-stores                         [Hardware cache event]
  L1-icache-load-misses                    [Hardware cache event]
  branch-load-misses                       [Hardware cache event]
  branch-loads                             [Hardware cache event]
  dTLB-load-misses                         [Hardware cache event]
  dTLB-loads                               [Hardware cache event]
  dTLB-store-misses                        [Hardware cache event]
  dTLB-stores                              [Hardware cache event]
  iTLB-load-misses                         [Hardware cache event]
  iTLB-loads                               [Hardware cache event]
  ......
```

第二种是Software Event。在内核中诸如执行进程上下文切换、内存缺页错误等软件处理逻辑时，会将执行次数累计到某一个内核计数器中。拿缺页中断举例，在其核心处理函数handle_page_fault中调用do_user_addr_fault处理缺页中断的时候，会调用perf_sw_event创建软件性能事件，将缺页次数汇总到内核计数器中。

```
// file:arch/x86/mm/fault.c
static inline
void do_user_addr_fault(struct pt_regs *regs,
            unsigned long hw_error_code,
            unsigned long address)
{
  // 更新缺页内核计数器
  perf_sw_event(PERF_COUNT_SW_PAGE_FAULTS, 1, regs, address);

  // 缺页核心逻辑处理函数
```

```
......
}
```

perf工具支持的内核Software Event的列表有如下几种。

```
# perf list sw
  alignment-faults                          [Software event]
  bpf-output                                [Software event]
  context-switches OR cs                    [Software event]
  cpu-clock                                 [Software event]
  cpu-migrations OR migrations              [Software event]
  dummy                                     [Software event]
  emulation-faults                          [Software event]
  major-faults                              [Software event]
  minor-faults                              [Software event]
  page-faults OR faults                     [Software event]
  task-clock                                [Software event]
```

第三种是Tracepoint Event。Tracepoint是内核中预先定义的静态探测点。它们分布在内核的各个子系统中。每个Tracepoint其实就是一个钩子函数。可以打开或者关闭。当某个Tracepoint打开的时候，每当内核源码执行到这个位置，其上注册的probe函数都会被调用。

```
# perf list tracepoint
List of pre-defined events (to be used in -e):
  alarmtimer:alarmtimer_cancel              [Tracepoint event]
  alarmtimer:alarmtimer_fired               [Tracepoint event]
  alarmtimer:alarmtimer_start               [Tracepoint event]
  alarmtimer:alarmtimer_suspend             [Tracepoint event]
  block:block_bio_backmerge                 [Tracepoint event]
  block:block_bio_bounce                    [Tracepoint event]
  block:block_bio_complete                  [Tracepoint event]
  block:block_bio_frontmerge                [Tracepoint event]
  block:block_bio_queue                     [Tracepoint event]
  block:block_bio_remap                     [Tracepoint event]
  block:block_dirty_buffer                  [Tracepoint event]
  block:block_getrq                         [Tracepoint event]
  ......
```

这些Tracepoint用来判断程序运行期间内核的行为细节。内核在sched调度系统、syscalls系统调用、net网络模块、kmem内核内存等核心模块中都预留了很多的探测点，可以帮助我们观测内核在特定模块的工作状态。

了解了三种性能事件后，再来看看具体如何使用perf。perf命令由一个个的子命令组成，其中常用的子命令包括：

- perf list查看当前软硬件环境支持的性能事件。

- perf top查看当前系统或进程的性能统计。
- perf stat当前系统或进程的指定事件的统计。
- perf sched查看当前系统的调度器工作状况。
- perf record采样统计系统或进程内的性能事件，并输出为perf.data文件。
- perf report读取perf.data文件，显示分析结果。

接下来详细看看每个子命令的用法。

perf list子命令

perf list子命令可以查看当前软硬件环境支持的性能事件。**注意，使用perf命令要具备root权限，否则很多命令不能按预期工作。**

```
# perf list -h
  Usage: perf list [<options>] [hw|sw|cache|tracepoint|pmu|sdt|metric|metricg
roup|event_glob]
```

其中hw、cache、pmu代表的是硬件相关的Hardware Event。sw代表的是内核中软件性能事件。tracepoint代表的是内核中预定义的静态跟踪点。使用perf list后面跟上指定的类型可以查看该类型的事情分别支持哪些事件。

```
# perf list hw cache pmu
# perf list sw
# perf list tracepoint
```

perf stat子命令

perf stat子命令可以统计各种性能事件的计数。默认情况下输出的是硬件相关的性能事件统计。

```
# perf stat                   // 统计整个系统
# perf stat <可执行程序>       // 统计指定程序
# perf stat -p <pid>          // 统计指定进程
```

也可以通过-e选项指定特定的性能事件。

```
# perf stat -e instructions       // 统计Hardware Event中的二进制指令数
# perf stat -e context-switches   // 统计Software Event中的上下文切换计数
# perf stat -e net:netif_rx       // 统计Tracepoint Event中的网络收包计数
```

-e命令支持同时输入多个要观察的性能事件。

```
# perf stat -e cache-misses,cache-references,L1-dcache-load-misses,L1-dcache-
loads
```

perf sched子命令

perf sched子命令可以用于查看调度器相关的统计。使用该命令分为两步，第一步使用perf sched record子命令进行采集。可以录制整个系统，可以录制指定进程或指定核，还可以录制指定事件。

```
# perf sched record sleep 5                    // 录制整个系统
# perf sched record -p <pid> sleep 5           // 录制指定进程
# perf sched record -C 0,1 sleep 5             // 录制指定核
# perf sched record -e sched:sched_switch sleep 5 // 录制指定事件
```

在采集完成后，会在执行命令的当前目录下生成一个perf.data文件。第二步使用perf sched的其他子命令来解析和显示该文件中的内容。最为实用的是查看调度器的延迟，如图14.23所示。

```
# perf sched latency --sort max  // 查看调度延迟信息
```

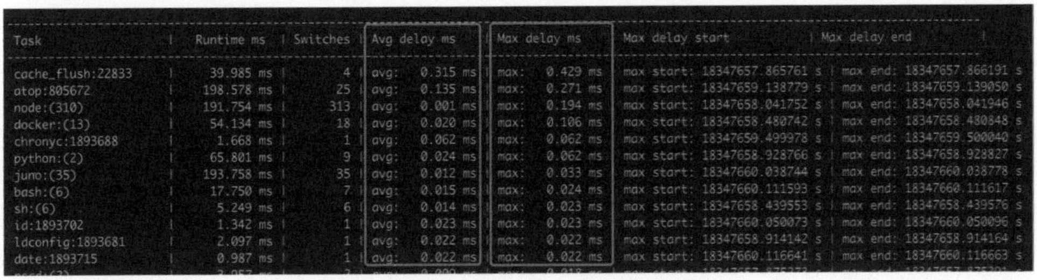

图14.23　调度延迟统计

其中输出的各列信息分别是：

- Task：进程的名字及pid。
- Runtime ms：实际运行时间。
- Switches：进程切换的次数。
- Average delay ms：平均的调度延迟。
- Max delay ms：最大延迟。

perf sched script子命令可以解析整个采样信息，如图14.24所示。

图14.24　perf sched script子命令的输出

perf record子命令

perf record子命令用于在指定时间内对指定程序的系统调用、函数调用、硬件事件等进行性能数据采集，并将采集的数据存储在一个二进制文件中，以供后续分析使用。输出文件默认是当前目录下的perf.data。

该子命令默认采集的是Hardware Event下的cycles这个指标。我们可以通过-e参数指定要采集的事件。

```
# perf record -e cache-misses  sleep 5 // 指定要采集的事件
```

默认只会记录到函数级别的统计信息。但很多情况下我们希望能够看到函数的调用栈，这种情况下可以通过打开-g来额外记录调用栈信息。

```
# perf record -g sleep 5                // 指定记录调用栈信息
```

如果每次事件都记录的话开销太大了。所以该子命令使用的是采样的方式来记录，支持两种采样方式，时间频率采样和事件发生次数采样。-F参数指定的是每秒钟采样多少次。-c参数指定的是每发生多少次事件采样一次。

```
# perf record -F 100 sleep 5            // 每秒采样100次
# perf record -c 100 sleep 5            // 每发生100次事件采样一次
```

还可以指定要记录的CPU核。

```
# perf record -C 0,1 sleep 5            // 指定要记录的CPU号
# perf record -C 0-2 sleep 5            // 指定要记录的CPU范围
```

在使用perf record生成perf.data后，接着可以使用perf report解析该文件并进行渲染，如图14.25所示。

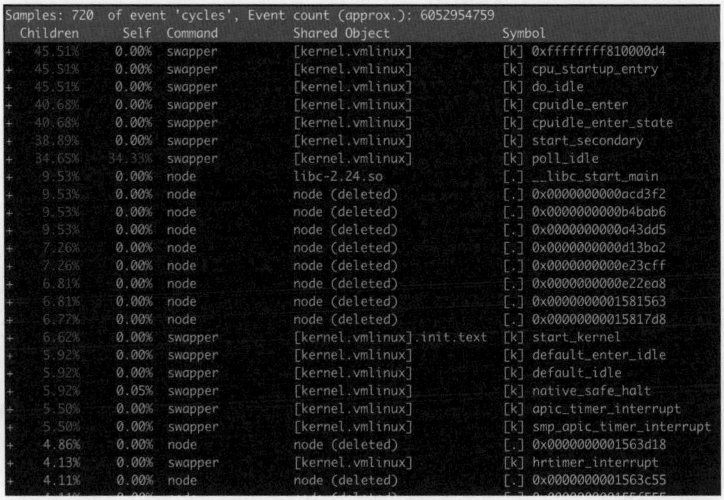

图14.25　perf report渲染结果

```
# perf report
```

可以看到输出结果中带了一个"+"号，这是因为我开启了-g（call-graph enable）记录函数调用关系。通过键盘上下箭头移动到指定函数上再按回车键，可以看到函数的调用栈信息，如图14.26和图14.27所示。

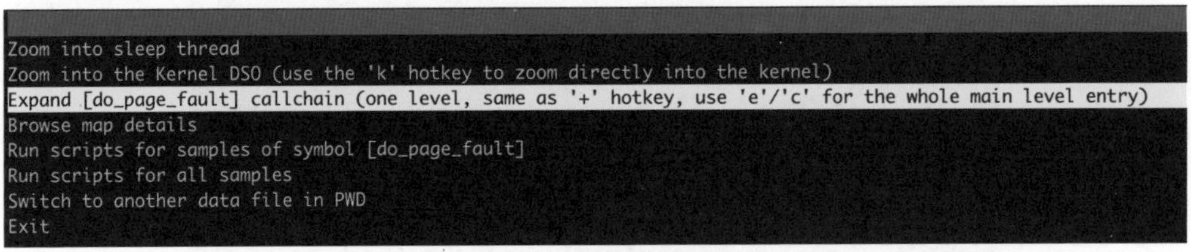

图14.26　选中调用链路

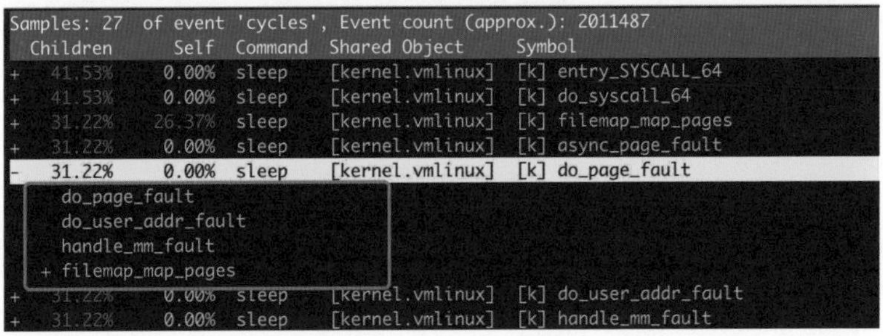

图14.27　展开调用链路

另外，在输出的时候，还可以通过使用sort选项指定要输出的列，并且按照这些列来排序。输出支持的列可以通过命令自带的help看到。

```
# perf report -h
......
-s, --sort <key[,key2...]>
                      sort by key(s): overhead overhead_sys overhead_us
overhead_guest_sys
                      overhead_guest_us overhead_children sample period
                      pid comm dso symbol parent cpu socket srcline srcfile
                      local_weight weight transaction trace symbol_size
                      dso_size cgroup cgroup_id ipc_null time dso_from dso_to
                      symbol_from symbol_to mispredict abort in_tx cycles
                      srcline_from srcline_to ipc_lbr symbol_daddr dso_daddr
                      locked tlb mem snoop dcacheline symbol_iaddr phys_daddr
```

例如，我可以指定输出并按cpu,comm,symbol这三列排序，如图14.28所示。

```
# perf report --sort cpu,comm,symbol
```

```
Samples: 720  of event 'cycles', Event count (approx.): 6052954759
  Children      Self  CPU  Command          Symbol
+    6.62%     0.00%  000  swapper          [k] 0xffffffff810000d4
+    6.62%     0.00%  000  swapper          [k] start_kernel
+    6.62%     0.00%  000  swapper          [k] cpu_startup_entry
+    6.62%     0.00%  000  swapper          [k] do_idle
+    6.31%     0.00%  000  swapper          [k] cpuidle_enter
+    6.31%     0.00%  000  swapper          [k] cpuidle_enter_state
+    6.30%     0.00%  001  swapper          [k] 0xffffffff810000d4
+    6.30%     0.00%  001  swapper          [k] start_secondary
+    6.30%     0.00%  001  swapper          [k] cpu_startup_entry
+    6.30%     0.00%  001  swapper          [k] do_idle
+    6.27%     0.00%  002  swapper          [k] 0xffffffff810000d4
+    6.27%     0.00%  002  swapper          [k] start_secondary
+    6.27%     0.00%  002  swapper          [k] cpu_startup_entry
+    6.27%     0.00%  002  swapper          [k] do_idle
+    5.71%     0.00%  003  swapper          [k] 0xffffffff810000d4
+    5.71%     0.00%  003  swapper          [k] start_secondary
+    5.71%     0.00%  003  swapper          [k] cpu_startup_entry
+    5.71%     0.00%  003  swapper          [k] do_idle
+    5.59%     0.00%  005  swapper          [k] 0xffffffff810000d4
+    5.59%     0.00%  005  swapper          [k] start_secondary
+    5.59%     0.00%  005  swapper          [k] cpu_startup_entry
+    5.59%     0.00%  005  swapper          [k] do_idle
+    5.57%     0.00%  002  swapper          [k] cpuidle_enter
```

图14.28　按cpu,comm,symbol排序后的perf report输出结果

perf top子命令

perf top子命令类似于查看CPU利用率的top命令，区别在于perf top会统计每个热点函数所使用的CPU时间。如果不使用任何参数，默认查看整个系统的统计，通过指定-p参数可以指定进程。

```
# perf top
# perf top -p <pid>
```

perf top子命令经过采样后会输出函数级的CPU使用情况，如图14.29所示。

```
Samples: 20K of event 'cycles', 4000 Hz, Event count (approx.): 6804301750 lost: 0/0 drop: 0/0
Overhead  Shared Object                  Symbol
  11.00%  perf                           [.] __symbols__insert
   4.55%  perf                           [.] rb_next
   2.49%  [kernel]                       [k] clear_page_erms
   1.91%  [kernel]                       [k] do_syscall_64
   1.44%  perf                           [.] rb_insert_color
   1.16%  libbfd-2.31.1-system.so        [.] bfd_demangle
   1.03%  libc-2.28.so                   [.] __strchr_avx2
   0.99%  [kernel]                       [k] psi_group_change
   0.93%  libc-2.28.so                   [.] __libc_calloc
   0.90%  [kernel]                       [k] __list_del_entry_valid
   0.85%  libelf-0.176.so                [.] gelf_getsym
   0.83%  libc-2.28.so                   [.] _int_malloc
   0.83%  [kernel]                       [k] async_page_fault
   0.83%  libc-2.28.so                   [.] __strlen_avx2
```

图14.29　perf top热点函数统计

14.6.2　Kubernetes统计上报

在Kubernetes生态中，也需要定期观测每个容器和POD的利用率情况。kubelet是Kubernetes的一个重点组件，它运行在每个节点上，管理节点上的容器和POD，控制容器的生命周期。另外，它也会定期获取各个容器的CPU使用情况，并将这些统计信息统计上报。

在内部实现上，kubelet会通过集成cAdvisor（Container Advisor）收集CPU和内存等指标信息。在本机上可以通过访问cAdvisor的REST API显示cAdvisor所统计到的数据。在不同的环境下，所使用的端口号和接口路径可能会有所差异。下面是一个例子。

```
# curl http://127.0.0.1:18104/metrics/cadvisor
container_cpu_usage_seconds_total{container="",cpu="total",id="/kubepods/
burstable/podf7a70335-217b-4a63-9809-0d25bd12f94b",image="",name="",name
space="default",pod="fed-dp-cd1967f8d4-6bbf84ccc5-njqpw"} 120649.950672
1672814338930
container_cpu_usage_seconds_total{container="",cpu="total",id="/kubepods/
burstable/podf7a70335-217b-4a63-9809-0d25bd12f94b/8e2008f39a79b3a02194fb
f4e136f4dace0f4a13737677ea9edb1d7ea0ca6e8a",image="hub.byted.org/google_
containers/pause-amd64:3.0",name="8e2008f39a79b3a02194fbf4e136f4dace0f4a13737
677ea9edb1d7ea0ca6e8a",namespace="default",pod="fed-dp-cd1967f8d4-6bbf84ccc5-
njqpw"} 0.050968 1672814344135
container_cpu_usage_seconds_total{container="fed-dp-
cd1967f8d4",cpu="total",id="/kubepods/burstable/podf7a70335-217b-4a63-9809-
0d25bd12f94b/f637e9eee47fd6c7d20ad499db2fc05c3a855137cbac911bc7b2a727a25a0bb4",
image="hub.byted.org/tce/live.dim.proxyserver:84afdc44d83087d499d0a32927c907
1d",name="f637e9eee47fd6c7d20ad499db2fc05c3a855137cbac911bc7b2a727a25a0bb4",
namespace="default",pod="fed-dp-cd1967f8d4-6bbf84ccc5-njqpw"} 120661.111929
1672814345252
......
```

该命令会返回当前节点上所有容器的监控信息，其中包括计算CPU利用率所需要的CPU使用时间及采样时间戳信息。

其中读取每一个CPU利用率是通过调用libcontainer包，直接读取cgroup在sysfs伪文件目录中的文件来实现的。例如对于cgroup v2读取的是cpu.stat这个文件。

```go
// file:libcontainer/cgroups/fs2/cpu.go
func statCpu(dirPath string, stats *cgroups.Stats) error {
    const file = "cpu.stat"
    f, err := cgroups.OpenFile(dirPath, file, os.O_RDONLY)
    sc := bufio.NewScanner(f)
    ......

    for sc.Scan() {
        switch t {
        case "usage_usec":
```

```
        stats.CpuStats.CpuUsage.TotalUsage = v * 1000

    case "user_usec":
        stats.CpuStats.CpuUsage.UsageInUsermode = v * 1000

    case "system_usec":
        stats.CpuStats.CpuUsage.UsageInKernelmode = v * 1000
    }
  }
}
```

读取到基本的指标后，再加工计算，就可以得到每个POD的CPU利用率信息。

14.7　本章总结

在本章中我们讨论了性能观测这个话题。Linux应用程序观测技术主要分为指标观测和跟踪观测。

指标观测的数据源包括procfs、sysfs及内核底层中的硬件和软件事件。上层的top、perf等命令读取底层的数据进行加工处理，帮我们计算出CPU利用率、负载、CPI等数据。在现代企业中，会通过在服务器上部署代理程序的方式，定时采集并上报这些性能相关的指标，上传到时序数据库中存储起来，最终使用可视化工具进行展示。

跟踪是一种非常有用的查找性能瓶颈的技术。跟踪包括应用层工具和底层事件源两块技术。在应用层，perf、ftrace、trace-cmd、eBPF、BCC、bpftrace等都算是跟踪这个范畴的工具。这些工具可以帮助我们观测系统运行状态，分析系统的性能瓶颈。其中火焰图是利用底层硬件或软件事件进行触发采样的，采样时分析当前正在执行的函数及其调用链，然后用更直观的方式展示出来。有助于快速发现是哪些函数耗费了更多的CPU周期。

不管哪种工具，其实底层都是依赖 tracepoints、kprobes等底层机制来工作的。内核提供的静态跟踪tracepoints和动态跟踪kprobes可以用于对内核进行更清晰的观察，在发现内核底层性能开销时非常有用。

我们分别用ftrace和perf两个工具介绍了tracepoints该如何使用，而且也深入内核源码介绍了tracepoints的实现，原理很简单，只不过是在内核函数中插入了一些钩子而已。

接着还介绍了下动态跟踪kprobes。可以通过ftrace来针对绝大多数的内核函数创建动态跟踪点，结合perf -g工具记录该函数的调用链可以追踪内核的函数调用过程，非常实用。在原理上也很简单，就是动态地替换要跟踪的函数指令为BREAKPOINT指令。这个指令触发一段运行逻辑执行跟踪工作后，再跳回原来的函数来执行。

最后我们详细介绍了perf工具下的各种子命令的使用方法，还有容器云Kubernetes环境下kubelet组件统计容器CPU利用率的原理。

第15章

CPU性能观测方法

进行性能优化的第一步就是应该学会如何对线上服务器的CPU性能开销进行观测。很多人提到CPU性能开销想到的是CPU利用率，但实际上内核在CPU资源的管理上非常复杂，仅关注CPU利用率是远远不够的，还需要根据内核等底层的工作方式进行多维度的观测，才能更好地对性能进行准确的评估。

15.1 CPU利用率

CPU利用率是最为常用的性能评估指标。根据评估对象的不同，大致可以分成三种场景：

- 系统级别的CPU利用率统计。
- 容器级别的CPU利用率统计。
- 进程级别的CPU利用率统计。

其中系统级别和容器级别的CPU利用率统计原理分别在第8章和第11章介绍过，这里不再赘述。本节主要讲解应该使用什么工具或接口来获得这些利用率指标。

top命令

Linux下最常用的性能分析工具就是top命令。该命令会动态、实时地展示当前系统下的CPU资源消耗情况，如图15.1所示。

```
top - 08:38:53 up 207 days, 19:46,  1 user,  load average: 0.76, 0.70, 0.50
Tasks: 518 total,   1 running, 517 sleeping,   0 stopped,   0 zombie
%Cpu(s):  2.5 us,  1.5 sy,  0.0 ni, 95.9 id,  0.0 wa,  0.0 hi,  0.1 si,  0.0 st
MiB Mem :  15368.7 total,    339.5 free,  12318.5 used,   2710.6 buff/cache
MiB Swap:      0.0 total,      0.0 free,      0.0 used.   2468.7 avail Mem
```

图15.1   top输出

其中每一列输出的是不同场景下消耗的资源情况，每一项的含义及什么情况下会导致这些开销总结如下：

- **us**：用户空间消耗的CPU资源占比，进程在用户态执行函数调用、编解码消耗的都是us。
- **sy**：内核空间消耗的CPU资源占比，进程调用系统调用陷入内核态后会增加sy的消耗。
- **ni**：调整过nice值的进程消耗的CPU资源占比。
- **id**：idel的简写，空闲CPU资源占比。
- **wa**：是io wait的简写，CPU等待IO的时间。在第8章深入分析过，等待IO时CPU也是空闲的，和idel比起来区别只不过是在等待IO完成而已。
- **hi**：硬中断消耗的CPU资源占比。

- **si**：软中断消耗的CPU资源占比，网络包的接收及发送过程会导致si的升高。

top命令还支持显示不同核上的消耗情况，在top命令的界面按下“1”，即可将每个逻辑核的消耗都展示出来，如图15.2所示。

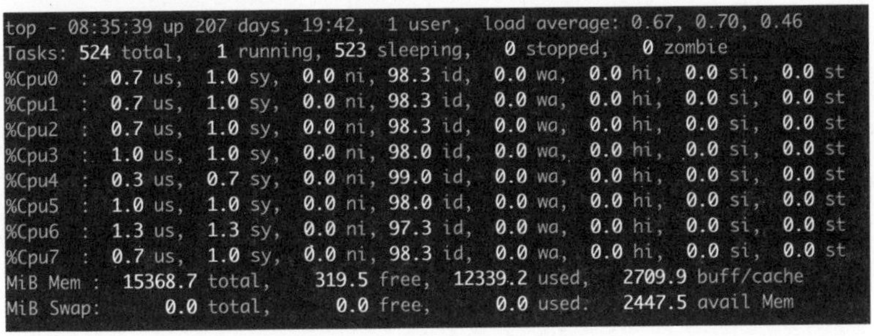

```
top - 08:35:39 up 207 days, 19:42,  1 user,  load average: 0.67, 0.70, 0.46
Tasks: 524 total,   1 running, 523 sleeping,   0 stopped,   0 zombie
%Cpu0  :  0.7 us,  1.0 sy,  0.0 ni, 98.3 id,  0.0 wa,  0.0 hi,  0.0 si,  0.0 st
%Cpu1  :  0.7 us,  1.0 sy,  0.0 ni, 98.3 id,  0.0 wa,  0.0 hi,  0.0 si,  0.0 st
%Cpu2  :  0.7 us,  1.0 sy,  0.0 ni, 98.3 id,  0.0 wa,  0.0 hi,  0.0 si,  0.0 st
%Cpu3  :  1.0 us,  1.0 sy,  0.0 ni, 98.0 id,  0.0 wa,  0.0 hi,  0.0 si,  0.0 st
%Cpu4  :  0.3 us,  0.7 sy,  0.0 ni, 99.0 id,  0.0 wa,  0.0 hi,  0.0 si,  0.0 st
%Cpu5  :  1.0 us,  1.0 sy,  0.0 ni, 98.0 id,  0.0 wa,  0.0 hi,  0.0 si,  0.0 st
%Cpu6  :  1.3 us,  1.3 sy,  0.0 ni, 97.3 id,  0.0 wa,  0.0 hi,  0.0 si,  0.0 st
%Cpu7  :  0.7 us,  1.0 sy,  0.0 ni, 98.3 id,  0.0 wa,  0.0 hi,  0.0 si,  0.0 st
MiB Mem :  15368.7 total,    319.5 free,  12339.2 used,   2709.9 buff/cache
MiB Swap:      0.0 total,      0.0 free,      0.0 used.   2447.5 avail Mem
```

图15.2 top命令分核输出

另外，在界面下方还会展示每一个进程的消耗明细，如图15.3所示。

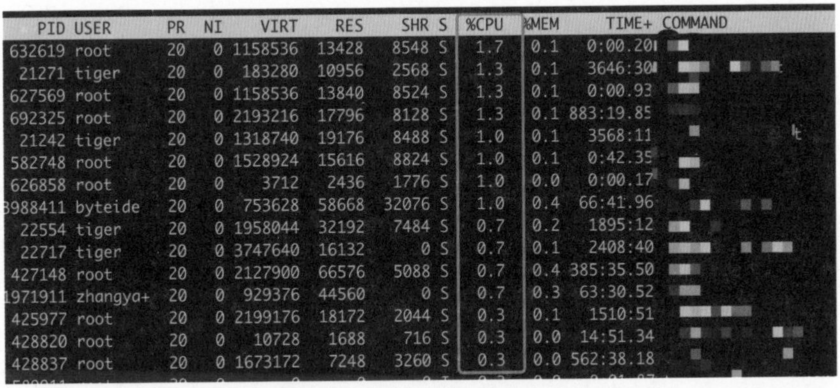

```
    PID USER      PR  NI    VIRT    RES    SHR S  %CPU  %MEM     TIME+ COMMAND
 632619 root      20   0 1158536  13428   8548 S   1.7   0.1   0:00.20
  21271 tiger     20   0  183280  10956   2568 S   1.3   0.1   3646:30
 627569 root      20   0 1158536  13840   8524 S   1.3   0.1   0:00.93
 692325 root      20   0 2193216  17796   8128 S   1.3   0.1 883:19.85
  21242 tiger     20   0 1318740  19176   8488 S   1.0   0.1   3568:11
 582748 root      20   0 1528924  15616   8824 S   1.0   0.1   0:42.35
 626858 root      20   0    3712   2436   1776 S   1.0   0.0   0:00.17
3988411 byteide   20   0  753628  58668  32076 S   1.0   0.4  66:41.96
  22554 tiger     20   0 1958044  32192   7484 S   0.7   0.2   1895:12
  22717 tiger     20   0 3747640  16132      0 S   0.7   0.1   2408:40
 427148 root      20   0 2127900  66576   5088 S   0.7   0.4 385:35.50
1971911 zhangya+  20   0  929376  44560      0 S   0.7   0.3  63:30.52
 425977 root      20   0 2199176  18172   2044 S   0.3   0.1   1510:51
 428820 root      20   0   10728   1688    716 S   0.3   0.0  14:51.34
 428837 root      20   0 1673172   7248   3260 S   0.3   0.0 562:38.18
```

图15.3 top输出进程消耗明细

mpstat命令

除了top命令，还有一个mpstat命令可以查看系统中的CPU使用情况。直接不带参数使用mpstat命令，输出的是整个系统的利用率情况。

```
# mpstat
09:16:05 AM  CPU    %usr   %nice    %sys %iowait    %irq   %soft  %steal
%guest  %gnice   %idle
09:16:05 AM  all    1.14    0.00    1.02    0.02    0.00    0.01    0.00
0.00    0.00   97.80
```

如果想查看每个核上的利用率情况，则加上 -P ALL 参数。

```
# mpstat -P ALL
09:21:03 AM  CPU    %usr   %nice   %sys %iowait    %irq   %soft  %steal
%guest  %gnice    %idle
09:21:03 AM  all    1.14    0.00   1.02    0.02    0.00    0.01    0.00
0.00    0.00   97.80
09:21:03 AM    0    1.15    0.00   1.05    0.01    0.00    0.05    0.00
0.00    0.00   97.74
09:21:03 AM    1    1.16    0.00   1.03    0.02    0.00    0.03    0.00
0.00    0.00   97.76
09:21:03 AM    2    1.15    0.00   1.04    0.01    0.00    0.02    0.00
0.00    0.00   97.78
09:21:03 AM    3    1.14    0.00   1.03    0.00    0.00    0.01    0.00
0.00    0.00   97.79
09:21:03 AM    4    1.13    0.00   1.01    0.01    0.00    0.01    0.00
0.00    0.00   97.82
09:21:03 AM    5    1.09    0.00   0.94    0.02    0.00    0.00    0.00
0.00    0.00   97.94
09:21:03 AM    6    1.15    0.00   1.03    0.01    0.00    0.00    0.00
0.00    0.00   97.80
09:21:03 AM    7    1.15    0.00   1.04    0.02    0.00    0.00    0.00
0.00    0.00   97.78
```

如果想每隔一段时间自动刷新一下，再多加一个参数，就会动态地展示输出了。

```
# mpstat -P ALL 3
```

iostat命令

iostat是一个统计查看磁盘IO情况的命令，不过它也可以用来查看CPU利用率。

```
# iostat -c 3
avg-cpu:  %user   %nice %system %iowait  %steal   %idle
           1.14    0.00    1.04    0.02    0.00   97.80
```

这个命令毕竟不是专门统计CPU利用率的，所以输出并没有其他命令那么详细。

ps命令

ps命令可以查看每个进程的CPU利用率。不过在使用的时候，建议按照CPU利用率排序，这样能更方便地定位到利用率较高的进程。

```
# ps aux --sort=-%cpu | head
USER         PID %CPU %MEM    VSZ   RSS TTY      STAT START   TIME COMMAND
root     1373419  2.0  0.2  39036 35936 ?        S<Ls 00:00  11:23 ...
root      692325  1.5  0.1 2193216 17648 ?       Ssl  Mar03 904:12 ...
root     1795797  1.3  0.0 1529180 15604 ?       Sl   08:11   0:41 ...
......
```

不过这个命令查看CPU利用率有个缺点，那就是并不会区分是用户态消耗的，还是内核态消耗的。

pidstat

pidstat命令可以更细化地展示出来进程是在用户态消耗的，还是在内核态消耗的。

```
# pidstat
09:07:39 AM   UID      PID   %usr %system  %guest    %wait    %CPU   CPU  Command
09:07:39 AM     0   692325   0.11    0.19    0.00     0.00    0.30     2  ...
......
```

默认会把所有的进程都输出，看着比较乱，可以通过添加-p选项只输出指定进程的统计情况。

```
# pidstat -p 692325
09:07:39 AM  UID      PID   %usr %system   %guest    %wait    %CPU    CPU
Command
09:07:39 AM    0   692325   0.11    0.19     0.00     0.00    0.30      2 ...
```

CPU利用率是动态变化的，仅观察一次可能不够。pidstat命令还可以像top命令那样，每隔特定时间动态地输出，例如每3秒输出一次。

```
# pidstat -p 692325 3
09:12:36 AM   UID      PID   %usr %system   %guest   %wait     %CPU   CPU
Command
09:12:39 AM     0   692325   0.00    1.67     0.00    0.00     1.67     2 ...
09:12:42 AM     0   692325   0.00    1.67     0.00    0.00     1.67     2 ...
09:12:45 AM     0   692325   0.00    1.67     0.00    0.00     1.67     2 ...
09:12:48 AM     0   692325   2.00    0.00     0.00    0.00     2.00     2 ...
09:12:51 AM     0   692325   0.33    1.00     0.00    0.00     1.33     2 ...
......
```

/proc/stat

前面介绍的都是工作在用户态的各种工具，但其实这些用户态的工具都是依赖内核所暴露的CPU利用率相关的伪文件进行计算的。所以在很多工程应用中，理解并使用内核暴露的伪文件是更直接的办法。

接下来先介绍内核中的/proc/stat伪文件。它是内核统计到CPU资源的使用情况后，向用户空间暴露的其中一个接口。内核定时每隔一段时间采样一次，查看每个采样瞬时有没有进程在运行，是哪个进程在运行。然后根据这些信息将CPU使用时间汇总累加起来，在/proc/stat等伪文件中进行输出。

在应用层，例如top命令就是使用这个文件来计算CPU利用率的。它分别在t1和t2两个时刻去读取/proc/stat伪文件。将读取到的两次CPU执行时间相减，然后再除以流逝的时间，再除以总核数，就是展示给我们看的CPU利用率数据了。top命令默认每隔3秒读取一次/proc/stat文件，然后计算CPU利用率。你可以使用-d选项调整这个时间间隔。如果想设置成每5秒计算一次，则使用如下的方式。

```
top -d 5
```

我们来看看/proc/stat文件的格式。

```
cat /proc/stat
cpu  162462560 665307 145688027 13972450204 2692610 0 2099170 0 0 0
cpu0 20513508 85029 18650577 1745914792 262632 0 829596 0 0 0
cpu1 20607296 86979 18372210 1746193724 419279 0 453806 0 0 0
cpu2 20442340 87802 18529322 1746294964 252642 0 283570 0 0 0
cpu3 20389286 85720 18359825 1746613029 422525 0 201330 0 0 0
cpu4 20192981 79064 18101927 1746274640 252561 0 185045 0 0 0
cpu5 19351783 73436 16740397 1747109487 405729 0  57653 0 0 0
cpu6 20437468 82463 18448670 1747132378 252096 0  45844 0 0 0
cpu7 20527894 84811 18485095 1746917185 425143 0  42324 0 0 0
......
```

该文件第一行输出的是汇总的CPU使用情况。接下来的几行输出的是每一个逻辑核的消耗情况。在这些输出中，分了多列来展示，每一列的具体含义可以通过源码看个大概。

在第8章曾介绍过，当访问/proc/stat时内核所执行的代码。

```c
// file:fs/proc/stat.c
static int show_stat(struct seq_file *p, void *v)
{
    u64 user, nice, system, idle, iowait, irq, softirq, steal;

    // 汇总每个CPU核的使用信息
    for_each_possible_cpu(i) {
        struct kernel_cpustat *kcs = &kcpustat_cpu(i);
        user += kcs->cpustat[CPUTIME_USER];
        nice += kcs->cpustat[CPUTIME_NICE];
        system += kcs->cpustat[CPUTIME_SYSTEM];
        ......
    }

    // 转换成节拍数并打印输出
    seq_put_decimal_ull(p, "cpu  ", nsec_to_clock_t(user));
    seq_put_decimal_ull(p, " ", nsec_to_clock_t(nice));
    seq_put_decimal_ull(p, " ", nsec_to_clock_t(system));
    seq_put_decimal_ull(p, " ", nsec_to_clock_t(idle));
    seq_put_decimal_ull(p, " ", nsec_to_clock_t(iowait));
    seq_put_decimal_ull(p, " ", nsec_to_clock_t(irq));
    seq_put_decimal_ull(p, " ", nsec_to_clock_t(softirq));
    seq_put_decimal_ull(p, " ", nsec_to_clock_t(steal));
    seq_put_decimal_ull(p, " ", nsec_to_clock_t(guest));
    seq_put_decimal_ull(p, " ", nsec_to_clock_t(guest_nice));
```

```
    seq_putc(p, '\n');

// 输出每个逻辑核的使用信息
for_each_online_cpu(i) {
    ......
    seq_printf(p, "cpu%d", i);
        seq_put_decimal_ull(p, " ", nsec_to_clock_t(user));
        seq_put_decimal_ull(p, " ", nsec_to_clock_t(nice));
        seq_put_decimal_ull(p, " ", nsec_to_clock_t(system));
        seq_put_decimal_ull(p, " ", nsec_to_clock_t(idle));
        seq_put_decimal_ull(p, " ", nsec_to_clock_t(iowait));
        seq_put_decimal_ull(p, " ", nsec_to_clock_t(irq));
        seq_put_decimal_ull(p, " ", nsec_to_clock_t(softirq));
        seq_put_decimal_ull(p, " ", nsec_to_clock_t(steal));
        seq_put_decimal_ull(p, " ", nsec_to_clock_t(guest));
        seq_put_decimal_ull(p, " ", nsec_to_clock_t(guest_nice));
        seq_putc(p, '\n');
}
    ......
}
```

可以看出，每一列的含义分别是user、nice、system、idle、iowait、irq、softirq、steal、guest、guest_nice。如果你想和使用top命令一样直接使用/proc/stat来计算CPU利用率，可以参考第8章。

/proc/[pid]/stat

和/proc/stat伪文件类似，/proc/[pid]/stat提供了每个进程的CPU利用率的使用统计。比如对于我手头的一个Nginx的worker进程，其输出如下。

```
# cat /proc/173101/stat
3218624 (nginx) S 2131602 2131602 2131602 0 -1 4194624 61627 0 15057 0 517449
36221 0 0 20 0 1 0 1019031218 673288192 33262 18446744073709551615 1 1 0 0 0
0 65536 1073745920 402745863 0 0 0 17 3 0 0 2630 0 0 0 0 0 0 0 0 0
```

这个输出结构确实稍微有点复杂，列太多了。肉眼比较难区分哪列是和CPU相关的。没关系，咱们简单看一下源码。当用户打开/proc/[pid]/stat文件时，内核调用的处理函数是proc_tgid_stat。

```
static const struct pid_entry tgid_base_stuff[] = {
    ...
    ONE("stat",         S_IRUGO, proc_tgid_stat),
}
```

在proc_tgid_stat中调用do_task_stat来输出进程的统计信息。

```
static int do_task_stat(struct seq_file *m, struct pid_namespace *ns,
            struct pid *pid, struct task_struct *task, int whole)
```

```
{
  ...
  seq_put_decimal_ull(m, "", pid_nr_ns(pid, ns)); // 第1列
    seq_puts(m, " ("); // 第2列
    proc_task_name(m, task, false);
    seq_puts(m, ") ");
    seq_putc(m, state);    // 第3列
    seq_put_decimal_ll(m, " ", ppid);            // 第4列
    seq_put_decimal_ll(m, " ", pgid);            // 第5列
    seq_put_decimal_ll(m, " ", sid);             // 第6列
  ......
    seq_put_decimal_ull(m, " ", nsec_to_clock_t(utime));   // 第14列
    seq_put_decimal_ull(m, " ", nsec_to_clock_t(stime));   // 第15列
    seq_put_decimal_ll(m, " ", nsec_to_clock_t(cutime));   // 第16列
    seq_put_decimal_ll(m, " ", nsec_to_clock_t(cstime));   // 第17列
    seq_put_decimal_ll(m, " ", priority);
    seq_put_decimal_ll(m, " ", nice);
    seq_put_decimal_ll(m, " ", num_threads);
  ......
}
```

从源码可以看出，第14、15、16、17这四列是和CPU利用率相关的。输出前都统一调用nsec_to_clock_t进行了转换。该函数在执行从纳秒到时钟节拍数（clock ticks）的转换。它将一个给定的纳秒数转换为内核中使用的时钟节拍数表示的等效值。对于节拍数大家可以参考第8章。

其中，第14列是当前进程在用户态所花费的时间，第15列是当前进程在内核态花费的时间。

另外两列的含义和父进程等待子进程有关。在Linux系统中，一个进程可以创建子进程。当父进程等子进程结束时，父进程会进入一种称为"等待状态"（waiting state）的状态，此时父进程在用户态或者内核态中等待子进程结束并返回结果。它在等待内核完成子进程调度和运行的过程中消耗了CPU时间。这些时间被称为"内核态等待子进程的消耗"。可以从man page找到详细的说明。

```
(14) utime  %lu
Amount of time that this process has been scheduled in user mode, measured
in clock ticks (divide by  sysconf(_SC_CLK_TCK)).  This includes guest time,
guest_time (time spent running a virtual CPU, see below), so that applications
that are not aware of the guest time field do not lose that time from their
calculations.

(15) stime  %lu
Amount of time that this process has been scheduled in kernel mode, measured
in clock ticks (divide by sysconf(_SC_CLK_TCK)).

(16) cutime  %ld
```

```
Amount of time that this process's waited-for children have been scheduled
in user mode, measured in clock ticks (divide by sysconf(_SC_CLK_TCK)).(See
also times(2).)  This includes guest time, cguest_time (time spent running a
virtual CPU, see below).
```

```
(17) cstime  %ld
Amount of time that this process's waited-for children have been scheduled in
kernel mode,measured in clock ticks (divide by sysconf(_SC_CLK_TCK)).
```

如果你的进程确实存在等待子进程的情况，那需要考虑第16和17这两列。如果你的进程并没有等待子进程，第16和17列的值一般为0。拿Nginx进程来举个例子。对于我手头的服务器上的Nginx服务来说，开启了一个master进程，和8个worker进程。

```
# ps -ef | grep nginx
root     2131602       1  0  2022 ?        00:00:00 nginx: master process /
usr/local/openresty/nginx/sbin/nginx -p /usr/local/kong -c nginx.conf
kong     3211445 2131602  0 Jan11 ?        01:39:08 nginx: worker process
kong     3213512 2131602  0 Jan11 ?        01:32:21 nginx: worker process
kong     3218624 2131602  0 Jan11 ?        01:32:37 nginx: worker process
kong     3239041 2131602  0 Jan11 ?        01:32:37 nginx: worker process
kong     3259136 2131602  0 Jan11 ?        01:32:46 nginx: worker process
kong     3267276 2131602  0 Jan11 ?        01:32:19 nginx: worker process
kong     3271038 2131602  0 Jan11 ?        01:32:58 nginx: worker process
kong     3274923 2131602  0 Jan11 ?        01:32:51 nginx: worker process
```

其中master进程的pid为2131602，其余的为worker。抽查其中一个worker进程，只有第14和15列有值。

```
# cat /proc/3211445/stat | awk '{print $14"\t"$15"\t"$16"\t"$17}'
559841 35052    0        0
```

对于master进程来说，四列都会存在消耗。

```
# cat /proc/2131602/stat | awk '{print $14"\t"$15"\t"$16"\t"$17}'
1       12      3346583 325537
```

在本书的配套源码chapter-15/test-01中，我提供了一段计算进程CPU利用率的shell程序demo，你可以实际运行试试。

cgroup中的stat伪文件

在第11章中介绍了如何获取容器CPU利用率。业界的lxcfs项目实现了将容器利用率统计出来，然后替换容器中挂载的/proc/stat伪文件。目的是让依赖该文件的top等命令还可以正常使用，和在宿主机下查看利用率的习惯保持一致。但飞哥认为更靠谱和直接的方式是直接使用内核为容器暴露出来的伪文件。kubelet中集成的cAdvisor就是采用这个方案来获取并上报容器CPU利用率的打点信息的。

　　cgroup分v1和v2两个版本，虽然每个版本对CPU利用率输出的文件名和文件格式都略有差异，但都提供了容器内所有进程的CPU使用时间的汇总。在本节中，将给出一个计算CPU利用率的示例程序。

　　具体的计算方法是分t1和t2两个时间点去获取容器的CPU使用时间，二者相减后计算出容器内所有进程所用掉的CPU时间。再和t1到t2之间流逝掉的时间相除就可以得出CPU用量。以cgroup v2为例，shell计算源码如下：

```bash
#!/bin/bash

TIME_INTERVAL=10 # 获取10秒的平均CPU利用率

# 获取当前容器的cgroup路径
cgroup=$(cat /proc/1/cgroup | awk -F ':' '{print $3}')
cgroup=`echo ${cgroup%init.scope}`

# 获取当前容器的cpu.stat路径
fs_usage="/sys/fs/cgroup"$cgroup"cpu.stat"

# 获取t1的当前时间（微秒）和CPU利用率（微秒）
T1_USAGE=`cat ${fs_usage} | grep usage_usec | awk '{print $2}'`
T1=`echo $(date +%s%N) 1000 | awk '{printf "%.2f", ($1/$2)}'`
sleep ${TIME_INTERVAL}

# 获取t2的当前时间（微秒）和CPU利用率（微秒）
T2_USAGE=`cat ${fs_usage} | grep usage_usec | awk '{print $2}'`
T2=`echo $(date +%s%N) 1000 | awk '{printf "%.2f", ($1/$2)}'`

# 计算CPU用量
CPU_USAGE_POD=`echo ${T1_USAGE} ${T1} ${T2_USAGE} ${T2}| awk '{printf "%.5f",
($3-$1)/($4-$2)}'`
echo "Pod CPU Usage:${CPU_USAGE_POD}"
```

　　该源码中首先获取容器的cgroup路径，我们要找的内核暴露的容器CPU消耗的cpu.stat伪文件是在这个路径下的。先在t1时间去获取cpu.stat中usage_usec的值。该值把容器的用户态、内核态的使用时间都包括了，用起来更方便一些。之后程序sleep（休眠）3秒。到t2时间再去获取cpu.stat中usage_usec。最后通过(T2_USAGE-T1_USAGE)/(t2-t1)就可以算得容器在过去3秒内使用了多长的CPU时间。具体的源码参见chapter-15/test-02，该源码兼容cgroup v1和v2两个版本。

　　值得注意的是，计算出的结果是用量，它代表的是实际用了几个核的时间。比如1.5代表的是使用了1.5个核。如果你想获取百分比形式的利用率，那就再除以当前容器所申请的总核数就可以了。

15.2 热点火焰图

在第14章中介绍了火焰图的原理。当服务CPU利用率比较高的时候，可以使用火焰图来分析整个程序运行过程中的CPU消耗热点函数。

火焰图的生成主要分两步，第一步采样，第二步渲染。在采样这一步，可以使用perf等工具每隔一定频率获取进程的IP寄存器的值（也就是下一条指令的地址），然后计算出当前在执行的函数及其调用栈。在渲染这一步，Brendan Gregg提供的脚本会对perf工具输出的perf_data文件进行预处理，然后基于预处理后的数据渲染成svg图片。

采样这一步还是以chapter-14/test-01为例，先编译再用perf运行采样。

```
# gcc -o main main.c
# perf record -g ./main
```

perf可以指定采集事件。当前系统支持的事件列表可以用perf list来查看。默认情况下采集的是Hardware event下的cycles这一事件。假如我们想采样cache-misses事件，可以通过-e参数指定。

```
# perf record -e cache-misses  sleep 5 // 指定要采集的事件
```

还可以通过-a参数指定也采集内核的调用栈。

```
# perf record -a -g ./main
```

如果想对正在运行的某个进程采样，增加-p [pid]参数。

```
# perf record -a -g -p [pid]
```

还可以通过-F和-c参数指定采样时机。

```
# perf record -F 100          // 每一秒钟采样100次
# perf record -c 100          // 每发生100次采样一次
```

可以通过sleep参数指定采样时间，否则要等手工按Ctrl+C组合键中断后采样才结束。

```
# perf record -g ./main sleep 5
```

采样结束后，在你执行命令的当前目录下生成了一个perf.data文件。接下来需要把Brendan Gregg的生成火焰图的项目下载下来。我们需要这个项目里的两个perl脚本。

```
# git clone https://github.com/brendangregg/FlameGraph.git
```

接下来使用perf script解析这个输出文件，并把输出结果传入FlameGraph/stackcollapse-perf.pl脚本进一步解析，最后交由FlameGraph/flamegraph.pl来生成svg格式的火焰图。具体命令可以用一行来完成。

```
# perf script | ./FlameGraph/stackcollapse-perf.pl | ./FlameGraph/flamegraph.
pl > out.svg
```

这样，一幅火焰图就生成好了，如图15.4所示。

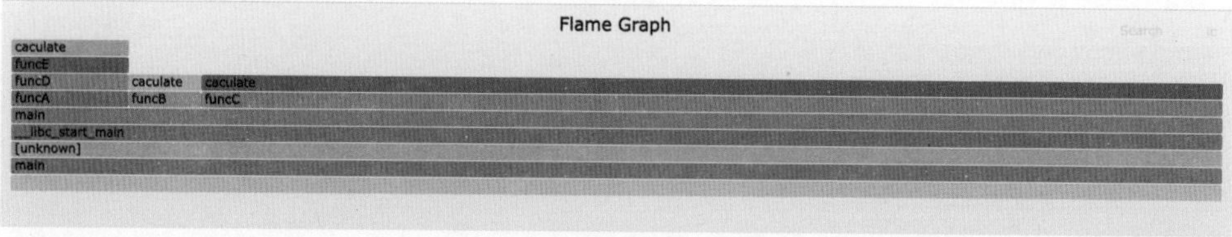

图15.4　热点函数火焰图

函数执行的次数越多，在svg图片中就越宽。一个函数占据的宽度越宽，表明该函数消耗的CPU占比越高。但对于位于火焰图下方的函数来说，它们虽然开销比较大，但都是因为执行其子函数消耗的，所以一般看最上方较宽的函数，这是导致整个系统CPU利用率比较高的热点，把它优化好可以提升程序运行性能。

在图15.4这个火焰图中可以看出，main函数调用了funcA、funcB、funcC，funcA又调用了funcD、funcE，然后这些函数的开销又都不是自己花掉的，而是因为自己调用的一个CPU密集型函数caculate。整个系统的调用栈的耗时统计就十分清晰地展现在眼前了。

如果要对这个项目进行性能优化，在火焰图的上方虽然funcA、funcB、funcC、funcD、funcE这几个函数的耗时都挺长，但它们的耗时并不是自己用掉的，而且都花在执行子函数上了。我们真正应该关注的是火焰图最上方caculate这种又长又平的函数。因为它才是真正花掉CPU时间的代码。在其他项目中也一样，拿到火焰图后，从最上方开始，把耗时比较长的函数找出来并进行优化。

另外，在实际的项目中，可能函数会非常多，并不像图15.4这么简单，很多函数名可能被折叠起来了。这也好办，svg格式的图片是支持交互的，你可以点击其中的某个函数，然后展开，只详细地看这个函数及其子函数的火焰图。

15.3　系统调用

在第13章中介绍了系统调用导致CPU性能开销的原理。这部分开销体现在CPU利用率的sy这一列。所以如果你发现你的Linux系统中系统态sy的开销高了，我建议使用strace命令分析是哪些系统调用带来了过多的开销。

strace命令会允许我们创建一个进程来监视另一个进程的系统调用，并会在控制台输出进程正在执行的系统调用，以及传递给它们的参数和返回值。从内部工作原理来看，它是通过使用ptrace系统调用与正在调试的进程进行通信的，然后截获进程的系统调用情况进行分析的。被监视的进程的每个系统调用都会被记录下来，包括系统调用的名称、传递给它们的参数及调用的返回状态。strace的-c选项可以将某个系统调用的全部开销汇总起来展示，用起来非常方便。

```
# strace -c -p 8527
strace: Process 8527 attached
% time     seconds  usecs/call     calls    errors syscall
------ ----------- ----------- --------- --------- ----------------
 44.44    0.000727          12        63           epoll_wait
 27.63    0.000452          13        34           sendto
 10.39    0.000170           7        25        21 accept4
  5.68    0.000093           8        12           write
  5.20    0.000085           2        38           recvfrom
  4.10    0.000067          17         4           writev
  2.26    0.000037           9         4           close
  0.31    0.000005           1         4           epoll_ctl
```

一般来说，系统调用花费十几、几十微秒都算正常。如果超过了100μs，那可能就要引起注意了。我在线上就曾经遭遇过一次connect系统调用飙高到2000多μs的情况，后来通过调整可用端口号范围解决了问题，使其又回到正常的20μs左右。

如果想跟踪某个命令，把要执行的命令当成strace命令的参数传入即可。

```
# strace ls
```

如果想跟踪一个现有的进程，使用-p选项将要跟踪的进程的pid传入。

```
# strace -p <pid>
```

如果不加任何过滤，输出可能有点乱，可以通过-e命令传入要跟踪的具体的系统调用名。

```
# strace -e trace=open,read,write <command>
read(3, "\177ELF\2\1\1\0\0\0\0\0\0\0\0\0\3\0>\0\1\0\0\0@k\0\0\0\0\0\0"...,
832) = 832
read(3, "\177ELF\2\1\1\3\0\0\0\0\0\0\0\0\3\0>\0\1\0\0\0\260A\2\0\0\0\0\0"...,
832) = 832
write(1,"anycast6    dev_snmp6\t if_inet6\ti"..., 137anycast6    dev_snmp6
if_inet6    ip6_mr_vif        ip_mr_vif        mcfilter    nf_conntrack
ptype  rt6_stats  sockstat     tcp6   unix
) = 137
......
```

15.4 调度器运行观测

调度器运行效率也是分析CPU性能时要考虑的关键因素。比如当前调度器中任务运行负载如何、任务上下文切换是不是过多、任务在CPU之间的迁移次数是不是过多、任务就绪后在内核中等待被调度器调度时的延迟共有多少，这些指标也都是很重要的。

15.4.1　负载

Linux系统中的负载值是根据调度器算出来的，是评估计算机系统性能的一个重要指标。它指Linux调度下同当前正在使用和等待使用CPU的进程数。在Linux系统中，负载值可以用一组数字来表示，通常是由三个数字组成，例如1.23 0.45 0.67，这些数字分别表示系统在过去1分钟、5分钟和15分钟内的平均负载情况。

一般来说，如果负载值小于系统当前的核数，说明CPU资源充足；如果大于当前的核数，表示系统的工作量已经超过了当前系统的处理能力，系统开始出现性能瓶颈。不过这说的只是一般情况，实际工作中负载变高可能是CPU资源不够了，也可能是磁盘IO资源不够了，所以直接把负载和CPU利用率画等号是不准确的。

另外，对比负载的1分钟、5分钟和15分钟内的平均负载三个数字也是有意义的。如果这三个数相差不大，表示系统的负载比较稳定。如果近1分钟的负载值小于近15分钟的负载值，表明系统的平均负载正在逐渐降低，但前15分钟的负载过高，原因需要进一步了解。如果近15分钟的负载值远小于近1分钟的负载值，说明系统负载在升高，可能出现了性能问题。

既然负载这么重要，那该如何观测它呢？方法有很多。

uptime命令

uptime是最简单的查询负载的命令，输出也很纯粹。

```
# uptime
08:38:06 up 209 days, 19:45,  1 user,  load average: 0.09, 0.11, 0.13
```

w命令

这个w命令也可以展示负载情况。

```
# w
 08:42:19 up 209 days, 19:49,  1 user,  load average: 0.18, 0.15, 0.14
USER     TTY      FROM             LOGIN@   IDLE   JCPU   PCPU WHAT
zhangyan pts/0    10.255.169.153   06:11    2.00s 10.60s  0.01s w
```

top命令

top命令也会展示系统的当前负载，如图15.5所示。

/proc/loadavg伪文件

前面讲过，不管是uptime命令，还是w命令或者top命令，它们都是应用层的软件，本身是无法知道整个系统的负载情况的。真正的负载是内核来统计的，并通过/proc/loadavg伪文件向用户态暴露出来。这三个命令本质上都是读取这个伪文件并展示出来的。通过使用strace命令可以看到命令底层确实读取了/proc/loadavg文件。

```
top - 08:41:03 up 209 days, 19:48,  1 user,  load average: 0.18, 0.14, 0.14
Tasks: 518 total,   1 running, 517 sleeping,   0 stopped,   0 zombie
%Cpu(s):  0.7 us,  2.2 sy,  0.0 ni, 97.1 id,  0.0 wa,  0.0 hi,  0.0 si,  0.0 st
MiB Mem :  15368.7 total,    354.2 free,  12282.0 used,   2732.4 buff/cache
MiB Swap:      0.0 total,      0.0 free,      0.0 used.   2577.2 avail Mem

    PID USER      PR  NI    VIRT    RES    SHR S  %CPU  %MEM     TIME+ COMMAND
3005056 root      20   0 1528860  15696   8892 S   5.9   0.1   0:19.10 ▪
3025662 root      20   0 1158536  12692   8048 S   5.9   0.1   0:00.19 ▪
3025799 zhangya+  20   0   11460   3776   2960 R   5.9   0.0   0:00.02
```

图15.5 top命令输出的负载

```
# strace uptime
openat(AT_FDCWD, "/proc/loadavg", O_RDONLY) = 4
```

关于/proc/loadavg文件中的数据是怎样计算出来的，在第8章中已经进行过深入的分析。其输出时的文件格式如下。

```
# cat /proc/loadavg
0.72 0.51 0.29 2/4000 3043330
```

每一列的含义可以在源码中找到蛛丝马迹。

```
// file: fs/proc/loadavg.c
static int loadavg_proc_show(struct seq_file *m, void *v)
{
  // 获取平均负载值
    unsigned long avnrun[3];
    get_avenrun(avnrun, FIXED_1/200, 0);

    // 打印输出平均负载
    seq_printf(m, "%lu.%02lu %lu.%02lu %lu.%02lu %ld/%d %d\n",
        LOAD_INT(avnrun[0]), LOAD_FRAC(avnrun[0]),
        LOAD_INT(avnrun[1]), LOAD_FRAC(avnrun[1]),
        LOAD_INT(avnrun[2]), LOAD_FRAC(avnrun[2]),
        nr_running(), nr_threads,
        task_active_pid_ns(current)->last_pid);
    return 0;
}
```

前三列分别输出的是1分钟、5分钟和15分钟的平均负载。第4列的分子是正在运行的进程数，分母是进程总数，最后一个是最近运行的进程PID。

15.4.2 任务上下文切换次数

在第7章讨论过不管进程还是线程，发生一次上下文切换大约需要3~5μs的CPU耗时，有不小的性能开销。更重要的是，这种上下文切换其实都是"内耗"，这时候的CPU

并没有进行什么有意义的工作。所以任务上下文切换次数也是我们应该关注的指标之一。

最方便的统计任务上下文切换次数的命令是vmstat。直接来看示例结果，以下命令中的参数指定1的目的是让系统每1秒刷新一次。

```
# vmstat 1
procs -----------memory---------- ---swap-- -----io---- -system-- ------cpu-----
 r  b   swpd   free   buff  cache   si   so    bi    bo   in    cs us sy id wa st
 0  0      0 1520384 335220 1233036    0    0    23     6    0     0  1  1 98  0  0
 0  0      0 1520588 335220 1233176    0    0     0    37 5417 10084  1  1 97  0  0
 0  0      0 1521384 335228 1233184    0    0     0    68 4929  9309  1  1 98  0  0
 1  0      0 1525164 335228 1233188    0    0     0     5 6426 11218  1  1 98  0  0
```

在以上输出结果中，第12列cs（context switch）表示的就是Linux系统中平均每秒的任务上下文切换次数，包括进程上下文切换和线程上下文切换。另外，sar命令也可以用来评估，使用方法如下。

```
# sar -w 1
proc/s
    Total number of tasks created per second.
cswch/s
    Total number of context switches per second.
11:19:20 AM    proc/s   cswch/s
11:19:21 AM    110.28  23468.22
11:19:22 AM    128.85  33910.58
11:19:23 AM     47.52  40733.66
11:19:24 AM     35.85  30972.64
11:19:25 AM     47.62  24951.43
11:19:26 AM     47.52  42950.50
......
```

在以上输出中，显示每秒约有2万~4万次的上下文切换。

不过vmstat和sar命令只能统计到整个系统发生上下文切换的情况，如果想知道是哪个进程发生的切换过多，可以使用pidstat命令。通过指定参数让系统每3秒输出一次。

```
# pidstat -w 3
Average:      UID       PID   cswch/s nvcswch/s  Command
Average:        0         1      4.98      0.00  systemd
Average:        0         9      1.20      0.00  ksoftirqd/0
Average:        0        10     44.42      0.00  rcu_sched
```

在pidstat命令的输出结果中，不但能将每个进程发生的上下文切换统计出来，还会指明发生的上下文切换是自愿切换（cswch，voluntary context switches）还是非自愿切换（nvcswch，non voluntary context switches）。所以这个方法是飞哥比较推荐的使用方法。

输出中的自愿切换发生的原因是进程在等待资源，比如等待某次磁盘IO的完成而主动放弃了CPU，进而导致切换的发生。非自愿切换指的是调度系统将正在运行的进程拿下，换另一个进程上来。

pidstat命令其实是内核通过/proc/[pid]/status伪文件向用户态提供的。你也可以直接查看该文件，不过这里是该进程自启动以来的汇总值。下面是一个例子。

```
# cat /proc/32583/status
voluntary_ctxt_switches:        573066
nonvoluntary_ctxt_switches:     89260
......
```

另外，使用perf stat命令也可以统计当前整个系统或者某个进程的上下文切换情况。

```
# perf stat sleep 5
# perf stat [command]
# perf stat -p [pid] sleep 5
```

例如，我的开发机的输出结果如下。

```
Performance counter stats for process id '3211445':
     2.16 msec task-clock           #      0.001 CPUs utilized
      10        context-switches     #      0.005 M/sec
       0        cpu-migrations       #      0.000 K/sec
      ......
```

我们已经学会了几种观察进程上下文切换的方法。那么该如何评估系统中发生的上下文切换次数是不是过多了呢？我的建议有如下三个。

建议一：评估单核切换次数。

将每秒发生的总上下文切换次数除以当前系统中总的核数，如果平均单核每秒切换低于100次，说明10ms才切换一次，这个指标是不高的。如果超过了300次，就要引起注意了，这时候平均每个核上每3.3ms就会发生一次切换。如果超过了500次，平均每个核上每2ms就会发生一次切换，我认为这样就算过多了。

建议二：评估进程切换次数。

我们以没有开启多线程的进程为例，这种进程同一时间只会占用一个核。算一下这个进程平均每秒会发生多少次切换。评估口径和上面一样，如果每秒切换超过300次需要开始注意，如果超过500次就要考虑优化了。如果是多线程程序，需要按线程数平均一下再来按这个口径考虑。

建议三：区分主动切换和被动切换

如果切换确实过多，那就需要分清是因为主动切换过多，还是因为被动切换过多。如果主动切换过多，很有可能是因为进程采用了同步阻塞的方式来处理网络IO，导致频繁地放弃CPU。如果是被动切换过多，说明系统中对CPU的争抢比较严重，CPU资源出现瓶颈了。

15.4.3　任务迁移次数

如果每次进程调度的时候都能够在同一个CPU核上执行，那大概率这个核的L1、L2、L3等缓存里存储的数据还能用得上，缓存命中率高可以避免对数据的访问穿透到过慢的内存中。所以内核在调度器的实现上开发了wake_affine机制，使得调度尽可能地使用上一次用过的核，详细过程参见第7章"进程调度器"。

但如果进程在调度器唤醒它的时候发现上一次使用过的核被别的进程占了，那该怎么办？总不至于不让这个进程唤醒，硬等上一次用过的这个CPU核吧？给它分配一个别的核让进程可以及时获得CPU也许更好。但这时就会导致进程执行时在CPU之间跳来跳去，这种现象就叫作任务迁移。

显然任务迁移对CPU缓存不太友好。如果迁移次数过多，必然会导致进程运行性能的下降。通过使用perf stat命令可以观测到当前系统或者指定进程的任务迁移次数有多少。该命令的使用方法前面讲过了，我们直接来看某个pid的情况。

```
# perf stat -p [pid] sleep 5
```

在我的开发机输出的结果如下。

```
Performance counter stats for process id '3211445':
    2.16 msec task-clock            #    0.001 CPUs utilized
    10         context-switches      #    0.005 M/sec
     0         cpu-migrations        #    0.000 K/sec
    ......
```

15.4.4　调度器延迟

在第7章中介绍过新进程在创建的时候，或者等待期间已发生被唤醒到可运行状态的时候，都并不会立即获取到CPU资源开始运行，而是会先被放到一个由红黑树数据结构表示的任务队列中。真正的调度需要等到调度时钟节拍或者其他进程放弃CPU的时候，判断是否要从运行队列中选一个进程及选哪一个进程来运行。

进程从变成就绪态进入调度队列，到真正获得CPU中间的这段时间就叫作调度延迟。这个调度延迟如果过大，显然也是不好的。因为这意味着用户的请求晚了一段时间被处理。

那我们该如何统计就绪任务在调度器中的排队延迟呢？perf这个强大的工具依旧可以帮到我们。先使用perf sched record命令录制测试过程中的调度事件，这里指定了录制5秒。

```
# perf sched record sleep 5
```

在录制完成后执行perf sched latency命令可以查看调度延迟信息。

```
# perf sched latency --sort max
```

输出结果格式如图15.6所示。

```
Task                     | Runtime ms | Switches | Avg delay ms | Max delay ms | Max delay start          | Max delay end            |
cache_flush:22833        |  39.985 ms |        4 | avg: 0.315 ms | max: 0.429 ms | max start: 18347657.865761 s | max end: 18347657.866191 s
atop:805672              | 198.578 ms |       25 | avg: 0.135 ms | max: 0.271 ms | max start: 18347659.138779 s | max end: 18347659.139050 s
node:(310)               | 191.754 ms |      313 | avg: 0.001 ms | max: 0.194 ms | max start: 18347658.041752 s | max end: 18347658.041946 s
docker:(13)              |  54.134 ms |       18 | avg: 0.020 ms | max: 0.106 ms | max start: 18347658.480742 s | max end: 18347658.480848 s
chronyc:1893688          |   1.668 ms |        1 | avg: 0.062 ms | max: 0.062 ms | max start: 18347659.499978 s | max end: 18347659.500040 s
python:(2)               |  65.801 ms |        9 | avg: 0.024 ms | max: 0.062 ms | max start: 18347658.928766 s | max end: 18347658.928827 s
juno:(35)                | 193.758 ms |       35 | avg: 0.012 ms | max: 0.033 ms | max start: 18347660.038744 s | max end: 18347660.038778 s
bash:(6)                 |  17.750 ms |        7 | avg: 0.015 ms | max: 0.024 ms | max start: 18347660.111593 s | max end: 18347660.111617 s
sh:(6)                   |   5.249 ms |        6 | avg: 0.014 ms | max: 0.023 ms | max start: 18347658.439553 s | max end: 18347658.439576 s
id:1893702               |   1.342 ms |        1 | avg: 0.023 ms | max: 0.023 ms | max start: 18347658.050073 s | max end: 18347658.050096 s
ldconfig:1893681         |   2.097 ms |        1 | avg: 0.022 ms | max: 0.022 ms | max start: 18347658.914142 s | max end: 18347658.914164 s
date:1893715             |   0.987 ms |        1 | avg: 0.022 ms | max: 0.022 ms | max start: 18347660.116641 s | max end: 18347660.116663 s
```

图15.6　调度延迟

在该结果中输出了每个进程的平均调度延迟和最大调度延迟。我认为最大调度延迟只要低于1ms都还算是正常的，如果超过1ms就说明CPU出现瓶颈了。

15.5　虚拟内存开销

在perf list列出的软件性能事件中，还有几个和虚拟内存开销相关的指标，它们就是page-faults。

```
# perf list sw
List of pre-defined events (to be used in -e):
 ......
  major-faults                                     [Software event]
  minor-faults                                     [Software event]
  page-faults OR faults                            [Software event]
```

在内存的使用中，一个非常重要的概念就是虚拟内存和物理内存的关系。内核并不允许用户直接使用内存，而是封装了一层虚拟内存出来。每个进程都有一个虚拟地址空间。用户进程在申请内存的时候，其实申请到的只是一个vm_area_struct，如图15.7所示。

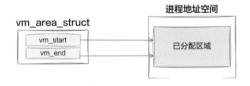

图15.7　vm_area_struct

这个vm_area_struct仅仅是一段地址范围，在逻辑上表示这段范围内的内存被占用了。其对应的物理内存并不会立即被分配。具体的分配要等到实际访问的时候。当进程在运行的过程中，在栈上开始分配和访问变量的时候，如果物理页还没有分配，会触发缺页中断。在缺页中断的核心处理入口 __do_page_fault 的处理过程中真正地分配物理内存。关于缺页中断参见第6章。

在这里要说明的是，缺页中断是有开销的。程序需要中断程序的运行，等待缺页中断处理申请内存成功后被再次唤醒。其中缺页中断又分为两种，分别是major-faults和minor-faults。这两种错误的区别在于major-faults会导致磁盘IO的发生，所以对程序运行的影响更大。可以用perf stat命令统计缺页中断发生的次数。

```
# perf stat -e page-faults,major-faults,minor-faults sleep 5
 Performance counter stats for 'sleep 5':
     56        page-faults:u
      0        major-faults:u
     56        minor-faults:u
```

还可以使用perf record命令录制发生缺页中断时的函数调用栈。

```
# perf record -a -g -e page-faults sleep 30
```

以上命令中-a指的是要查看所有的栈，包括用户栈，也包括内核栈。-g指的是不仅采样时记录当前运行的函数名，还要记录整个调用链。在录制完后，就可以采用绘制火焰图的方法，看看是哪条调用链路在过多地导致缺页中断的发生了。

15.6　网络协议栈开销

Linux内核网络协议栈造成的CPU性能开销大致包括三个部分：硬中断、软中断和用户进程的系统态。

在网络包的接收过程和发送过程，网卡都会触发硬中断，CPU响应硬中断请求并处理造成的开销就是硬中断开销。对于接收过程，网卡将收到的数据包通过DMA方式发送到内存后，通过硬中断来通知CPU有数据包到达。对于发送过程，网卡在将网络包发送成功后，通过硬中断来通知CPU发送成功。关于网络包收发的详细过程参见《深入理解Linux网络》。这些硬中断的开销都在CPU利用率输出的hi这一列。不过一般来说，由于硬中断的处理工作非常简单，所以硬中断不会成为系统的瓶颈。

另外一个开销是软中断。网络包在接收数据的过程中，硬中断只执行最简单的处理，而后会将主要的工作都丢给软中断。内核协议栈的主要工作都是在软中断中完成的。所以在网络密集型的服务中，软中断可能会导致不少的开销。在发送的过程中，优先用用户进程的内核态时间来处理发布。但当用户进程处理发送的时间用光了的时候，仍然还会触发软中断来处理发布过程。

还有就是系统态的开销。上面说了，在网络包的发送过程中，是优先使用用户进程的内核态来处理、发布的。所以在这种情况下，在CPU利用率的指标体现上就会体现到

sy这个指标中了。

　　汇总一下，就是可以通过观测CPU利用率中输出的hi、si和sy这几列来综合评估网络协议栈处理导致的CPU性能开销，如图15.8所示。对于hi、si开销来说，不仅要关注总的开销，还要看它是分布在哪几个核上的。因为不是所有核都会参与硬中断、软中断的处理。

```
top - 07:28:21 up 2 days, 15:21,  0 users,  load average: 61.76, 63.65, 64.90
Tasks:  17 total,   1 running,  16 sleeping,   0 stopped,   0 zombie
%Cpu0  : 54.3 us, 12.0 sy,  0.0 ni, 11.7 id,  0.0 wa,  0.0 hi, 22.0 si,  0.0 st
%Cpu1  : 47.9 us,  8.7 sy,  0.3 ni, 40.9 id,  0.0 wa,  0.0 hi,  2.1 si,  0.0 st
%Cpu2  : 55.0 us, 12.8 sy,  0.3 ni, 14.5 id,  0.0 wa,  0.0 hi, 17.3 si,  0.0 st
%Cpu3  : 38.4 us,  9.9 sy,  0.4 ni, 49.3 id,  0.0 wa,  0.0 hi,  1.8 si,  0.4 st
%Cpu4  : 53.3 us, 14.1 sy,  0.0 ni, 12.0 id,  0.0 wa,  0.0 hi, 20.6 si,  0.0 st
%Cpu5  : 48.4 us, 11.7 sy,  0.0 ni, 38.9 id,  0.0 wa,  0.0 hi,  0.7 si,  0.4 st
KiB Mem:  16777216 total, 14754388 used,  2022828 free,         0 buffers
KiB Swap:         0 total,        0 used,        0 free.  7318740 cached Mem
```

图15.8　协议栈开销

　　对于老式的单队列的网卡，或者在一些没有开启多队列的虚拟机中，可能只有一个队列。在这种情况下，整体的软、硬中断的CPU开销可能不高，但都集中到一个核上了，可能会导致瓶颈的出现。不过这种情况在近几年的服务器环境中越来越少见了。

　　对于支持多队列的网卡，在Linux上也需要看看它到底支持多少个队列，现在开启的有几个。例如对于下面的例子，我用ethtool命令看到我手头的一台物理机最大支持63个队列，开启了8个。如果你的软、硬中断处理在某些核上的开销比较高，那你可能需要开启更多的队列，让更多的核参与进来一起处理。

```
# ethtool -l eth0
Channel parameters for eth0:
Pre-set maximums:
RX:             0
TX:             0
Other:          1
Combined:       63
Current hardware settings:
RX:             0
TX:             0
Other:          1
Combined:       8
```

　　系统态另外一个非常重要的开销是软中断si。按理说这个耗时也属于内核开销，可能它太重要了，所以在系统中单独把它列出来。通过top命令的输出，看到的si这一列就是软中断所消耗的CPU。

　　为了能观测得明显一点，可以用hping3命令制造一些网络接收包来观测。

```
# hping3 -S -p 80 -i 你的服务器ip
```

　　接着使用top命令观察si列，发现它的消耗涨上来了，如图15.9所示。

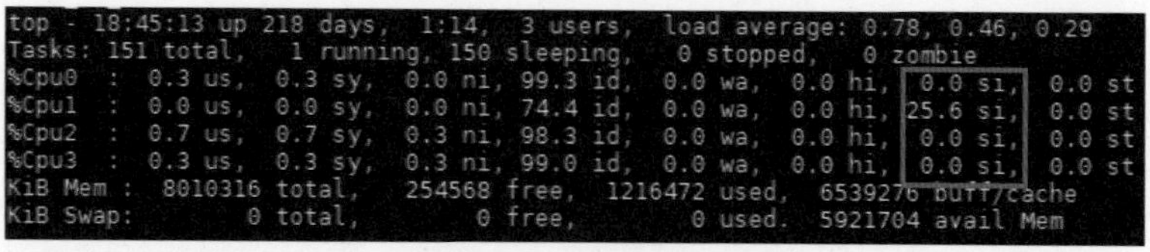

图15.9　软中断开销

在Linux内核中，网络包的接收过程和发送过程是非常复杂的。对于接收过程来讲，网卡硬件将数据通过DMA的方式放到内存中后，发起硬中断通知CPU来处理。体现到top命令中就是hi这一列。不过硬中断优先级很高，为了避免对系统中的任务产生影响，硬中断中要执行的工作很简单，主要工作都丢给软中断来处理了。所以，我们一般看到的hi消耗不会太高，所以本书中也没把它单独拿出来讲。在软中断中，对于网络包需要执行很多的协议栈处理，需要消耗较多的CPU周期。

对于发送过程，优先使用要发送数据的进程在内核态来发送，当系统态CPU用尽的时候也会启用软中断ksoftirqd来处理，也会体现到top命令输出的si CPU消耗中。关于内核网络包收发的详细过程请参见《深入理解Linux网络》。

对于**软中断处理消耗的CPU来说，最终会统计并体现到top命令输出的si这一列**。第8章介绍过，每当时间中断到来的时候，都会调用update_process_times更新内核中记录的CPU使用时间。相关源码如下。

```
// file:kernel/sched/cputime.c
void account_system_time(struct task_struct *p, int hardirq_offset, u64
cputime)
{
    if (hardirq_count() - hardirq_offset)
        index = CPUTIME_IRQ;
    else if (in_serving_softirq())
        index = CPUTIME_SOFTIRQ;
    else
        index = CPUTIME_SYSTEM;

    account_system_index_time(p, cputime, index);
}
```

其中in_serving_softirq函数判断当前是不是在执行软中断，如果是，就将时间累计到内核数组的CPUTIME_SOFTIRQ下标里，最后通过top命令中的si列展示出来。

软中断CPU消耗的原理讲完了，这里还有一点要提醒大家，那就是在上面的输出中，我的机器的软中断都是在1号核上消耗的。其他三个核并没有参与软中断的处理。这种情况在高并发的服务器上可能会造成瓶颈。

原因是网卡和内核交互是通过软中断的方式进行的。既然是中断，每个可中断到CPU的设备就都会有一个中断号。以下是在我的虚拟机上找到的软中断对应的中断号。

```
# cat /proc/interrupts
           CPU0        CPU1        CPU2        CPU3
  27:       351           0           0   280559832  PCI-MSI-edge  virtio1-input.0
  28:         1           0           0           0  PCI-MSI-edge  virtio1-output.0
  29:         0           0           0           0  PCI-MSI-edge  virtio2-config
  30:   4233459   375136079      244872      474097  PCI-MSI-edge  virtio2-input.0
  31:         1           0           0           0  PCI-MSI-edge  virtio2-output.0
......
```

其中的virtio1-input.0和virtio1-output.0对应虚拟网卡eth0的发送和接收队列,其中断号分别是27和28。virtio2-input.0和virtio2-output.0对应虚拟网卡eth1的发送和接收队列,其中断号分别是30和31。下面分别查看这几个中断号的CPU亲和性配置。

```
# cat /proc/irq/27/smp_affinity
8
# cat /proc/irq/28/smp_affinity
1
# cat /proc/irq/30/smp_affinity
2
# cat /proc/irq/31/smp_affinity
4
```

我的虚拟机是通过将不同网卡的不同队列绑定在不同的CPU核上来处理的。以上服务器的包都是发送到eth1上的,它的读队列请求特别多,因此30号"引脚"上的中断也会特别多。自然和30号"引脚"亲和的2号CPU,也就是CPU1就会出现明显比其他CPU高的软中断。但这种单队列的形式在高并发的情况下很容易出现性能瓶颈,一个核处理得忙不过来,其他核却"袖手旁观"。

现在的主流网卡基本上都支持多队列。通过ethtool命令可以查看网卡的队列情况。

```
# ethtool -l eth0
Channel parameters for eth0:
Pre-set maximums:
RX:             0
TX:             0
Other:          1
Combined:       63
Current hardware settings:
RX:             0
TX:             0
Other:          1
Combined:       8
```

如果开启了多队列网卡,就会有多个中断号存在。

```
# cat /proc/interrupts
           CPU1        CPU3        CPU5        CPU7
```

```
     ...
27:    470130696  0          0          0          PCI-MSI-edge  virtio1-input.0
29:    0          2065657303 0          0          PCI-MSI-edge  virtio1-input.1
31:    0          0          2510110352 0          PCI-MSI-edge  virtio1-input.2
33:    0          0          0          2757994424 PCI-MSI-edge  virtio1-input.3
```

在Linux上有个irqbalance服务，它可以根据当前系统的负载情况自动优化中断分配，把各个中断号分到不同的CPU核上来处理。如果有必要，irqbalance也会自动把中断从一个CPU迁移到另一个CPU。这样就可以解决单核处理瓶颈了。通过ps命令可以看到该服务。

```
# ps -ef | grep irqb
root    29805    1  0 18:57 ?        00:00:00 /usr/sbin/irqbalance --foreground
```

一般情况下，都不需要手工干涉irqbalance的配置。

我们也可以大致估计每次软中断需要消耗多长的CPU时间。我们来举一个简单估算的例子。在下面这台线上服务器上，其软中断si这一列的消耗是1.2%。CPU大约花费了1.2%的时钟周期在软中断上，也就是说平均每个核要花费12ms来处理软中断。

```
top - 19:51:24 up 78 days,  7:53,  2 users,  load average: 1.30, 1.35, 1.35
Tasks: 923 total,   2 running, 921 sleeping,   0 stopped,   0 zombie
Cpu(s):  7.1%us,  1.4%sy,  0.0%ni, 90.1%id,  0.1%wa,  0.2%hi,  1.2%si,  0.0%st
Mem:  65872372k total, 64711668k used,  1160704k free,   339384k buffers
Swap:        0k total,        0k used,        0k free, 55542632k cached
```

使用vmstat命令可以查到当前服务器每秒执行的软中断的次数。

```
# vmstat 1
procs -----------memory---------- ---swap-- -----io---- --system-- -----cpu------
 r  b   swpd   free   buff   cache  si  so    bi    bo   in    cs us sy id wa st
 1  0      0 1231716 339244 55474204   0   0     6   496    0    0  7  3 90  0  0
 2  0      0 1231352 339244 55474204   0   0     0   128 57402 24593  5  2 92  0  0
 2  0      0 1230988 339244 55474528   0   0     0   140 55267 24213  5  2 93  0  0
 2  0      0 1230988 339244 55474528   0   0     0   332 56328 23672  5  2 93  0  0
```

每秒约有56000次的软中断（该机器上是Web服务，属于网络IO密集型的机器，其他中断可以忽略不计）。我的这台服务器是一台16核的服务器。平均每核每秒需要处理56000/16=3500次软中断。

平均每次软中断处理耗时=12ms/3500，大约3.4μs(微秒)。

对于发送过程中的用户进程内核态sy开销来说，它不仅包含了网络发送过程中协议栈的处理开销，还包括了各种系统调用处理。所以单独靠它不太好准确评估。还要结合下一节将介绍的系统调用开销来综合评估，看看其网络包发送过程中write相关的系统调用占比高不高。不过好在用户进程天然支持在所有的核上调度（绑定亲和性的场景除外），所以这块的开销一般不太会成为瓶颈。

15.7　硬件指令运行效率

在CPU性能上，还有一个很容易被人忽视，但非常重要的指标，就是指令的运行效率。如果指令的运行效率不高，CPU再忙也都是瞎忙，产出并不高。这就好比人，每天都很忙，但其实每天的效率并不一样。有的时候一天干了很多事情，但有的时候只是瞎忙了一天，效率并不高。

那什么是CPU的运行效率呢？在介绍这个之前我们简单回顾一下CPU的构成和工作原理。CPU在生产过程结束后，在硬件上就被光刻机刻成了各种各样的模块。在硬件架构上包括多个物理核、共享的L3 Cache、内存控制器、UPI总线等模块。

另外，在每个物理核的微架构中，还包括了更多组件。每个核都会集成自己独占的寄存器和缓存，其中缓存包括L1 data、L1 code 和L2。服务程序在运行的过程中，CPU核不断地从存储中获取要执行的指令和需要运算的数据。这里所谓的存储包括寄存器、L1 data缓存、L1 code缓存、L2缓存、L3缓存和内存。

当一个服务程序被启动的时候，它会通过缺页中断的方式被加载到内存中。当CPU运行服务时，它不断从内存读取指令和数据，进行计算处理，然后将结果再写回内存，如图15.10所示。

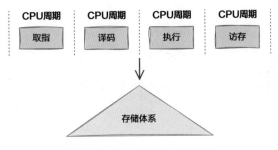

图15.10　CPU运行指令的过程

不同CPU的流水线不同。在经典的CPU的流水线中，每条指令周期通常包括取指、译码、执行和访存几个阶段。

- 在取指阶段，CPU从内存取出指令，将其加载到指令寄存器中。
- 在译码阶段，CPU解码指令，确定要执行的操作类型，并将操作数加载到寄存器中。
- 在执行阶段，CPU执行指令，并将结果存储在寄存器中。
- 在访存阶段，CPU根据需要将数据从内存写入寄存器，或将寄存器中的数据写回内存。

但内存的访问速度非常慢。一条CPU指令周期一般只有零点几纳秒，但是对于内存来说，即使是最快的顺序IO，也需要10纳秒左右，如果碰上随机IO，那就是30~40纳秒左右的开销。

所以CPU为了加速运算，自建了临时数据存储仓库。就是上面提到的各种缓存，包括每个核都有的寄存器、L1 data、L1 code和L2缓存，也包括整个CPU共享的L3，还包括专门用于虚拟内存到物理内存地址转换的TLB缓存。拿最快的寄存器来说，耗时大约是零点几纳秒，和CPU工作在一个节奏下。再往下的L1大约延迟2纳秒，L2大约延迟4纳秒，依次上涨。但速度比较慢的存储也有一个好处，离CPU核更远，可以把容量做到更大。所以CPU访问的存储在逻辑上是一个金字塔结构。越靠近塔尖的存储，其访问速度越快，但容量比较小，越往下虽然速度略慢，但是存储体积更大。

基本原理就介绍这么多。现在我们开始思考指令运行效率。普通开发者写的代码，会经过编译程序被编译成可执行的二进制文件。在这些二进制文件中，主要就是一个个的机器指令或数据。运行过程就是CPU不断地执行其中的每一条指令。

每条指令执行起来耗时是不一定的，如果它依赖的数据在寄存器中，那执行速度就是最快的。如果它依赖的数据在CPU缓存中，执行速度要比寄存器慢一些，L1、L2、L3的速度依次变慢。如果要访问的数据在缓存中不存在，就需要访问内存，速度是最慢的。而且内存的访问也还分顺序IO、随机IO、是否是跨Node内存访问等多种情况。

> ★ 注意　影响顶部缓存命中率的因素有很多，例如程序写得不好、内核频繁地把进程在不同的物理核之间迁移（不同核的L1和L2等缓存不是共享的），这就会导致更多的请求穿透到L3，甚至是更下方的内存中访问，程序的运行效率就会变差。

所以，我们需要一些指标来观测程序中的指令运行得是快还是慢。相关的指标有CPI/IPC和Cache Miss。

15.7.1　CPI和IPC

CPI的全称是Cycle Per Instruction，指的是平均每条指令的时钟周期个数。IPC的全称是Instruction Per Cycle，表示每时钟周期运行多少条指令。这两个指标可以帮助我们分析可执行程序运行得是快还是慢。但由于这二者互为倒数，所以在实践中只关注一个CPI就够了。

CPI指标可以让我们从整体上对程序的运行速度有一个把握。假如程序运行的缓存命中率高，大部分数据都在缓存中能访问到，那么CPI就会比较低。假如我们的程序的局部性原理把握得不好，或者是说内核的调度算法有问题，那很有可能执行同样的指令就需要更多的CPU周期，程序的性能也会表现得比较差，CPI指标也会偏高。（IPC指标原理类似，就不多说了。）

如何分析系统或进程的CPI指标呢？这里举例两种方法。第一种方法是使用perf系统性能分析工具。例如我们要分析ls命令执行情况。

```
$ sudo perf stat ls
 Performance counter stats for 'ls':
              1.41 msec task-clock            #    0.583 CPUs utilized
                 0      context-switches      #    0.000 K/sec
                 0      cpu-migrations        #    0.000 K/sec
                97      page-faults           #    0.069 M/sec
         3,882,477      cycles                #    2.749 GHz
         1,527,844      instructions          #    0.39  insn per cycle
           329,157      branches              #  233.096 M/sec
            14,115      branch-misses         #    4.29% of all branches
```

在上面的这个输出结果中：

- cycles：统计花了多少个CPU周期。
- instructions：统计总共执行了多少个二进制指令。

在instructions这一行输出的后面，#号后输出的就是程序运行的IPC（每时钟周期运行多少条指令），是用总的instructions除以cycles算出来的，1 527 844/3 882 477＝0.39。

我们自己算一下IPC，用总的cycles除以总执行的instructions，3 882 477/1 527 844＝2.56。也就是说运行ls程序平均每条指令需要花费2.56个CPU周期。

第二种方法是直接自己编码实现。这种方法适用于在公司内建设自己的性能分析平台时使用，毕竟如果perf不满足你的需要，改造起来并不是那么方便的。示例代码如下，完整的源码放到本书的配套源码中了，参见chapter-14/test-02。

```
int main()
{
    // 第一步：创建perf文件描述符
    struct perf_event_attr attr;
    attr.type=PERF_TYPE_HARDWARE; // 表示监测硬件
    attr.config=PERF_COUNT_HW_INSTRUCTIONS; // 表示监测指令数

    // 第一个参数pid=0表示只监测当前进程
    // 第二个参数cpu=-1表示监测所有CPU核
    int fd=perf_event_open(&attr,0,-1,-1,0);

    // 第二步：定时获取指标计数
    while(1)
    {
        read(fd,&instructions,sizeof(instructions));
        ......
    }
}
```

在源码中首先声明了一个创建perf文件所需的perf_event_attr参数对象。这个对象中的type设置为PERF_TYPE_HARDWARE，表示监测硬件事件；config设置为PERF_COUNT_

HW_INSTRUCTIONS，表示监测指令数。

然后调用perf_event_open系统调用。在该系统调用中，除了perf_event_attr对象，pid和cpu这两个参数也是非常关键的。其中pid为-1表示要监测所有进程，为0表示监测当前进程，>0表示要监测指定pid的进程。对于cpu来说，-1表示要监测所有核，其他值表示只监测指定的核。

内核在分配到perf_event以后，会返回一个文件句柄fd。后面这个perf_event结构可以通过read/write/ioctl/mmap通用文件接口来操作。

> ★ 注意
>
> perf_event的编程有两种使用方法，分别是计数和采样。本书中的例子是最简单的计数。对于采样场景，支持的功能更丰富，可以获取调用栈，进而渲染出火焰图等更高级的功能。在这种情况下就不能使用简单的read，需要给perf_event分配ringbuffer空间，然后通过mmap系统调用来读取了。在perf中对应的功能是perf record/report功能。

将完整的源码编译后运行。

```
# gcc main.c -o main
# ./main
instructions=1799
instructions=112654
instructions=123078
instructions=133505
......
```

得到指令数后，再除以过去的时间就可以算出CPI了。

15.7.2　Cache Miss

Cache Miss指标分析的是程序运行过程中读取数据时有多少没有被缓存兜住，而穿透访问到内存中了。穿透到内存中访问速度会慢很多。所以程序运行时的Cache Miss指标越低越好了。

perf这个性能分析工具可以帮我们查看程序运行的Cache Miss。使用perf list列出当前系统支持的所有可观测指标。下面是我筛选出来的和Cache Miss相关的几个指标。

```
# sudo perf list
cache-misses                            [Hardware event]
cache-references                        [Hardware event]
L1-dcache-load-misses                   [Hardware cache event]
L1-dcache-loads                         [Hardware cache event]
L1-dcache-stores                        [Hardware cache event]
L1-icache-load-misses                   [Hardware cache event]
dTLB-load-misses                        [Hardware cache event]
```

```
dTLB-loads                                   [Hardware cache event]
dTLB-store-misses                            [Hardware cache event]
dTLB-stores                                  [Hardware cache event]
iTLB-load-misses                             [Hardware cache event]
iTLB-loads                                   [Hardware cache event]
```

这些指标都是用来衡量CPU的L1/L2/L3和TLB命中率的性能计数器，它们的含义如下：

- cache-misses：表示最后一次缓存访问失效次数。
- cache-references：表示最后一级缓存访问的访问次数。
- L1-dcache-load-misses：表示L1数据缓存中的缓存失效事件（读操作）。
- L1-dcache-loads：表示L1数据缓存中所有数据的读取次数。
- L1-dcache-stores：表示L1数据缓存中所有数据的写入次数。
- L1-icache-load-misses：表示L1指令缓存中的缓存失效事件（读操作）。
- dTLB-load-misses：表示访问数据虚拟地址时，dTLB（数据翻译后备缓冲区）未能命中的次数。
- dTLB-loads：表示所有数据虚拟地址的访问次数。
- iTLB-load-misses：访问指令虚拟地址时，iTLB（指令翻译后备缓冲区）未能命中的次数。
- iTLB-loads：所有指令虚拟地址的访问次数。

可以使用perf stat命令来查看Linux程序运行时的Cache Miss，通过-e选项将想要统计的计数器传入即可。可以只传入一个计数器，也可以用英文逗号隔开传入多个。示例格式如下。

```
# perf stat -e cache-misses <command>
# perf stat -e cache-misses,cache-references,L1-dcache-load-misses,L1-dcache-
loads <command>
```

我们来统计ls命令执行时的缓存命中情况。

```
# perf stat -e cache-misses,cache-references,L1-dcache-load-misses,L1-dcache-loads ls
Performance counter stats for 'ls':
          4,375      cache-misses:u             #  48.476 % of all cache refs
          9,025      cache-references:u
         12,436      L1-dcache-load-misses:u    #  11.12% of all L1-dcache accesses
        111,794      L1-dcache-loads:u

      0.001574645 seconds time elapsed
      0.000000000 seconds user
      0.001754000 seconds sys
```

在上述输出结果中，输出的L1-dcache总共访问了111 794次，其中有12 436次没能命中。算出的L1-dcache的缓存不命中率是11.12%。表示最后一级缓存访问次数的cachereferences指标显示有9 025次访问，4 375次没能命中，算出最后一级缓存的不命中率是48.476%。

假如我们发现缓存命中率不够理想，接下来还会想查看是哪些函数运行时导致的Cache Miss。perf record命令可以帮助我们解决这个问题。假如我想统计cache-misses，先使用perf record命令统计，然后使用perf report命令展示统计结果。

```
# perf record -e cache-misses ls
# perf report
```

最后输出的统计结果如下。

```
Samples: 12  of event 'cache-misses:u', Event count (approx.): 920
Overhead  Command  Shared Object     Symbol
  43.26%  ls       ld-2.28.so        [.] _dl_lookup_symbol_x
  23.70%  ls       ls                [.] isatty@plt
  14.89%  ls       libc-2.28.so      [.] _nl_intern_locale_data
  14.24%  ls       libc-2.28.so      [.] __strncmp_avx2
   3.26%  ls       ld-2.28.so        [.] _dl_start
   0.54%  ls       [unknown]         [k] 0xffffffff81801280
   0.11%  ls       ld-2.28.so        [.] _start
```

掌握了上面的分析方法后，可以试试用它来分析自己的应用程序，也可以进而找出导致命中率变差的函数，然后想办法对它进行优化，进而提升程序性能。

15.8　本章总结

本章介绍了如下几种CPU性能指标的观测。

首先是CPU利用率，这是最基础也是最重要的观测指标。在工具方面，介绍了top、mpstat、iostat、ps、pidstat等命令，还介绍了/proc/stat、/proc/[pid]/stat及cgroup伪文件目录下的stat等伪文件。通过这些命令或者伪文件，我们可以随心所欲地统计系统级别、容器级别甚至是进程级别的CPU利用率。

接下来的关注点是热点火焰图。在统计出CPU利用率后，我们可能还想知道是哪些函数消耗的CPU资源比较多。Brendan Gregg发明的火焰图是一个非常直观的工具。在火焰图中，一个函数占据的宽度越宽，表明该函数消耗的CPU占比越高。火焰图的生成包括两步，第一步是使用perf等工具对函数调用栈进行采样，第二步是使用Brendan Gregg开源的FlameGraph工具对采样数据进行预处理，并把它最终渲染成一张svg图片。

系统调用开销也是要观测的性能指标之一。从这个指标开始，我们进入内核等底层。应用程序的很多功能都需要通过内核来完成，而使用内核的方式就是调用系统调用。通过strace -cp命令可以统计汇总每个系统调用所消耗的CPU时间。

第一个和调度器相关的指标就是我们常用的负载。它指Linux调度下当前正在使用和等待使用CPU的进程数。具体的计算原理在第8章介绍过。本章介绍了获取负载的几个命令，有uptime、w、top等命令，也可以直接使用内核提供的/proc/avg伪文件。

进程上下文切换次数也是应该观测的指标之一。因为对于应用程序来说，进程上下文切换本身做的就是无用功，另外，过多的进程上下文切换会破坏CPU缓存中的数据，导致程序运行性能下降。vmstat、sar、pidstat等工具可以帮助我们观察这个指标。perf stat这个高级命令也可以完成这一统计。

任务迁移次数也值得被关注。因为进程从一个核跑到另一个核上执行或导致前面核上的缓存资源的浪费。perf stat可以观察到这个指标。

调度器延迟表示的是进程在就绪后多久能够获得CPU资源运行。新进程在创建的时候，或者在等待时已发生被唤醒到可运行状态的时候，都不会立即获取到CPU资源而运行，而是在任务队列中等待调度器的调度。真正的调度需要等到调度时钟节拍，或者其他进程放弃CPU的时候判断是否可以获取。进程从变成就绪态进入调度队列到真正获得CPU的这段时间就叫调度延迟。这个调度延迟如果过大，显然也是不好的。因为这意味着用户的请求晚了一段时间才被处理。通过perf sched子命令可以统计到调度器延迟的相关指标。

网络协议栈也是会消耗不少的CPU资源的。它包括硬中断、软中断和用户进程的内核态三部分的开销。其中硬中断和软中断通过top命令就可以查看，比较方便。但内核发送数据时的开销是和其他的内核态开销一起藏在进程的sy开销中的。此外，不仅要关注总的开销，还要看它分布在哪几个核上，有没有在少数核上运行而导致瓶颈的产生。

指令运行效率指标关注的是更底层的CPU硬件运行情况，所以我把它放在了最后。这个指标非常重要，但常常被遗漏，这是不应该的。如果CPU的运行效率不高，CPU利用率再高都是在瞎忙。相关的指标包括平均每条指令的时钟周期个数CPI、每时钟周期运行多少条指令IPC和Cache Miss。使用perf命令可以观察这些指标，还可以使用内核提供的perf_event_open系统调用来直接编程获取。

第16章

—

程序CPU性能优化

编程技术说简单也简单，说复杂也复杂。说它简单，确实一个本科大一的学生就能写出能跑起来的代码。还有很多本身不是计算机专业毕业的同学自学或者在培训机构培训后，也能胜任很多工作岗位的开发工作。说它复杂，那更是。一个程序的真正运行要依赖很多底层。各种语言运行时、系统调用、内核的各个核心模块、编译器、硬件原理这些都是程序正常运行所离不开的，如图16.1所示。

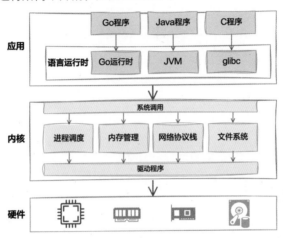

图16.1 应用运行依赖的技术栈

在本书前面的章节中，深入讲解了CPU硬件、内核相关的各种底层原理。只有理解了这些，你才能够真正理解你的程序是如何跑起来的。当程序遇到问题后，你才能有更广阔的排查方向。更有意义的一个重要用途就是，你可以利用这些知识来优化手头的应用的性能，为公司节约成本。

性能优化是一个非常系统的工程。不同的程序采用的性能优化手段可能千差万别，但核心原理基本不变，就是要找到应用在整个软硬件运行中的瓶颈，让有限的硬件资源发挥最大的使用价值。在本章中将介绍常见的性能优化手段都有哪些。

16.1 应用层优化

在所有的性能优化手段中，最先需要考虑的应该就是应用层视角的优化手段。因为应用层的优化可以减少对计算资源的需求。

16.1.1 热点函数查找

性能优化方面第一个比较重要的方法就是通过火焰图来寻找消耗CPU资源最多的函数。在第12章中讲述了热点函数火焰图的原理。在做应用层优化之前，建议先把它的CPU火焰图打出来。然后从最上面的函数看起，看看有没有在顶部，而且还宽度特别宽的函数。特别宽代表着在采样的时候，这个函数在CPU正在执行的函数中出现的次数最多。因此可能是应用程序中CPU资源开销最大的地方。

在图14.14所示的例子中，funcA、funcB、funcC、funcD、funcE虽然宽度也很宽，但都是因为调用了caculate这个函数而导致的开销，所以不需要管。而位于顶部的caculate这个函数所有的开销都是它自己在执行的时候花掉的，所以应该考虑优化它。

16.1.2　减少不必要的业务逻辑处理

最简单粗暴有效的性能优化思路是减少不必要的业务逻辑处理。这个思路看起来好像不太有技术含量，但恰恰可能是企业中存在的最直接的优化手段。因为目前国内各家公司的开发人员流动性非常大。一个项目经过3~5轮开发，不断地交接是常有的事情。企业为了追求效益，也不太可能给新接手的团队过多的熟悉源代码逻辑的时间，而是直接把新需求排上来。新开发团队没时间去消化原有的业务逻辑，为了图快，就有可能在现有的业务逻辑上面再一层一层地堆砌。很有可能其中的大部分代码已经没用了，但是没人愿意去研究如何把它下掉。因为在一些老板眼里重构和优化老代码不产生业务价值，就是在做无用功。而且修改代码还有把服务搞坏的风险。所以大部分开发人员也倾向于不去动老代码。长此以往，项目中积累的没用的业务逻辑越来越多，可能会导致很多的CPU资源的浪费。

从性能角度看，把这些历史积累起来的无用的逻辑分析出来并干掉，是最简单直接的性能优化手段。因为这相当于在给CPU减负。让它处理的指令数变少，程序运行的速度自然就快了。实施这个优化手段的难点可能不在于技术，而在于人和业务。你要花精力去向公司证明这个优化是有比较大的价值的，还要和当时提这段代码相关的需求的产品经理等各方沟通清楚，确认真的可以下线。而且还要进行周密测试，避免因为性能优化而引入线上问题。

16.1.3　算法优化

在确认了业务逻辑都是有用的以后，接下来一个重要的优化手段就是算法上的优化。这也是为什么在计算机的课程体系中，数据结构是一门核心课程的原因。在这门课程中不仅介绍数据的组织结构，更重要的是基于这些数据结构的查找、排序等算法。

常用的数据结构包括数组、链表、栈、队列、树、哈希表等。其中树的数据结构比较灵活，存在很多形式，常见的包括二叉树、平衡树、红黑树、B树/B+树、字典树、哈夫曼树等。这些数据结构被广泛应用。就拿内核举例，双向链表、红黑树、哈希表到处可见。每种数据结构都有它的优点和缺点。

数组数据结构的优点是简单，而且随机访问很快，根据数据下标就可以定位任意一个元素的内存位置，直接访问。缺点是数组的长度是固定的，一旦不够用，就需要重新申请一块更大的内存。还要把原数据的内容全复制过来，再把原数组释放掉。例如C++ STL 里的vector、Go里的切片都是这样的。如果使用不当，可能会导致频繁的内存申请和复制，导致性能浪费。

链表的优点是比较灵活，可以动态地添加或者删除元素，缺点有额外的内存开销，需要有专门的空间来存储指针，还有就是随机访问效率比较低，需要从某一个位置开始逐个遍历。常见的链表有单向链表、双向链表和循环链表。虽然双向链表比单向链表会导致更多的内存开销，但它更灵活，每一个节点上都保存着它的前驱和后继。插入或者删除节点的时候，寻找前驱和后继非常方便。所以在内核中大量使用了双向链表。

栈是一种先入后出的数据结构。其优势在于只有push和pop操作，非常适用于计算机中函数调用等应用场景。其还有另外一个不常被人提及的优势，那就是栈的内存访问性能非常高。这是由于栈访问的时候，不管是进栈，还是退栈，都是在栈指针附近活动，这就非常符合内存访问的局部性原理。CPU会提前使用L1、L2、L3把内存中的数据缓存起来，局部性好的访问的结果是大量的内存IO都会命中CPU自己的缓存，而不会穿透真的去访问内存。一般来说，栈中内存变量的访问和堆中变量的访问相比，性能上加快几倍或者十倍是问题不大的。

树是一种层次化的结构，有唯一的根节点，根节点下可以有多个子节点，子节点下又可以分出更多的子节点。在实现上比较灵活，存在很多形式，常见的包括二叉树、平衡树、红黑树、B树/B+树、字典树、基数树、哈夫曼树等。相比链表访问元素时需逐一遍历，树可以通过约定多个子节点的大小顺序规则，使得查找时可以直接定位到其中的一个分支。这样只需要访问树的极小一部分节点就可以实现查找和定位，算法复杂度可以做到log(n)。大大降低了查找时的性能开销。

其中由于B+树的节点是成块的，例如符合磁盘IO时按4KB或者倍数的块访问的性能更快的特点，而且树的深度也更低一些，查找性能更好，所以广泛地应用在MySQL等数据库的索引中。另外，树在内核中也运用得非常多。比如完全公平调度器管理的进程、epoll内核对象中管理的socket连接都是用红黑树来实现的。

此外还有基数树。在基数树中，最明显的特点是它的每一层只管理一个固定比特数的分段，在内核中默认使用6比特为一段的分段方式。每一个整型的4字节整数都被按6比特为一段，拆分成了多段。第一段在根节点中表示，第二段在下一层子节点中表示，以此类推。这种数据结构非常适合用来表示ID的分配。进行遍历和新申请时，所需的计算资源都比较少。

哈希表进一步加速了查找过程。树还要遍历log(n)个节点才能完成查找。哈希表通过哈希函数直接计算要查找的key的内存位置。如果不考虑哈希冲突，查找复杂度可以做到O(1)。在Linux内核中的进程列表和socket内核对象都是用哈希表来实现的。如果追求极致的查找性能，哈希表是最快的数据结构。

数组、链表、栈、树、哈希表这些都属于传统型的数据结构，在这些数据结构中需要存储指针，按数据元素类型存储元素，需要的内存比较大。拿链表来举例，如果每个节点存储的是一个整型变量，至少需要一个指针节点和一个int变量。在64位操作系统下指针占用8字节，int类型为4字节，总共需要12字节的存储空间。在特别大数据量的应用场景下，存一个元素就需要12字节可能导致内存不够用。每一字节有8比特，12字节包含12×8=96比特。

在bitmap数据结构中，仅仅需要一比特（1字节的8分之1）就可以存储一个元素。举一个之前内核版本中的例子，在Linux 4.15之前内核为了节约内存，使用bitmap来管理所有进程号。在bitmap中，用一比特表示对应的pid是否被使用过了。支持65 535个进程，只需要65 535/8=8KB的内存就够用了。

然而bitmap的使用是有场景限制的。仅适用于自增id，应用场景比较有限。另外，最大id还不能太大。如果最大id能达到无符号int表示的最大值4,294,967,295，那么就需要4 294 967 295/8=536 870 911≈536MB的内存了，这样的内存开销也不算小了。还有就是，在管理的id数量比较大的时候，分配一个新id的算法的复杂度会略高一些。

布隆过滤器采用的也是按比特来存储数据的思想。但它的做法是采用了哈希的思路，这样就可以使用任意类型的数据，比如字符串。为了解决哈希冲突的问题，布隆过滤器会基于多个哈希函数进行多次哈希，降低哈希冲突带来的误判。具体过程是，它将每个元素通过哈希函数映射为多个位置，并将这些位置在一个bitmap中标记为1，如图16.2所示。当需要查询某个元素是否存在于集合中时，布隆过滤器会对该元素进行哈希计算，然后判断所有哈希到的位图上的位置是否都为1。如果存在任何一处的值为0，则可以确定该元素一定不存在于集合中；否则，该元素可能存在于集合中。

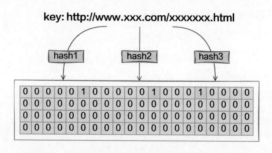

图16.2　布隆过滤器

拿网络爬虫应用中的判断URL是否下载过的场景来举例。假如采集过某个URL，就把这个key进行多次哈希，把哈希到的所有比特都置为1。等下次再需要判断某个URL是否下载过时，也采用相同的哈希算法计算出来对应的几个比特，判断如果全为1，就认为它下载过了。如果只要有一比特为0，那么就认为没有下载过，继续下载。但这个算法也有局限，那就是不是100%准确，虽然多次哈希降低了误判概率，但误判的可能性仍然存在。

16.1.4　反微服务

微服务通过将巨大单体式应用分解为多个服务的方法解决了复杂性问题。每个服务可以交给独立的团队或者开发人员来维护，可以独立部署和上线。再结合容器技术实现了更为高效的持续集成和持续部署。由于这些优势，近些年来微服务得以在业界大规模地推广和使用。但是俗话说得好,甘蔗没有两头甜。今天业界的微服务有过微的发展趋势了,这里不再过多展开讨论微服务的优势,我要聊的是微服务带来的后果,性能上的浪费。

传统的单体应用虽然因为复杂性被诟病和抛弃,但是在性能上却是非常高效的开发方式。在单体应用中调用别人写的接口的方法往往是由别的团队提供一个SDK,使用方集成这个SDK,通过本地函数来调用。本地函数调用的性能开销只有不到1纳秒。而微服务都是通过本机或者跨机的网络IO来实现调用的。一次网络IO请求的开销要比函数调用的开销多得多。

在微服务中请求方先把请求编码,再调用网络发送系统调用把请求发出,如图16.3所示。发送方在内核态还需要经过复杂的协议层处理、网络封包等过程。网络包传输也会有时间上的损失,即使是在机房内部,耗时也基本上是毫秒级的。如果跨机房,那可能就要十几毫秒了。如果不巧没有可以复用的连接,还要重新发起三次握手。另外,网络可不像服务器内部那么稳定,会存在偶尔的抖动,也会加大延迟。

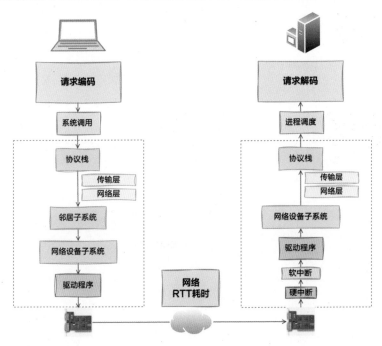

图16.3 网络传输开销

接收方收到包后,网卡通过中断通知内核来接收包。内核动用ksoftirqd内核线程接收,进行拆包、协议栈处理等过程放到特定连接的接收缓存区中。接下来唤醒用户进程去处理。用户进程这时候还可能是阻塞态。内核要动用调度器把用户进程调度起来,延迟可能有零点几毫秒。如果CPU特别忙,调度延迟超过10毫秒也是可能的。这时候,接收方用户进程收到请求后,对请求进行解码,解码又需要一些CPU周期来处理。

前面描述了这么多，这个时候调用才刚刚完成上半段。在接收方用户进程处理完后，还要朝着相反的方向再来这么一趟。通过以上对远程调用过程开销的细致描述，你也能看出来，微服务带来的性能损耗还是很高的。单体时代纳秒级的函数调用变成了毫秒级的远程调用。而且不仅仅是在耗时上，在CPU支出上，大量的编码、解码、内核协议栈处理、内核进程调度都会带来大量的CPU资源的开销。

所以在实际工作中要合理地控制微服务的数量。不应该不管什么应用场景，都拆分出一堆微服务，互相调来调去。如果你的公司存在微服务过微的情况，合理地进行服务的合并会是非常有效的性能提升手段。

16.1.5　内存对齐

CPU硬件在向内存取数据的时候，是以64比特（8字节）为单位向内存要数据的。其大致原理如图16.4所示，每个Bank提供一字节的数据，内存把分散在8个Bank中的数据聚起来，一次性给CPU提供64比特的数据。这就是一次内存IO的大致工作过程。

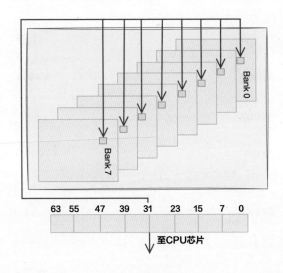

图16.4　内存IO过程

用最简单的情况举例，假设要访问的变量的地址是第0~63比特，正好对齐的话，一次内存IO就可以完成数据的读取。假设你要访问的数据处于第2~65比特。内存的工作过程就是先把第0~63比特的数据读取出来，再把第64~127比特之间的数据读取出来。然后再拼接起来，把第2~65比特之间的数据给你使用。其实内部发生了两次内存IO。这是程序最好要内存对齐的第一层原因。

另外，CPU在访问存储的时候是先经过L1、L2、L3等各级硬件内部的缓存，不命中的时候才会真正访问物理内存。各级缓存会在内部缓存数量不等的内存中的数据，以加速CPU的访问，如图16.5所示。

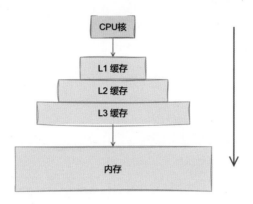

图16.5　CPU缓存体系

在各级缓存缓存数据的时候，CPU每次都向内存多取一些，然后用自己的各级缓存缓存起来。所用的单位为一个CacheLine大小，一般是64字节。其中每一级缓存L1、L2、L3都是以CacheLine为单位的。同样的原理，如果你要访问的数据是第0~63字节，那么缓存可以一下就给你；如果你要访问的是第2~65字节，那么缓存工作两次才行；如果跨了CacheLine，缓存命中率也会降低，会导致更差的性能。这是内存对齐的第二层原理。

所以，在程序开发的时候，变量的大小最好控制在64比特（8字节）或者是64字节内，而且还要对齐。这样的好处是让内存IO、缓存都尽量一次完成，而且缓存命中率也会变高。程序的整体运行性能就会提高不少。

16.1.6　缓存友好性的代码

在CPU读取数据和指令的过程中，会优先在自己的L1、L2、L3等缓存里查找。只有找不到的时候才会穿透到下面更慢的一层存储中去访问，如图16.6所示。在第8章介绍了指令的运行效率。其实指令运行效率的提升主要靠的就是提高CPU各级缓存的命中率。

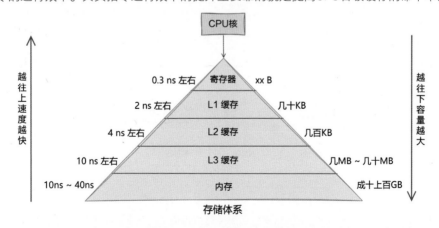

图16.6　缓存存储体系性能对比

因此写出缓存友好的代码是非常关键的。如何才能写出缓存友好的代码呢？核心思路就是要让程序持续运行需要读取的数据或代码尽量是挨在一起的。因为缓存体系在工作的时候，不管你要的数据多小，每一级缓存都是把包含你要的数据的64字节的CacheLine都读取并保存起来。假如你要访问一个4字节的int变量，那么缓存也是直接给你从下层读64字节回来，如图16.7所示。

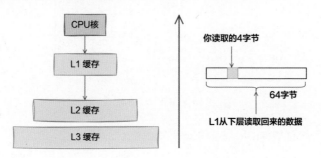

图16.7　CPU以CacheLine的方式读取数据

如果你的程序下一次要访问的正好和这次访问的int变量位于同一个CacheLine，那么下次的数据访问直接就在L1这一级的缓存内部搞定了。

例如对于二维数组a[m][n]的访问，数组本身在硬件中是按行存储的。第二行存在第一行后面，第三行存在第二行后面，以此类推，如图16.8所示。

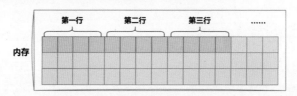

图16.8　数组在内存中的存放方式

CPU在从内存读取数据的时候，会以CacheLine（64字节）为单位将和你访问的数据同属一个缓存单位的数据一并加载到缓存中，如图16.9所示。

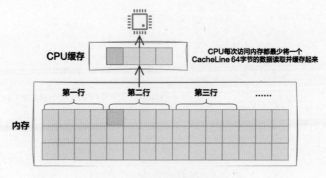

图16.9　CPU读取数组的过程

如果以行优先的顺序来访问，那么CPU替你预先加载的数据就有用。下次再遍历的时候，就不用到内存中读取了。你的程序的局部性就会好很多。

```
for(i=0; i<m; i++){
    for(j=0; j<m; j++){
        // 操作
        ......
    }
}
```

相反，如果你以列优先的方式访问，CPU本来替你预先加载了一些数据进来，但是下一次循环的时候偏偏用不上，CPU就还要重新穿透到内存中去访问。

16.2　编程语言及框架优化

现代流行的应用都是基于各种成熟的编程语言及在语言基础之上建设的各种编程框架基础之上的。编程语言、框架也会对性能有着至关重要的影响。

16.2.1　编程语言性能差异

在应用层编程的时候，为了开发速度大家会选用各种高级的编程语言。这些编程语言大致可以分为编译型、解释型和脚本语言三种。

C、C++、Go、Rust等语言都属于编译语言。这类语言需要在运行前将源代码经过词法分析、语法分析、编译、链接等过程，最终生成可执行文件。这个编译过程是要指定运行平台的，编译出来的可执行文件也只能在目标平台运行。有使用Mac电脑办公的读者应该也会有体会，直接在笔记本上编译生成的可执行文件是没办法拿到Linux服务器上运行的。虽然不太灵活，但编译链接过程会经过许多的优化，这类语言生成的程序运行性能一般都比较高。在追求高性能的应用程序里，一般会选择C、Rust这两种语言。在C语言中的函数调用传参使用的是寄存器，在Go中使用的是栈内存。寄存器的性能还是要比栈内存的性能高的，即使命中了CPU的L1缓存，效率也不如寄存器。C语言相比Go的CPI指标就会更低一些。

Java属于最典型和应用最广的解释型语言。Java语言虽然也有一个编译过程，但它编译出来的只是一个字节码文件。这个字节码文件并不能直接当作可执行文件来运行，而是要靠提前开发好的基于各个平台的Java虚拟机（Java Virtual Machine，JVM）来解释运行。JVM是一个真正的可执行文件，它运行起来后逐条解析字节码指令，并将其翻译为本地机器码来执行。虽然JVM经过了各种极致的调优，但总体上来说，解释性语言还是要比编译语言慢一些。

PHP、Python属于脚本语言。就拿PHP举例，区别于Java，连字节码都不需要编译生成了，直接把源代码"喂"给PHP解释器就好。PHP解释器会直接读取源代码，逐行进行动态编译，然后解释执行。其优点和Java一样，也是平台无关的。而且非常灵活，源代码直接发布上线，甚至在线上都可以直接修改代码进行调试。为了规避动态编译带来的性能损失，PHP内置实现了Opcode缓存，把编译的结果缓存起来。虽然有Opcode的加持，但脚本语言仍然是三类语言中性能最差的。

　　总体上来说，在性能这一点上：编译型语言 > 解释型语言 > 脚本语言。在对迭代速度要求比较高、性能差不多够用就行的Web网站领域，脚本语言PHP、Python的使用非常广泛。在对性能稍微有点要求的后端API接口等场景，使用性能稍好一点儿的编译型语言Go和解释型语言Java的比较多。而且近些年在国内，脚本语言的市场有被Java、Go这种性能和开发效比较均衡的语言所代替的趋势。在追求极致性能的基础软件上，如操作系统内核、接入层、存储等领域几乎都是采用C或Rust进行开发的。如果你的程序也对性能要求很高，不妨直接选择C或者Rust。

16.2.2　网络IO编程模型

　　Linux操作系统给用户态提供了socket、listen、accept、recvfrom、epoll_xxx等底层的网络开发的支持能力。但在实际项目中，由于直接使用这些底层系统调用的开发成本很高，所以一般都是基于各种专门封装好的SDK或者网络库进行开发的。这些SDK和网络库大致可以分成同步阻塞和epoll多路复用两类方案。

　　recvfrom系统调用就是一个同步阻塞的网络编程模型。在这种模型下，某个进程需要接收socket上的数据的时候，调用recvfrom来接收数据。但如果这个时候数据还没有到达，那么这个进程就需要被从CPU上拿下来，由运行态切换到阻塞态，发生一次进程上下文切换的开销。等数据准备好了，睡眠的进程又会被唤醒。总共两次进程上下文切换开销。如果服务器上有大量的用户请求需要处理，那就需要有很多的进程存在，而且不停地切换来切换去。这种低效的编程模型应尽量避免使用。

　　另外一类就是基于epoll的多路复用方案。这类方案**极大地减少了无用的进程上下文切换，让进程更专注地处理网络请求**。在用户进程中，通过调用epoll_wait来查看就绪链表中是否有事件到达，如果有，直接取走进行处理。处理后再次调用epoll_wait。在高并发的实践中，只要活儿足够多，epoll_wait根本都不会让进程阻塞。用户进程会一直干活儿，直到epoll_wait里实在没活儿可干才主动让出CPU。所以基于epoll的编程模型的性能一般都比较高。

　　在产品上，各种语言都有内置或者第三方开发的网络库，可谓百花齐放。C/C++中有libevent、libev、ACE、muduo、Sogou Workflow。Go中内置了net包，和第三方开发的gnet、netpoll等，其中netpoll是字节跳动内部开发的，并用在数百万的服务器中。在Java中最常用的是Netty。另外，在一些经典的应用程序中，如Nginx、Redis，都是自己实现的高性能网络IO事件的响应和处理，没有采用开源网络库。

　　这里值得一提的是Go的net包。在传统的网络编程中，同步阻塞是性能低下的代名词，一次切换就带来几秒的CPU开销。各种基于epoll的异步非阻塞的编程模型虽然提高了性能，但是基于回调函数的编程方式却非常不符合人的直线思维模式。开发出来的代码也不那么容易被人理解。在Go的net包中，底层是基于epoll的多路复用。但是从应用层程序员的角度来看，却是"同步阻塞"的。不过这个阻塞，阻塞的并不是进程，而是Go运行时实现的更轻量级的协程，一次协程上下文切换的开销只有进程切换的二十分之一左右。这种编程方式既兼顾了同步编程方式的简单易用，也在底层通过协程和epoll的配合避免了线程切换的性能高损耗。换句话说就是既简单易用，性能又还不错。所以近些年，Go的应用也越来越多了。

总之，选择一个优秀的开源网络库，或者基于自己公司的实力自建一个符合自己性能需要的网络库，是一个提升应用程序性能的关键点。

16.2.3　内存分配器

除了网络库，另一块被各大语言运行时封装的底层依赖是内存分配器。操作系统内核提供内存相关的系统调用其实都是在底层完成的，如mmap/unmmap、brk/sbrk都涉及底层，而且管理的内存尺寸比较大。应用程序中会频繁地动态申请和释放内存。如果直接采用系统调用来管理内存，频繁的系统调用会导致非常大的性能开销，而且内存块太大，直接用也会有很大的内存浪费。所以无论是内核，还是各种编程语言，都内置了各种内存分配器。

内存分配器的作用是提前申请好大块的内存，通过一些技术手段把这些内存组织和管理起来。当应用程序需要内存时，内存分配器根据其要求的大小直接从自己的池子里切一块出来给应用程序使用。当应用程序释放的时候，也只是先放回自己的池子，只有必要的时候才真正释放给操作系统。内存分配器避免了频繁的系统调用造成的开销，而且在管理手段上，也会尽最大努力减少碎片的产生。

相比于网络库的百花齐放，内存分配器的产品数量相对少一些。大部分都是语言运行时内置的。在内核中的内存分配器是SLAB，内核由于特殊性，其管理的内核结构体的大小都是确定的，而且数量也有限，如图16.10所示。所以内核采用的方法是提前申请一些内存块作为缓存，在这些缓存中只保存同一种或者同大小的内核对象。这样释放时就还回到缓存中，再分配时还能直接使用，申请速度非常快，碎片率也足够低。

相比内核内存分配器，应用层的分配器实现起来要复杂一些。因为应用程序要申请的对象大小是不确定的，多大的都有。第一种是在C语言标准库中的glibc，这在第6章讲过。glibc中的内存分配器通过链表的方式管理各种大小的chunk，每一个链表中都是相同大小的chunk。当进程需要对象时，分配器根据其大小找到链表，从链表头摘一个直接用。当释放的时候，还会放到相应大小的chunk中，等下次再分配，并不会立即还给内核，通过这种方法来优化性能。

第二种是Google开发的tcmalloc。Go语言中内置的内存分配器就是这个。tcmalloc使用页堆mheap批量地向操作系统申请虚拟内存。这样做的好处是申请到的都是连续的地址，访问效率高，使用起来也方便，而且系统调用的次数也会降到最低。此外还有mcache，用于给应用程序动态分配各种大小的内存，如图16.11所示。mcache中的mspan和操作系统中的SLAB非常像，唯一的区别是内核是给每个内核对象都准备了一套SLAB缓存，但Go语言由于对象大小的不确定性，需要容忍一定程度的浪费，将对象大小进行上对齐后，再放到固定大小的mspan中。另外还使用了线程本地缓存，来降低多线程分配内存时锁的性能开销，是一种高效的分配器。

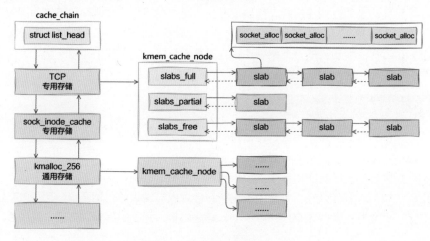

图16.10　内核的SLAB内存分配器

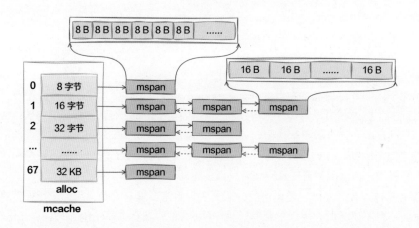

图16.11　Go语言的内存分配器

还有一种内存分配器是Facebook推出的jemalloc。这种内存分配器在实现细节中，更专注优化多线程情形下锁的开销。但带来的缺点是内存开销会有所上升。再就是在字节跳动内部，语言团队也自己实现了一种内存分配器，不但减少了分配对象时的步骤，也实现了自研的Balanced GC来降低内存分配时的CPU开销。

如果你的应用程序追求非常极致的性能，内存分配器也是必须要考虑的。在Redis中就是采用了jemalloc作为默认的内存分配器。如果你的公司有实力，也可以根据自己的应用场景自研一套性能更好的内存分配器，这也是一个性能提升的落地手段。

16.3 内核调优

应用和编程语言都是建立在操作系统内核的基础之上的。操作系统内核中的系统调用、内存管理、调度器、网络协议栈的很多工作细节对性能有着很大的影响。因为在性能优化上做得比较深入的话，也离不开对内核相关工作机制的优化。

16.3.1 减少系统调用

内核提供的很多功能都是通过系统调用暴露给用户层来访问的。相比用户态的函数调用开销，系统调用的开销会高一些。对于普通的函数调用来说，一般只需进行几次寄存器操作，如果有参数或返回函数的话，再进行几次用户栈操作而已。而且用户栈早已被CPU缓存接住，并不需要真正进行内存IO。

但是对于系统调用来说，这个过程就要麻烦一些。系统调用时需要从用户态切换到内核态。由于内核态的栈用的是内核栈，因此还需要进行栈的切换。SS、ESP、EFLAGS、CS和EIP寄存器全部需要进行切换。栈切换后还可能有一个隐性的问题，那就是CPU调度的指令和数据在一定程度上破坏了局部性原则，导致一二三级数据缓存的命中率出现一定程度的下降。另外，由于系统调用特权级别比较高，也还需要进行一系列的权限校验、有效性检查等相关操作。所以系统调用的开销相对函数调用来说要大得多。

一般用户态的函数调用都是纳秒级别的，而系统调用的耗时基本上是微秒起的。整整比函数调用高了三个数量级。所以在生产环境中，应该意识到这个问题，尽量减少不必要的系统调用的次数。

16.3.2 虚拟内存优化

在进程中无论是栈还是堆，使用的都是虚拟内存。内核并不允许用户进程直接使用物理内存，而是在中间又封装了一层虚拟内存的概念。当虚拟内存中的虚拟页被访问的时候，如果对应的物理页还没有加载到内存中，就会触发缺页中断，通过调用伙伴系统的alloc_pages来分配物理内存。此外，内存的虚拟地址需要转化成物理内存才可以真正到物理内存中获取数据。对这套虚拟内存，也存在一些优化手段。

一个优化手段是禁止交换。

虚拟内存给每个进程都声明了一个很大的可用地址空间。但事实上如果真的每个进程都使用比较大的内存，物理内存将远远不够用。如果真出现了内存不够用怎么办？内存交换机制的作用是通过一些算法将某些内存页交换到磁盘上，腾出可用的内存页供紧迫的需求使用。

　　但这个特性的副作用很大。如果应用程序读取内存中的某个数据的时候，发现页已经被换出到磁盘上了，这时不得不先将进程阻塞掉。内核启动换页机制将页面换回到内存中，再唤醒用户进程重新运行。问题的关键是，本来内存IO就可以解决的事情，现在不但引入了额外的进程上下文切换，还导致了磁盘IO。磁盘IO的性能比内存要差很多。这样就会导致应用程序运行的时候不稳定，延迟抖动非常严重。

　　现在，一来服务器的内存已经非常大了，出现换页的概率比较低；二来即使真担心会出现内存不足的情况，一个更好的做法是提前对内存使用进行密切监控，当快要不足的时候提前报警，或者干脆真出现了就放手让应用挂掉，通过负载均衡等方式把用户请求引导到其他服务器上运行。把问题暴露出来，比把问题隐藏起来可能更合适。

　　另一个优化手段是大页。

　　虚拟内存和物理内存都是按照固定的页大小进行管理的。Linux默认使用的页大小通过getconf命令可以查看得到。

```
# getconf  PAGE_SIZE
4096
```

　　这表示一页的大小是4KB。在以前，这个页大小是合适的。但随着现在内存越来越大，计算机的内存大小已经从几十MB发展到了几百GB。这时4KB的页大小就显得有点小了。假如某应用程序需要使用4GB的内存，那就需要4GB/4KB=1M（约100万）这么多页。虚拟内存为了管理这些页，就需要使用大量的页表项，会占用一些额外的内存和TLB缓存的空间。

　　如果把页大小修改为2MB，则4GB的应用只需要使用4GB/2MB=2K（2048）个页表就够了，页的数量大大下降。这样管理这些页表所需要的页表项也会少很多，TLB缓存命中率就会大大提升。另外，当页面数量大幅下降后，程序运行时的缺页中断也会降低。这对性能提升也有帮助。

　　在优化前后，可以通过perf命令来观察TLB缓存命中率、缺页中断数量的情况。

```
# perf stat -e dTLB-load-misses,iTLB-load-misses,page-faults
```

16.3.3　调度器优化

　　用户进程都不是想用CPU资源就可以使用的。当用户进程可运行的时候，要先进入可运行队列，等待Linux调度器的调度。只有等调度器调度到了的时候，进程才可以得到CPU资源从而运行。调度器的工作原理在第7章详细介绍过了。本章从调度器这个角度看看有哪些可做的性能优化。

实时进程

　　Linux在进程调度上分为实时进程和普通进程两类。实时进程的调度优先级高于普通进程。其中实时进程根据调度策略的不同，又分为SCHED_FIFO先到先服务和SCHED_RR时间片轮转两类。普通进程的调度策略是SCHED_OTHER。

使用chrt命令可以查看某个进程当前的调度策略。例如对于migration内核线程，它是系统级的程序，对实时性要求比较高，所以它就要使用实时进程调度策略。例如下面这个pid为15的migration内核线程，我看到它使用的是SCHED_FIFO调度策略，优先级很高，为99。

```
# ps -ef
root          11      2   0 08:02 ?          00:00:00 [migration/0]
root          15      2   0 08:02 ?          00:00:00 [migration/1]
......
# chrt -p 15
pid 15's current scheduling policy: SCHED_FIFO
pid 15's current scheduling priority: 99
```

对于普通的用户进程，系统认为你的优先级没那么高，所以默认都是给的普通进程的SCHED_OTHER调度策略，走完全公平调度器来调度。下面这个pid号为1176的redis进程，chrt命令查看到它使用的是普通进程的SCHED_OTHER调度策略，优先级为0。

```
# ps -ef | grep redis
redis       1176      1   0 08:02 ?          00:00:03 /usr/bin/redis-server 127.0.0.1:6379
# chrt -p 1176
pid 1176's current scheduling policy: SCHED_OTHER
pid 1176's current scheduling priority: 0
```

如果你经过评估后认为这个redis进程应该被优先调度，那可以使用chrt命令将它设置为实时进程。这样它会比其他的普通进程优先获得CPU资源。

注意   chrt命令的含义是Change real-time，简写为chrt。

例如我想设置为时间片轮转SCHED_RR类型的实时进程，优先级设置为10（还是比系统migration实时进程优先级99低的）的实时进程，则命令如下。注意，下面这条命令要具有管理员权限才能运行。

```
# sudo chrt -p -r 10 1176
```

设置完成后，再回头来看redis进程，调度策略和调度优先级都变了。

```
# chrt -p 1176
pid 1176's current scheduling policy: SCHED_RR
pid 1176's current scheduling priority: 10
```

如果你的系统中的某个服务确确实实比较重要，对延迟也特别敏感，就可以使用chrt

命令来调整它为实时进程。也可以在程序中直接调用sched_setscheduler系统调用进行设置。chrt命令内部也是调用sched_setscheduler系统调用来实现的。

普通进程nice值调整

对于普通用户进程，CPU是根据每个进程的nice值，按照比例来进行CPU资源的分配。进程的nice值可以类比为人。如果一个人比较nice，那他就倾向于把资源优先给其他人使用；如果一个人不nice，那他就会抢别人的资源。如果进程的nice值比较高，那它获得CPU资源的能力就比较弱；如果进程的nice值比较低，那它倾向于抢夺别人的资源使用。

nice值的合法取值范围是[-20,19]。进程启动的时候可以使用nice命令来设置进程的nice值，进程已经启动之后可以使用renice命令。

```
# nice -n -20 vi
```

但在实际调整过程中，应该由系统管理员站在整体的角度来通盘考虑，毕竟服务器上有这么几个"不太nice"的进程是会影响其他进程运行的。除非这几个"不太nice"的进程真的有重要的事情要使用这么多资源。

CPU亲和性和绑核

第1章介绍了CPU硬件的内部构成。每个物理核都有自己独立的L1和L2缓存。不同物理核之间的L3缓存是共享的。假如一个进程第一次调度时使用的是第0号核，后面由于一些原因调度的时候跑到第6号核上了。这时第0号核中L1、L2缓存中缓存起来的数据就完全失去意义了。在第6号核上，由于进程是第一次运行，前面几次的内存IO全部都要穿透到L3缓存或者内存中，运行效率就会打个折扣。

事实上，内核在调度的时候，会适当考虑这个因素，具有软亲和的特性。在进程被唤醒的时候，会优先选择其上一次运行过的核来运行。这个特性在第7章介绍进程任务队列的选择时讲过。但是内核的这个特性并不是一个强约束，事实上还是可能会出现进程唤醒时被放到另一个没运行过的核对应的运行队列上的情况。另外，内核的migrate内核线程，会定时查看各个核上运行队列的繁忙情况，会在各个核上进行负载均衡。

在某些对性能可能会有特殊要求的场景下，我们也需要自己对各个任务运行时该用哪些核有所掌控。例如在离线任务混部的场景下，离线任务往往对CPU资源的消耗非常大，如果放任其无限制抢占在线进程的核，会对在线进程的性能造成比较大的损害。另外，例如量化高频交易应用场景对延迟特别敏感，任务在核之间的切换带来的延迟损失是不可接受的。在这些情况下就不能完全依赖内核给我们选的核，而是应该介入干预选核，实现任务调度时的硬亲和。

使用taskset命令可以实现对进程CPU亲和性的设置。先用该命令查看服务器上的redis进程的亲和性。下面的示例是在我的一台开发机上执行的。该开发机是一台虚拟机，有8个核。

```
# ps -ef | grep redis
redis      1176     1  0 08:02 ?        00:00:06 /usr/bin/redis-server 127.0.0.1:6379
# taskset -pc 1176
pid 1176's current affinity list: 0-7
```

输出的结果显示，redis进程亲和的核是0 ~ 7，亲和所有核就等于并没有什么亲和性的设置。我们可以设置它亲和到第0号核上。

```
# sudo taskset -pc 0 1176
pid 1176's current affinity list: 0-7
pid 1176's new affinity list: 0
```

结果显示1176的新的亲和性被改成了第0号核，这样将来该进程永远只使用第0号核。除使用taskset命令外，也可以直接使用sched_getaffinity、sched_setaffinity两个系统调用来完成亲和性的查看和设置。但同样要注意的是，这个操作要有管理员权限才行。

在量化高频交易这种对性能、延迟要求极高的场景中，绑定进程的CPU亲和性是一项基本操作。通过这种硬亲和来解决调度器本身软亲和的不足。

云计算中的throttle

现在很多公司都是使用基于容器的云来部署业务的，在容器云上考虑CPU性能的时候，还要额外考虑一个throttle的指标。在第11章深入介绍了容器中的进程是如何被调度的。这里简单回顾一下，throttle到底是如何产生的，又有哪些影响。

在各家公司的容器云平台上，给用户容器分配的所谓的核其实根本不是核，只是分配了可运行的时间。

例如，给某个容器分配两个核。我们拿cgroup v1举例，其底层实现是设置该容器对应的cgroup中的cpu.cfs_period_us为100ms，设置cpu.cfs_quota_us为200ms。这样内核在调度这个cgroup的时候，每隔100ms给这个容器充值200ms的时间。在实际调度发生的时候，再把运行的时间减去，而且在宿主机每个核上运行的时间都要减。如果调度时发现该容器的可运行时间已经没有了，就会把这个cgroup下的所有进程都从调度队列摘下来，这个特性在内核中叫作throttle。

在容器实际运行的过程中，很有可能会出现一种情况，在内核刚给cgroup充值200ms运行时间后，这个cgroup中的进程在20ms就把这200ms的充值都用光了。现在的宿主机很多都是上百核的服务器，在每个核上运行的时间都加起来在20ms内用掉总共200ms的运行时间很容易。那么这个容器在接下来会被throttle，在接下来的80ms内都没有任何被调度器选中的机会，如图16.12所示。

这个限制从整体上看是合理的。因为如果没有这个限制，这个容器中的进程就会占据过多的CPU资源，影响同宿主机上其他进程运行。但是对于这个进程来讲，接下来的80ms都将得不到任何的CPU资源。如果有用户请求过来，也只能干等，等下一个100ms

到来的时候，内核再充值后才能继续运行，服务的延迟会大大上升。如果上游设置的超时时间特别短，可能上游就会超时报错，上游视角统计到的服务的稳定性就会出现下降。

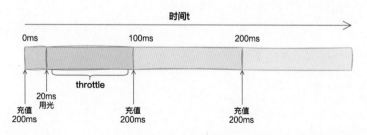

图16.12　容器throttle发生的原因

那如何解决这个问题呢，有两个办法。**一个办法是调大cpu.cfs_period_us周期，也同时对等调大cpu.cfs_quota_us**。例如设置cpu.cfs_period_us为500ms，设置cpu.cfs_quota_us为100ms。这样虽然充值的周期变大了，但每次多充一些时间。在一个比较短的时间内用光CPU资源的可能性就会降低，throttle就会减少。

但站在容器视角看，cpu.cfs_period_us、cpu.cfs_quota_us这套方案有一个最大的问题，就是不允许你把没用光的时间攒起来。在第11章我们看到，period_timer的处理过程是把当前的runtime设置为等于cpu.cfs_quota_us，而不是加上cpu.cfs_quota_us。如果你在上一个周期内分配的资源没有用光，那这次就相当于被直接清空了。这是个非常重要的细节。

```
//file:kernel/sched/fair.c
void __refill_cfs_bandwidth_runtime(struct cfs_bandwidth *cfs_b)
{
    if (cfs_b->quota != RUNTIME_INF)
        cfs_b->runtime = cfs_b->quota;
}
```

调大cpu.cfs_period_us周期只是每次分配的时间更多一些，解决短时间的资源不够用问题。但一个周期内，使用不完的资源仍然不允许攒起来放到下一个周期使用。

这时可以采用另一个办法，**那就是容器中的Burst**。如果某个cgroup在一个周期内分配的时间片没有用光，则允许攒起来。下一轮调度时，如果当前周期的CPU资源不够用，则允许它使用上一个周期攒起来的时间片。

避免过小的容器实例

因为容器可以非常精细地对CPU核进行用量限制，哪怕分配零点几核都是能轻而易举做到的。所以很多企业在服务上云的时候会选择给自己服务的单实例分配较小的CPU配额，再通过堆实例数量在整体上达到需要的核。假如某个服务需要10000核，某企业的做法是给每个容器实例分配2核，整体上分配5000个实例。这种做法是极其错误的。

因为内核在调度器上虽然有亲和性的策略，但这种亲和只是软亲和，调度器实际工作的时候，同一个任务仍然会发生较多的核之间的迁移。如果给容器单实例分配的核过少，会导致容器中的服务程序开启较少数量的工作线程。当某个线程发生核迁移的时候，获取到的新核上的缓存基本上相当于没用，要完全重新从内存中加载数据。

反之，如果给容器单实例分配的CPU核多一点，容器中的服务程序也会开启较多的工作线程。即使有线程发生核迁移，新核也有概率正好是和自己共享同一内存地址空间的兄弟线程使用过的，缓存还继续可用，性能会更好一些。

从性能角度考虑的话，容器单实例的核数量配额越多，平均单核的性能也会越好。但实例太大的话，会导致Kubernetes创建容器选择物理机时变得比较困难。综合考虑，在100核左右的物理服务器上，容器单实例的核的数量至少要保证8核以上，不建议大量使用1核或2核的小实例在线上提供服务。

离线调度器

在Linux内部几乎对所有的用户进程都使用完全公平调度器。但如今的互联网有一个特殊的应用场景，那就是在离线混部。

在线任务一般来说高峰期低谷期比较明显。比如对于字节跳动的抖音业务来说，上班时间用户的请求量相对低一些，在晚饭后到睡觉前的几个小时里，用户都有空了，会集中在这个时间段消遣娱乐。为了充分利用在线服务中闲置的CPU资源，尤其是流量低谷时间段里的计算资源，在离线混部就登场了。很多的云都会把一些离线统计类的任务部署到在线服务器上运行。

但这样的话问题就来了。离线任务一般需要很大的CPU计算量。它一登场往往就可能对运行的在线任务造成比较大的冲击。会争抢在线任务的CPU，让在线任务处理延迟变高。而且也可能会干扰本来属于在线任务CPU的缓存，导致在线任务的运行性能也变差。

如何才能使得离线任务的运行对在线任务的冲击降到最低，这是在离线混部中需要考虑的一个重点问题。解决离线任务对在线任务抢夺的办法中，有taskset限制离线处理的核数、调整离线任务的nice值等。但我觉得这些方法都治标不治本，因为对于内核来讲，它并不知道哪些任务是在线任务，哪些任务是离线任务。它都一视同仁地去调度，自然也就无法从根本上解决问题。

我认为最为根本的解决办法应该是**修改调度器**，直接深入到调度器层次来解决问题。举个业界的例子，腾讯的Tencent-OS就在调度算法层面开发了离线调度算法BT。该算法知道哪些任务是在线任务，哪些任务是离线任务。该算法在在线任务有需要的时候，可以及时抢占离线任务使用的CPU。如果在线任务比较多，就会排挤离线任务，让在线任务像没有离线任务那样地使用所有的CPU核。当在线任务不忙时，离线任务再得以运行，充分榨干计算资源。

16.3.4　网络协议栈优化

减少不必要的网络请求

内核在网络包的收发上的开销很大。客户端发送一个网络请求，先要从用户态切换到内核态，花费一次系统调用的开销。进入到内核态后，又要经过冗长的协议栈，这会花费不少的CPU周期，最后进入网卡驱动程序，网卡硬件再把包真正发出。在接收端，软中断花费不少的CPU周期，还要经过接收协议栈的处理，最后唤醒或者通知用户进程来处理。当服务端处理完以后，还要把结果再发过来。又要来这么一遍，最后你的进程才能收到结果。

所以，网络请求只应该在应该用的时候用。不必要的网络请求还是越少越好。举个redis的例子。如果想获取多个redis进程中的数据，不应该写出如下这种代码，而是应该使用hmget或者pipeline等方式来将多个网络请求合并到一起。

```php
<?php
for(...){
    redis->hget(key,subkey)
    ...
}
```

上面只是简单举个redis的例子。在工程实践中，减少网络请求只是一种思想，具体操作方法会有很多。

客户端与服务器尽可能部署得近一些

在网络传输中，一个很大的耗时就是RTT耗时。这个耗时因物理距离、网络环境而异。一般来说，物理距离越长，RTT耗时越长。在同机房内部RTT只有不到1ms，但从北京跨到广东，延迟会在30~40ms左右。所以在工程实践中应该尽可能地把客户端和服务器放得足够近。尽量把每个机房内部的数据请求都在本地机房解决，减少跨地网络传输。更极致一些，甚至都可以考虑放到一个机架上或者同一台物理机上。

优先使用公司内部网络

如果公司内部使用的所有接口、资源都使用外网传输，那就太浪费了。原因有这么几个。首先是带宽成本高，公司是要为在外网产生的带宽付费的，无论运营商带宽，还是CDN带宽，成本都很高。拿最便宜的CDN带宽举例，截至2023年，虽然经过了几轮的价格战，1Gb/s的价格仍然在1万元左右。至于IDC机房的运营商带宽成本就更高了。其次是耗时的问题，经过外部网络访问，肯定没有公司自建内部网络访问快。再有就是访问外部资源，一般需要经过NAT服务器。如果NAT出问题，访问就出问题了，那么会加大稳定性风险。所以，应该尽可能使用公司内部网络来完成资源请求。只有必要的时候再使用外网传输。

多队列网卡RSS调优

在网络包的接收过程中，可通过RSS（Receive Side Scaling）让更多的CPU核来参与网络协议栈的处理。它开启多个接收队列，并把每个队列绑定到某个核上来处理，如图16.13所示。对于高并发的网络应用场景，如果网络RSS没有进行合理的调优，可能会影响系统的整体性能。

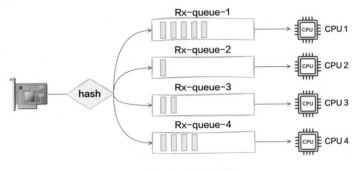

图16.13　多队列RSS调优

具体的调优过程包括调整RSS处理队列数量、使用irqbalance自动选择绑定到哪些核上来运行等方法。使用**ethtool**修改队列数量的方法如下。

```
# ethtool -L eth0 combined 32
```

irqbalance一般是开启的。如果想自己维护亲和性，要先关掉irqbalance，然后再修改中断号对应的smp_affinity。

```
# service irqbalance stop
# echo 2 > /proc/irq/30/smp_affinity
```

使用零拷贝技术

假如要给另外一台机器发送一个文件，那么比较常规的做法是先调用read把文件读出来，再调用write把数据发出去。这样数据需要频繁地在内核态内存和用户态内存之间复制，如图16.14所示。

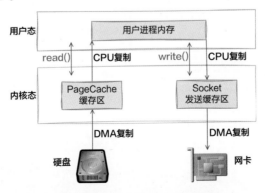

图16.14　read+send发送文件数据

　　拿sendfile这个系统调用来举例。在这个系统调用中，只需告诉内核要发送哪个文件。文件内容不需要通过read复制到用户态，也不需要通过write再复制到内核态来发送。CPU彻底从复制中解放出来。接下来交给DMA设备，将数据复制到网卡中就行了，如图16.15所示。从CPU层面来看，实现了零拷贝。

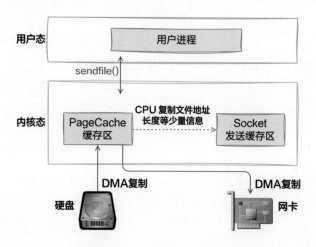

图16.15　sendfile零拷贝

Kernel-ByPass

　　还有一类内核相关的性能优化方法是绕开内核。这类方法在网络密集型业务上用得比较多。内核的网络包接收和发送路径都非常长。这期间涉及很多内核组件之间的协同、协议栈的处理，以及内核态和用户态之间频繁的数据复制，还有大量内核态和用户态切换。Kernel-ByPass这类的技术方案就是绕开内核协议栈，自己在用户态实现网络包的收发。这样不但避开了繁杂的内核协议栈处理，也减少了频繁的内核态用户态之间的复制和切换，性能将发挥到极致！目前这类方案有SOLARFLARE的软硬件方案、DPDK等。

16.4　基础设施优化

16.4.1　CPU硬件提升

　　不同厂家、不同代际的CPU产品的性能千差万别，因此硬件也是性能上必须要考虑的要素。例如在表16.1中随机列出了几个不同型号的CPU的基本数据并进行了对比。

表16.1 CPU的基本数据

CPU 型号	主频(MHz)	L1 数据(KB)	L1 指令(KB)	L2 大小(KB)	L3大小(KB)
Intel(R) Xeon(R) Platinum 8269CY CPU @ 2.50GHz	3200.004	32	32	1024	36608
Intel(R) Xeon(R) Platinum 8260 CPU @ 2.40GHz	2399.452	32	32	1024	36608
Intel(R) Xeon(R) Platinum 8336C CPU @ 2.30GHz	2999.999	48	32	1280	55291
AMD EPYC 7Y83 64-Core Processor	3059.383	32	32	512	32768

可以看出，不同的CPU硬件在主频上的差距还是很大的。Intel 8260这个CPU的主频只有2400MHz，而8269CY则能达到3200MHz。还有就是缓存，AMD EPYC 7Y83的L2只有512KB，而Intel CPU的二级缓存都在1024KB以上。主频不一样，缓存大小不一样，处理起应用程序来，自然性能就会有差异。

所以如果资源允许的话，使用性能更好的CPU是会对性能有较大提升的。

16.4.2 开启睿频

CPU硬件除了主频指标，还有一个很重要的指标叫睿频，英文原名叫Turbo Frequency。它是Intel针对性能优化推出的一项技术。这项技术会根据CPU的运行情况动态地提高CPU的主频。图16.16是Intel官网对8260这个CPU的参数的介绍。

Essentials	
	⬇ Export specifications
Product Collection	2nd Generation Intel® Xeon® Scalable Processors
Code Name	Products formerly Cascade Lake
Vertical Segment	Server
Processor Number ?	8260
Lithography ?	14 nm
Recommended Customer Price ?	$5383.00
CPU Specifications	
Total Cores ?	24
Total Threads ?	48
Max Turbo Frequency ?	3.90 GHz
Processor Base Frequency ?	2.40 GHz
Cache ?	35.75 MB
Max # of UPI Links ?	3
TDP ?	165 W

图16.16 CPU的睿频

图16.16显示8260虽然主频只有2.4GHz，但它的睿频频率可以高达3.9GHz。这个特性并不一定是自动打开的。需要使用cat /proc/cpuinfo来查看CPU的实际工作频率。如果只跑在基本频率上，那可以考虑开启睿频来实现对CPU资源的最大化压榨。

16.4.3   关闭超线程

超线程是Intel的一项技术，它可以把一个物理核当作两个逻辑核来用。假如某个CPU有16个物理核，当超线程开启后，一个物理核可以当作两个逻辑核来用。这样在操作系统的视角，如果用top命令来查看，会得到有24核的结论。

超线程只是在一个物理核模拟双核运作。物理计算能力并没有增强，超线程技术只有在多任务的时候才能提升机器核整体的吞吐量。据Intel官方介绍，相比实核，超线程的性能提升平均只有20%~30%左右。也就是说，在我刚才的机器上看到的24核的处理能力，整体上只比不开超线程的12核性能高30%。

但在有些场景下我们可能想要的是单核处理能力更高一点，而不是整体性能压榨得更极致。例如在高频交易场景下，延迟高一点就会损失很多钱。另外，还有些第三方的产品是按核数来收费的。在这种情况下就应该把超线程关掉，直接使用物理核，最大化提高单核性能。

16.4.4   硬件卸载

传统CPU上运行的各种各样的软件功能，很多是基本上固定的，但又非常消耗CPU资源。例如内核对网络数据包头部的校验计算， HTTPS应用场景中的加密、解密，存储场景中的压缩、解压缩等。

硬件卸载指的是将特定的计算任务从软件层面转移到硬件层面进行加速处理。利用专用的硬件加速器完成这些固定的计算任务。这些硬件能提供比CPU更强的计算能力，从而把CPU解放出来做其他工作。不过硬件卸载的缺点是其功能不像CPU上运行的软件那样灵活，设计出来后功能就固定了，无法修改。所以硬件卸载只适合那些功能固定，但计算量大的工作。

目前在网络领域，智能网卡就是这样一种技术。它会把之前由CPU完成的功能，比如TCP包的校验、流量控制、DDoS检测和防御等计算功能都卸载到网卡硬件上来完成，缓解CPU计算压力的同时提高处理性能。除了网络，在存储、加密场景目前业界都有一些专用的加速硬件。硬件卸载技术还在发展过程中，未来一定还会有各种场景的卸载CPU上功能的专用硬件实现。

16.4.5   容器云部署

直接在传统的物理机上部署服务，CPU、内存等宝贵的资源很难被充分利用。为了充分利用资源，各种虚拟化技术都在快速发展。在2010年前后的几年中，业界流行的解决隔离和资源限制的方法是采用虚拟机。在一台物理机上运行多个虚拟机。给用户分配的时候分配的是一个个的虚拟机。KVM、VirtualBox、Xen、VMware Workstation都是这个背景下的产品。

后来到2013年Docker诞生、2014年Kubernetes开源后，基于容器的方式来解决隔离和资源限制的方法火了起来。时至今日，国内大一点的互联网公司基本都建设了自己的容器云。相比传统的虚拟机，容器额外的性能损失更小，而且部署更为灵活，可以很方便地进行很多服务的管理和调度。各家公司都通过基于容器云，在一台物理机上部署几十、甚至上百台服务来充分地对硬件资源进行压榨。很多公司在把服务迁移到容器云上后，在成本上取得了不小的收益。如果你的公司还没有上容器云，那可能接下来的发展目标里就应该把它加上了。

16.5　性能优化案例

16.5.1　内核中的likely和unlikely

在内核中很多地方都充斥着likely、unlikely这一对函数的使用。随便找两处，例如在TCP连接建立的过程中的这两个函数。

```
// file: net/ipv4/tcp_ipv4.c
int tcp_v4_conn_request(struct sock *sk, struct sk_buff *skb)
{
    if (likely(!do_fastopen))
        ......
}
//file: net/ipv4/tcp_input.c
int tcp_rcv_established(struct sock *sk, ...)
{
    if (unlikely(sk->sk_rx_dst == NULL))
        ......
}
```

咱们来看看这对函数的底层实现，其实它们就是对__builtin_expect的一个封装而已。

```
// file: include/linux/compiler.h
#define likely(x)   __builtin_expect(!!(x),1)
#define unlikely(x) __builtin_expect(!!(x),0)
```

__builtin_expect这个指令是gcc引入的。该函数的作用是允许程序员将最有可能执行的分支告诉编译器，告诉编译器if else条件判断的程序分支中哪个分支执行的概率更大。我们也自己动手写一段简单的代码，来实际编译一下，完整源码参见本书配套源码中的chapter-16/test-01。

```
#include <stdio.h>
#define likely(x)  __builtin_expect(!!(x), 1)
#define unlikely(x)  __builtin_expect(!!(x), 0)

int main(int argc, char *argv[])
{
    int n;
    n = atoi(argv[1]);

    if (likely(n == 10)){
        n = n + 2;
    } else {
        n = n - 2;
    }
    printf("%d\n", n);
    return 0;
}
```

　　这段代码只对用户的输入做一个if else判断。if中使用了likely，也就是假设这个条件为真的概率更大。那么我们来看看它编译后的汇编码，如图16.17所示。

```
0000000000400490 <main>:
  400490:    48 83 ec 08            sub     $0x8,%rsp
  400494:    48 8b 7e 08            mov     0x8(%rsi),%rdi
  400498:    31 c0                  xor     %eax,%eax
  40049a:    e8 e1 ff ff ff         callq   400480 <atoi@plt>
  40049f:    83 f8 0a               cmp     $0xa,%eax
  4004a2:    75 18                  jne     4004bc <main+0x2c>
  4004a4:    be 0c 00 00 00         mov     $0xc,%esi
  4004a9:    bf 40 06 40 00         mov     $0x400640,%edi
  4004ae:    31 c0                  xor     %eax,%eax
  4004b0:    e8 9b ff ff ff         callq   400450 <printf@plt>
  4004b5:    31 c0                  xor     %eax,%eax
  4004b7:    48 83 c4 08            add     $0x8,%rsp
  4004bb:    c3                     retq
  4004bc:    8d 70 fe               lea     -0x2(%rax),%esi
  4004bf:    eb e8                  jmp     4004a9 <main+0x19>
```

图16.17　likely if对应的汇编

　　图16.17中上面红框内是对if的汇编结果，可见它使用的是jne指令。它的作用是看它的上一句比较结果，如果不相等，则跳转到4004bc处，相等则继续执行后面的指令。

　　在jne指令后面紧挨着的是n = n + 2对应的汇编代码，也就是说它把n = n + 2这段代码逻辑放在了紧挨着自己的位置，而把n = n - 2的执行逻辑放在了离当前指令较远的4004bc处。

　　我们再把likey换成unlikey看一下，发现结果正好相反，这次把 n = n - 2 的执行逻辑放在前面了，如图16.18所示。

```
0000000000400490 <main>:
  400490:    48 83 ec 08          sub     $0x8,%rsp
  400494:    48 8b 7e 08          mov     0x8(%rsi),%rdi
  400498:    31 c0                xor     %eax,%eax
  40049a:    e8 e1 ff ff ff       callq   400480 <atoi@plt>
  40049f:    83 f8 0a             cmp     $0xa,%eax
  4004a2:    74 16                je      4004ba <main+0x2a>
  4004a4:    8d 70 fe             lea     -0x2(%rax),%esi
  4004a7:    bf 40 06 40 00       mov     $0x400640,%edi
  4004ac:    31 c0                xor     %eax,%eax
  4004ae:    e8 9d ff ff ff       callq   400450 <printf@plt>
  4004b3:    31 c0                xor     %eax,%eax
  4004b5:    48 83 c4 08          add     $0x8,%rsp
  4004b9:    c3                   retq
  4004ba:    be 0c 00 00 00       mov     $0xc,%esi
  4004bf:    eb e6                jmp     4004a7 <main+0x17>
```

图16.18 unlikely if对应的汇编

注意，编译时需要加-O2选项，使用objdump -S来查看汇编指令。为了方便大家使用，我把它写到makefile里，和测试代码放在一起。

在这个例子中，除了高速缓存这个原因，还有一个更底层的原理，那就是CPU的流水线技术。CPU在执行程序指令的时候，并不是先执行一个，执行完再运行下一个，而是把每个指令都分成了多个阶段，并让不同指令的各步操作重叠，从而实现几个指令并行处理。

还拿上面编译出来的汇编码来举例，程序中cmp、jne、mov几个指令是挨着的，那么CPU在执行的时候实际上大致如图16.19所示。

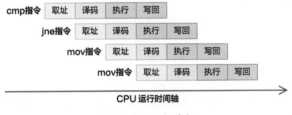

图16.19 指令并行

当jne指令正在执行的时候，后面的两个mov指令都已经分别进入到译码和取址阶段。假如分支预测失败，那么工作就白干了。而likely和unlikey会帮助CPU提高流水线工作效率。

总之，likely和unlikely对性能提升的原因有两个。第一，它会让CPU的高速缓存命中率更高。第二，它也能让CPU的流水线更好地工作。Linux作为一个基础程序，在性能上真的是考虑到了极致。内核的作者们的内功都是非常深厚的，都深谙计算机的底层工作原理，为了极致的性能精心打磨每一个细节，非常值得我们学习和借鉴。

16.5.2 PHP7内存性能优化

2015年，PHP 7的发布在技术圈引起了不小的轰动，因为它的执行效率比PHP 5直接翻了一倍。虽然PHP语言现在用得不多了，但它在内核层面的性能优化还是很值得我们学习的。我们看下PHP 7在内存方面都进行了哪些优化。

HashTable是PHP语言中的一个核心结构体。在PHP 5.3版本中它的定义如下。

```
typedef struct _hashtable {
        uint nTableSize;
        uint nTableMask;
        uint nNumOfElements;      //注意这里：在浪费
        ulong nNextFreeElement;
        Bucket *pInternalPointer;          /* Used for element traversal */
        Bucket *pListHead;
        Bucket *pListTail;
        Bucket **arBuckets;
        dtor_func_t pDestructor;
        zend_bool persistent;
        unsigned char nApplyCount;
        zend_bool bApplyProtection;
} HashTable;
```

5.3版本里HashTable就是一个大struct，略微复杂，下面拆开了细说：

- uint nTableSize占用4字节。
- uint nTableMask占用4字节。
- uint nNumOfElements占用4字节。
- ulong nNextFreeElement占用8字节。注意，前面的4字节会被浪费掉，因为nNextFreeElement的开始地址需要对齐。
- Bucket *pInternalPointer占用8字节。
- Bucket *pListHead占用8字节。
- Bucket *pListTail占用8字节。
- Bucket **arBuckets占用8字节。
- dtor_func_t pDestructor占用8字节。
- zend_bool persistent占用1字节。
- unsigned char nApplyCoun占用1字节。
- zend_bool bApplyProtection占用1字节。

最终总字节数大约是72字节。根据结构体的定义计算是67字节。

总字节数=4+4+4+4(nNextFreeElement前面这四个字节会留空)+8+8+8+8+8+1+1+1=67字节。

再加上结构体本身要对齐到8的整数倍，所以实际占用72字节。

而到了PHP 7.2中，HashTable的定义就变了下面这个样子了。

```
typedef struct _zend_array HashTable;
```

```
struct _zend_array {
    zend_refcounted_h gc;
    union {
        struct {
            ZEND_ENDIAN_LOHI_4(
                zend_uchar      flags,
                zend_uchar      nApplyCount,
                zend_uchar      nIteratorsCount,
                zend_uchar      consistency)
        } v;
        uint32_t flags;
    } u;
    uint32_t            nTableMask;
    Bucket              *arData;
    uint32_t            nNumUsed;
    uint32_t            nNumOfElements;
    uint32_t            nTableSize;
    uint32_t            nInternalPointer;
    zend_long           nNextFreeElement;
    dtor_func_t         pDestructor;
};s
```

PHP 7.2版本的HashTable细节如下：

- zend_refcounted_h gc看起来唬人，其实就是一个long型，占用8字节。
- union... u占用4字节。
- uint32_t占用4字节。
- Bucket* 指针占用8字节。
- uint32_t nNumUsed占用4字节。
- uint32_t nNumOfElements占用4字节。
- uint32_t nTableSize占用4字节。
- uint32_t nInternalPointer占用4字节。
- zend_long nNextFreeElement占用8字节。
- dtor_func_t pDestructor占用8字节。

总字节数 = 8+4+4+8+4+4+4+4+8+8 = 56字节

　　HashTable一共占用56字节，并且正好达到了内存对齐的状态，没有额外的浪费。本来一个64字节的CacheLine是装不下一个HashTable对象的，但是改进后就能装下了。

　　另外，PHP 7中还有zval对象，结构体大小从24字节优化到16字节，Buckets结构体的大小也从72字节下降到32字节。

　　这种优化结构体来提升程序性能的关键点在于以下两个原因。

　　第一，CPU在向内存要数据的时候是以64字节的CacheLine为单位进行的，而前面讲过CacheLine的大小就是64字节。回过头来看HashTable，在PHP 7.2里HashTable的大小为56字节，只需要CPU向内存进行一次CacheLine大小的IO就够了。而在PHP 5.3里HashTable的大小是72字节，虽然只比CacheLine大了那么一丢丢，但是对不起，必须进行两次IO。所以，在计算机里，72字节相对56字节实际上是翻倍的性能提升！

第二，CPU的L1、L2、L3缓存的容量是固定的几十KB或者几十MB。假设缓存的都是HashTable，那么在缓存容量不变的条件下，PHP 7里能缓存住的HashTable数量将会翻倍，缓存命中率大幅提升。要知道命中L1后只需要1纳秒多一点的耗时，而如果穿透到内存，可能就需要40多纳秒了，整整差了几十倍。

所以PHP内核的大牛作者深谙CPU与内存的工作原理，表面上看起来只是几字节的节约，但实际上爆发出了巨大的性能提升！

16.5.3　新闻种子快速匹配

这个性能优化案例是真实发生在飞哥本人身上的一个小例子。故事背景是这样的，我在搜狗工作的时候做了一个类似今日头条的信息流推荐应用。在这个应用中有一个模块的运行性能非常差，在Hadoop上跑一次大约需要6小时，经过调优后20分钟就能跑完了。从6小时到20分钟的巨大提升，核心思想就是灵活运用了算法中索引的概念。

这个模块的需求是这样的，数据库中保存了大约2000多条正则表达式，每条正则表达式都代表一个站点的某个类别的新闻。假设表达式如下。

```
^https://new.xy.com/ch/tech/[a-zA-z0-9]*.html      某网站科技频道
```

这个正则表达式代表的是，但凡符合这个正则表达式的网页URL就是属于该网站科技频道的新闻。这个网站可能不止这一个频道，而是会有很多频道存在。

```
^https://new.xy.com/ch/finance/[a-zA-z0-9]*.html   某网站财经频道
^https://new.xy.com/ch/milite/[a-zA-z0-9]*.html    某网站军事频道
^https://new.xy.com/ch/ent/[a-zA-z0-9]*.html       某网站娱乐频道
......
```

这2000多个正则表达式大约覆盖了200个网站，每个网站大约平均只有10个频道。

当时的业务需求是，每定时1小时都要拿这些种子到一个非常大的日志库中统计一遍，把属于这2000个正则表达式的新闻网址都找出来。由于日志量特别大，所以当时线上采用的技术栈是用Hadoop+MapReduce的实现路径来处理的。后来有同事反馈说该任务跑得太慢了，一个任务就需要跑5小时，根本无法满足每隔1小时跑一遍的需求。

我就把该项目的代码拿过来研究了一下，虽然它是一个MapReduce任务，但经过梳理后，我发现核心的处理过程是如下这个伪码展示的样子。

```
for i=遍历每条URL{
  for j=遍历每个正则表达式{
```

```
    进行正则匹配
    ......
  }
}
```

这段计算逻辑性能低下的原因在于这是一个 $O(n^2)$ 的复杂度。拿到每条log后，都需要逐一和所有的正则表达式匹配，太浪费时间了。于是我重新统计了正则表达式的分布，就是上面提到的这一句"**这2000多个正则表达式大约覆盖了200个网站，每个网站大约平均只有10个频道**"。

思路有了，能不能给这2000个正则表达式按照域名建个索引，这样在匹配的时候，先把url中的域名取出来到索引中查询。如果索引查询不命中，那么这一轮就没必要进行对比了。只有索引能够匹配得上，才会使用索引对应的正则表达式再进行匹配。代码被我改造成了如下逻辑，通过这样一轮修改，匹配次数大大降低。

```
//把所有的正则表达式用map建立一遍索引
regs={
    new.xy.com=>{
      ^https://new.xy.com/ch/finance/[a-zA-z0-9]*.html
      ^https://new.xy.com/ch/milite/[a-zA-z0-9]*.html
      ^https://new.xy.com/ch/ent/[a-zA-z0-9]*.html
    }
    new.ab.com=>{
      ......
    }
    ......
}

for i=遍历每条URL{
    计算URL中的域名
    根据URL域名判断是否命中索引
    如果不命中，则跳过匹配

    for j=遍历命中索引对应的每个正则表达式{
      进行正则匹配
      ......
    }
}
```

代码看起来比以前复杂了一点点，但是整体需要进行正则表达式匹配的次数大幅度降低了。最终的优化效果是耗时从6小时下降到20分钟，该模块性能达标后便可以真正上线了。

16.5.4　网址安全服务性能提升

这个项目的背景是当时我所在的团队接收了另外一个技术团队交给我们的一组服

务。交接的开发人员和我们提了一下，这组服务当时由于性能问题，只能部署在物理机上运行。后面添加新业务逻辑也要小心，物理机资源不太充足，扩容很麻烦。

后来我们接手后对业务逻辑进行了分析。该模块的职责是对用户在浏览器里敲入的每一个网址都进行一遍安全检测，如果网址是一个钓鱼网站、赌博网站、诈骗链接等，都需要对它进行拦截。这个接口自己本身没有这个判断能力，需要调用多家安全公司的接口进行判断。而每家公司又都提供了一个调用SDK的服务，每家提供的语言还不太一样，有的合作方采用的是Java接口，有的合作方采用的是C++接口。老的程序中的做法是自己的业务进程通过localhost本地网络通信调用各家的SDK。各家的SDK再通过外网网络IO把请求发出去。服务的大致架构图如图16.20所示。

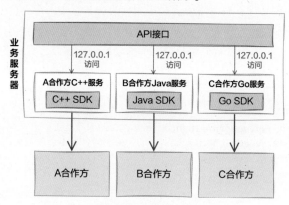

图16.20 网址安全服务

不知道你有没有发现，这是一个典型的微服务过微的例子。在业务服务中每个合作方的C++、Java、Go服务其实没干什么重要的事情，就是做了一次请求的编解码，然后发起网络IO请求数据。这种微服务过微的案例在业界比比皆是。这个案例比跨机微服务的开销还算好一点，用的是本机网络IO，CPU开销会比跨机低一点。

但即使是本机网络IO，开销仍然是很大的。发送一个网络包，首先要从用户态切换到内核态，花费一次系统调用的开销。进入到内核以后，又要经过冗长的协议栈，这会花费不少的CPU周期，最后进入环回设备的"驱动程序"。在接收端，软中断花费不少的CPU周期，另外还要经过接收协议栈的处理，最后唤醒或者通知用户进程来处理。当服务端处理完以后，还要把结果再发过来。又得这么来一遍，最后你的进程才能收到结果。还有一个问题，多个进程协作来完成一项工作就必然引入更多的进程上下文切换开销，以及更多的CPU缓存的不命中。

我们翻开合作方提供的服务的源码看了一下，其实没什么复杂的，就是按照某个格式将请求编码，然后发起一次UDP或者TCP请求就行了。我们把业务逻辑直接在API接口进程中实现，干掉了三个本机网络IO访问的服务。最后服务性能得到了50%左右的提升。如果你的公司也存在这种微服务过微的问题，可以考虑进行适度合并以节约CPU资源。

最后，关于性能优化还有一点要提一下。为什么之前的开发人员说这组服务只能部署到物理机上，我们尝试部署到虚拟机（当时公司还没有上容器云，使用的是基于KVM的虚拟机）上后很快发现虚拟机的性能确实上不去。经过剖析后发现是因为虚拟机只开了一个网卡队列，导致所有的网络IO软中断都打到一个核上了，这个核成了整个系统的瓶颈。后来我们和基础架构的同事一起讨论了一下，找到了在虚拟机上开启多队列网卡的方法，打开多队列后，问题解除。这个服务部署到虚拟机上也没有任何问题了。

16.5.5 CloudFlare接入层性能提升

现在业界很多公司在接入层都是基于Nginx来建设的，或者是基于Nginx演化而来的OpenResty来建设的。其中OpenResty支持在Nginx中写一些Lua的插件处理一些简单的逻辑。但是最近，CloudFlare却决定放弃Nginx，采用基于Rust自研的Pingora。原因是Nginx在CloudFlare的应用场景中性能表现得比较差。

在我们大家的传统认识中，Nginx是高性能的代名词，怎么可能会出现性能比较差的情况呢？而且Nginx是用C写的，也是非常高性能的语言。原因是这样的，CloudFlare是一家CDN公司。每天要面对大量的连接请求，这包括TCP连接开销，也包括HTTPS中加解密开销。连接复用率在CloudFlare看来非常关键。

而Nginx在连接复用这块，却是只可以在进程内部复用的。因为在Linux中，不同的进程拥有完全独立的资源，包括内存地址空间、进程打开的socket等文件句柄。另外一个进程不用特殊手段是访问不到当前进程的资源的，连接也是一样。

假设有这样一个例子，某台Nginx中有4个Worker进程，如图16.21所示。其中3个Worker进程已经和后端服务器拥有了数条可用的连接了。但此时，又打过来一个用户请求，这次这个用户请求被内核负载均衡调度到Worker4进程上来处理。但这个Worker4进程目前还没有和后端的连接。虽然同物理机上其他进程拥有长连接，但是Worker4并不知情，所以它也只能通过握手来重新建立连接。

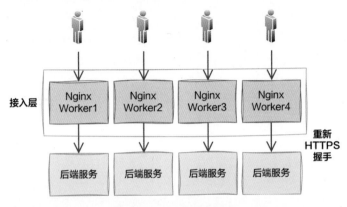

图16.21 Nginx工作原理

另外，现代服务器是往多核方向发展的。十几年前的服务器有32核就算很好的了，而现在的服务器几乎都是上百核的。核越多，Nginx进程模型带来的连接复用率就会越差。

对于CloudFlare来说，它是一家CDN公司。它的后端服务还不像一般企业那样是位于内网中的。它的后端服务很多都位于外网，所以握手的开销不只是TCP握手，还包括带加解密这种开销更大的HTTPS握手。连接复用不上带来的开销更大。

所以CloudFlare痛下决心，彻底用Rust重写了接入层服务。在新的接入层里，不再沿用Nginx的进程模型，而是改成了线程模型。这样所有的Worker线程之间的连接都是可复用的，连接复用率大大提升。节约了很多握手CPU开销，也降低了线上的服务延迟。

当然，CloudFlare带来性能提升的原因还不止这一个，另外一个能大幅度提升CPU性能的关键原因是用Rust这种高性能的编译型语言重写了很多原来使用lua代码写的接入层处理逻辑。总体上，据CloudFlare对外公开的数据显示，它的接入层重构节约了67%的CPU资源。

16.6　本章总结

现在的编程技术经过层层的封装，依赖的底层越来越多。所以在性能优化上，所需要思考的点也越来越多。相信你学习完本书的内容后，对你以前可能不熟悉的内核中的调度器、CPU硬件都多了几分理解。在做优化的时候，可以使用的思路也会越来越多。性能优化基本上可以从上到下，按照应用逻辑、编程语言和框架、内核优化、硬件优化四个层次来找各自对应的优化方法。

应用层是第一个要关注的优化重点。因为各家公司的业务系统并不像基础软件那样经过千锤百炼，所以可优化的点必然是很多的。在优化思路上，优先建议通过CPU火焰图找出热点函数。看看热点函数中是否存在不必要的业务逻辑，如果有，那就把它小心删掉，减少了CPU执行时的指令，性能自然就提升了。再一个就是算法上的优化，很多互联网公司在面试的时候喜欢问算法也是因为它比较重要。业务逻辑中算法使用得当的话，性能会有巨大的提升。还有就是最近已经发展到深水区的微服务，出现了微服务过微的现象。适当削减微服务数量，节约微服务调用中多次的编码、解码、网络IO性能支出等开销也会有不小的收益。最后就是内存对齐和缓存友好性，这两个手段可以让存储系统工作得更加良好。

接下来的一个优化思路是编程语言和框架。不同的语言都有它独特的优点，有适用的场景，也有不适用的地方。如果你的应用是存储、接入层这种对性能要求极高的基础软件，那C和Rust会是比较好的选择。如果你的应用对性能要求不太高，够用就好，更多考虑业务逻辑的快速迭代，那可以考虑Go和Java。如果只是一个Web网站，那解释型的脚本语言也可以胜任，它们的优点是开发极其快速，而且使用简单。再接下来是网络编程模型的选择，现在主流的网络事件库有很多，你可以挑选一个适合你的框架。比如在Go中你可以选择语言自带的net包，也可以选择字节跳动开源的netpoll，还可以选择gnet，甚至有必要的话，你也可以自己造一个顺手的。在内存分配器上，相对网络库的百花齐放，选项就要少一些。常见的有tcmalloc和jemalloc等。

再深入一层的优化就是内核上的优化。内核优化包括减少系统调用、虚拟内存优化、调度器优化等几种。系统调用的开销比函数调用要高得多，应该能避免就避免。在虚拟内存上，可以考虑关闭swap，也可以考虑开启大页提高TLB缓存命中率，并降低缺页中断发生频率。在调度器上，如果你的进程对延时特别敏感，可以考虑设置成实时进程。这样该应用程序会被优先调度。对于普通用户进程之间，可以调整nice值来调整用户进程获得CPU资源的比例。另外，如果使用taskset等工具，可以将内核调度时的软亲和改为硬亲和，对提高CPU的缓存命中率会有好处。在云环境中，还要观察你的服务是不是存在因为被内核throttle而导致的延迟上涨，优化手段包括调大cpu.cfs_period_us值或开启Burst特性两种。最后，在在离线混部的应用场景中，还要注意观察离线任务对在线任务的冲击，我认为最根本的解决思路是修改内核调度算法，使用新的调度算法来规避离线任务对在线任务CPU资源的争夺。

最深层就是基础设施上的优化。在CPU硬件上，财力允许可以购买主频更高、缓存更大的CPU硬件。可以考虑开启睿频让CPU性能最大程度地释放。还可以考虑硬件卸载一个CPU的计算压力。对单核性能有强要求的场景，可以考虑关闭超线程，提高单核处理能力。

性能优化并没有统一的标准，没有一个银弹能让你在任何场景都能拿到优化效果。在做性能优化之前你所需要做的是对服务里的业务逻辑、对它所依赖的底层有足够深入的理解。然后还要借助各种性能观测工具观察，找出应用程序的瓶颈在什么地方。最后再有针对性地寻找优化的方法。在本章的最后，分享了几个实践中性能优化的例子。可以看到每个场景使用的性能优化手段并不一样，但都取得了很好的效果。